电工电子学

（非电类专业用）

主编 李钊年
参编 刘春艳　张海峰　司　杨
　　　马山刚　沈　茜　唐　岩
主审 段玉生

国防工业出版社
·北京·

内 容 简 介

本书包括电工技术和电子技术两部分。其内容是在介绍电路的基本概念、基本结构和基本分析方法的基础上，增加了安全用电方面的知识。本书以讲清概念、定性分析为主，简化了较繁琐的数学推导，侧重了实际应用。对于集成组件，主要以组件的外特性和使用方法为主，淡化了组件内部结构的介绍。

本书主要作为普通高等学校非电类工科专业教材，也可作为高职高专及函授教材，还可作为工程技术人员的辅助参考书。

图书在版编目（CIP）数据

电工电子学／李钊年主编 . —北京：国防工业出版社，2016.6 重印
ISBN 978-7-118-08281-4

Ⅰ. ①电… Ⅱ. ①李… Ⅲ. ①电工学②电子学 Ⅳ.
①TM1②TN01

中国版本图书馆 CIP 数据核字（2012）第 180201 号

※

国防工业出版社出版发行

（北京市海淀区紫竹院南路 23 号 邮政编码 100048）
三河市众誉天成印务有限公司印刷
新华书店经售

*

开本 787×1092 1/16 印张 28¾ 字数 660 千字
2016 年 6 月第 1 版第 4 次印刷 印数 7001—9000 册 定价 63.00 元

（本书如有印装错误，我社负责调换）

国防书店：(010) 88540777　　　发行邮购：(010) 88540776
发行传真：(010) 88540755　　　发行业务：(010) 88540717

前　言

本教材是根据培养应用型人才的需要，针对非电类工科专业的不同需求，在总结教学经验，吸收以往教材长出的基础上编写的。本书编写的指导思想是：精选传统内容，保证必需的常用基础知识，删去一些不常用的和已过时或即将过时的内容，增加安全用电的基本知识。

本书内容分为两大部分。第一部分（第 1 章 - 第 9 章）为电工技术基础内容，包括直流电路、正弦交流电路、三相交流电路、线性电路的暂态分析、变压器、三相异步电动机、继电器 - 接触器控制系统和安全用电等，这部分属于电路理论、常用电气设备及自动控制的传统内容；第二部分（第 10 章 - 第 18 章）为电子技术基础内容，包括半导体器件基础知识、常用放大电路、集成运算放大器及应用、直流稳压电源、数字电路基础知识、组合逻辑电路、时序逻辑电路及脉冲信号的产生与整形等。从学科内容大的方面划分，第二部分的内容可分为模拟电子技术（第 10 章 - 第 14 章）和数字电子技术（第 15 章 - 第 18 章）两部分，前者主要讨论线性电路，后者则着重于脉冲数字电路的分析。

为了加深对课堂知识的理解，列举了若干电路实例，并配有一定数量的例题和习题。

在内容的安排上，本着非电类工科专业的特点，基本理论以需要为准、以够用为度的原则，电工技术部分增加了安全用电方面的知识，而删去了直流电机、伺服电机和可编程序控制器等不常用或太专业的内容；电子技术部分加强了数字电路的内容，压缩了模拟电子技术的内容，使二者的比例较为接近。

根据非电类工科专业对电工及电子技术知识的不同需求，本教材理论课参考时数约为 56 - 64 学时，实验 16 - 32 学时。

本书第 1 章 - 第 4 章由李钊年编写，第 5 章由唐岩编写，第 6 章、第七章由马山刚编写，第 8 章、第 9 章由张海峰编写，第 10 章 - 第 14 章由刘春艳编写，第 15 章、第 16 章由司杨编写，第 17 章、第 18 章由沈茜编写。由李钊年任主编，负责全书的组织、修改和统稿工作。

本书由清华大学段玉生主审，提出了宝贵的修改意见，谨致以衷心的谢意。编写本教材时，参考了众多的文献资料，得到很多启发，在此向参考文献的作者表示感谢。

另外，在本书的立项和编写过程中，得到了青海大学教材建设基金的支持，保证了本书出版工作的顺利进行，在此表示衷心的感谢。

由于时间仓促，编写水平有限，书中缺点、错误在所难免，敬请读者提出宝贵意见，以便修改。

编者

2012 年 6 月

目　录

第1章

电路的基本知识

1.1 电路的基本概念

铁路是火车的通路，公路是汽车的通路，电路则是电流的通路。但电路与铁路或公路不同，火车或汽车可以从起点出发到达终点，然后又可从终点沿同一条路线到达起点，而电流只能沿闭合的路线流通，一旦闭合的路线有断点或直接断开，这条线路中就不会有电流。

1.2 电路的作用和组成

电路也称为网络，它有多种多样的结构，不同的电路具有不同的功能和作用。根据电路的应用，我们可将其作用归纳为两大类。

1. 实现电能的汇集、转换、传输和分配

图 1.2.1 是电路在电力系统中的一个典型应用。G 为发电机，T_1 为升压变压器，T_2 为降压变压器，L 为输电线，$T_3 \sim T_n$ 为配电变压器。

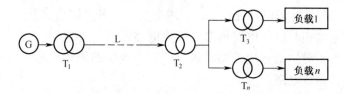

图 1.2.1　电路在电力系统中的应用

以火电厂为例，汽轮机将锅炉产生的热能转换为机械能，发电机 G 再将汽轮机传送过来的机械能转换为电能，由于 G 的功率和出口电压一定（且出口电压较低），造成输电线 L 中的电流较大，在远距离输电时将产生较大的电能损失，减少负载的用电量。因此，我们将 G 的出口电压通过升压变压器 T_1 升起来的主要目的就是降低输电线 L 中的电流，减少电能传输中不必要的能量损失；电能传输到用户端（即负载端）后，再用降压变压器 T_2 将 T_1 传送过来的高电压转换为标准的低电压，然后根据负载所需电压和功率的大

小，由配电变压器 $T_3 \sim T_n$ 将电能分配给各负载。

由上面的分析可知，变压器 T_1、T_2 起电能转换的作用，输电线 L 起电能传输的作用；配电变压器 $T_1 \sim T_n$ 起分配电能的作用。

在图 1.2.1 中，发电机 G 是产生电能的源头，称为电源。如果一个电路中没有了电源，那么能量的转换、传输和分配都无从谈起，整个电路就将失去意义，因此电源是电路的重要组成部分。另外，负载是用电设备，若发出来的电没有用户，发电将失去意义，因此负载是电路的另一个重要组成部分。至于中间的变压器和输电线，可根据需要增减，我们将这一部分称为中间环节。

2. 信号的传递和处理

在电子技术、计算机技术和非电量测量中，会遇到一种以传递和处理信号为主要目的的电路。图 1.2.2 所示是一个简单的测温电路，热电偶将温差转换为电信号（称为温差电动势），通过导线传递给毫伏表，毫伏表将转换成的电信号测量出来。这里，热电偶将温差转换为电信号，称为信号源；毫伏表将电信号转换为指针的偏转角，起着负载的作用。在这一类电路

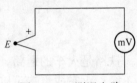

图 1.2.2　测温电路

中，虽然也有能量的传输和转换问题，但其数量很小，一般所关心的是如何准确而快速地传递和处理信号。

由以上分析可见，一个完整的电路，应该由电源（或信号源）、负载和中间环节三个基本部分组成，缺一不可。

1.3　电 路 模 型

由于电路中的电气设备和元器件品种繁多，在电路分析中不可能因物而异。因此，我们通常把实际的电路元件进行理想化处理（或称为模型化处理），即在一定的条件下，突出其主要的电磁性质，而忽略次要因素，把它近似地看作理想元件，用一个或几个理想元件的组合来代替实际的电路元件。用理想电路元件及其组合来代替实际的电路元件，就构成了与实际电路相对应的电路模型。理想电路元件（如电阻元件、电感元件、电容元件和电源元件等）分别由相应的参数来表征，用规定的图形符号来表示。后文分析的都是指电路模型，简称电路。

1.4　电路的基本物理量

要分析电路，首先要弄清楚电路的几个基本物理量。电流、电压和电动势这几个物理量都已在物理课中介绍过，本节主要讨论它们的方向问题。

1. 电流

电荷的定向运动形成了电流，数值等于单位时间内通过导体某一横截面的电荷量，

其表达式为

$$i = \mathrm{d}q/\mathrm{d}t$$

上式表明，在一般情况下电流是随时间而变的，称为交变电流，简称交流，用小写字母 i 表示；如果电流不随时间而变，即 $\mathrm{d}q/\mathrm{d}t =$ 常数，则这种电流称为恒定电流，简称直流，用大写字母 I 表示，即 $I = Q/t$。在国际单位制中，电流的单位为 A（安培，简称安）。

由于电荷的定向运动形成了电流，因此，电流的方向是客观存在的。我们规定：正电荷运动的方向或者负电荷运动的相反方向为电流的实际方向。但是，在分析较复杂的直流电路时，往往难以事先判断某段电流的实际方向；对于交流来讲，其电流的实际方向还在不断变化，在电路图上也无法用一个规定的箭头来表示它的实际方向。为了解决这一问题，需引入电流的参考方向这一概念。

参考方向可以任意选定，在电路图中用箭头表示。电流的参考方向不一定就是电流的实际方向。当电流的参考方向与实际方向相同时，电流为正值（$I > 0$）；当电流的参考方向与实际方向相反时，电流为负值（$I < 0$）。这样，在选定的电流参考方向下，根据电流值的正负，就可以确定电流的实际方向了，如图 1.4.1 所示。

图 1.4.1　电流实际方向与参考方向的关系
(a) $I > 0$；(b) $I < 0$。

在分析电路时，首先要假定电流的参考方向，并以此为准去分析计算，最后通过计算结果的正负号来确定电流的实际方向。

2. 电压和电位

带电粒子在电场中运动必然要做功。图 1.4.2 所示是两个极板，a 极板带正电荷，b 极板带负电荷，此时 a、b 极板间形成一电场，其方向为 a 指向 b。如将 a、b 极板用导线连接起来，则在电场力的作用下，正电荷由 a 极板经导线向 b 极板运动，负电荷由 b 极板向 a 极板运动，这时电场力对电荷做了功，这种电场力做功的能力用电压来度量。

我们把单位正电荷在电场力的作用下，由 a 点运动到 b 点电场力所做的功称为 a、b 两点之间的电压 U_{ab}。在电工技术中，我们把电路中两点之间的电压也称为两点之间的电位差，即

$$U_{ab} = U_a - U_b$$

式中：U_a 为电路中 a 点的电位；U_b 为电路中 b 点的电位。

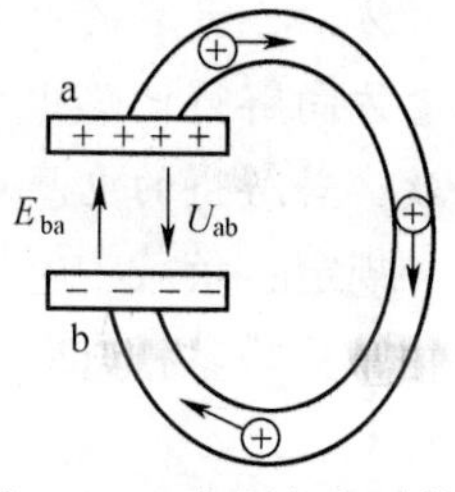

图 1.4.2　电压与电动势

在国际计量体制中，电压的单位为 V（伏特，简称伏）。

电路中电压的方向是客观存在的。我们规定：由高电位端指向低电位端的方向（即电位降落的方向）为电压的实际方向。同样，在分析较复杂的直流电路或交流电路时，

也需选取电压的参考方向。当电压的实际方向与参考方向相同时，电压为正（$U > 0$）；相反时，电压为负（$U < 0$）。为了在同一电路中不与电流的方向混淆，电压的参考方向一般用正（＋）、负（－）极性表示，如图 1.4.3 所示。

图 1.4.3　电压实际方向与参考方向之间的关系

(a) $U > 0$；(b) $U < 0$。

3. 电动势

在图 1.4.2 中，正负电荷在电场力的作用下向相反方向运动，途中相遇的正负电荷相互抵消，绝大部分正电荷在电场力的作用下从 a 极板运动到 b 极板，与 b 极板的负电荷相遇而抵消，同理，负电荷从 b 极板运动到 a 极板，与 a 极板上的正电荷相遇而抵消，使得a 极板上的正电荷由于减少而使电位逐渐下降；相反，由于 b 极板上正电荷将逐渐增多而使电位逐渐升高，致使 a、b 两极板间的电位差逐渐减小，直至为零，在此过程中，导线中的电流也将逐渐减小，直至为零。

为了维持 a、b 两极板间的电位差基本恒定和导线中的电流基本保持不变，就必然要借助于外力使运动到 b 极板的正电荷经过另一路径再流向 a 极板，而流向 a 极板的负电荷经过另一路径再流向 b 极板，使得 a、b 两极板的正负电荷保持基本不变。在这种过程中，外力要克服电场力做功，称为电源力。为了衡量电源力对电荷做功的能力，引入了电动势这个物理量。电动势在数值上等于电源力将单位正电荷（或单位负电荷）由低电位 b 端（或高电位 a 端）拉到高电位 a 端（或低电位 b 端）所做的功。交流电动势用小写字母 e 表示，直流电动势用大写字母 E 表示。电动势的实际方向规定为在电源内部由负极板指向正极板的方向，即在电源内部从低电位指向高电位的方向。单位与电压单位相同。

注意：若没有特殊说明，本书电路图上所标出的各物理量的方向均指参考方向。在计算实际电路时，要先假定电路中各物理量的参考方向（参考方向是任意选择的），有了参考方向，计算的结果才有意义，否则，计算结果将失去其实际意义。如果根据假定的参考方向解得电路中的电压或电流为正值，说明假定的参考方向与电压或电流实际方向一致；若解得的电压或电流值为负值，说明假定的参考方向与实际方向相反。

规定：负载中电流的参考方向如果与电压参考方向一致，就将电压和电流的参考方向称为关联参考方向。若没有特殊说明，本书中均采用关联参考方向。

1.5　电路的状态

电路在不同的工作条件下，会处于不同的状态，并具有不同的特点。电路的状态主要有有载工作状态、空载工作状态和短路工作状态三种。

1. 有载工作状态

电路的有载工作状态又称为电路的负载状态，如图
1.5.1 所示。图中以 U_1 表示电源两端的电压，U_2 表示负
载两端的电压。当开关 S 闭合后，电路中有电流流通，
此时电路有下列特征：①电路中的电流 $I = \dfrac{E}{R_0 + R_L}$，当
电源的电动势 E 和内阻 R_0 一定时，电路中的电流由负载
电阻 R_L 的大小决定；②电源两端的电压 $U_1 = E - IR_0$，

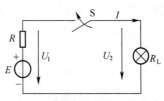

图 1.5.1　电路的有载工作状态

表明电源两端的电压总是小于电源的电动势，若忽略线路上的电压降，则负载两端电压
$U_2 = U_1$；③电源的输出功率（即电源供给外电路的总功率）$P_1 = U_1 I = P_E - I^2 R_0 =$
$EI - I^2 R_0$，表明 P_1 应该等于电源发出的功率 P_E 减去电源内阻上消耗的功率。而负载吸收
的功率 $P_2 = U_2 I = I^2 R_L = P_1 - I^2 R_X$，其中 R_X 为线路的等效电阻。

值得注意的是：电路的有载工作状态下，电源产生的功率应该等于电路各部分消耗的功
率之和，电源输出的功率应该等于外电路中各部分消耗的功率之和，即功率应该是平衡的。

电源内阻和连接导线上消耗的功率纯属无用的功率损耗，这些损耗转换成热能会
使电源和导线的温度升高，损坏电源和导线。因此，我们希望这些功率越小越好。为此，
电源的内阻一般都设计得非常小，而在一定的工作条件下，横截面一定的导线只能通过
一定的电流。电流过大，导线温度就会过高，这是不允许的。

各种电气设备在工作时，其电压、电流和功率都有一定的限额，这些限额是用来
表示电气设备的正常工作条件和工作能力的，称为电气设备的额定值。额定值通常在
铭牌上标出，使用时必须严格遵守。如果电气设备的实际工作值超过额定值，将会使
电气设备损坏或降低使用寿命；如果实际值低于额定值，某些电气设备也会损坏或降
低使用寿命，或者不能发挥正常的效能。通常将电气设备的实际值等于额定值的工作
状态称为额定状态；实际功率或电流大于额定值时称为过载，实际值小于额定值时称
为欠载或轻载。

2. 空载工作状态

电路的空载工作状态也称为电路的开路或断路状态，
如图 1.5.2 所示，图中 U_0 表示空载电压或开路电压。当
开关 S 断开或连接导线折断时，电路就运行在空载状态。
此时，外电路所呈现的电阻可视为无穷大，故电路具有下
列特征：①电路中的电流 $I = 0$；②电源的端电压 $U_1 =$
$U_0 = E$，负载端电压 $U_2 = 0$，因此，我们一般用电路开

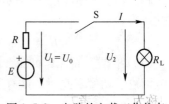

图 1.5.2　电路的空载工作状态

路的方法来测量电源的电动势；③$P_E = P_1 = P_2 = 0$，表
明电路在开路状态下运行时，电源对外不发出功率，负载也不吸收功率。

3. 短路工作状态

当电源的两个输出端由于某种原因（如电源线绝缘损坏、两根线直接搭接或误操作

等）相接触时，会造成电源被直接短接的情况，称为电路的短路运行状态，如图 1.5.3 所示，图中 I_s 表示短路电流。此时，外电路所呈现的电阻可视为零，故电路具有下列特征：①电源中的电流 $I_s = E/R_0$ 呈现最大值，而外电路中的电流 $I = 0$。②电源和负载两端的电压均为零，即 $U_1 = U_2 = 0$，而电源的电动势 $E = I_s R_0$。③电源输出的功率和负载吸收的功率均为零，即 $P_1 = P_2 = 0$；此时电源发出的功率全部被电源内阻消耗，即 $P_E = I_s^2 R_0$，这将使电源的温度急剧上升，可能会导致烧毁电

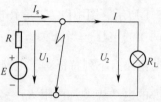

图 1.5.3　电路的短路工作状态

源及其他电气设备，甚至引起火灾；另外，短路电流会产生强大的电磁力而造成电气设备的机械结构损坏。在电力系统中，短路是一种非常严重的事故，应力求防止其发生。

[例 1.5.1]　某直流电源的额定功率 $P_N = 500W$，额定电压 $U_N = 100V$，内阻 $R_0 = 0.5\Omega$，负载电阻 R_L 可调，如图 1.5.4 所示，试求：

（1）额定电流及额定负载电阻；

（2）空载状态下的电压；

（3）短路状态下的电流。

解：（1）额定电流 $I_N = P_N/U_N = 500/100 = 5(A)$，额定负载电阻 $R_N = U_N/I_N = 100/5 = 20(\Omega)$；

（2）空载电压 $U_0 = E = (R_0 + R_N)I_N = (0.5 + 20) \times 5 = 102.5(V)$；

（3）短路电流 $I_s = E/R_0 = 102.5/0.5 = 205$（A）。

由此可见，短路电流是额定电流的 $I_s/I_N = 205/5 = 41$（倍），若没有短路保护，如此大的电流将会烧毁电源甚至整个电路。

[例 1.5.2]　有一有源电路接于 $U_N = 230V$ 的电网中，电路如图 1.5.5 所示，电源的内阻 $R_0 = 0.5\Omega$，测得电路中的电流 $I = 5A$，试求：

（1）有源电路的电动势 E；

（2）此电路是向电网输送电能还是从电网吸收电能？并说明各功率的大小及功率平衡关系。

解：（1）根据题意和图示可知 a、b 两点的等效电阻 $R = U_N/I = 230/5 = 46(\Omega)$，因此可得

$$E = (R_0 + R)I = (0.5 + 46) \times 5 = 232.5(V)$$

（2）根据上面计算可知，该有源电路的电动势 E 大于外加电压 U_N，因此该有源电路向电网输送功率。此时，该有源电路的电动势发出的功率为

$$P_E = EI = 232.5 \times 5 = 1162.5(W)$$

该有源电路向电网发出的功率为

$$P_1 = U_N I = 230 \times 5 = 1150(W)$$

该有源电路内阻上消耗的功率为

$$P_{R_0} = \Delta P = I^2 R_0 = 5^2 \times 0.5 = 12.5(W)$$

由此，可得功率平衡关系为

$$P_E = P_1 + \Delta P$$

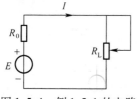

图 1.5.4　例 1.5.1 的电路

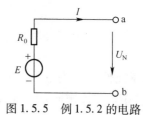

图 1.5.5　例 1.5.2 的电路

1.6　电路元件

　　电路元件是电路中最基本的组成单元，它通过其端子与外部电路连接，元件的特性是通过与元件有关的端子来描述的，每一种元件反映某种确定的电磁特性。电路元件按与外部电路连接的端子数目可分为二端、三端、四端元件等；电路元件还可分为无源电路元件和有源电路元件，线性元件和非线性元件，时不变元件和时变元件等。本书主要讨论线性时不变无源电路元件，简称电路元件。

1. 电阻元件

　　电炉、灯泡、电阻器等在一定条件下可以用线性电阻元件作为其模型。理想的线性电阻元件是：在电压和电流采用关联参考方向的条件下，在任何时刻它两端的电压和电流关系服从欧姆定律，即

$$u = iR \tag{1.6.1}$$

　　令 $G = 1/R$，则上式变为

$$i = Gu \tag{1.6.2}$$

式中：G 称为电阻元件的电导，单位是 S（西门子，简称西）。R 和 G 都是电阻元件的参数。

　　由于电压和电流的单位是 V 和 A，因此电阻元件的特性称为伏安特性，图 1.6.1 是线性电阻元件的伏安特性。它是通过原点的一条直线，直线的斜率与元件的电阻 R 有关。

2. 电容元件

　　在工程技术中，电容器的应用极为广泛。电容器虽然规格各异，但就构成原理来说，都是由两块金属极板间填充不同介质（如云母、绝缘纸、电解质等）组成。当在两极板上加以电压后，极板上分别聚集起等量的正、负电荷，并在介质中建立电场而具有电场能量。将电源移去后，电荷可继续聚集在极板上，电场继续存在。所以电容器是一种能储存电荷或者说储存电场能量的部件。电容元件就是反映这种物理现象的模型。

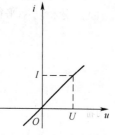

图 1.6.1　电阻元件的
伏安特性

　　线性电容元件的图形符号如图 1.6.2 所示，其中，C 是电容元件的参数，称为电容。

电容的正负极板上储存的电荷 $q = Cu$ ，当电容元件的电流 i 和电压 u 采用关联参考方向时，则有

$$i = \frac{\mathrm{d}q}{\mathrm{d}t} = C\frac{\mathrm{d}u}{\mathrm{d}t}$$

3. 电感元件

在工程中广泛应用线圈，如在电子电路中常用的空心线圈、电气设备中的电磁铁或铁芯线圈（如变压器及各种电机）等。当一个线圈中通以电流后，在线圈中就会产生磁场，磁场若随时间变化，在线圈中就会产生感应电压。

电感元件是实际线圈的一种理想化模型，它反映了电流产生磁场能量储存的一种现象。线性电感元件的图形符号如图 1.6.3 所示，其中 L 称为该元件的自感或电感。当电感元件的电流 i 和电压 u 采用关联参考方向时，则有

$$u = L\frac{\mathrm{d}i}{\mathrm{d}t}$$

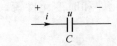

图 1.6.2　电容元件的符号

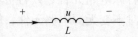

图 1.6.3　电感元件的图形符号

习题

1－1　如图所示的电路是蓄电池充放电的电路模型，其中 R 为限流电阻。求：

（1）电路的端电压 U ；

（2）两条支路分别是充电支路还是放电支路？

（3）蓄电池发出或吸收的功率为多少？

（4）电阻所消耗的功率为多少？

（5）分析功率平衡关系。

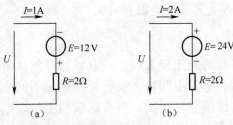

习题 1－1 图

1－2　一个标有 30W、100Ω 的电烙铁，其额定电压和额定电流分别为多少？

1－3　有一实验室用的直流稳压电源，其输出电压为 12V，内阻为 0.2Ω，当接一阻值为 10Ω 的负载时，分别求：

（1）有载状态下的负载电流及负载功率；

（2）空载下的电源电动势、电路中的电流及功率；

（3）短路状态下的短路电流、电源发出的功率、负载消耗的功率以及负载两端的电压。

1-4 将一只220V、40W的白炽灯接在380V的电源上，需要串接多大阻值的电阻才能正常运行，该电阻的功率为多少？

1-5 电源电动势 $E = 4.5V$，内阻 $R_0 = 0.5\Omega$，负载电阻 $R_L = 4\Omega$，则电路中的电流 I 和电路端电压 U 各为多少？

1-6 有一包括电源和外电路电阻的简单闭合电路，当外电阻加倍时，通过的电流减为原来的2/3，则外电阻与电源内电阻之比为多少？

1-7 有A、B两个电阻器，A的额定功率大，B的额定功率小，但它们的额定电压相同，若将它们并联，则哪个电阻器的发热量大？

1-8 某直流电源在外部短路时，消耗在内阻上的功率是400W，则此电流能供给外电路的最大功率是多少？

1-9 两个相同的电容器并联之后的等效电容与它们串联之后的等效电容之比是多少？

1-10 有一根阻值为1Ω的电阻丝，将其均匀拉长为原来的3倍，拉长后的电阻丝的阻值为多少？

第2章

电路的分析方法

前面已经提到，我们所遇到的电路结构和形式是多种多样的。因此，首先要明确一点，就是遇到一种电路时应该做些什么？怎么做？为了回答这个问题，下面给出两个概念：

（1）**激励**：我们把电源或信号源的电压和电流称为激励；

（2）**响应**：在激励的作用下，电路各处所产生的电压和电流称为响应。

我们遇到一个电路，就是为了弄清楚激励和响应之间的关系。那么，到底怎样才能弄清楚激励和响应之间的关系呢？下面所讲的电路定律和定理可以解决这个问题。我们知道，定律是不以人的意志为转移的客观存在的自然规律；而定理是在一定的条件下才能存在的自然规律。因此，在学习电路的分析方法时，一定要弄清楚定律和定理的应用范围。

2.1 电源及其等效定理

实际电源有电池、发电机、信号源等。任何一个实际的电源都可以电压或电流的形式存在，因此，电源可以分为电压源和电流源两种形式。通俗地讲，以电压形式存在的电源称为电压源，以电流形式存在的电源称为电流源。这两种形式是从实际电源抽象得到的电路模型，它们是有源二端元件。在实际工程中，绝大多数电源都是电压源。

2.1.1 电压源

理想电动势 E 和电阻 R_0 相串联组成电源的电路模型称为电压源。图2.1.1所示是一个电压源和外电路连接的电路，其中虚线框中部分为电压源。其负载两端的电压 U（或电源两端的电压）可由下式表达：

$$U = E - IR_0 \qquad (2.1.1)$$

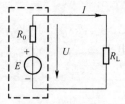

图2.1.1 电压源与外电路连接

在使用电源时，我们最关心的问题是当负载 R_L 变化时，电路中的电流 I 与电源的端电压 U 将如何变化。因此，了解和掌握电源的外特性（即 $U = f(I)$），将有利于我们更好地使用电源。式（2.1.1）就是直流电

10

压源的外特性方程。式中 E 和 R_0 是常数，U 和 I 之间存在线性关系。当电路开路时，$I = 0$，$U = E$；当电路短路时，$U = 0$，$I = I_s = E/R_0$。图 2.1.2 所示为直流电压源的外特性曲线，图中曲线 1 为实际电压源的外特性，曲线 2 为理想电压源的外特性。

电压源的外特性曲线表明，当输出电流 I 增大时，端电压 U 随之下降；电压源的内阻 R_0 越小，则直线越平。在理想情况下，$R_0 = 0$，它的外特性是一条平行于横轴的直线，表明负载变化时，$U = E$，这种端电压恒定且不受输出电流影响的电源称为理想电压源，其符号如图 2.1.3 所示。理想电压源的输出电流由负载电阻 R_L 及本身的电压 U 确定。在实际工程中，理想电压源是不存在的，但如果电源的内阻 $R_0 \ll R_L$，则端电压基本恒定，这时可近似认为该电源是一个理想电压源，如稳压电源、干电池等。

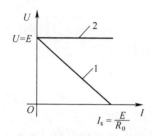

图 2.1.2　电压源的外特性曲线

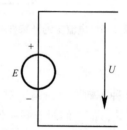

图 2.1.3　理想电压源的符号

2.1.2　电流源

将式（2.1.1）改写为

$$I = \frac{E}{R_0} - \frac{U}{R_0} = I_s - \frac{U}{R_0} \tag{2.1.2}$$

式中：$I_s = \dfrac{E}{R_0}$ 是电源的短路电流；I 是电源的输出电流；U 是电源的端电压；R_0 为电源的内阻。根据式（2.1.2）可以看出，一个实际电源也可以用图 2.1.4 所示的电路模型来表示，这种电源称为电流源，其中虚线框中部分为电流源模型。

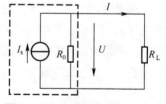

图 2.1.4　电流源与外电路连接

当电路开路时，$I = 0$，$U = U_0 = I_s R_0$；当电路短路时，$U = 0$，$I = I_s$。如图 2.1.5 所示为直流电流源的外特性曲线。R_0 越大，则外特性曲线越陡，在理想情况下，$R_0 \to \infty$，外特性曲线是一条与纵轴平行的直线，表明负载变化时，电流源的输出电流恒等于电源的短路电流，即 $I = I_s$。这种输出电流恒定、输出电流与端电压无关的电源称为理想电流源，如图 2.1.6 所示。同样，理想电流源实际上也是不存在的，但如果 $R_0 \gg R_L$，则电流基本稳定，可以近似认为是理想电流源，如光电池。

2.1.3　电源的等效定理

对于一个恒定的负载，当加上一个电压源时在负载中产生的电流与加上一个电流源时在同一负载中产生的电流相等，我们就称这两个电源对外电路的作用是等效的，如图

2.1.1 和图 2.1.4 所示。因此，在分析电路时，如果在同一个电路中存在两个或两个以上不同形式的电源，我们就可以将不同的电源等效变换成同一个电源，以简化复杂电路的计算过程。由式（2.1.1）和式（2.1.2）可知，电压源与电流源之间的等效变换条件是内阻相等，都是 R_0，且

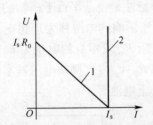

图 2.1.5　电流源的外特性曲线

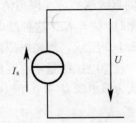

图 2.1.6　理想电流源的符号

$$E = I_s R_0 \qquad (2.1.3)$$

在等效变换时，一定要注意：

（1）这种等效变换只是针对外电路，在电源内部是不等效的。也就是说，两种电源本身并不能等效，但它们对于同一外电路而言，作用是相同的。如以电源空载为例，电压源的内部电流为零，内阻上的损耗为 0，电源端电压 $U = E$；而电流源其内部电流为 I_s，内阻上的损耗为 $I_s^2 R_0$，其电源端电压 $U = I_s R_0$。因此，电压源不工作时，应以开路的形式存在，绝对不允许短路；而电流源不用时应将其两端短路后保存，绝对不允许开路。

（2）理想电压源和理想电流源不能进行等效变换。因为理想电压源的短路电流 I_s 为无穷大，理想电流源的开路电压 U_0 为无穷大，两者都不能得到有限的数值。

（3）等效变换时，一定要注意两种电源的极性问题，即电流源流出电流的一端与电压源的正极性端相对应。

[例 2.1.1] 有两台直流发电机并联工作，共同供给 $R_L = 24\Omega$ 的负载电阻，如图 2.1.7（a）所示。其中一台的电动势 $E_1 = 130\mathrm{V}$，内阻 $R_1 = 1\Omega$；另一台的电动势 $E_2 = 120\mathrm{V}$，内阻 $R_2 = 0.5\Omega$。试求负载电流 I。

解： 根据电源等效变换定理，将原电路变换成图 2.1.7（d）的形式。

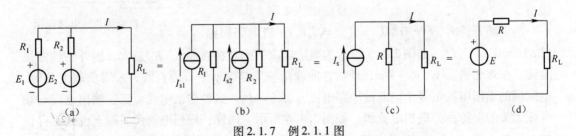

图 2.1.7　例 2.1.1 图

图中各参数的值为

$$I_{s1} = E_1/R_1 = 130/1 = 130(\mathrm{A})，\quad I_{s2} = E_2/R_2 = 120/0.5 = 240(\mathrm{A})，$$

$$I_s = I_{s1} + I_{s2} = 130 + 240 = 370(\mathrm{A})，\quad R = R_1 // R_2 = \frac{1 \times 0.6}{1 + 0.6} = 0.375(\Omega)，$$

$$E = I_s R = 370 \times 0.375 = 138.75(\mathrm{V})$$

所以负载电流为

$$I = \frac{E}{R + R_L} = \frac{138.75}{0.375 + 24} = 5.69(A)$$

[**例2.1.2**] 电路如图2.1.8（a）所示，求电流 I 。

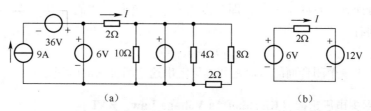

（a）　　　　　　　　　　（b）

图2.1.8　例2.1.2图

解：简化电路，把和恒压源并联的部分去掉，得到图2.1.8（b），则电流

$$I = \frac{6 - 12}{2} = -3A$$

结论：与理想电压源并联的其他元件或支路不起作用，与理想电流源串联的其他元件不起作用，因此完全可以去掉。

2.2　基尔霍夫定律

基尔霍夫定律是分析和计算电路的基本定律，可以计算电路中任何一个元件两端的电压或任意一条支路的电流，它包含两条定律，分别称为基尔霍夫电流定律和基尔霍夫电压定律。

1. 基尔霍夫电流定律（Kirchhoff's Current Law，KCL）

KCL 反映的是电路中任一节点处各支路电流之间的关系。所谓支路，是指一个或多个二端元件组成的串；所谓节点，就是三条或三条以上支路的连接点。

根据能量守恒定律及电流的连续性，KCL 定律可描述为：在任一瞬间，电路中流进某一节点的电流之和等于流出该节点的电流之和，即

$$\sum i_m = \sum i_n \qquad\qquad (2.2.1)$$

式中：i_m（$m = 1,2,3,\cdots,k$）表示流进该节点的电流；i_n（$n = 1,2,3,\cdots,k$）表示流出该节点的电流。例如，对图2.2.1中节点①来说，有

$$I_1 + I_3 + I_5 = I_2$$

或改写为

$$I_1 + I_3 + I_5 - I_2 = 0$$

这就是说，如果流入节点的电流前面取正号，流出节点的前面取负号，则节点①上电流的代数和就等于零。这一结论不仅适合于节点

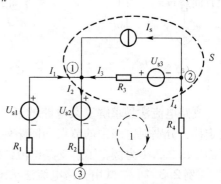

图2.2.1　基尔霍夫定律

①，也适合于任何电路的任一节点，且不仅适合于直流电路，也适合于任一瞬间的交流电路。

注意： 电路中的电流方向为参考方向。

KCL 通常用于节点，但对包围几个节点的闭合面也同样适用。例如，图 2.2.1 中虚线表示的闭合面 S 内有两个节点，即节点①和③。这时，我们可以将整个虚线框看成是一个节点，则有

$$I_1 + I_4 = I_2$$

所以，流进一个闭合面的电流之和等于流出这个闭合面的电流之和。

2. 基尔霍夫电压定律（Kirchhoff's Voltage Law，KVL）

KVL 反映的是电路中任一回路各元件电压之间关系的。所谓回路，是指由若干支路构成的闭合路径。

KVL 可描述为：在任一瞬间，沿电路中任一回路的某一点出发，顺时针或逆时针方向绕行一周，则电位升高之和等于电位降落之和，即

$$\sum u_m = \sum u_n \tag{2.2.2}$$

式中：u_m（$m = 1,2,3,\cdots,k$）表示升高的电位；u_n（$n = 1,2,3,\cdots,k$）表示降落的电位。

例如，对图 2.2.1 中回路 1 来说，有

$$U_{s2} + I_2R_2 + I_3R_3 + I_4R_4 = U_{s3}$$

或改写为

$$U_{s2} + I_2R_2 + I_3R_3 + I_4R_4 - U_{s3} = 0$$

这就是说，在已知电路各元件两端电压以及各支路电流的参考方向的前提下，KVL 也可描述为：在任一瞬间，沿电路中任一回路的某一点出发，顺时针或逆时针方向绕行一周，如果与回路环行方向一致的电压前面取正号，与回路环行方向相反的电压前面取负号，那么该回路中电压的代数和恒等于零。这一结论不仅适合于直流电路，也适合于任一瞬间的交流电路。

KVL 不仅适用于电路中任一闭合的回路，也适用于任意一段电路，如图 2.2.2 所示。在任一瞬间，沿电路中 a 点出发，顺时针方向绕行到 b 点时，则 a、b 两点间的电压可写为

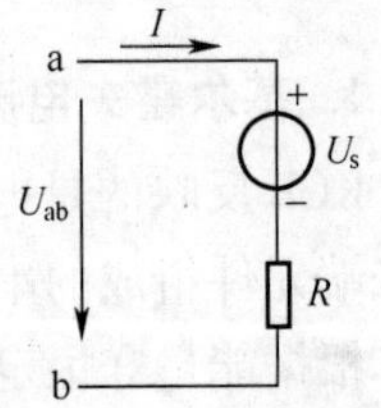

图 2.2.2　KVL 适用于一段电路

$$U_{ab} = U_s + IR$$

2.3　支路电流法

支路电流法是求解复杂电路的最基本方法，它是以支路电流为待求量，利用基尔霍夫定律，分别对电路中的节点和回路列出所需的独立方程，从而解出各支路电流的方法。下面以图 2.3.1 为例，了解支路电流法的解题步骤。

[例 2.3.1]　试用支路电流法求图 2.3.1 中各支路的电流 I_1、I_2、I_3。已知：$U_{s1} = 6V$，$U_{s3} = 8V$，$R_1 = R_3 = 100\Omega$，$R_2 = 50\Omega$。

解：（1）首先确定电路中的支路数，设定各支路电流的参考方向。在图 2.3.1 所示电路中共有 3 条支路，假定各支路电流的参考方向如图所示。

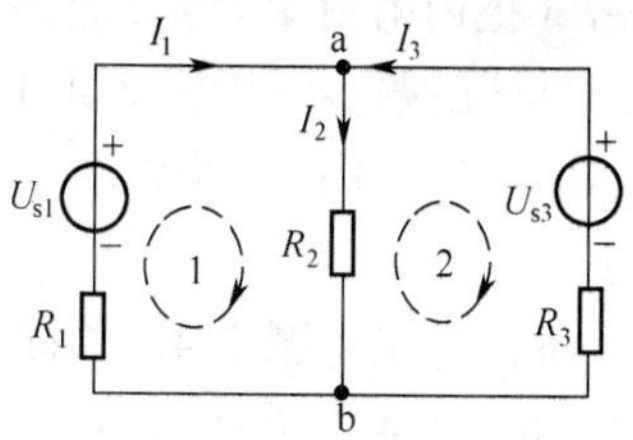

图 2.3.1　支路电流法

（2）确定电路中的节点数，根据 KCL 列出独立的节点电流方程。在图 2.3.1 所示电路中共有 2 个节点，图中用 a、b 标出，然后根据 KCL 列出节点电流方程：

节点 a：　　　　$I_1 + I_3 = I_2$

节点 b 的电流方程与节点 a 的电流方程相同，这说明该电路中只有 1 个方程是独立。一般来说，如果电路中有 n 个节点，则可根据 KCL 列出（$n-1$）个独立的电流方程。

（3）确定电路中的回路数，根据 KVL 列出独立的回路电压方程。在图 2.3.1 所示电路中共有 3 个回路，除了图中标出的 1 和 2 两个回路外，还有第 3 个回路，即从 a 点出发 → U_{s3} → R_3 → b 点 → R_1 → U_{s1} → a 点构成的回路，然后根据 KVL 列出节点电流方程：

回路 1：　　　　$U_{s1} = I_1 R_1 + I_2 R_2$

回路 2：　　　　$U_{s3} = I_2 R_2 + I_3 R_3$

回路 3：　　　　$I_1 R_1 + U_{s3} = U_{s1} + I_3 R_3$

由上述 3 个回路电压方程可见，回路 3 的电压方程完全可由回路 1 和回路 2 的电压方程相减得到，这说明 3 个电压方程中只有 2 个方程是独立的。一般来说，如果电路中有 m 条支路，则可列出（$m-n+1$）个独立的电压方程。为了能列出独立的电压方程，通常选择单孔回路（所谓单孔回路就是从电路的某一处沿顺时针或逆时针方向绕行一周，在它所包围的范围内不存在其他支路，如回路 1 和回路 2）一定能列出独立的电压方程。

（4）将独立的节点电流方程和回路电压方程联立成方程组，代入已知参数求出各支路电流。

$$\begin{cases} I_1 + I_3 = I_2 \\ U_{s1} = I_1 R_1 + I_2 R_2 \\ U_{s3} = I_2 R_2 + I_3 R_3 \end{cases} \Rightarrow \begin{cases} I_1 + I_3 = I_2 \\ 6 = 100 I_1 + 50 I_2 \\ 8 = 50 I_2 + 100 I_3 \end{cases} \Rightarrow \begin{cases} I_1 = 0.025(\text{A}) \\ I_2 = 0.07(\text{A}) \\ I_3 = 0.045(\text{A}) \end{cases}$$

2.4　叠 加 原 理

我们把含有两个或两个以上电源，且无法用串并联的方法化简为简单形式的电路称为复杂电路。在计算线性复杂电路中某一支路的电流或某一元件两端的电压时，可以采用叠加原理进行。

叠加原理的含义：在线性电路中，多个电源共同作用在任一支路所产生的响应（电流或电压），等于每个电源单独作用时，在该支路所产生响应（电流或电压）的代数和。

使用叠加原理应注意的事项：

（1）应保持电路的结构不变；

（2）在考虑某一电源单独作用时，要假设其他电源都不存在，即应遵循遇到电压源短路（把内阻留下来），遇到电流源开路（把内阻留下来）的原则进行。

具体解题步骤以例 2.4.1 来说明。

[**例 2.4.1**] 电路如图 2.4.1 所示，已知条件不变，试用叠加原理计算支路电流 I_2 的大小。

解：首先将图 2.4.1 的电路分解为两个电源单独作用时的电路，分别计算图 2.4.1（b）和图 2.4.1（c）电路中的电流 I_{21} 和 I_{22}，然后相加即得所求电流 I_2。

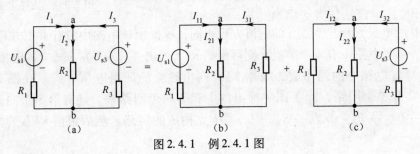

图 2.4.1　例 2.4.1 图

由图 2.4.1（b）可得

$$R_{23} = \frac{R_2 R_3}{R_2 + R_3} = \frac{50 \times 100}{50 + 100} = \frac{100}{3}(\Omega)$$

$$U_{ab} = \frac{U_{s1} R_{23}}{R_1 + R_{23}} = \frac{6 \times \frac{100}{3}}{100 + \frac{100}{3}} = 1.5(V)$$

所以

$$I_{21} = \frac{U_{ab}}{R_2} = \frac{1.5}{50} = 0.03(A)$$

由图 2.4.1（c）可得

$$R_{12} = \frac{R_1 R_2}{R_1 + R_2} = \frac{50 \times 100}{50 + 100} = \frac{100}{3}(\Omega)$$

$$U_{ab} = \frac{U_{s2} R_{12}}{R_1 + R_{12}} = \frac{8 \times \frac{100}{3}}{100 + \frac{100}{3}} = 2(V)$$

所以

$$I_{22} = \frac{U_{ab}}{R_2} = \frac{2}{50} = 0.04(A)$$

由此可得

$$I_2 = I_{21} + I_{22} = 0.03 + 0.04 = 0.07(A)$$

上述计算结果与支路电流法的计算结果完全相同，这说明了在复杂的线性电路中，计算某一支路的电流或某一元件两端的电压时，完全可以用叠加原理代替支路电流法，以简化计算过程。

注意：在使用叠加原理计算某一支路的电流（或某一元件两端的电压）时，单一电源作用的电路中各支路电流（或某一元件两端的电压）的参考方向一定要与原电路中电流的参考方向一致。若参考方向与原电路中假定的参考方向相反，则单一电源作用的电路中计算所得的支路电流前面必须加一负号。

2.5 戴维南定理

支路电流法可以求出所有支路中的电流，是求解复杂电路的最基本方法。但是，在电路计算中，有时只需计算电路中某一支路的电流，而无需计算其他支路的电流值，此时如果采用支路电流法，势必增加计算量，而且会引出一些不必要的电流。为了简化计算，常使用戴维南定理来计算电路中某一支路的电流或某一元件两端的电压。

使用戴维南定理的条件：任一线性有源二端（或称为一端口）网络。也就是说，戴维南定理只适用于由线性元件组成的线性电路，而不适用于非线性电路的求解。另外，该定理只针对于有源二端网络，而不适用于多端口网络。所谓二端网络是指只有一个输入或输出端口的电路；内部不含电源的称为无源二端网络；含有电源的称为有源二端网络。

戴维南定理（又称为等效电压源定理）的含义：任一线性有源二端网络，对其外部电路而言，都可用一个电动势为 E 的理想电压源和电阻（内阻为 R_0）相串联的有源支路来等效代替。这个有源支路的电动势 E 等于电路的开路电压 U_o，内阻 R_0 等于相应无源二端网络的等效电阻。具体解题步骤以例 2.5.1 来说明。

[**例 2.5.1**] 电路如图 2.5.1 所示，已知条件不变，试用戴维南定理计算支路电流 I_2 的大小。

解：（1）先将 a、b 两点间的支路 R_2 划开，得到如图 2.5.1（a）所示的串联电路。

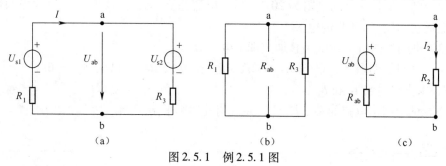

图 2.5.1 例 2.5.1 图

（2）求图 2.5.1（a）中 a、b 两点间的开路电压 U_{ab}。因为

$$I = \frac{U_{s1} - U_{s2}}{R_1 + R_3} = \frac{6 - 8}{100 + 100} = -0.01(\text{A})$$

所以根据 KVL，可得

$$U_{ab} = U_{s1} - IR_1 = 6 - (-0.01) \times 100 = 7(\text{V})$$

（3）将图 2.5.1（a）化成一个无源二端网络，得到如图 2.5.1（b）所示的电路。求 a、b 两点间的等效电阻为

$$R_{ab} = R_1 // R_2 = \frac{R_1 R_2}{R_1 + R_2} = \frac{100 \times 100}{100 + 100} = 50(\Omega)$$

注意：将一个有源二端网络化成一个无源二端网络时，应遵循"遇到电压源短路

（把内阻留下来），遇到电流源开路（把内阻留下来）"的原则进行。

（4）根据戴维南定理的含义，将 a、b 两端等效为一个有源支路，并将原先划开的 R_2 支路原封不动地连接到 a、b 两端，得到如图 2.5.1（c）所示电路，该电路中的 I_2 即为原题中所求的 I_2 电流值，即

$$I_2 = \frac{U_{ab}}{R_{ab} + R_2} = \frac{7}{50 + 50} = 0.07(\text{A})$$

上述计算结果与支路电流法的计算结果完全相同，这说明了在复杂的线性有源二端网络中，计算某一支路的电流或某一元件两端的电压时，完全可以用戴维南定理代替支路电流法，以简化计算过程。

由于电压源与电流源之间可以等效变换，所以有源二端网络也可用电流源来代替。这一关系称为诺顿定理，其含义可描述为：任一线性有源二端网络，对其外部电路而言，都可用一个电流为 I_s 的理想电流源和电阻（内阻为 R_0）相并联的有源支路来等效代替。这个有源支路的电流 I_s 就等于电路的短路电流，内阻 R_0 等于相应无源二端网络的等效电阻。具体解题过程请自行分析（注意：在分析过程中一定要注意短路电流的方向）。

习题

2-1 某电路的节点数 $n = 5$，支路数 $m = 8$，则可列出独立的电流、电压方程数分别为多少？独立的节点数和回路数分别为多少？

2-2 已知节日彩灯的电阻为 20Ω，额定电流为 0.1A，问应有多少只这样的灯泡串联，才能把它们接到 220V 的电源上？

2-3 电路如图所示，试用叠加定理求电压 U_s。

2-4 电路如图所示，已知 $R_3 = 2\Omega$，$R_4 = 4\Omega$，$R_5 = 1\Omega$，$R_6 = 6\Omega$，$U_{s1} = 8\text{V}$，$U_{s2} = 4\text{V}$，求支路电流 I_1 和 I_2。

2-5 试求图示电路的端电压 U，并讨论其功率平衡。

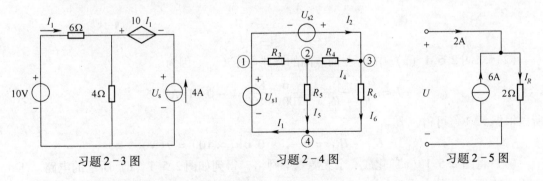

习题 2-3 图   习题 2-4 图   习题 2-5 图

2-6 利用戴维南定理求解图示电路中的电压 u。

2-7 电路如图所示，其中电阻、电压源和电流源均为已知，且为正值。求：

（1）电压 u_2 和电流 i_2；

（2）若电阻 R_1 增大，对哪些元件的电压、电流有影响？影响如何？

2-8 电路如图所示，已知 $u_{s1} = 45\text{V}, u_{s2} = 20\text{V}, u_{s4} = 20\text{V}, u_{s5} = 50\text{V}$；$R_1 = R_3 = 15\Omega$，$R_2 = 20\Omega, R_4 = 50\Omega, R_5 = 8\Omega$。利用电源的等效变换求图中电压 u_{ab}。

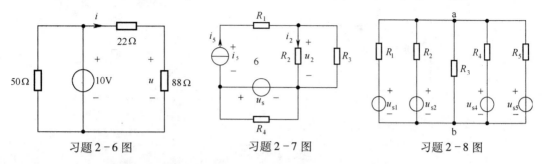

习题 2-6 图   习题 2-7 图   习题 2-8 图

2-9 利用电源的等效变换，求图示电路中的电流 i。

2-10 求解图示电路中的电流 i_5。

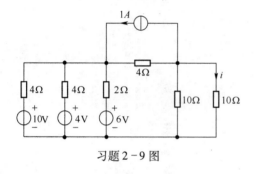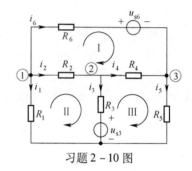

习题 2-9 图   习题 2-10 图

2-11 求图示电路中的电压 u。

2-12 求图示电路中的戴维南等效电路。

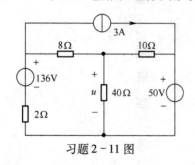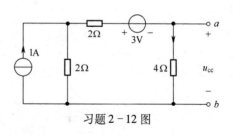

习题 2-11 图   习题 2-12 图

2-13 图（a）所示为有源一端口电路，其外特性曲线画于图（b）中，求其等效电源。

2-14 已知直流电源的电压为 220V，某电阻器的额定电压为 110V，功率为 80W。为了使用该电阻器，用一些额定电压为 220V，额定功率分别为 40W、60W、100W 的灯泡构成辅助电路。请设计一个能使该电阻器工作在额定状态下的电路，并计算灯泡一昼夜内将消耗多少电能。

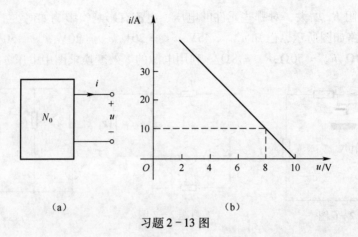

（a）　　　　　　　（b）

习题2-13图

第3章

正弦交流电路

在工农业生产和日常生活中所用的电基本上都是正弦交流电，是目前供电和用电的主要形式。这是因为交流电容易产生、便于输送、便于转换；另外，交流发电机等供电设备比其他波形的供电设备性能好、效率高，因而得到了广泛的应用。因此，分析和讨论正弦交流电路具有重要的使用意义。

本章介绍正弦交流电的基本概念及其表示方法，从单一元件电路出发，讨论交流电路中电压和电流间的关系以及功率问题，然后分析 RLC 串联电路和并联电路，从而掌握一般交流电路的分析方法，并就交流电路中的谐振现象和功率因数的提高这两个特殊的问题进行阐述。

在学习本章时需要注意：将直流电路中学习过的基本定律（或定理）和分析方法扩展到交流电路时，必然有其特殊的表达形式。

3.1 正弦交流电的基本概念

大小和方向都随时间按正弦规律作周期性变化且在一个周期内的平均值为零的电流、电压和电动势统称为正弦交流电，简称交流电。以电压为例，其数学表达式为

$$u = U_m\sin(\omega t + \theta) \tag{3.1.1}$$

式中：u 为电压的瞬时值；U_m 为电压的最大值或幅值；ω 为电压的角频率，单位为弧度/秒（rad/s）；$(\omega t + \theta)$ 为电压的相位角，简称相位；θ 为电压的初相位或初相角。当交流电压的最大值、初相位和角频率确定时，正弦交流电压与时间的函数关系也就确定了，如图 3.1.1 所示。因此，我们把最大值、角频率和初相位称为交流电的三要素。

3.1.1 交流电的周期、频率和角频率

交流电变化一次（或一周）所需的时间称为周期，用 T 表示，单位为秒（s）；交流电在 1s 内变化的次数（或周数）称为频率，用 f 表示，单位为赫兹（Hz）。根据上述定义，可知

$$f = \frac{1}{T} \tag{3.1.2}$$

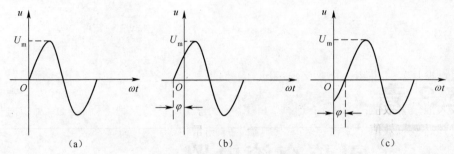

图 3.1.1　正弦交流电压的波形

(a) $\theta = 0°$；(b) $0° < \theta < 180°$；(c) $-180° < \theta < 0°$。

由于交流电每变化一次（一周）经过了 2π 弧度，所以有 $\omega T = 2\pi$，从而可知交流电的周期、频率和角频率之间的关系为

$$\omega = \frac{2\pi}{T} = 2\pi f \tag{3.1.3}$$

我国的工业标准频率为 50Hz。

3.1.2　交流电的瞬时值、最大值和有效值

交流电在任一时刻（或瞬间）的值称为瞬时值，用小写字母来表示，如 i、u、e 分别表示交流电流、电压和电动势的瞬时值；把瞬时值中最大的值称为最大值或幅值，用大写字母带右下标"m"表示，如 I_m、U_m 和 E_m 分别表示交流电流、电压和电动势的最大值。虽然交流电的最大值能够反映出交流电的大小，但毕竟是一个瞬时值，无法用来计量交流电。因此，我们规定了一个用来表示交流电大小的量，称为交流电的有效值。我们知道，电流通过导体能够产生力量和热量，所以交流电的有效值是根据电流的热效应原理来规定的。我们规定：在一定的条件下有一个阻值恒定不变的电阻 R，如果在一个周期内交流电流 i 通过 R 时消耗的电能与某直流电流 I 在相同时间内通过 R 时消耗的电能相等，就把这一直流电流 I 的数值定义为交流电流 i 的有效值。根据以上定义，可得

$$I^2 RT = \int_0^T i^2 R \mathrm{d}t$$

由此，可求得交流电流的有效值 I 与瞬时值 i 间的关系为

$$I = \sqrt{\frac{1}{T}\int_0^T i^2 \mathrm{d}t} \tag{3.1.4}$$

上式表明：交流电流的有效值 I 等于瞬时值 i 的平方在一个周期内的平均值的开方，因此交流电的有效值又称为均方根值。

有效值的定义不仅适用于正弦交流电，也适用于一切周期性变化的交流电。

对正弦交流电流而言，由于 $i = I_m \sin(\omega t + \theta)$，所以交流电流的有效值为

$$I = \sqrt{\frac{1}{T}\int_0^T i^2 \mathrm{d}t} = \sqrt{\frac{1}{T}\int_0^2 \left[I_m \sin(\omega t + \theta) \right]^2 \mathrm{d}t} = \frac{\sqrt{2}}{2} I_m \tag{3.1.5}$$

同理，有

$$U = \frac{\sqrt{2}}{2} U_m \tag{3.1.6}$$

$$E = \frac{\sqrt{2}}{2}E_m \tag{3.1.7}$$

通过上述公式可知，正弦交流电的有效值是其最大值的 $\frac{\sqrt{2}}{2}$ 倍；反过来说，正弦交流电的最大值是有效值的 $\sqrt{2}$ 倍。通常，单相交流电气设备的铭牌上所标注的额定电压和额定电流都是指有效值，交流电压表和电流表所测量得到的值也是有效值。

3.1.3　交流电的相位、初相位和相位差

由式 (3.1.1) 可知，$(\omega t + \theta)$ 是正弦交流电随时间变化的角度，它代表了交流电的变化进程，称为相位或相位角；我们把 $t = 0$ 时的相位称为初相位或初相位角。根据图 3.1.1 可知，初相位与所选时间的起点有关。在进行交流电路的分析和计算时，同一电路中所有的正弦量只能有一个计时起点，因而只能任选其中一个正弦量的初相位为零的瞬间作为计时起点。我们把初相位被选为零的正弦量称为参考量。注意：这时其他正弦量的初相位就不一定等于零了。

任何两个同频率正弦量的相位之差称为相位差，用字母 φ 来表示。例如

$$u = U_m \sin(\omega t + \theta_1)$$
$$i = I_m \sin(\omega t + \theta_2)$$

上述两个正弦量的频率相同，因此，它们的相位差为

$$\varphi = (\omega t + \theta_1) - (\omega t + \theta_2) = \theta_1 - \theta_2 \tag{3.1.8}$$

可见，相位差就等于初相位之差。初相位不同，说明两个正弦量随时间变化的步调不一致。我们规定：$\varphi > 0°$ 称为电压 u 在相位上超前电流 i 一个 φ 角；$\varphi = 0°$ 称为电压 u 和电流 i 同相；$\varphi < 0°$ 称为电压 u 在相位上滞后电流 i 一个 φ 角；$\varphi = 90°$ 称为电压 u 和电流 i 正交；$\varphi = 180°$ 称为电压 u 和电流 i 反相。具体波形如图 3.1.2 所示。

[例 3.1.1]　已知正弦交流电压和电流的瞬时值表达式为

$$u = 350\sin(314t + 45°)(V)$$
$$i_1 = 141.14\sin(314t - 30°)(A)$$
$$i_2 = 14.1\sin(314t + 30°)(A)$$

试以电压 u 为参考量，重新写出电压和电流的瞬时值表达式。

解： 若以电压 u 为参考量，则电压 u 的表达式为

$$u = 350\sin314t(V)$$

由于 u 和 i_1 的相位差为

$$\varphi_1 = 45° - (-30°) = 75° > 0°$$

所以，电流 i_1 的瞬时值表达式为

$$i_1 = 141.14\sin(314t - 75°)(A)$$

由于 u 和 i_2 的相位差为

$$\varphi_1 = 45° - 30° = 15° > 0°$$

所以，电流 i_2 的瞬时值表达式为

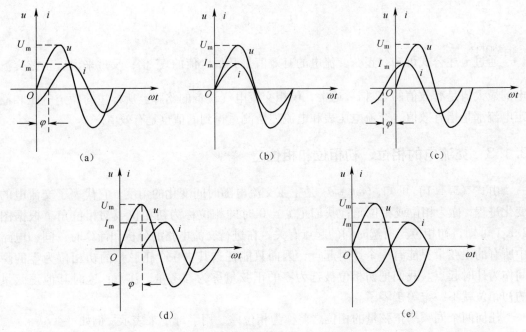

图 3.1.2 同频率正弦量的相位关系

(a) $\varphi > 0°$；(b) $\varphi = 0°$；(c) $\varphi < 0°$；(d) $\varphi = 90°$；(e) $\varphi = 180°$。

$$i_2 = 14.1\sin(314t - 15°)\,(\mathrm{A})$$

3.2 正弦交流电的相量表示法

前文已指出，正弦交流电可以用三角函数表达式或波形图来表示。这两种方法能够明确地表达正弦交流电的 3 个要素以及它们的瞬时值。但是，在实际交流电路的分析和计算中，经常会遇到两个或两个以上正弦量的加、减、乘、除等各种运算，这时如果采用正弦量的三角函数式或波形图，势必增加计算的复杂性和难度。因此，必须针对正弦交流电的特点，寻求新的计算方法。

前面已提到，正弦交流电是目前供电和用电的主要形式。这是因为正弦交流电除了前面提到的诸多优点外，还有一个非常重要的特点：在正弦交流电源的激励下，电路各处所产生的响应的频率与电源的频率相同。也就是说，在分析和计算正弦交流电路时，频率是已知的，只要确定出交流电的有效值（或最大值）和初相位即可，这为我们分析和计算交流电路带来了极大的方便。我们在数学中已经学过，一个有向线段（或称为向量）可以用长度和辐角来表示该向量在坐标系中的位置，这恰好与交流电的有效值（或最大值）和初相位相对应。因此，完全可以用向量表示法来表示正弦量。为了区别于数学中的向量表示法，我们把正弦交流电的向量称为"相量"，并用大写字母上方加一实心点来表示。如：$\dot{I}$、$\dot{U}$、$\dot{E}$ 表示正弦交流电流、电压、电动势有效值的相量；$\dot{I}_\mathrm{m}$、$\dot{U}_\mathrm{m}$、$\dot{E}_\mathrm{m}$ 表示正弦交流电流、电压、电动势最大值的相量。

由于向量可以用复数来表示，所以相量也可以用复数来表示。而复数有多种表达形式，主要有代数形式、三角函数形式和指数形式 3 种。图 3.2.1 所示是交流电流 i 在复平面中的相量，其中 θ 为初相位，I 为交流电流的有效值。

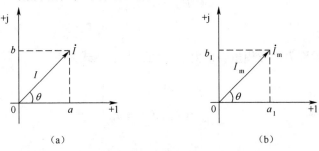

图 3.2.1　交流电流的相量图

(a) 电流有效值相量图；(b) 电流有效值相量图。

根据复数知识，电流的相量 $\dot{I}$ 可以写成

$$\dot{I} = a + jb$$

式中：

$$a = I\cos\theta$$
$$b = I\sin\theta$$

由此可得

$$\dot{I} = a + jb = I(\cos\theta + j\sin\theta)$$

由数学中的欧拉公式，即

$$\cos\theta = \frac{e^{j\theta} + e^{-j\theta}}{2}$$

$$\sin\theta = \frac{e^{j\theta} - e^{-j\theta}}{2j}$$

可得

$$\cos\theta + j\sin\theta = e^{j\theta}$$

根据以上关系，相量 $\dot{I}$ 用复数表示的 3 种形式为

$$\dot{I} = a + jb = I(\cos\theta + j\sin\theta) = Ie^{j\theta} = I\angle\theta \tag{3.2.1}$$

同理，其他正弦量的相量表示形式也可写为

$$\left.\begin{array}{l} \dot{U} = a + jb = U(\cos\theta + j\sin\theta) = Ue^{j\theta} = U\angle\theta \\ \dot{E} = a + jb = E(\cos\theta + j\sin\theta) = Ee^{j\theta} = E\angle\theta \end{array}\right\} \tag{3.2.2}$$

由于 $I_m = \sqrt{2}I$，$U_m = \sqrt{2}U$，$E_m = \sqrt{2}E$，所以交流电的相量表示形式也可写为

$$\left.\begin{array}{l} \dot{U}_m = a_1 + jb_1 = U_m(\cos\theta + j\sin\theta) = U_m e^{j\theta} = U_m\angle\theta \\ \dot{E}_m = a_1 + jb_1 = E_m(\cos\theta + j\sin\theta) = E_m e^{j\theta} = E_m\angle\theta \\ \dot{I}_m = a_1 + jb_1 = I_m(\cos\theta + j\sin\theta) = I_m e^{j\theta} = I_m\angle\theta \end{array}\right\} \tag{3.2.3}$$

根据上述关系，交流电最大值与有效值之间的关系为

$$\left.\begin{aligned}\dot{U}_{m} &= \sqrt{2}\dot{U}\\ \dot{E}_{m} &= \sqrt{2}\dot{E}\\ \dot{I}_{m} &= \sqrt{2}\dot{I}\end{aligned}\right\}\tag{3.2.4}$$

参考量的相量称为参考相量。以电流为例，其表达式为

$$\left.\begin{aligned}\dot{I} &= I\angle 0° = I\\ \dot{I}_{m} &= I_{m}\angle 0° = I_{m}\end{aligned}\right\}\tag{3.2.5}$$

由于

$$\left.\begin{aligned}e^{j90°} &= \cos90° + j\sin90° = j\\ e^{-j90°} &= \cos(-90°) + j\sin(-90°) = -j\end{aligned}\right\}$$

因此，以电流为例，有

$$\left.\begin{aligned}j\dot{I} &= \dot{I}e^{j90°} = Ie^{j\theta}e^{j90°} = Ie^{j(\theta+90°)}\\ -j\dot{I} &= \dot{I}e^{-j90°} = Ie^{j\theta}e^{-j90°} = Ie^{j(\theta-90°)}\end{aligned}\right\}\tag{3.2.6}$$

由上式可知，$j\dot{I}$ 相当于将相量 $\dot{I}$ 逆时针方向旋转了 90°；同理，$-j\dot{I}$ 相当于将相量 $\dot{I}$ 顺时针方向旋转了 90°。因此，把 j 称为相量的旋转因子，如图 3.2.2 所示。

注意：相量是表示正弦交流电的复数，并不等于正弦交流电。这是因为能完整确定正弦交流电需要 3 个物理量，而相量只能表示正弦交流电的两个物理量。例如：$\dot{I}_{m} = I_{m}\angle\theta \neq I_{m}\sin(\omega t + \theta)$。另外，一定要明确，只有正弦交流电才能用相量表示，且只有同频率的正弦交流电才能进行相量运算。

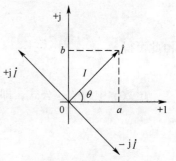

图 3.2.2　$\dot{I}$ 乘以 j 或 -j

我们把两个或两个以上同频率的相量画在同一坐标系中所组成的图称为相量图。相量图可以直观地显示出同频率的多个相量之间的大小、相位等关系，是求解正弦交流电路最有效、最简单的方法之一。

[**例 3.2.1**]　已知 $i_1 = 100\sqrt{2}\sin(314t + 60°)(A)$，$i_2 = 100\sqrt{2}\sin(314t - 30°)(A)$。试求：

（1）$i = i_1 + i_2$ 及 i 的最大值；

（2）画出相量图。

解：根据题意，首先将电流用最大值相量表示为

$$\dot{I}_{1m} = 100\sqrt{2}\angle 60°(A)$$

$$\dot{I}_{2m} = 100\sqrt{2}\angle(-60°)(A)$$

（1）$\dot{I}_{m} = \dot{I}_{1m} + \dot{I}_{2m} = 100\sqrt{2}\angle 60° + 100\sqrt{2}\angle(-60°)$

$$= 100\sqrt{2}(\cos 60° + j\sin 60°) + 100\sqrt{2}[\cos(-60°) + j\sin(-60°)]$$
$$= 70.7 + j122.4524 + 70.7 - j122.4524 = 141.4(A)$$

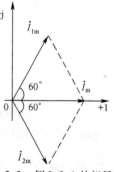

所以

$$i = i_1 + i_2 = 141.4\sin 314t,\ I_m = 141.4(A)$$

（2）相量图如图 3.2.3 所示。

结论： 由以上计算结果可知，在正弦交流电路中，两个同频率相量的最大值（或有效值）之间不能代数相加。这时因为它们的最大值（或有效值）不是在同一时刻出现。也就是说，在正弦交流电路中，$I_m \neq I_{1m} + I_{2m}$（或 $I \neq I_1 + I_2$）。

图 3.2.3 例 3.2.1 的相量图

3.3 单一参数的正弦交流电路

了解了正弦交流电及其相量表示法后，我们首先讨论由单一参数电路元件组成的正弦交流电路。掌握了单一参数电路元件在正弦交流电路中的作用后，由这些理想元件组合而成的复杂正弦交流电路也就不难掌握了。

3.3.1 纯电阻交流电路

像白炽灯、电炉等实际电路元件接在正弦交流电源上工作时，都可以看成是纯电阻交流电路。此时电阻中流过的电流与其两端电压间的关系，当 u 与电流采用关联参考方向时，由 $u = iR$ 来表达。

1. 电压与电流的关系

电路如图 3.3.1（a）所示。先选择电流为参考量，即 $i = I_m\sin\omega t$，则有

$$u = iR = I_m R\sin\omega t = U_m\sin\omega t$$

由此可见，通过电阻中的电流 i 与它两端的电压 u 是同频率、同相位的两个正弦量。其波形图和相量图如图 3.3.1（b）、（c）所示。

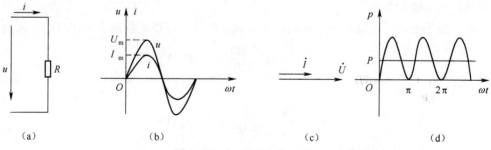

图 3.3.1 纯电阻交流电路

（a）电路图；（b）波形图；（c）相量图；（d）功率波形。

若将上述关系用相量表示，则有

$$\dot{I} = I\angle 0° = I, \quad \dot{U} = U\angle 0° = IR\angle 0° = IR$$

$$\dot{I}_m = I_m\angle 0° = I_m, \quad \dot{U}_m = U_m\angle 0° = I_m R\angle 0° = I_m R$$

由以上两式可得

$$R = \frac{U_m}{I_m} = \frac{U}{I} = \frac{\dot{U}_m}{\dot{I}_m} = \frac{\dot{U}}{\dot{I}} \quad\quad (3.3.1)$$

这说明，在纯电阻交流电路中，电压与电流的最大值之比、有效值之比、最大值相量之比以及有效值相量之比都等于电阻 R。这是纯电阻交流电路的固有特性。

2. 纯电阻交流电路中的功率

我们把电压和电流瞬时值的乘积称为交流电路中的瞬时功率，用小写字母 p 来表示。其表达式为

$$p = ui = U_m\sin\omega t \cdot I_m\sin\omega t = \sqrt{2}U \cdot \sqrt{2}I\sin^2\omega t = UI(1 - \cos 2\omega t) \quad (3.3.2)$$

上式说明，电阻从电源吸取的功率由两部分组成：一是常数 UI；二是幅值为 UI，并以 2ω 的角频率随时间变化的交变量 $UI\cos 2\omega t$，如图 3.3.1（d）所示。从功率曲线可以看出，电阻所吸收的功率在任一瞬时总是大于零的，这一事实说明了电阻是耗能元件。

瞬时功率无实用意义。通常所说的功率称为平均功率或有功功率，简称功率，用大写字母 P 来表示，单位为瓦特（W）。所谓有功功率是指瞬时功率在一个周期内所消耗的平均速率。其表达式为

$$P = \frac{1}{T}\int_0^T p\,dt = \frac{1}{T}\int_0^T UI(1 - \cos 2\omega t)\,dt$$

$$= UI = I^2 R = \frac{U^2}{R} \quad\quad (3.3.3)$$

需要说明的是：正弦交流电路中电阻消耗的功率与直流电路有相似的公式，但要注意的是式（3.3.3）中的 U 和 I 是正弦电压与正弦电流的有效值。平常我们所说的 40W 灯泡、25W 电烙铁等都是指有功功率。

[例 3.3.1] 有一电炉，其额定电压 $U_N = 220V$，额定功率 2000W，把它接到 220V 的工频交流电源上工作。求电炉在额定状态下工作时的电流和电阻值。如果连续使用 1h，它所消耗的电能是多少？

解： 由于电炉可看成是一个纯电阻性负载。所以，在额定状态下工作时的电流为

$$I_N = \frac{P_N}{U_N} = \frac{2000}{220} = 9.09(A)$$

它的电阻值为

$$R = \frac{U_N}{I_N} = \frac{220}{9.09} = 24.2(\Omega)$$

工作 1h 所消耗的电能为

$$W = P_N t = 2000 \times 1 = 2(kW \cdot h)$$

3.3.2　纯电感交流电路

前面已讲过，当电感元件的电流 i 和电压 u 采用关联参考方向时，有 $u = L\dfrac{di}{dt}$。这说明了电感元件两端的电压与通过电感元件的电流变化率是成正比的。

1. 电压与电流的关系

电路如图 3.3.2（a）所示。先选择电流为参考量，即 $i = I_m \sin\omega t$，则有

$$u = L\frac{di}{dt} = L\frac{d(I_m \sin\omega t)}{dt}$$
$$= \omega L I_m \cos\omega t = \omega L I_m \sin(\omega t + 90°) \tag{3.3.4}$$

上式说明，通过电感的电流 i 与它两端的电压 u 都是同频率的正弦量，且有 $U_m = \omega L I_m$。由此可得

$$X_L = \frac{U_m}{I_m} = \frac{U}{I} = \omega L = 2\pi f L \tag{3.3.5}$$

上式表明，X_L 与电阻有相同的量纲，在电压一定的情况下，X_L 越大，电流越小。所以，X_L 是表示电感对电流阻碍作用大小的物理量，我们称 X_L 为电感的电抗，简称感抗。另外，从式（3.3.5）也可以看出，X_L 的大小与 L 和 f 成正比，L 一定时，f 越高，X_L 就越大，阻碍电流的能力就越强。因此，对于交流电路，电感具有阻高频而通低频的作用。电感的这一作用被广泛应用于电路的滤波。在极端情况下，当 $f \to 0$（恒定直流电）时，$X_L \to 0$，此时电感相当于短路；$f \to \infty$ 时，$X_L \to \infty$，此时电容相当于开路。

从式（3.3.4）还可看出，电感两端的电压 u 与通过它的电流 i 在相位上相差 90°。根据 $\varphi = \varphi_u - \varphi_i = 90° > 0$ 可知，电感元件两端的电压在相位上超前于电流 90°。

若用相量表示上述关系，则有

$$\left.\begin{array}{l} \dot{I}_m = I_m, \dot{U}_m = U_m \angle 90° = jX_L \dot{I}_m \\ \dot{I} = I, \dot{U} = U \angle 90° = jX_L \dot{I} \end{array}\right\} \tag{3.3.6}$$

上式为电感元件两端电压 u 与电流 i 的相量表达式，用相量表示的电路如图 3.3.2（b）所示。其波形图和相量图分别如图 3.3.2（c）、（e）所示。

2. 纯电感交流电路中的功率

电感交流电路中的瞬时功率为

$$p = ui = U_m \sin(\omega t + 90°) \cdot I_m \sin\omega t$$
$$= \sqrt{2}U \cdot \sqrt{2}I\cos\omega t \sin\omega t = UI\sin2\omega t \tag{3.3.7}$$

变化曲线如图 3.3.2（d）所示。对照图 3.3.2（c）可知，$p > 0$ 时，$|i|$ 在增加，这时电感中储存的磁能在增加，电感从电源吸取电能并将其转换成了磁能；$p < 0$ 时，$|i|$ 在减小，这时电感中储存的磁能在减小，电感将储存的磁能转换为电能送回电源。电感瞬时功率的这一特点，一方面说明了电感不消耗电能，它是一种储能元件，故电感元件所

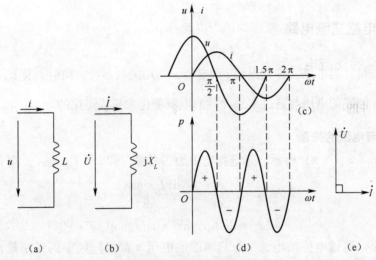

（a）　　　　　（b）　　　　　　　（d）　　　　　（e）

图 3.3.2　纯电感交流电流

（a）用瞬时值表示的电路；（b）用相量表示的电路；（c）波形图；（d）功率图；（e）相量图。

消耗的有功功率为

$$P = \frac{1}{T}\int_0^T p\mathrm{d}t = \frac{1}{T}\int_0^T UI\sin2\omega t\mathrm{d}t = 0$$

另一方面说明了电感与电源之间也有能量在往返交换，其交换的能力称为电感的无功功率，用大写字母 Q_L 来表示，即

$$Q_L = UI = I^2 X_L = \frac{U^2}{X_L} \qquad (3.3.8)$$

为了与有功功率 P 的单位有所区别，无功功率 Q_L 的单位是乏（Var）。

［例 3.3.2］　设有一电感线圈，其电感 $L = 0.5\mathrm{H}$，电阻可忽略不计，现接于工频 220V 的交流电源上，试求：

（1）电感的感抗 X_L、流过线圈的电流 I 以及无功功率 Q_L。

（2）若外加电压不变，将其频率变为 1000Hz，求该线圈的感抗 X_L 及无功功率 Q_{L1}。

解：（1）感抗为

$$X_L = 2\pi fL = 2 \times 3.14 \times 50 \times 0.5 = 157(\Omega)$$

选电压 $\dot{U}$ 为参考相量，即 $\dot{U} = 220\angle0°(\mathrm{V})$，则流过线圈的电流为

$$I = \frac{U}{X_L} = \frac{220}{157} = 1.4(\mathrm{A})$$

电感的无功功率为

$$Q_L = UI = 220 \times 1.4 = 308(\mathrm{Var})$$

（2）当 $f = 1000\mathrm{Hz}$ 时，电感的感抗为

$$X_L = 2 \times 3.14 \times 1000 \times 0.5 = 3140(\Omega)$$

电感的无功功率为

$$Q_{L1} = \frac{U^2}{X_L} = \frac{220^2}{3140} = 15.414(\mathrm{Var})$$

本例说明，同一电感对于不同频率的电流呈现出不同的感抗。频率越高，感抗越大，则电流越小，因而与电源交换功率的能力也就越小。

3.3.3　纯电容交流电路

当电容元件的电流 i 和电压 u 采用关联参考方向时，有 $i = C\dfrac{\mathrm{d}u}{\mathrm{d}t}$。这说明了流过电容元件的电流与电容元件两端电压的变化率成正比。

1. 电压与电流的关系

电路如图 3.3.3（a）所示。先选择电压为参考量，即 $u = U_{\mathrm{m}}\sin\omega t$，则有

$$i = C\frac{\mathrm{d}u}{\mathrm{d}t} = L\frac{\mathrm{d}(U_{\mathrm{m}}\sin\omega t)}{\mathrm{d}t}$$

$$= \omega CU_{\mathrm{m}}\cos\omega t = \omega CU_{\mathrm{m}}\sin(\omega t + 90°) \tag{3.3.9}$$

上式说明，通过电容的电流 i 与它两端的电压 u 都是同频率的正弦量，且有 $I_{\mathrm{m}} = \omega CU_{\mathrm{m}}$。由此可得

$$X_C = \frac{U_{\mathrm{m}}}{I_{\mathrm{m}}} = \frac{U}{I} = \frac{1}{\omega C} = \frac{1}{2\pi fC} \tag{3.3.10}$$

上式表明，X_C 与电阻有相同的量纲，在电压一定的情况下，X_C 越大，则电流越小。所以，X_C 是表示电容对电流阻碍作用大小的物理量，称 X_C 为电容的电抗，简称容抗。另外，从式（3.3.10）也可以看出，X_C 的大小与 C 和 f 成反比，C 一定时，f 越低，X_C 就越大，阻碍电流的能力就越强。因此，对于交流电路，电容具有阻低频而通高频的作用。电容的这一作用被广泛应用于电路的滤波。在极端情况下，当 $f \to 0$（恒定直流电）时，$X_C \to \infty$，此时电容相当于开路；$f \to \infty$ 时，$X_C \to 0$，此时电容相当于短路。

从式（3.3.9）还可看出，电容两端的电压 u 与通过它的电流 i 在相位上相差 90°。根据 $\varphi = \varphi_u - \varphi_i = -90° < 0$ 可知，电容元件两端的电压在相位上滞后于电流 90°。

若用相量表示上述关系，则有

$$\left.\begin{aligned} \dot{U}_{\mathrm{m}} &= U_{\mathrm{m}}, \dot{I}_{\mathrm{m}} = I_{\mathrm{m}}\angle 90° = \mathrm{j}\frac{U_{\mathrm{m}}}{X_L} \\ \dot{U} &= U, \dot{I} = I\angle 90° = \mathrm{j}\frac{U}{X_L} \end{aligned}\right\} \tag{3.3.11}$$

上式为电容元件两端电压 u 与电流 i 的相量表达式，用相量表示的电路图如图 3.3.3（b）所示。其波形图和相量图分别如图 3.3.3（c）、（e）所示。

2. 纯电容交流电路中的功率

电容交流电路中的瞬时功率为

$$p = ui = U_{\mathrm{m}}\sin\omega t \cdot I_{\mathrm{m}}\sin(\omega t + 90°)$$

$$= \sqrt{2}U \cdot \sqrt{2}I\cos\omega t\sin\omega t = UI\sin 2\omega t \tag{3.3.12}$$

变化曲线如图 3.3.3（d）所示。对照图 3.3.3（c）可知，$p > 0$ 时，$|u|$ 在增加，这

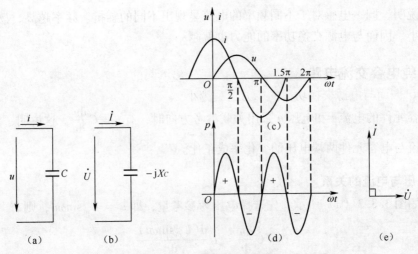

图 3.3.3　纯电容交流电路

(a) 用瞬时值表示的电路; (b) 用相量表示的电路; (c) 波形图; (d) 功率图; (e) 相量图。

时电容在充电, 电容从电源吸取电能并将其转换成了电场能; $p < 0$ 时, $|u|$ 在减小, 这时电容在放电, 电容中储存的电场能转换为电能送回电源。电容瞬时功率的这一特点, 一方面说明了电容不消耗电能, 它是一种储能元件, 故电容元件所消耗的有功功率为

$$P = \frac{1}{T} \int_0^T p dt = \frac{1}{T} \int_0^T UI \sin 2\omega t dt = 0$$

另一方面说明了电容与电源之间也有能量在往返交换, 其交换的能力称为电容的无功功率, 用大写字母 Q_C 来表示, 即

$$Q_C = UI = I^2 X_C = \frac{U^2}{X_C} \tag{3.3.13}$$

为了与有功功率 P 的单位有所区别, 无功功率 Q_C 的单位是乏 (Var)。

[例 3.3.3]　设有一电容元件, 其电容 $C = 0.47\mu F$, 电阻可忽略不计, 现接于工频 220V 的交流电源上, 试求:

(1) 电容的容抗 X_C、流过电容的电流 I 以及无功功率 Q_C。

(2) 若外加电压不变, 将其频率变为 1000Hz, 求该线圈的感抗 X_L 及无功功率 Q_{C1}。

解: (1) 容抗为

$$X_C = 1/2\pi f C = \frac{1}{2 \times 3.14 \times 50 \times 0.47 \times 10^{-6}} \approx 6776(\Omega)$$

选电压 $\dot{U}$ 为参考相量, 即 $\dot{U} = 220 \angle 0°(V)$, 则流过线圈的电流为

$$I = \frac{U}{X_C} = \frac{220}{6776} \approx 0.033(A)$$

电感的无功功率为

$$Q_C = UI = 220 \times 0.033 \approx 7.14(Var)$$

(2) 当 $f = 1000Hz$ 时, 电容的容抗为

$$X_C = \frac{1}{2\pi f C} = \frac{1}{2 \times 3.14 \times 1000 \times 0.47 \times 10^{-6}} \approx 339(\Omega)$$

电容的无功功率为

$$Q_{C1} = \frac{U^2}{X_C} = \frac{220^2}{339} \approx 143(\text{Var})$$

本例说明，同一电容对于不同频率的电流呈现出不同的容抗。频率越低，容抗越大，则电流越小，因而与电源交换功率的能力也就越小。

3.4 RLC 串联交流电路

通过 3.3 节的讨论，证实了在正弦交流电源的激励下，电路各处所产生的响应的频率与电源的频率相同这一现象。因而，从本节开始，在讨论交流电路的激励与响应间的关系时，将不再重复频率相同的问题。3.3 节讨论的单一参数元件的电路是理想化了的电路，实际电路往往是上述 3 个元件同时存在的复杂电路，因此，讨论含有多个参数元件的交流电路就具有实际意义。图3.4.1 所示是一个 RLC 串联交流电路。

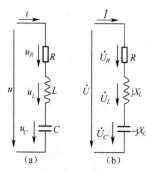

图 3.4.1 RLC 串联交流电路
(a) 用瞬时值表示的电路;
(b) 用相量表示的电路。

3.4.1 RLC 串联交流电路中电压与电流的关系

根据基尔霍夫电压定律，对于图 3.4.1 (a)，有

$$u = u_R + u_L + u_C = iR + L\frac{\mathrm{d}i}{\mathrm{d}t} + \frac{1}{C}\int i\mathrm{d}t$$

当电路中有正弦电流 $i = I_m\sin\omega t$ 通过时，用上式求解电路两端的电压 u 就显得十分困难。但是，根据 3.3 节讨论的结果，频率是已知的。所以，用图 3.4.1 (b) 来求解其余两个正弦量就显得十分简单。

1. 用复数运算求解

设电路中通过的电流为参考量，则 $\dot{I} = I\angle 0° = I$ ，所以有

$$\dot{U} = \dot{U}_R + \dot{U}_L + \dot{U}_C = \dot{I}R + \mathrm{j}\dot{I}X_L - \mathrm{j}\dot{I}X_C$$
$$= \dot{I}[R + \mathrm{j}(X_L - X_C)] = \dot{I}(R + \mathrm{j}X)$$

式中

$$X = X_L - X_C \tag{3.4.1}$$

称为 RLC 串联交流电路中的电抗。
再令

$$Z = R + \mathrm{j}X_L - \mathrm{j}X_C = R + \mathrm{j}X \tag{3.4.2}$$

称为 RLC 串联交流电路中的复数阻抗，简称复阻抗。它只是一般的复数计算量，所以不是相量。由此可以求得 RLC 串联交流电路中电压与电流间的关系为

$$\dot{U} = \dot{I}Z \tag{3.4.3}$$

由上式可以看出，电路端电压的初相位实际上就是复阻抗 Z 的辐角，而端电压的大小就是复阻抗 Z 的模与电流的乘积。

复阻抗 Z 的模称为阻抗，其值为

$$|Z| = \sqrt{R^2 + (X_L - X_C)^2} \tag{3.4.4}$$

复阻抗 Z 的辐角称为阻抗角，其值为

$$\varphi = \arctan\frac{X_L - X_C}{R} \tag{3.4.5}$$

由式（3.4.4）可知，RLC 串联交流电路中的阻抗 $|Z|$ 与 R、X 符合直角三角形的关系，称为阻抗三角形，如图 3.4.2 所示。

根据上述讨论，再对照式（3.4.3），有

$$\dot{U} = \dot{I}Z = I\angle 0° \cdot |Z| \angle\varphi = I|Z| \angle\varphi$$

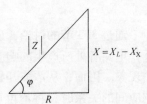

图 3.4.2 阻抗三角形

由此可得，RLC 串联交流电路中电压与电流的有效值之间和相位之间的关系分别为

$$\left.\begin{aligned} U &= I|Z| \\ \varphi &= \varphi_u - \varphi_i \end{aligned}\right\} \tag{3.4.6}$$

即电路端电压与总电流的有效值之比等于电路的总阻抗，电压与电流的相位差等于电路的阻抗角。

对照式（3.4.2）和式（3.4.3）可知，RLC 串联交流电路中总的复阻抗 Z 应该等于各元件复阻抗之和，即

$$Z = Z_R + Z_L + Z_C = R + jX_L + (-jX_C) \tag{3.4.7}$$

上式表明，在计算多个元件串联的交流电路时，只能用各元件的复阻抗相加来计算总的复阻抗，而不能直接将阻抗相加，即

$$|Z| \neq |Z_R| + |Z_L| + |Z_C|$$

2. 用相量图求解

根据单一参数电路的特点，设串联电路中的电流为参考相量，即 $\dot{I} = I\angle 0° = I$。画出相量图如图 3.4.3 所示，图中假定 $X_L > X_C$，即 $U_L > U_C$。

由图 3.4.3，可得

$$U = \sqrt{U_R^2 + (U_L - U_C)^2} \tag{3.4.8}$$

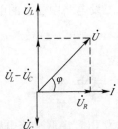

图 3.4.3 串联交流电路相量图

上式表明，RLC 串联交流电路的总电压 $\dot{U}$、电阻上的电压 $\dot{U}_R$ 和电抗上的电压 $\dot{U}_X = \dot{U}_L - \dot{U}_C$ 也组成了一个直角三角形，称为电压三角形。且有

$$\varphi = \arctan\frac{U_L - U_C}{U_R} = \arctan\frac{IX_L - IX_C}{IR} = \arctan\frac{X_L - X_C}{R} \tag{3.4.9}$$

显然，电压三角形是阻抗三角形乘以电流 $\dot{I}$ 得到的，所以这两个三角形是相似三角形。但要注意，电压三角形的各边都是相量，而阻抗三角形的各边不是相量。式（3.4.9）表明，当电流的频率一定时，RLC 串联交流电路的相位差由电路参数决定。

值得指出的是：任何交流电路，电路的总电压 $\dot{U}$ 和总电流 $\dot{I}$ 的相位差满足 $0° < \varphi < 90°$ 时，该电路称为感性电路；当 $-90° < \varphi < 0°$ 时，称为容性电路；当 $\varphi = 0°$ 时，称为纯电阻性电路。

[例 3.4.1]　将一个电感线圈接到 20V 直流电源上时，通过的电流为 1A，将此线圈改接到工频 20V 的交流电源上时，通过的电流为 0.5A。试求该线圈的电阻 R 和电感 L。

解：根据题意，该电感线圈可等效为 R、L 的串联电路。设直流电压 $U_1 = 20$V，直流电流 $I_1 = 1$A；交流电压 $U_2 = 20$V，交流电流 $I_2 = 0.5$A。

由于线圈对于直流电而言其感抗为零，所以线圈的电阻为

$$R = \frac{U}{I} = \frac{20}{1} = 20(\Omega)$$

当接到工频交流电源上时，有

$$|Z| = \sqrt{R^2 + X_L^2} = \frac{U_2}{I_2} = \frac{20}{0.5} = 40(\Omega)$$

则

$$X_L = 2\pi fL = \sqrt{|Z|^2 - R^2} = \sqrt{40^2 - 20^2} = 34.641(\Omega)$$

所以，电感线圈的电感为

$$L = \frac{X_L}{2\pi f} = \frac{34.641}{2 \times 3.14 \times 50} = 0.11(\text{H})$$

[例 3.4.2]　有一 RC 串联电路，当接在工频 12V 的电源上时，电路中的电流为 3mA，电容电压滞后于电源电压 60°。求 R 和 C。

解：（1）方法一（采用复数运算求解）。设电路中的电流为参考相量，即 $\dot{I} = 0.003\angle0°(\text{A})$，则有

$$\dot{U} = \dot{I}Z = \dot{I}(R - jX_C) \Rightarrow \frac{U}{I} = \sqrt{R^2 + X_C^2} \qquad ①$$

根据流过电容的电流超前电容电压 90°这一特点和电容电压滞后于电源电压 60°的已知条件可知，电源电压的初相位 $\varphi = -90° + 60° = -30°$，即 $\dot{U} = 12\angle(-30°)$V，由此得

$$-30° = \arctan\left(-\frac{X_C}{R}\right) \Rightarrow \frac{X_C}{R} = \frac{\sqrt{3}}{3} \qquad ②$$

联立①和②并代入已知参数，得

$$\left.\begin{array}{r} 4000^2 = R^2 + X_C^2 \\ X_C = \frac{\sqrt{3}}{3}R \end{array}\right\}$$

解上述方程组，得

$$R = 3464(\Omega), \ X_C = \frac{1}{2\pi f C} = 1999.88(\Omega), \ C = 1.5924 \mu F$$

（2）方法二（采用相量图求解）。设电路中的电流为参考相量，即 $\dot{I} = 0.003\angle 0°(A)$，可画出相量图如图 3.4.4 所示。由相量图可见，电路中的电流 $\dot{I}$ 在相位上超前总电压 $\dot{U}$ 30°。由此可列出方法一中的①、②两个方程，从而求得

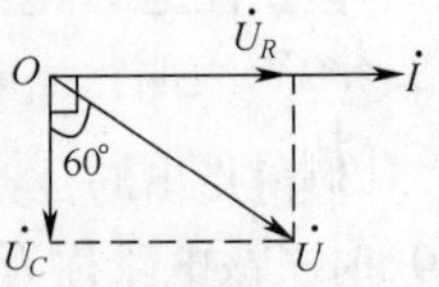

图 3.4.4　例 3.4.2 的相量图

$$R = 3464(\Omega), X_C = \frac{1}{2\pi f C} = 1999.88(\Omega), C = 1.5924 \mu F$$

3.4.2　RLC 串联交流电路中的功率

RLC 串联交流电路中的瞬时功率为

$$\begin{aligned} p = ui &= (u_R + u_L + u_C)i \\ &= p_R + p_L + p_C \end{aligned}$$

由于电感和电容不消耗功率，所以电路所消耗的功率就是电阻所消耗的功率，即

$$\begin{aligned} P &= \frac{1}{T}\int_0^T p\,\mathrm{d}t = \frac{1}{T}\int_0^T (u_R + u_L + u_C)\,\mathrm{d}t \\ &= \frac{1}{T}\int_0^T p_R\,\mathrm{d}t = \frac{1}{T}\int_0^T u_R i\,\mathrm{d}t \\ &= U_R I = I^2 R = \frac{U_R{}^2}{R} \end{aligned} \tag{3.4.10}$$

由电压三角形可知

$$U_R = U\cos\varphi$$

所以，RLC 串联交流电路中的有功功率为

$$P = UI\cos\varphi \tag{3.4.11}$$

上式说明，交流电的功率表达式比直流电多了一个因子 $\cos\varphi$，此因子称为电路的功率因数，φ 称为功率因数角。

式（3.4.11）中，UI 本身就有功率的量纲，但它又不是电路中实际的消耗功率，所以称为视在功率（或容量），用大写字母 S 表示，单位伏安（VA），即

$$S = UI \tag{3.4.12}$$

由于电路中有储能元件电感和电容，它们虽然不消耗功率，但与电源之间有能量的交换，这种能量交换的能力仍用无功功率表示，即

$$\begin{aligned} Q = Q_L - Q_C &= U_L I - U_L I \\ &= I(U_L - U_C) \\ &= I^2(X_L - X_C) = \frac{(U_L - U_C)^2}{(X_L - X_C)} \end{aligned}$$

由电压三角形知

$$U_L - U_C = U\sin\varphi$$

所以，RLC 串联交流电路中的无功功率为

$$Q = UI\sin\varphi \qquad\qquad (3.4.13)$$

根据 RLC 串联交流电路中的有功功率、无功功率和视在功率的公式，得

$$S = \sqrt{P^2 + Q^2} \qquad\qquad (3.4.14)$$

[**例3.4.3**] 有一交流电路，已知 $u = 350\sin(314t + 35°)\text{V}$，$i = 20\sqrt{2}\sin(314t + 15°)\text{A}$，试求该电路的功率因数 $\cos\varphi$、有功功率 P、无功功率 Q 及视在功率 S。

解：根据题意，该电路的功率因数角为

$$\varphi = \varphi_u - \varphi_i = 35° - 15° = 20°$$

所以，该电路的功率因数为

$$\cos\varphi = \cos20° = 0.94$$

根据已知条件，电压、电流的有效值分别为

$$U = \frac{\sqrt{2}}{2}U_m = \frac{\sqrt{2}}{2} \times 350 = 247.45(\text{V})$$

$$I = \frac{\sqrt{2}}{2}I_m = \frac{\sqrt{2}}{2} \times 20\sqrt{2} = 20(\text{A})$$

所以，该电路的有功功率 P、无功功率 Q 及视在功率 S 分别为

$$P = UI\cos\varphi = 247.45 \times 20 \times \cos20° = 4650.5(\text{W})$$

$$Q = UI\sin\varphi = 247.45 \times 20 \times \sin20° = 1692.7(\text{Var})$$

$$S = UI = 247.45 \times 20 = 4949(\text{VA})$$

3.5 阻抗的串联和并联

在交流电路中，复阻抗以各种形式连接起来。简单电路可以通过复阻抗的串并联进行化简。计算电路的等效复阻抗以及交流电路的分压、分流等与直流电路的分析方法有许多相似之处。

3.5.1 阻抗的串联

图 3.5.1（a）所示是两个复阻抗的串联电路。

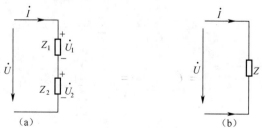

图 3.5.1 复阻抗的串联及其等效电路
（a）复阻抗的串联；（b）等效电路。

根据 KVL，可写出图 3.5.1（a）电路的相量表达式为

$$\dot{U} = \dot{U}_1 + \dot{U}_2 = \dot{I}Z_1 + \dot{I}Z_2 = \dot{I}(Z_1 + Z_2)$$

在相同电压的作用下，如果图 3.5.1（b）中所产生的电流与图 3.5.1（a）中的电流相等，由于图（b）中有

$$\dot{U} = \dot{I}Z \tag{3.5.1}$$

图（a）中有

$$\dot{U} = \dot{I}(Z_1 + Z_2) \tag{3.5.2}$$

则比较上面两式，可得

$$Z = Z_1 + Z_2 \tag{3.5.3}$$

并有

$$\dot{U}_1 = \dot{I}Z_1 = \frac{Z_1}{Z_1 + Z_2}\dot{U} \ , \ \dot{U}_2 = \dot{I}Z_2 = \frac{Z_2}{Z_1 + Z_2}\dot{U} \tag{3.5.4}$$

由上面分析可知：复阻抗串联交流电路中，总的复阻抗等于各串联复阻抗之和。

对于图 3.5.1（a），当两个阻抗的辐角不相同时，电压 u_1 和 u_2 的有效值之和不等于串联电路电压 u 的有效值，即

$$U \neq U_1 + U_2$$

则有

$$I|Z| \neq I|Z_1| + I|Z_2|$$

即

$$|Z| \neq |Z_1| + |Z_2|$$

这就是说，串联电路中总阻抗的模一般不等于各阻抗的模之和。

[例 3.5.1]　设图 3.5.1（a）中，有 $Z_1 = 4 + j3(\Omega)$，$Z_1 = 5 - j5(\Omega)$，求图 3.5.1（b）所示等效电路的复阻抗 Z 和阻抗 $|Z|$。

解：根据串联交流电路中，总的复阻抗等于各串联复阻抗之和，有

$$Z = Z_1 + Z_2 = (4 + j3) + (5 - j4) = 9 - j2(\Omega) = 9.22\angle(-12.5°)(\Omega)$$

则有

$$|Z| = \sqrt{9^2 + 2^2} = 9.22(\Omega)$$

根据复数计算的原则，在一般情况下，n 个复阻抗串联的电路中，其总的等效复阻抗应为

$$Z = \sum_{K=1}^{n} Z_k = \sum_{K=1}^{n} R_k + \sum_{K=1}^{n} X_k = |Z|\angle\varphi \tag{3.5.5}$$

式中：$|Z| = \sqrt{(\sum_{k=1}^{n} R_k)^2 + (\sum_{k=1}^{n} X_k)^2}$；$\varphi = \arctan\dfrac{\sum_{k=1}^{n} X_k}{\sum_{k=1}^{n} R_k}$（其中 $X = X_L - X_C$）。

各串联元件两端的电压为

$$\dot{U}_k = \dot{I}Z_k = \frac{Z_k}{\sum_{k=1}^{n} Z_k}\dot{U} \tag{3.5.6}$$

3.5.2　阻抗的并联

图 3.5.2（a）所示是两个复阻抗的并联电路。

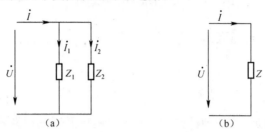

图 3.5.2　复阻抗的并联及其等效电路
（a）复阻抗的并联；（b）等效电路。

根据 KCL，可写出图 3.5.2（a）电路的相量表达式为

$$\dot{I} = \dot{I}_1 + \dot{I}_2 = \frac{\dot{U}}{Z_1} + \frac{\dot{U}}{Z_2} = \dot{U}\left(\frac{1}{Z_1} + \frac{1}{Z_2}\right)$$

在相同电压的作用下，如果图 3.5.2（b）中所产生的电流与图 3.5.2（a）中的电流相等，由于图（b）中有

$$\dot{I} = \frac{\dot{U}}{Z} \tag{3.5.7}$$

图（a）中有

$$\dot{I} = \dot{U}\left(\frac{1}{Z_1} + \frac{1}{Z_2}\right) \tag{3.5.8}$$

则比较上面两式，可得

$$\frac{1}{Z} = \frac{1}{Z_1} + \frac{1}{Z_2} \tag{3.5.9}$$

并有

$$\dot{I}_1 = \frac{\dot{U}}{Z_1} = \frac{Z_2}{Z_1 + Z_2}\dot{I} , \ \dot{I}_2 = \frac{\dot{U}}{Z_2} = \frac{Z_1}{Z_1 + Z_2}\dot{I} \tag{3.5.10}$$

由上面分析可知：复阻抗并联交流电路中，总的复阻抗的倒数应等于各并联复阻抗倒数之和。

对于图 3.5.2（a），当两个阻抗的辐角不相同时，电压 i_1 和 i_2 的有效值之和不等于并联电路电流 i 的有效值，即

$$I \neq I_1 + I_2$$

则有

$$\frac{U}{|Z|} \neq \frac{U}{|Z_1|} + \frac{U}{|Z_2|}$$

即

$$\frac{1}{|Z|} \neq \frac{1}{|Z_1|} + \frac{1}{|Z_2|}$$

这就是说，并联电路中总阻抗模的倒数一般不等于各阻抗模的倒数之和。

[例3.5.2]　设图3.5.2（a）中，有 $Z_1 = 4 + j3(\Omega)$，$Z_1 = 4 - j3(\Omega)$，求图3.5.2（b）所示等效电路的复阻抗 Z 和阻抗 $|Z|$。

解： 根据并联交流电路中，总的复阻抗的倒数等于各并联复阻抗倒数之和，有

$$\frac{1}{Z} = \frac{1}{Z_1} + \frac{1}{Z_2} = \frac{1}{4+j3} + \frac{1}{4-j3} = \frac{(4-j3)+(4+j3)}{(4+j3)(4-j3)} = 0.32(\Omega)$$

则有

$$|Z| = \frac{1}{0.32} = 3.125(\Omega)$$

根据复数计算的原则，在一般情况下，n 个复阻抗并联的电路中，其总的等效复阻抗的倒数应等于各复阻抗的倒数之和，即

$$\frac{1}{Z} = \sum_{K=1}^{n} \frac{1}{Z_k} \tag{3.5.11}$$

3.6　交流电路中的谐振

在含有电感和电容的交流电路中，改变电源的频率或改变电感、电容元件的参数，会使电路两端电压与电路中流过的电流同相，使整个电路对于电源呈现纯电阻特性，电路的这种状态称为谐振。谐振现象在实际工程应用中有利有弊，因此，需要了解交流电路中产生谐振的条件及谐振的典型特征。按照谐振电路中元件的连接方式，谐振可分为串联谐振和并联谐振。

3.6.1　串联谐振

在 RLC 串联交流电路中，如果感抗 X_L 和容抗 X_C 的大小相等，则有

$$\varphi = \arctan \frac{X_L - X_C}{R} = 0° \tag{3.6.1}$$

此时，电路的电压与电流同相，电路中发生了谐振现象，在串联电路中发生的谐振称为串联谐振。根据式（3.6.1），可得发生串联谐振的条件为

$$f_0 = \frac{1}{2\pi \sqrt{LC}} \tag{3.6.2}$$

式（3.6.2）表明，当串联交流电路中，电源的频率 f 与电感 L、电容 C 之间满足上述关系时，便发生谐振。也就是说，通过调节电源的频率 f、电感 L 或电容 C，都可以使串联交流电路发生谐振。此时的频率 f_0 称为谐振频率。

根据 RLC 串联交流电路的特点，当此电路发生谐振时，有如下特点：

（1）电路中的阻抗呈现最小值。在电源电压不变的情况下，电路中的电流达到最大值。这是因为在 RLC 串联交流电路中，有

$$|Z| = \sqrt{R^2 + (X_L - X_C)^2} = R（呈现最小值）$$

在电源电压不变的情况下，电路中的电流

$$I = \frac{U}{|Z|} = \frac{U}{R}（呈现最大值）$$

（2）电路对外呈现纯电阻特性。由于在串联谐振电路中，$X_L = X_C$，则有 $U_L = U_C$。而 $\dot{U}_L = \dot{U}_C$，但相位相反，相互抵消，对整个电路不起作用。因此，电源电压与电阻两端电压相等，即 $U = U_R$，电源供给电路的能量全部被电阻所消耗，电源与负载电路之间不存在能量的互换。但需注意：此时电感与电容之间存在着能量的互换。

（3）电源电压 U 小于电感和电容两端的电压 U_L（或 U_C）。由于

$$U_L = IX_L = \frac{U}{R}X_L, \quad U_C = IX_C = \frac{U}{R}X_C$$

当 $X_L = X_C > R$ 时，则 $U_L = U_C > U = U_R$；如果 $X_L = X_C \gg R$，则电感和电容上的电压过高，可能会击穿线圈或电容器的绝缘，发生事故。因此，在电力工程中通常要求采取措施以避免发生串联谐振；而在无线电工程中则常利用串联谐振在电感或电容上获得较高的电压，以便于选择所希望得到的信号（详细内容可参考相关书籍）。

由于串联谐振时，U_L 和 U_C 可能要超过电源电压 U 很多倍，所以串联谐振也称为电压谐振。谐振时，U_L 或 U_C 与 U 的比值称为品质因数，用 Q 表示，即

$$Q = \frac{U_L}{U} = \frac{U_C}{U} = \frac{X_L}{R} = \frac{X_C}{R} = \frac{2\pi f_0 L}{R} = \frac{1}{2\pi f_0 CR} = \frac{1}{R}\sqrt{\frac{L}{C}} \qquad (3.6.3)$$

式（3.6.3）表明，串联谐振时电感或电容两端的电压是电源电压的 Q 倍。

在串联谐振电路中，调节电源的频率时，电路中的电流与频率间的关系可表示为

$$I(f) = \frac{U}{\sqrt{R^2 + \left(2\pi f L - \dfrac{1}{2\pi f C}\right)^2}} \qquad (3.6.4)$$

在电源电压 U 不变的情况下，电流随频率变化的曲线如图 3.6.1 所示，称为电流谐振曲线。

由串联交流电路的特点及图 3.6.1 可知，当 $f = 0$ 时，电容相当于开路，电感相当于短路。因此，电路中的电流 $I = 0$；当频率 f 逐渐增加时，电路为容性电路，电流也逐渐增加；当 $f = f_0$ 时，电流达到最大值。当频率 f 由 f_0 再继续增加时，电路转变为感性电路，电流将从最大值逐渐下降至零。

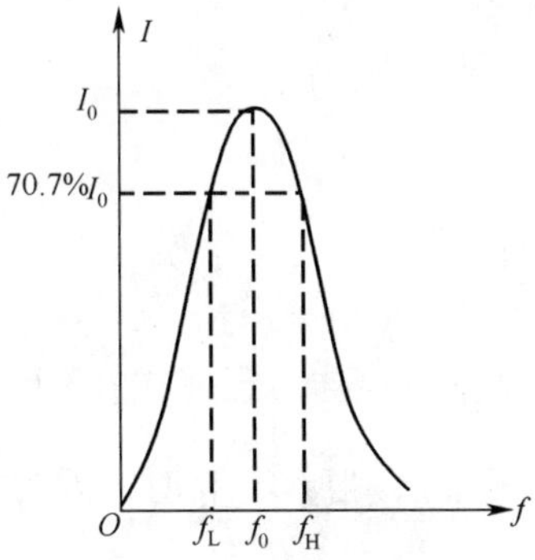

图 3.6.1 还表明，RLC 串联交流电路具有选择谐振频率的能力。电路的选频特性与谐振曲线的形状有关，而谐振曲线的形状又取决于电路的品质因数 Q（请自行分析）。

图 3.6.1 电流谐振曲线

结论：当串联谐振电路的品质因数 Q 值不同时，电流谐振曲线的形状也不同。除 $f = f_0$、$I = I_0$ 处与电路的品质因数 Q 无关外，对其他任何频率，电流都将随 Q 值的增大而减小。也就是说，Q 值越大，电流谐振曲线越尖锐，电路的选频性越好。

另外，对于谐振频率相同的谐振曲线，可以用通频带宽度来表示谐振曲线的尖锐程

度。通频带宽度是指谐振电路的电流降至其最大值的 70.7% 时所对应的频率之差，可表示为

$$\Delta f = f_H - f_L \qquad (3.6.5)$$

式中：f_H 称为上限频率；f_L 称为下限频率。

通频带 Δf 值越小，表示电路的选频性越好。

根据定义，有 $I_H = I_L = \dfrac{I_0}{\sqrt{2}} = 0.707 I_0$ ，所以

$$\Delta f = \frac{R}{2\pi L} = \frac{f_0}{Q} \qquad (3.6.6)$$

由式 (3.6.6) 可知，电路的通频带与电路的品质因数有关，Q 值越大，通频带宽度越小，电路的选频性越好。

[例3.6.1] 根据通频带宽度的定义，求证式 (3.6.6) 的正确性。

证明：当 $f = f_L$ 时，有

$$|Z_L| = \frac{U}{0.707 I_0} = \sqrt{R^2 + \left(2\pi f_L L - \frac{1}{2\pi f_L C}\right)^2} = \sqrt{2} R$$

所以

$$R^2 + \left(2\pi f_L L - \frac{1}{2\pi f_L C}\right)^2 = 2R^2 \Rightarrow 2\pi f_L L - \frac{1}{2\pi f_L C} = \pm R$$

根据图 3.6.1 可知，$f_L < f_0$ ，即

$$2\pi f_L L - \frac{1}{2\pi f_L C} < 0$$

所以有

$$2\pi f_L L - \frac{1}{2\pi f_L C} = -R$$

又因为

$$2\pi f_0 = \frac{1}{\sqrt{LC}}$$

所以有

$$\frac{f_L^2}{f_0^2} - 1 = -2\pi f_L RC \Rightarrow f_L^2 - f_0^2 = -2\pi RC f_L f_0^2 \qquad ①$$

同理，当 $f = f_H$ 时，因为 $f_H > f_0$ ，则

$$2\pi f_H L - \frac{1}{2\pi f_H C} = R$$

所以有

$$f_H^2 - f_0^2 = 2\pi RC f_H f_0^2 \qquad ②$$

又因为

$$Q = \frac{2\pi f_0 L}{R} \Rightarrow \frac{2\pi f_0}{Q} = \frac{R}{L}$$

② － ①，得

$$f_{\mathrm{H}}^2 - f_{\mathrm{L}}^2 = 2\pi RC f_0^2 (f_{\mathrm{H}} + f_{\mathrm{L}})$$

从而得

$$\Delta f = f_{\mathrm{H}} - f_{\mathrm{L}} = \frac{R}{2\pi L} = \frac{f_0}{Q}$$

[例 3.6.2]　在 RLC 串联电路中，各元件的参数分别为：电容 $1\mu F$，直流耐压 500V；电阻 5Ω；电感 10mH。

(1) 现接于频率可调的 20V 正弦交流电源上，求 f_0、Q、I_0、U_C 和 Δf。

(2) 如果串联谐振电路的频率偏离谐振频率 $\pm 10\%$，求 U_C。

解：(1) 谐振频率　$f_0 = \dfrac{1}{2\pi\sqrt{LC}} = \dfrac{1}{2\pi\sqrt{10 \times 10^{-3} \times 10^{-6}}} = 1592(\mathrm{Hz})$

品质因数　$\qquad Q = \dfrac{2\pi f_0 L}{R} = \dfrac{2\pi \times 1592 \times 10 \times 10^{-3}}{5} = 20$

谐振电流　$\qquad I_0 = \dfrac{U}{R} = \dfrac{20}{5} = 4(\mathrm{A})$

电容电压　$\qquad U_C = QU = 20 \times 20 = 400(\mathrm{V})$

电容电压的最大值　$U_{Cm} = \sqrt{2}QU = \sqrt{2} \times 20 \times 20 = 565.6(\mathrm{V}) > 500(\mathrm{V})$

该电压已超过电容的实际耐压，故需更换。

电路的通频带

$$\Delta f = \frac{f_0}{Q} = \frac{1592}{20} = 79.6(\mathrm{Hz})$$

(2) 当频率减少 10% 时，电路中的感抗和容抗分别为

$$X_L = 2\pi fL = 2\pi \times 1592 \times 90\% \times 10 \times 10^{-3} = 90(\Omega)$$

$$X_C = \frac{1}{2\pi fC} = \frac{1}{2\pi \times 1592 \times 90\% \times 10^{-6}} = 111(\Omega)$$

则电路的总复阻抗为

$$Z_1 = R + \mathrm{j}(X_L - X_C) = 5 + \mathrm{j}(90 - 111) = 21.6\angle-1.34°(\Omega)$$

电路中的电流为

$$I_1 = \frac{U}{|Z_1|} = \frac{20}{21.6} = 0.92(\mathrm{A})$$

所以，电容两端的电压为

$$U_C = I_1 X_C = 0.92 \times 111 = 102(\mathrm{V})$$

当频率增加 10% 时，电路中的感抗和容抗分别为

$$X_L = 2\pi fL = 2\pi \times 1592 \times 110\% \times 10 \times 10^{-3} = 110(\Omega)$$

$$X_C = \frac{1}{2\pi fC} = \frac{1}{2\pi \times 1592 \times 110\% \times 10^{-6}} = 90.9(\Omega)$$

则电路的总复阻抗为

$$Z_1 = R + \mathrm{j}(X_L - X_C) = 5 + \mathrm{j}(110 - 90.9) = 19.7\angle1.31°(\Omega)$$

电路中的电流为

$$I_1 = \frac{U}{|Z_1|} = \frac{20}{19.7} = 1.015(\text{A})$$

所以，电容两端的电压为

$$U_C = I_1 X_C = 1.015 \times 90.9 = 92.3(\text{V})$$

由上述例子可见，当电路中的频率偏离谐振频率时，电路中的电流和电容两端的电压都比谐振时小。因此，在电力系统中，采用消谐的方法可以大幅减小电气设备的绝缘水平，降低投资成本。

3.6.2 并联谐振

并联谐振电路在无线电工程和工业电子技术中有着广泛的应用。常用的并联谐振电路由电感线圈和电容并联组成，如图 3.6.2 所示。

此时，电路中总的复阻抗为

$$Z = \frac{(R + jX_L) \cdot \dfrac{1}{jX_C}}{(R + jX_L) + \dfrac{1}{jX_C}} = \frac{(R + jX_L)}{1 + jX_C(R + jX_L)} = \frac{(R + j\omega L)}{1 + j\omega RC - \omega^2 LC}$$

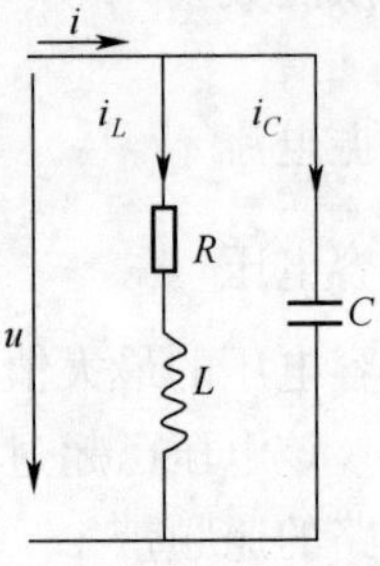

图 3.6.2 RLC 并联谐振电路

由于电感线圈的电阻很小，即 $\omega L \gg R$，故上式可近似写为

$$Z \approx \frac{j\omega L}{1 + j\omega RC - \omega^2 LC} = \frac{1}{\dfrac{RC}{L} + j\left(\omega C - \dfrac{1}{\omega L}\right)}$$

由此，可得该并联电路发生谐振时的频率为

$$f_0 \approx \frac{1}{2\pi\sqrt{LC}}$$

这与 RLC 串联电路发生谐振时的条件是相同的。

根据 RLC 并联交流电路的特点，当此电路发生谐振时，有如下特点：

（1）电路中的阻抗呈现最大值。在电源电压不变的情况下，电路中的电流达到最小值。这是因为在 RLC 并联交流电路中，有

$$|Z| = \frac{L}{RC}（呈现最大值）$$

在电源电压不变的情况下，电路中的谐振电流为

$$I_0 = \frac{U}{|Z|} = \frac{RCU}{L}（呈现最小值）$$

（2）电路对外呈现纯电阻特性。由于电源电压与电路总电流同相，所以电路呈电阻性。

（3）电路总电流 I 小于各并联支路中流过的电流 I_L（或 I_C）。当发生谐振时，各支路中的电流为

$$I_L \approx \frac{U}{2\pi f_0 L}, \quad I_C = \frac{U}{\dfrac{1}{2\pi f_0 C}} = 2\pi f_0 CU$$

由于 $\omega C = \dfrac{1}{\omega L}$，且

$$\frac{L}{RC} = \frac{2\pi f_0 L}{R(2\pi f_0 C)} \approx \frac{(2\pi f_0 L)^2}{R}$$

所以，当 $2\pi f_0 L \gg R$ 时，有

$$2\pi f_0 L \approx \frac{1}{2\pi f_0 C} \ll \frac{(2\pi f_0 L)^2}{R}$$

故

$$I_L \approx I_C \gg I_0$$

也就是说，并联电路发生谐振时，并联支路电流近似相等，且比总电流大很多。因此，并联谐振也称为电流谐振，并把各支路电流与总电流的比值称为并联谐振电路中的品质因数，表示为

$$Q = \frac{I_L}{I_0} = \frac{I_C}{I_0} = \frac{2\pi f_0 L}{R} = \frac{1}{2\pi f_0 RC} \tag{3.6.7}$$

3.7　交流电路中功率因数的提高

在电力系统中，绝大多数负载为感性负载，功率因数较低，如果是轻载运行，功率因数会更低。当功率因数低时，电源不仅要向负载提供有功功率，还需要与负载进行能量的互换，这在无形中增加了电源的负担，降低了能量的利用效率。

3.7.1　提高功率因数的意义

1. 充分利用电源设备的容量

发电机或变压器等交流电源设备的容量为电源所能输出的最大功率，而电源实际能向负载提供的有功功率不仅取决于电源的容量，而且与负载的大小和性质有关。例如：一台容量为 5kVA 的发电机向某供电线路供电，当线路上不接负载时，电源就不输出功率；如果线路上接一组功率因数 $\cos\varphi = 1$ 的白炽灯或电炉等电阻性负载时，发电机能为负载提供的最大有功功率为 $P = S\cos\varphi = 5\text{kW}$；如果线路上接一组 $\cos\varphi = 0.8$ 的电动机或日光灯等感性负载时，发电机能为负载提供的最大有功功率仅为 $P = S\cos\varphi = 5 \times 0.8 = 4\text{kW}$。这说明电源不仅要向负载提供有功功率，还要负担负载所需的无功功率，电源设备的容量没有得到充分的利用。因此，提高功率因数可提高电源设备容量的利用率。

2. 降低线路功率损耗，提高供电效率

在发电厂或变电站向用户供电时，一般都需长距离输电。在不改变网架结构的前提下，发电机或变压器的容量、端电压以及输电线路导线截面都是确定的。此时，输电线路上的电流为

$$I = \frac{P}{U\cos\varphi}$$

上式说明，功率因数越低，输电线路上的电流越大，线路上的功率损耗就越大（也就是说，用户得到的功率将越小），这在长距离输电中尤为突出。因此，提高功率因数有利于减小线路的电能损耗，提高供电效率。

3. 降低线路电压损失，提高供电质量

在电力系统中，电压损失是衡量供电质量的主要指标之一。电压损失 ΔU 是指发电机（或变压器）等电源设备的出口电压 U_1 与负载两端电压 U_2 的差值，即 $\Delta U = U_1 - U_2 = I | Z_L |$。这说明，电流越大，输电线路阻抗上的电压降越大，负载得到的电压就越小，这将导致负载不能正常工作甚至造成严重事故。

综上所述，在电力系统中，功率因数 $\cos\varphi$ 的高低直接关系到发电设备容量能否得到充分利用、输电效率能否提高、供电质量能否维持稳定等重要问题。另外，功率因数 $\cos\varphi$ 的高低还将影响到电力系统初期投资成本、运行费用等诸多因素。因此，提高功率因数具有非常重要的实际意义。我国有关部门规定：工厂企业单位的负载总功率因数不得低于0.9。但由于绝大多数用电器为感性负载，功率因数都较低，不符合要求，因此必须要提高功率因数。

3.7.2 提高功率因数的方法

通过前面的分析可知，功率因数 $\cos\varphi$ 的高低决定了线路中总电流的大小，而总电流的大小又决定发电设备容量能否得到充分利用、输电效率能否提高、供电质量能否维持稳定等诸多问题。因此，提高功率因数 $\cos\varphi$ 的主要目的就是减小线路中的总电流。

前面已经提到，由于绝大多数用电器为感性负载，因此，提高功率因数 $\cos\varphi$ 常用的方法是：保持电源电压不变的条件下，在感性负载两端并联静电电容器。电路如图 3.7.1 （a）所示。

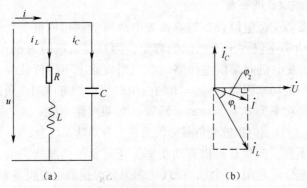

图 3.7.1 提高功率因数的方法

（a）电路图；（b）相量图。

在并联电容器前，流过负载的电流

$$I_L = I = \frac{U}{\sqrt{R^2 + X_L^2}}$$

电路中消耗的功率为

$$P = I_L^2 R$$

并联电容器后，由于电源电压和负载均未变，所以，负载中流过的电流、消耗的功率和负载的功率因数 $\cos\varphi_1$ 也不变。但此时电路中的总电流 I 不再是 I_L，而应该为

$$\dot{I} = \dot{I}_L + \dot{I}_C$$

下面分析并联电容器后电路中各参数之间的关系。

并联电容器前后电路的相量图如图 3.7.1（b）所示。图中，φ_1 表示并联电容器前的功率因数角，φ_2 表示并联电容器后的功率因数角，则有

$$P = UI_L\cos\varphi_L = UI\cos\varphi_2$$

由此得出

$$I_L = \frac{P}{U\cos\varphi_1}$$

$$I = \frac{P}{U\cos\varphi_2}$$

由图 3.7.1（b）可得

$$I_C = I_L\sin\varphi_1 - I\sin\varphi_2 \tag{3.7.1}$$

则有

$$I_C = \frac{P}{U\cos\varphi_1}\sin\varphi_1 - \frac{P}{U\cos\varphi_2}\sin\varphi_2 = \frac{P}{U}(\tan\varphi_1 - \tan\varphi_2) \tag{3.7.2}$$

又由于

$$I_C = \frac{U}{X_C} = \frac{U}{\dfrac{1}{2\pi fC}} = 2\pi fCU$$

所以

$$C = \frac{P}{2\pi fU^2}(\tan\varphi_1 - \tan\varphi_2) \tag{3.7.3}$$

在电力系统中，通常用电容器的无功功率 Q_C 来表示补偿电容的大小，即

$$Q_C = \frac{U^2}{X_C} = P(\tan\varphi_1 - \tan\varphi_2) \tag{3.7.4}$$

补偿电容的作用是补偿了一部分感性负载运行时所需的无功功率，减少了负载与电源之间的能量交换，提高了电源的利用率。随着电容的增加，功率因数 $\cos\varphi$ 随之增加，电路中的总电流随之减小，补偿的效果也就变得明显。

[例 3.7.1]　有一额定电压 $U_N = 220V$、容量 $S_N = 10kVA$ 的工频交流电源，向额定功率 $P_N = 8.5kW$、功率因数 $\cos\varphi_1 = 0.8$ 的电动机供电。若将电路的功率因数提高到 $\cos\varphi_2 = 0.95$，求补偿电容的容量、电容值以及补偿前后电源的输出电流。

解：根据题意可知

补偿前：$\cos\varphi_1 = 0.8$，$\varphi_1 = 36.5^\circ$，$\tan\varphi_1 = 0.74$；

补偿后：$\cos\varphi_2 = 0.95$，$\varphi_2 = 18^\circ$，$\tan\varphi_2 = 0.33$。

因此，补偿电容的容量为

$$Q_C = \frac{U^2}{X_C} = P(\tan\varphi_1 - \tan\varphi_2) = 10 \times (0.74 - 0.33) = 4.1(\text{kVar})$$

补偿的电容值为

$$C = \frac{P}{2\pi f U^2}(\tan\varphi_1 - \tan\varphi_2) = \frac{8.5 \times 10^3}{2\pi \times 50 \times 220^2}(0.74 - 0.33) = 229(\mu\text{F})$$

补偿前电源输出的电流为

$$I_L = \frac{P}{U\cos\varphi_1} = \frac{8.5 \times 10^3}{220 \times 0.8} = 48.3(\text{A})$$

补偿后电源输出的电流为

$$I = \frac{P}{U\cos\varphi_2} = \frac{8.5 \times 10^3}{220 \times 0.95} = 40.69(\text{A})$$

而电源的额定输出电流为

$$I_N = \frac{S_N}{U_N} = \frac{10 \times 10^3}{220} = 45.45(\text{A})$$

由此可见，该电路补偿前，电源输出的电流已超过电源的额定电流，致使电源过载运行；而补偿后，电源输出的电流小于电源的额定电流，使电源可以正常工作。

习题

3-1 已知交流电压 $u = 141.4\sin(314t + 30°)$V，求：

（1）电压最大值、电压有效值、周期、频率、角频率以及初相位；

（2）$t = 0.01$s 时电压的瞬时值并确定它的实际方向。

3-2 某正弦交流电流的频率为 $f = 100$Hz，最大值 $I_m = 20$A，在 $t = 0.002$s 时的瞬时值为 15A，且此时刻电流在增长，试确定：

（1）周期 T、角频率 ω 以及初相位 θ；

（2）电流的瞬时值表达式。

3-3 已知 $u_1 = 141.4\sin(314t + 30°)$V，$u_2 = 50\sqrt{2}\sin(314t + 60°)$V，试分别用相量图和复数运算求 $u = u_1 + u_2$ 的有效值，并写出 u 的瞬时值表达式。

3-4 由 Z_1、Z_2 两元件组成的并联交流电路，现测得两条支路的电流分别为 $I_1 = 3$A，$I_2 = 4$A。试求：

（1）Z_1、Z_2 均为电阻时电路中的总电流 I；

（2）Z_1 为电阻、Z_2 为电感时电路中的总电流 I；

（3）Z_1 为电阻、Z_2 为电容时电路中的总电流 I；

（4）Z_1 为电感、Z_2 为电容时电路中的总电流 I。

3-5 由 Z_1、Z_2 两元件组成的串联交流电路，现测得两元件的端电压分别为 $U_1 = 3$V，$U_2 = 4$V。试求：

（1）Z_1、Z_2 均为电阻时电路中的总电压 U；

（2）Z_1 为电阻、Z_2 为电感时电路中的总电压 U；

（3）Z_1 为电阻、Z_2 为电容时电路中的总电压 U；

（4）Z_1 为电感、Z_2 为电容时电路中的总电压 U。

3－6　有一并联交流电路，已知电路总电压 $U = 220\text{V}$，频率 $f = 50\text{Hz}$，两条支路中的电流分别为 $I_1 = 10\text{A}$，$I_2 = 5\sqrt{2}\text{A}$，且电流 $\dot{I}_1$ 超前电压 $\dot{U}\,90°$，电流 $\dot{I}_2$ 滞后电压 $\dot{U}\,45°$，试求电路中的总电流 I 以及各元件的参数，并画出相应的电路图。

3－7　无源二端网络的电压 $u = 220\sqrt{2}\sin(314t + 20°)\text{V}$，电流 $i = 10\sqrt{2}\sin(314t - 40°)\text{A}$，如图所示。求：

（1）电路串联形式的等效电阻和电抗；

（2）电路输入的各功率。

3－8　图示电路中，已知 $X_L = 30\Omega$，$X_C = 60\Omega$，$R_1 = 60\Omega$，$R_2 = 30\Omega$，$R_3 = 40\Omega$，$\dot{E}_1 = 100 \angle 0°\text{A}$，$\dot{E}_2 = 60 \angle 0°\text{A}$。利用戴维南定理求通过 R_3 中的电流 $\dot{I}_3$。

3－9　图示电路，已知 $f = 50\text{Hz}$，$i = 5\sqrt{2}\sin(\omega t + 45°)\text{A}$，$u = 100\sin\omega t\text{V}$，$X_L = 10\Omega$，$X_{C1} = 10\Omega$。试求 R 和 X_C 的值。

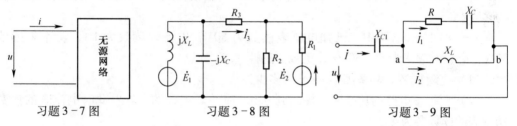

习题 3－7 图　　　　习题 3－8 图　　　　习题 3－9 图

3－10　在图示工频交流电路中，测得 N_0（无源线性二端网络）的数据如下：$U = 220\text{V}$，$I = 5\text{A}$，$P = 500\text{W}$。已知 N_0 网络并联一个适当的电容 C，电流表的读数减小，而其他表读数不变。试确定该网络的负载性质、等效参数及功率因数。$f = 50\text{Hz}$。

3－11　图所示电路中，已知 $U = 193\text{V}$，$U_1 = 60\text{V}$，$U_2 = 180\text{V}$，$I = 3\text{A}$，$f = 50\text{Hz}$。求 R_1、C 和 r 的值。

3－12　电路如图所示，已知 $U_{AB} = 100\text{V}$，其他参数见图。计算电路中的电流 I 和电压 U。

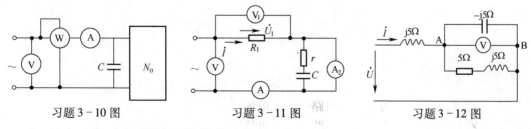

习题 3－10 图　　　　习题 3－11 图　　　　习题 3－12 图

3－13　无源二端网络输入端的电压和电流为 $u = 220 \times 1.414\sin(314t + 20°)\text{V}$，$i = 4.4\sqrt{2}\sin(314t - 33°)\text{A}$，试求此二端网络由两个元件串联的等效电路和元件的参数值，并求二端网络的功率因数及输入的有功功率和无功功率。

3－14　线圈接至 100V 的直流电源上时，测得电流为 2.5A；将其接至工频 220V 的交流电源上时，测得电流为 4.4A，求线圈的电感 L 和电阻 R。

3-15 交流接触器的线圈电阻 $R = 22\Omega$，电感 $L = 7.3H$，线圈的额定电流为0.1A。将其接至工频220V的交流电源上时，流过线圈的电流为多少？将其接至220V的直流电源上时，流过线圈的电流为多少？会出现什么现象？

3-16 一个日光灯接于220V的工频交流电源并点燃后，测得灯管两端的电压为58V，镇流器两端的电压为205V，镇流器消耗的功率为4W，电路中的电流为0.35A，求灯管的电阻、整个电路中消耗的有功功率及电路的功率因数。

3-17 如果将习题3-16中电路的功率因数提高到0.92，问应并联多大的电容？此时电路中的总电流为多少？日光灯中通过的电流为多少？并就并联电容前后电路中各参数的变化情况进行分析。

3-18 某交流电源的额定容量为 $S_N = 80kVA$，额定电压为 $U = 220V$。

（1）若该电源接一 $P_N = 80kW$、$\cos\varphi = 0.65$ 的感性负载，问电源能否承受？

（2）如果要将电路的功率因数提高到0.9，问应并联多大的电容？并求电源电流。

3-19 某收音机输入电路的参数为 $R = 10\Omega$、$L = 0.26mH$。调节可变电容器，接收频率为990kHz下的电台节目，求此时电路中电容器的值应调到何值？电路的品质因数应为多少？

3-20 图示电路中，已知电压表读数为50V，电流表读数为1A，功率表读数为30W，电源的频率为 $f = 50Hz$，负载为感性。求：

（1）复阻抗 Z、功率因数 $\cos\varphi$ 为多少？

（2）要把该电路的功率因数提高到0.9，应并联多大的电容？此时电流表的读数和功率表的读数各为多少？

（3）欲使电路在该电源频率下发生串联谐振，应串联一个多大的电容？此时电流表的读数和功率表的读数各为多少？

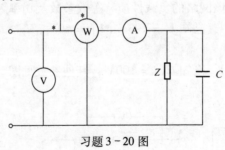

习题3-20图

第 4 章

三相交流电路

工农业生产中广泛应用的交流电，几乎都是由三相交流发电机产生且由三相输电线路输送的。用三相交流电源向按一定原理连接起来的 3 个复阻抗提供电能的电路即为三相交流电路。三相交流电在发输电、变配电以及供用电等方面比其他电源具有明显的优点，如：三相发电机比单相发电机用料少，三相电路供电比单相电路经济，三相交流电动机等用电设备结构简单、性能良好等。因此，电力系统主要采用三相交流电路。

4.1 三相对称电源

最常用的三相交流电源是三相对称交流电源（简称三相对称电源）。所谓三相对称电源是指频率相同、大小相等、相位互差 120° 的电源。三相对称电源是由三相交流发电机产生的。如将三相发电机的端电压或实验室电源板上的三相电源引至示波器观察，可以看到图 4.1.1（a）所示的波形，其相应的瞬时值表达式为

$$u_A = U_m \sin\omega t$$
$$u_B = U_m \sin(\omega t - 120°)$$
$$u_C = U_m \sin(\omega t + 120°)$$

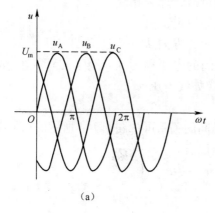
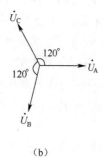

（a） （b）

图 4.1.1 三相交流电压
（a）波形；（b）相量图。

相量表达式为

$$\dot{U}_A = U\angle0°$$

$$\dot{U}_B = U\angle-120°$$

$$\dot{U}_C = U\angle120°$$

相应的相量图如图 4.1.1（b）所示。

由波形和相量图可见，三相电压为三相对称电压，且有

$$u_A + u_B + u_C = 0 \tag{4.1.1}$$

$$\dot{U}_A + \dot{U}_B + \dot{U}_C = 0 \tag{4.1.2}$$

在波形图上，三相电压达到零值（或最大值）的先后顺序叫做相序。图 4.1.1（a）中的相序为 A→B→C→A，称为顺相序或正序；若相序为 C→B→A→C，则称为逆相序或负序；若相互间的相位差为零，则称为零序。本书只讨论正序情况。

在三相交流电压中，以哪一相作为 A 相是可以任意指定的，这是因为发电机产生的三相电压的相序是不会改变的。所以，A 相确定以后，比 A 相滞后 120° 的一相就是 B 相，比 A 相超前 120° 的一相即为 C 相。

三相电源的相序一旦改变，由其供电的三相交流电动机也将改变旋转方向，这种方法常用于控制三相交流电动机的正转和反转。

在理想情况下，三相对称电源的每一个绕组都由一个电压源来表示，并以 A、B、C 表示首端，用 X、Y、Z 表示末端，并且将首端指向末端的方向规定为电压的方向，如图 4.1.2 所示。

在实际应用中，发电机的三相绕组常采用星形连接（简称为 Y 连接）。即将三相绕组的末端 X、Y、Z 连在一起，称为中点，用 N 表示，从中点引出的线称为中线，中线如果接零点，称为零线，中线如果接地，称为地线；从 3 个首端 A、B、C 分别引出 3 根线到负载，称为相线（俗称火线），电路如图 4.1.3 所示。另外规定，火线与中线间的电压称为相电压，用字母 u_p 表示，方向从首端（火线）指向末端（中点）；火线与火线间的电压称为线电压，用字母 u_l 表示，方向可任意规定（如线电压 u_{AB}，方向即为从 A 点指向 B 点）。

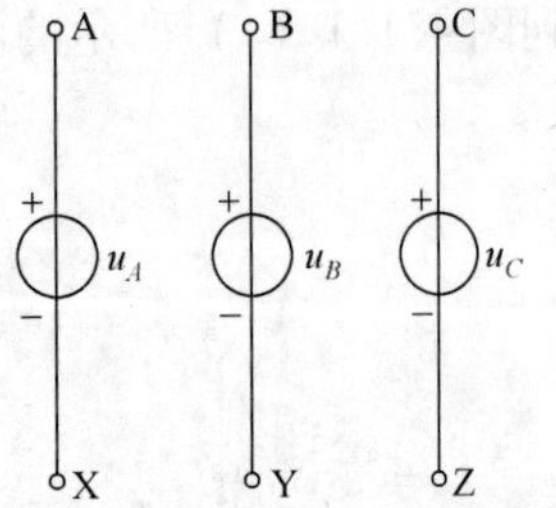

图 4.1.2 三相对称电源模型

对于三相对称电源，线电压与相电压间的关系可从图 4.1.4 所示的相量图求得。

因为三相对称电源的相电压对称，所以有

$$U_A = U_B = U_C = U_p$$

则相电压的相量表达式可写为

$$\dot{U}_A = U_p\angle0°$$

$$\dot{U}_B = U_p\angle-120°$$

$$\dot{U}_C = U_p \angle 120°$$

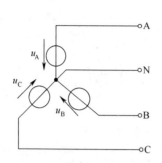

图 4.1.3　三相电源的星形连接

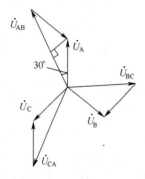

图 4.1.4　Y 连接时的电压相量图

以 A 相作为参考相量，则各线电压的相量分别为

$$\dot{U}_{AB} = \dot{U}_A - \dot{U}_B$$

$$\dot{U}_{BC} = \dot{U}_B - \dot{U}_C$$

$$\dot{U}_{CA} = \dot{U}_C - \dot{U}_A$$

由图 4.1.4 可知，三相对称电源的线电压在相位上超前相应的相电压 30°，且互差 120°，所以线电压也对称，且线电压与相电压间的关系为

$$U_1 = U_{AB} = U_{BC} = U_{CA} = \sqrt{3} U_p \tag{4.1.3}$$

也可写为

$$\dot{U}_1 = \sqrt{3} U_p \angle 30° \tag{4.1.4}$$

4.2　三相对称电路的计算

将 3 个复阻抗按一定的方式连接至三相对称电源即可组成三相电路。三相电路中的负载阻抗称为三相负载。三相负载既可以连接成星形，也可连接成三角形。当三相负载的阻抗及阻抗角均相同时，称为三相对称负载。由对称的三相电源和对称的三相负载组成的电路称为三相对称电路。

4.2.1　负载星形连接的三相对称电路

图 4.2.1 所示为负载星形连接的三相对称电路。依据星形连接的三相负载的公共点 N′ 是否与三相电源的中性点 N 相连接，便可分别构成三相四线制和三相三线制电路。规定：在三相电路中，流过负载的电流称为相电流，用字母 i_p 表示；流过火线的电流称为线电流，用字母 i_1 表示。

在图 4.2.1（a）中，设三相对称电压为

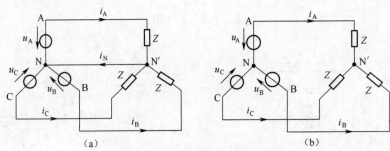

图 4.2.1　三相负载的星形连接

（a）三相四线制电路；（b）三相三线制电路。

$$\dot{U}_A = U_p \angle 0°, \ \dot{U}_B = U_p \angle -120°, \ \dot{U}_C = U_p \angle 120°$$

那么，根据 KCL 可得

$$i_A + i_B + i_C = i_N \tag{4.2.1}$$

写成相量形式，有

$$\dot{I}_A + \dot{I}_B + \dot{I}_C = \dot{I}_N \tag{4.2.2}$$

设各项负载的阻抗为 $Z = |Z| \angle \varphi$，由于是三相对称电路，所以各相电流的相量式为

$$\left.\begin{array}{l} \dot{I}_A = \dfrac{\dot{U}_A}{Z} = \dfrac{\dot{U}_p}{Z} = \dfrac{U_p}{|Z|} \angle(-\varphi) \\[2mm] \dot{I}_B = \dfrac{\dot{U}_B}{Z} = \dfrac{\dot{U}_p}{Z} = \dfrac{U_p}{|Z|} \angle(-120°-\varphi) \\[2mm] \dot{I}_C = \dfrac{\dot{U}_C}{Z} = \dfrac{\dot{U}_p}{Z} = \dfrac{U_p}{|Z|} \angle(120°-\varphi) \end{array}\right\} \tag{4.2.3}$$

由式（4.2.3）可知，三相对称电路中的三相相电流也对称。由于星形连接的三相电路中，线电流等于相电流，即 $i_1 = i_p$，所以线电流也对称。

根据式（4.1.2）可知，这时流过中线的电流的相量式为

$$\dot{I}_N = \dot{I}_A + \dot{I}_B + \dot{I}_C = \frac{1}{Z}(\dot{U}_A + \dot{U}_B + \dot{U}_C) = 0 \tag{4.2.4}$$

式（4.2.4）说明，在三相对称电路中，流过中线的电流为零。因此，中线的存在与否不会影响整个电路的正常运行。此时，三相四线制电路就可简化为三相三线制电路，如图 4.2.1（b）所示。

[例 4.2.1]　有一星形连接的三相对称电路，接三相工频电源，其线电压 $U_1 = 380V$，各相负载均为 $Z = (4 + j3)\Omega$，求各相负载的电压有效值、电流以及线电流。

解：根据三相对称电路的特点，各相负载的电压有效值应为

$$U_p = \frac{U_1}{\sqrt{3}} = \frac{380}{\sqrt{3}} = 220(V)$$

各相负载的电流有效值等于线电流的有效值，即

$$I_p = \frac{U_p}{|Z|} = \frac{220}{\sqrt{4^2 + 3^2}} = 44(\text{A})$$

而负载的辐角 $\varphi = \arctan\frac{3}{4} = 37°$，所以各相电流和线电流分别为

$$i_A = \sqrt{2}I_p\sin(314t - 37°)\text{V} = 62.216\sin(314t - 37°)\text{V}$$

$$i_B = \sqrt{2}I_p\sin(314t - 157°)\text{V} = 62.216\sin(314t - 157°)\text{V}$$

$$i_C = \sqrt{2}I_p\sin(314t + 83°)\text{V} = 62.216\sin(314t + 83°)\text{V}$$

4.2.2 负载三角形连接的三相对称电路

图 4.2.2 所示为负载三角形连接的三相对称电路，通常把三角形连接简称为 △ 连接。由图可见，各相负载两端的电压等于电源的线电压。设三相电源的线电压为

$$u_{AB} = U_m\sin\omega t；u_{BC} = U_m\sin(\omega t - 120°)；u_{CA} = U_m\sin(\omega t + 120°)$$

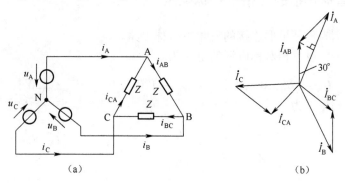

图 4.2.2 三相负载的三角形连接

（a）电路；（b）相量图。

对应的相量表达式为

$$\dot{U}_{AB} = U_p\angle 0° = U_1\angle 0°，\dot{U}_{BC} = U_p\angle -120° = U_1\angle -120°，\dot{U}_{CA} = U_p\angle 120° = U_1\angle 120°$$

设各相负载的复阻抗为 $Z = |Z|\angle\varphi$，则各相负载中流过的电流为

$$\dot{I}_{AB} = \frac{\dot{U}_{AB}}{Z} = \frac{U_1}{|Z|}\angle(-\varphi)$$

$$\dot{I}_{BC} = \frac{\dot{U}_{BC}}{Z} = \frac{U_1}{|Z|}\angle(-120° - \varphi)$$

$$\dot{I}_{CA} = \frac{\dot{U}_{CA}}{Z} = \frac{U_1}{|Z|}\angle(120° - \varphi)$$

这说明，负载三角形连接的三相对称电路中，相电流对称。

根据 KCL，可写出线电流与相电流之间的关系为

$$\dot{I}_A = \dot{I}_{AB} - \dot{I}_{CA}；\dot{I}_B = \dot{I}_{BC} - \dot{I}_{AB}；\dot{I}_C = \dot{I}_{CA} - \dot{I}_{BC}$$

由此可得负载三角形连接的电流相量图，如图 4.2.2（b）所示。从相量图可见，负

载的相电流在相位上超前相应的线电流 $30°$，且互差 $120°$，所以线电流也对称，且线电流与相电流间的关系为

$$I_1 = I_A = I_B = I_C = \sqrt{3}I_p \qquad (4.2.5)$$

也可写为

$$\dot{I}_1 = \sqrt{3}I_p \angle -30° \qquad (4.2.6)$$

4.3 三相不对称电路的计算

三相电路中，电源或负载不对称时，称为三相不对称电路。在工农业生产和日常生活中，三相电源一般都是对称的，而负载并不对称。因此，本节主要讨论三相对称电源接三相不对称负载的电路分析、计算方法。

4.3.1 负载星形连接的三相不对称电路

图 4.3.1 所示为负载星形连接的三相不对称电路。

在图 4.3.1 中，设三相对称电源的电压为

$$\dot{U}_A = U_p \angle 0°, \quad \dot{U}_B = U_p \angle -120°, \quad \dot{U}_C = U_p \angle 120°$$

各相电流的相量式为

$$\left. \begin{array}{l} \dot{I}_A = \dfrac{\dot{U}_A}{Z_A} = \dfrac{\dot{U}_p}{Z_A} = \dfrac{U_p}{|Z_A|} \angle (-\varphi_1) \\[3mm] \dot{I}_B = \dfrac{\dot{U}_B}{Z_B} = \dfrac{\dot{U}_p}{Z_B} = \dfrac{U_p}{|Z_B|} \angle (-120° - \varphi_2) \\[3mm] \dot{I}_C = \dfrac{\dot{U}_C}{Z_C} = \dfrac{\dot{U}_p}{Z_C} = \dfrac{U_p}{|Z_B|} \angle (120° - \varphi_3) \end{array} \right\} \qquad (4.3.1)$$

由于 $|Z_A| \neq |Z_B| \neq |Z_C|$，$\varphi_1 \neq \varphi_2 \neq \varphi_3$，所以三相线电流不对称。

根据 KCL 可得

$$i_A + i_B + i_C = i_N \neq 0 \qquad (4.3.2)$$

写成相量形式，有

$$\dot{I}_A + \dot{I}_B + \dot{I}_C = \dot{I}_N \neq 0 \qquad (4.3.3)$$

由此可见，流过中线的电流不为零。从图 4.3.1 可知，中线的存在使电源中性点 N 的电位与负载公共点 N′的电位相等，从而使负载两端的电压始终等于电源的相电压。因此，中线的作用是保证不对称负载的

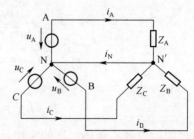

图 4.3.1 三相负载的星形连接

相电压对称。也就是说，中线是一定要存在的，且绝对不允许断开。在正常运行的三相四线制电路的中线（干线或母线）中绝对不允许接入熔断器、开关等任何操作电器。

　　假设负载不对称的情况下断开中性线，则三相四线制电路称为星形连接的三相三线制电路。此时电源中性点 N 与负载公共点 N′之间就出现了一个电位差。以 N 点作为电位参考点，则 NN′间的电压（称为中性点位移电压）可根据基尔霍夫定律求得，即

$$\dot{U}_{N'N} = \frac{\dfrac{\dot{U}_A}{Z_A} + \dfrac{\dot{U}_B}{Z_B} + \dfrac{\dot{U}_C}{Z_C}}{\dfrac{1}{Z_A} + \dfrac{1}{Z_B} + \dfrac{1}{Z_C}} \tag{4.3.4}$$

继而可得各负载中流过的电流为

$$\left. \begin{aligned} \dot{I}_A &= \frac{\dot{U}_A - \dot{U}_{N'N}}{Z_A} \\[2mm] \dot{I}_B &= \frac{\dot{U}_B - \dot{U}_{N'N}}{Z_B} \\[2mm] \dot{I}_C &= \frac{\dot{U}_C - \dot{U}_{N'N}}{Z_C} \end{aligned} \right\} \tag{4.3.5}$$

　　从而可见，每一个负载中流过的电流不同，每个负载两端的电压也不同。这将导致电路无法正常工作，严重时可能会损坏电气设备甚至火灾或人员伤亡事故。

　　[例 4.3.1]　　有一个三相四线制电路，各相均接有若干 220V、40W 的白炽灯，设电源的相电压为 220V，假设 A、B、C 三相分别接有 3、6、9 只灯。电路在运行中突然中线断开，试求各相负载的相电压有效值和电流有效值，并说明发生的现象。

　　解：根据题意，白炽灯可看做纯电阻性负载，由此可得 40W 白炽灯的电阻为

$$R_{40} = \frac{U^2}{P} = \frac{220^2}{40} = 1210(\Omega)$$

因此，各相负载的总阻抗为

$$|Z_A| = \frac{1210}{3} = 403.3(\Omega) , \quad |Z_B| = \frac{1210}{6} = 201.7(\Omega) , \quad |Z_C| = \frac{1210}{9} = 134.4(\Omega)$$

根据式（4.2.10），当中线断开后，中性点位移电压为

$$\dot{U}_{N'N} = \frac{\dfrac{\dot{U}_A}{Z_A} + \dfrac{\dot{U}_B}{Z_B} + \dfrac{\dot{U}_C}{Z_C}}{\dfrac{1}{Z_A} + \dfrac{1}{Z_B} + \dfrac{1}{Z_C}} = \frac{\dfrac{220\angle 0^\circ}{403.3} + \dfrac{220\angle(-120^\circ)}{201.7} + \dfrac{220\angle 120^\circ}{134.4}}{\dfrac{1}{403.3} + \dfrac{1}{210.7} + \dfrac{1}{134.4}} = 63\angle 150^\circ(V)$$

根据 KVL，可得负载各相电压为

$$\dot{U}_{A'} = \dot{U}_A - \dot{U}_{N'N} = 220\angle 0^\circ - 63\angle 150^\circ = 276.4\angle -6.5^\circ(V)$$

$$\dot{U}_{B'} = \dot{U}_B - \dot{U}_{N'N} = 220\angle(-120^\circ) - 63\angle 150^\circ = 228.8\angle -104^\circ(V)$$

$$\dot{U}_{C'} = \dot{U}_C - \dot{U}_{N'N} = 220\angle 120^\circ - 63\angle 150^\circ = 168.4\angle 109^\circ(V)$$

因此，负载各相电压的有效值分别为

$$U_{A'} = 276.4V，U_{B'} = 228.8V，U_{C'} = 168.4V$$

负载各相电流的有效值分别为

$$I_A = \frac{U_{A'}}{|Z_A|} = \frac{276.4}{403.3} = 0.69(A)$$

$$I_B = \frac{U_{B'}}{|Z_B|} = \frac{228.8}{201.7} = 1.13(A)$$

$$I_C = \frac{U_{C'}}{|Z_C|} = \frac{168.4}{134.4} = 1.25(A)$$

所以，A、B、C 三相中每个白炽灯里流过的电流分别如下：A 相的每个灯中流过的电流为 $0.69/3 = 0.23(A)$；B 相的每个灯中流过的电流为 $1.13/6 = 0.19(A)$；C 相的每个灯中流过的电流为 $1.25/9 = 0.14(A)$。

而每个白炽灯的额定电流为

$$I_N = \frac{P_N}{U_N} = \frac{40}{220} = 0.18(A)$$

比较每个灯的额定电压与实际相电压、额定电流与实际电流可知：A 相灯所承受的电压和电流均大于灯的额定值，A 相灯容易烧毁；B 相灯能正常运行；C 相灯由于电压和电流均低于额定值，其亮度比正常运行时暗很多，故也不能正常工作。

4.3.2　负载三角形连接的三相不对称电路

图 4.3.2 所示为负载三角形连接的三相不对称电路。由图可见，各相负载两端的电压等于电源的线电压。

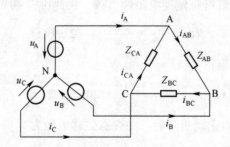

图 4.3.2　三相负载的三角形连接

设三相电源的线电压为

$$u_{AB} = U_m\sin\omega t；u_{BC} = U_m\sin(\omega t - 120°)；u_{CA} = U_m\sin(\omega t + 120°)$$

对应的相量表达式为

$$\dot{U}_{AB} = U_p\angle 0° = U_1\angle 0°，\dot{U}_{BC} = U_p\angle -120° = U_1\angle -120°，\dot{U}_{CA} = U_p\angle 120° = U_1\angle 120°$$

则各相负载中流过的电流为

$$\dot{I}_{AB} = \frac{\dot{U}_{AB}}{Z_{AB}} = \frac{U_1}{|Z_{AB}|}\angle (-\varphi_1)$$

$$\dot{I}_{BC} = \frac{\dot{U}_{BC}}{Z_{BC}} = \frac{U_1}{|Z_{BC}|} \angle (-120° - \varphi_2)$$

$$\dot{I}_{CA} = \frac{\dot{U}_{CA}}{Z_{CA}} = \frac{U_1}{|Z_{CA}|} \angle (120° - \varphi_3)$$

由于 $|Z_{AB}| \neq |Z_{BC}| \neq |Z_{CA}|$，$\varphi_1 \neq \varphi_2 \neq \varphi_3$，所以三相电流不对称。

根据 KCL，可写出线电流与相电流之间的关系为

$$\dot{I}_A = \dot{I}_{AB} - \dot{I}_{CA}；\dot{I}_B = \dot{I}_{BC} - \dot{I}_{AB}；\dot{I}_C = \dot{I}_{CA} - \dot{I}_{BC}$$

由此可见，线电流也不对称。

[例4.3.2]　已知三角形连接的三相负载分别为 300W、200W 和 100W 的白炽灯，接在线电压为 380V 的三相电源上，求各相电流和线电流。

解：根据题意，由于白炽灯是纯电阻性负载，因此有

$$Z_{AB} = \frac{U_1^2}{P_{AB}} = \frac{380^2}{300} = 481.3(\Omega)$$

$$Z_{BC} = \frac{U_1^2}{P_{BC}} = \frac{380^2}{200} = 722(\Omega)$$

$$Z_{CA} = \frac{U_1^2}{P_{CA}} = \frac{380^2}{100} = 1444(\Omega)$$

则各相负载的电流分别为

$$\dot{I}_{AB} = \frac{\dot{U}_{AB}}{Z_{AB}} = \frac{380 \angle 0°}{481.3} = 0.79 \angle 0°(A)$$

$$\dot{I}_{BC} = \frac{\dot{U}_{BC}}{Z_{BC}} = \frac{380 \angle (-120°)}{722} = 0.53 \angle (-120°)(A)$$

$$\dot{I}_{CA} = \frac{\dot{U}_{CA}}{Z_{CA}} = \frac{380 \angle 120°}{1444} = 0.26 \angle 120°(A)$$

由此可得各线电流为

$$\dot{I}_A = \dot{I}_{AB} - \dot{I}_{CA} = 0.79 - 0.26 \angle 120° = 0.66 + j0.23 = 0.713 \angle 19.2°(A)$$

$$\dot{I}_B = \dot{I}_{BC} - \dot{I}_{AB} = 0.53 \angle (-120°) - 0.79 = -1.055 - j0.459 = 1.15 \angle 23.5°(A)$$

$$\dot{I}_C = \dot{I}_{CA} - \dot{I}_{BC} = 0.26 \angle 120° - 0.53 \angle (-120°) = 0.135 + j0.684 = 0.697 \angle 78.84°(A)$$

4.4　三相交流电路中的功率

在三相电路中，无论是对称负载还是不对称负载，三相总的有功功率和无功功率均为各相功率之和。

4.4.1　三相有功功率

三相有功功率为
$$P = P_A + P_B + P_C = U_A I_A \cos\varphi_A + U_B I_B \cos\varphi_B + U_C I_C \cos\varphi_C \tag{4.4.1}$$
三相无功功率为
$$Q = Q_A + Q_B + Q_C = U_A I_A \sin\varphi_A + U_B I_B \sin\varphi_B + U_C I_C \sin\varphi_C \tag{4.4.2}$$
视在功率为
$$S = \sqrt{P^2 + Q^2} \tag{4.4.3}$$
当负载对称时，各相功率相等，因此有功功率为
$$P = 3U_p I_p \cos\varphi = \sqrt{3} U_1 I_1 \cos\varphi \tag{4.4.4}$$
无功功率为
$$Q = 3U_p I_p \sin\varphi = \sqrt{3} U_1 I_1 \sin\varphi \tag{4.4.5}$$
视在功率为
$$S = \sqrt{P^2 + Q^2} = \sqrt{3} U_1 I_1 \tag{4.4.6}$$

[例 4.4.1]　三相负载 $Z = 3 + j4\Omega$，接于线电压为 380V 的交流电源上，试分别求星形（Y）连接和三角形（△）连接时三相电路的总功率。

解： 根据题意可知，三相电路为对称电路，所以负载的阻抗为
$$|Z| = \sqrt{3^2 + 4^2} = 5(\Omega)$$
负载的功率因数为
$$\cos\varphi = \frac{R}{|Z|} = \frac{3}{5} = 0.6$$

（1）三相负载星形连接。由于负载星形连接时电路中的线电压等于 $\sqrt{3}$ 倍的相电压，而线电流等于相电流，因此有
$$I_1 = I_p = \frac{U_p}{|Z|} = \frac{U_1/\sqrt{3}}{\sqrt{3^2 + 4^2}} = \frac{380/\sqrt{3}}{5} = 44(A)$$
因此，三相电路的总功率应为
$$P_Y = \sqrt{3} U_1 I_1 \cos\varphi = \sqrt{3} \times 380 \times 44 \times 0.6 = 17.38(kW)$$

（2）三相负载三角形连接。由于负载三角形连接时电路中的线电压等于相电压，而线电流等于 $\sqrt{3}$ 倍的相电流，因此负载中流过的电流为
$$I_p = \frac{U_p}{|Z|} = \frac{380}{5} = 76(A)$$
电路中的线电流为
$$I_1 = \sqrt{3} I_p = 131.63(A)$$
因此，三相电路的总功率应为
$$P_\triangle = \sqrt{3} U_1 I_1 \cos\varphi = \sqrt{3} \times 380 \times 131.63 \times 0.6 = 51.98(kW)$$
计算结果表明，在三相对称电路中，保持电源电压不变的条件下，同一负载由星形

连接改为三角形连接时，电路中的总功率增加了将近 3 倍。因此，若要使三相负载能够正常工作，则负载的连接方式必须正确。若正常工作是星形连接的负载，误接为三角形连接时，将因功率过大而烧毁负载；而正常工作是三角形连接的负载，误接成星形连接时，则会因功率过小而不能正常工作。

4.4.2　三相功率的测量

三相电路中负载所消耗的有功功率用功率表进行测量，其测量方法由三相电路连接方式和负载是否对称而确定。

1. 三相四线制电路有功功率的测量

在低压配电系统中，三相负载往往是不对称的，因此一般用 3 个单相功率表按图 4.4.1 所示的接线方式进行测量，称为三表法，也称为三瓦特计法。

如果负载对称，则对称负载各相功率相等，只需一个单相功率表即可，称为一表法或一瓦特计法，其总功率为

$$P = 3P_{\mathrm{A}}$$

2. 三相三线制电路有功功率的测量

三相三线制电路用两只单相功率表进行测量，称为两表法或两瓦特计法，其接线如图 4.4.2 所示。这种测量法与电源和负载的连接方式无关，两功率表读数的代数和等于被测得三相负载的有功功率，即

$$P = P_1 + P_2$$

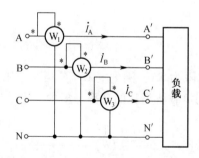

图 4.4.1　三相四线制电路功率测量法

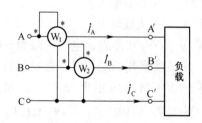

图 4.4.2　三相三线制电路功率测量法

习题

4－1　在三相四线制供电系统中，如果中线断开，对三相对称负载有何影响？对三相不对称负载有何影响？并说明中线在三相四线制供电系统中的作用。

4－2　有一台星形连接的三相交流发电机，其额定线电压为 380V。现测得 $U_{\mathrm{AC}} = 380\mathrm{V}$，$U_{\mathrm{BC}} = 220\mathrm{V}$，$U_{\mathrm{AB}} = 220\mathrm{V}$，试说明该发电机故障的原因。

4-3 某小区有两栋楼，其照明用电由一台三相变压器供电。在一次线路故障中，1号楼的所有照明器均出现灯光昏暗现象，而2号楼的所有照明器几乎全部被烧毁，试分析故障原因。

4-4 图示对称三相电路，若额定线电压为 $U_1 = 380V$ ，$Z = 10\angle 30°\Omega$ ，求线电流及三相负载的有功功率。

4-5 图示对称三相电路中，$R = 6\Omega$ ，$Z = (1 + j4)\Omega$ ，线电压为380V，求线电流和负载吸收的平均功率。

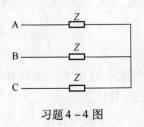

习题 4-4 图

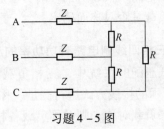

习题 4-5 图

4-6 已知三相星形连接的对称负载，其每相复阻抗 $Z = (4 + j3)\Omega$ ，加线电压 $U_1 = 380V$ 的三相对称电源，求负载的相电流、线电流和三相有功功率、三相无功功率和三相视在功率。

4-7 在已知条件不变的情况下，将习题4-6中的负载连接成三角形，求负载的相电流、线电流和三相有功功率、三相无功功率和三相视在功率。

4-8 有一三角形连接的三相负载，在正常工作时测得线电流 $I_1 = 26A$ ，线电压 $U_1 = 380V$ ，电源对称。在下列情况下，求各相的负载电流。

（1）正常工作；

（2）一相负载断开；

（3）一根火线断开。

4-9 有一功率表，电压量限为300V，电流量限为5A，满刻度150分格，当用其测量某一负载所消耗的功率时，指针偏转70分格，则负载所消耗的功率是多少？

4-10 如图所示电路中，已知：$U_1 = 380V$ ，$R_A = 38\Omega$ ，$R_C = 19\Omega$ ，$X_L = 19\sqrt{3}\Omega$ ，$X_C = 38\Omega$ 。试求

（1）线电流 $\dot{I}_A$ 、$\dot{I}_B$ 、$\dot{I}_C$ ；

（2）三相负载总功率 P、Q、S；

（3）两只功率表 W_1 和 W_2 的读数。

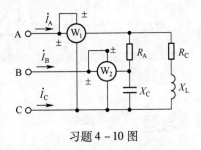

习题 4-10 图

4-11 用阻值为 10Ω 的 3 根电阻丝组成三相电炉，接在线电压为380V的三相电源上，电阻丝的额定电流为25A，应如何连接？说明理由。

第 5 章

线性电路的暂态分析

5.1 基 本 概 念

5.1.1 暂态分析的基本概念

1. 电路的过渡过程

电路的结构和元件的参数一定时，电路的工作状态一定，电压和电流不会改变，这时电路所处的状态称为稳定状态（steady state），简称稳态。电路工作在稳定状态时，对于直流电，它的数值、方向不变；对于交流电，它的幅值、频率和变化规律不变。

但是电路中的各个物理量从接通电源前的零值，达到接通电源后的稳态值，其间要有一个变化过程，这个变化过程称为电路的过渡过程或动态过程。另外，在已经达到稳态的电路中，如果电源电压（或电流）或者电路某些参数有了改变，则电路中的物理量也要变化到另一稳态值，这个中间变化过程也是电路的过渡过程。由此可见，当电路在接通、断开、改接以及参数和电源发生突变时，都会引起电路工作状态的变化，称为电路的换路（switching）。电路在过渡过程所处的状态称为过渡状态（transient state），简称暂态。

过渡过程在自然界中也是随处可见，它是自然界物质运动的客观规律。例如烧水时的温度变化过程、火车启动时速度的变化过程，这些变化过程也是过渡过程。

这里做一个实验，电路如图 5.1.1 所示，R、L、C 元件分别串联一只同样的灯泡，并连接在直流电压源上。当开关 S 闭合时，能看到 3 种现象：①电阻所在支路的灯泡会立即亮，其亮度始终保持不变；②电感所在支路的灯泡由不亮逐渐变亮，最后亮度达到稳定；③电容所在支路的灯泡由亮变暗，最后熄灭。3 条支路的现象不同，是因为 R、L、C 这 3 个元件上电流与电压变化时所遵循的规律不同。

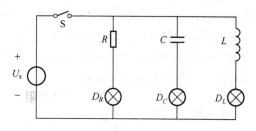

图 5.1.1 实验电路

对于电阻元件，电流与电压的关系是 $i = \dfrac{u}{R}$，因此电阻元件上某时刻的电流值就取决于该时刻的电压值。实验电路中的开关 S 闭合后，电阻的电压和电流产生了跃变，电流值从零到达新的稳态值是立即完成的，没有过渡过程。

对于电感元件，电流与电压的关系是 $u_L = L\dfrac{\mathrm{d}i}{\mathrm{d}t}$，每个瞬间电压值取决于该瞬间电流的变化，不取决于该瞬间电流的有无。实验电路中的开关 S 闭合的瞬间，电流的变化率最大，此时电感元件相当于开路，电感电压等于电源电压 U_s，电感支路灯泡的电压为零，电路中没有电流，灯泡不亮；此后电感电流逐渐增大，灯泡逐渐变亮，而电流变化率减小，到达新的稳态时，电感对于直流相当于短路，此时电感电压为零，电感支路灯泡电压等于电源电压 U_s，因此灯泡达到最亮。可以看出，电感电流由零达到最大需要一个过渡过程。

对于电容元件，电流与电压的关系是 $i_C = C\dfrac{\mathrm{d}u}{\mathrm{d}t}$，每个瞬间电流值取决于该瞬间电压的变化，不取决于该瞬间电压的有无。实验电路中的开关 S 闭合的瞬间，电容没有储存电荷，电容电压为零，此时电容元件相当于短路，电容支路灯泡电压等于电源电压 U_s，灯泡最亮；此后随着电容充电电压的升高，灯泡电压逐渐减小，灯泡随之变暗，当电容电压等于电源电压 U_s 时，电路达到新的稳态，电容相当于开路，没有电流通过灯泡，因此灯泡不亮。可以看出，电容电压由零达到最大需要一个过渡过程。

从能量的角度来看，电阻是耗能元件，其上电流产生的电能总是即时转变成其他形式的能量（如热能、光能）。若电路中含有电容及电感等储能元件，则电路中电压电流的建立或其量值的改变，必然伴随着电容电场能量和电感磁场能量的改变。一般而言，这种改变只能是渐变的，不能够跃变，否则即意味着功率 $P = \dfrac{\mathrm{d}W}{\mathrm{d}t}$ 是无穷大的，而在实际中功率不可能是无穷大的。

上述分析表明，电路产生过渡过程的原因有两个。一个是内因，即电路中存在动态元件 L 或 C；另一个是外因，即电路的换路。过渡过程的时间一般很短，只有几秒钟，甚至若干微秒或纳秒，但是在某些情况下，其影响是不可忽视的。在近代电工和电子技术中，常常利用过渡过程的特性解决一些技术问题。例如，在电子技术中利用过渡过程来产生特定波形的电信号（锯齿波、三角波、尖脉冲）。又如，电子式时间继电器的延时就是由电容充放电的快慢程度决定的。另一方面，过渡过程中可能出现过电压、过电流的有害现象，使得电气设备或元件受到损害，必须采取适当措施避免其危害。因此，学习电路的暂态分析是有重要意义的。直流电路和交流电路都有过渡过程，本章以直流电路为例，讨论电路的过渡过程。

2. 激励和响应

电路从电源（包括信号源）输入的信号统称为激励（excitation）。激励分为电压激励和电流激励两种，激励有时又称为输入（input）。

电路在外部激励的作用下，或者在内部储能的作用下产生的电压和电流统称为响应（response），响应有时又称为输出（output）。

根据能量来源的不同，响应可分为下列 3 种：

（1）零输入响应（zero-input response）：电路无激励的情况下，仅由储能元件在初始时刻的储能产生的响应。

（2）零状态响应（zero-state response）：储能元件尚未储存能量（称为电路的零初始状态）的情况下，由激励产生的响应。

（3）全响应（complete response）：电路有激励、储能元件有初始储能的情况下产生的响应。

在线性电路中，根据叠加原理，全响应可以看做零输入响应和零状态响应的代数和，即全响应＝零输入响应＋零状态响应。

根据激励波形的不同，零状态响应和全响应又可以分为阶跃响应、正弦响应和脉冲响应。阶跃响应（step response）实际上就是在直流电源作用下的响应。换路前，电路与电源断开，电路无输入电压；换路后，电路与电源接通，有输入电压。将换路的瞬间作为计时的起点（$t=0$），因而电路输入电压（激励）的波形应如图 5.1.2 所示。其数学表达式为

$$u(t) = \begin{cases} 0, & \text{当 } t < 0_- \text{ 时} \\ U, & \text{当 } t \geq 0_+ \text{ 时} \end{cases}$$

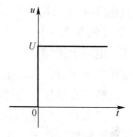

图 5.1.2　阶跃激励

这种波形的激励称为阶跃激励（step excitation），在暂态过程中比较常见。

5.1.2　换路定律

分析电路时，为方便起见，通常设 $t=0$ 为换路瞬间，把换路前终了时刻记为 $t=0_-$，把换路后的初始时刻记为 $t=0_+$。换路瞬间，电容元件中的电压和电感元件中的电流不能跃变，这称为换路定律（Switching Law）。用公式表示如下：

$$u_C(0_-) = u_C(0_+) \tag{5.1.1}$$

$$i_L(0_-) = i_L(0_+) \tag{5.1.2}$$

需要指出的是：

（1）0_+ 和 0_- 在数值上都等于 0，但 0_+ 是指 t 从正值趋于零，0_- 是指从负值趋于零；

（2）电容电压不能跃变决不意味着电容电流也不能跃变，因为电容电流不是取决于电容电压的大小，而是取决于电容电压的变化率。

同理可知，电感电压是可以跃变的。电阻电压、电阻电流也可以跃变。

5.1.3　电路初始值与新稳态值的计算

1. 电路初始值的计算

换路定律仅适用于电路换路瞬间，利用换路定律可以确定换路后瞬间的电容电压和电感电流，从而确定电路的初始状态。具体步骤如下：

（1）原稳态值的确定。根据稳态时电容元件相当于开路、电感元件相当于短路的原则，应用直流电路的分析方法，在换路前的电路中求出换路起始时刻（$t=0_-$）的电容

电压 $u_C(0_-)$ 和电感电流 $i_L(0_-)$。

（2）独立变量初始值的确定。由换路定律确定换路初始时刻（$t = 0_+$）的电容电压 $u_C(0_+)$ 和电感电流 $i_L(0_+)$。

（3）非独立变量初始值的确定。依据独立变量初始值的数值，画出 $t = 0_+$ 的等效电路，根据电路的基本定律求出换路初始时刻（$t = 0_+$）的非独立变量的初始值（各支路电流和其他元件上的电压）。$u_C(0_+) = 0$ 时电容元件相当于短路，$i_L(0_+) = 0$ 时电感元件相当于开路；$u_C(0_+) \neq 0$ 时用理想电压源替代，$i_L(0_+) \neq 0$ 时用理想电流源替代。

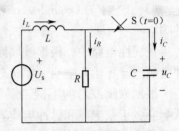

图 5.1.3　例 5.1.1 电路

[**例 5.1.1**]　图 5.1.3 所示的电路，原为稳定状态，电容上无储能，已知 $U_s = 4\text{V}$，$R = 2\Omega$，在 $t = 0$ 时将开关 S 闭合，试求电路中各电压、电流的初始值。

解：设电压、电流的参考方向如图 5.1.3 所示。

先求独立变量的初始值。$t = 0_-$ 时电路处于稳态，故电容元件可视为开路，电感元件可视为短路，由 $t = 0_-$ 时的等效电路（图 5.1.4（a））可得

$$u_C(0_-) = 0(\text{V})$$

$$i_L(0_-) = \frac{U_s}{R} = \frac{4}{2} = 2(\text{A})$$

由换路定律可得

$$u_C(0_+) = u_C(0_-) = 0(\text{V})$$

$$i_L(0_+) = i_L(0_-) = 2(\text{A})$$

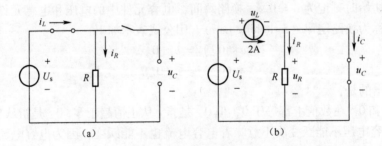

图 5.1.4　例 5.1.1 等效电路

(a) $t = 0_-$；(b) $t = 0_+$。

开关闭合后瞬间，电容两端的电压不变，相当于电动势为零的电压源（也相当于短路）；电感中的电流不变，相当于 2A 的电流源。$t = 0_+$ 时的等效电路如图 5.1.4（b）所示，可得

$$i_C(0_+) = i_L(0_+) = 2(\text{A})$$

$$i_R(0_+) = 0(\text{A})$$

$$u_R(0_+) = 0(\text{V})$$

$$u_L(0_+) = U_s = 4(V)$$

从此例题中可以看出，电容元件的电流、电感元件的电压、电阻元件的电压和电流是可以跃变的。

2. 电路新稳态值的计算

由于电容元件相当于开路、电感元件相当于短路（同原稳态），画出电路出现新的稳定状态（$t = \infty$）时的等效电路，根据直流电路的分析方法，求出各独立变量及非独立变量的新稳态值。

[**例 5.1.2**] 电路如图 5.1.5 所示，开关 S 闭合前电路处于稳态，已知 $U_s = 36V$，$R_1 = 9\Omega$，$R_2 = 6\Omega$。开关 S 在 $t = 0$ 时闭合，求 $t = 0_+$ 时和 $t = 0_+$ 时的等效电路，并计算初始值 $i_1(0_+)$、$i_2(0_+)$ 和新的稳态值 $i_1(\infty)$、$i_2(\infty)$、$i_L(\infty)$、$u_C(\infty)$。

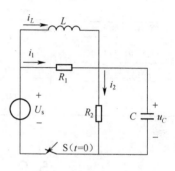

图 5.1.5 例 5.1.2 电路

解：$t = 0_-$ 时电路处于稳态，故电容元件可视为开路，电感元件可视为短路，由 $t = 0_-$ 时的等效电路（图 5.1.6（a））可得

$$u_C(0_-) = 0(V), i_L(0_-) = 0(A)$$

由换路定律可得

$$u_C(0_+) = u_C(0_-) = 0(V)$$

$$i_L(0_+) = i_L(0_-) = 0(A)$$

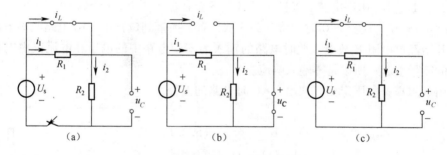

图 5.1.6 例 5.1.2 等效电路

(a) $t = 0_-$；(b) $t = 0_+$；(c) $t = \infty$。

$t = 0_+$ 时的等效电路如图 5.1.6（b）所示，其中电容元件相当于短路，电感元件相当于开路（也相当于电流为零的电流源）。因此

$$i_1(0_+) = \frac{U_s}{R_1} = \frac{36}{9} = 4(A)$$

$$i_2(0_+) = 0(A)$$

开关闭合后电路达到新的稳定状态时，电容元件相当于开路，电感元件相当于短路，$t = \infty$ 时的等效电路如图 5.1.6（c）所示。可以得到

$$i_1(\infty) = 0(\text{A})$$

$$i_2(\infty) = i_L(\infty) = \frac{U_s}{R_2} = \frac{36}{6} = 6(\text{A})$$

$$u_C(\infty) = U_s = 36(\text{V})$$

为便于记忆和应用，电容和电感元件在换路瞬间和稳态值时的特征见表 5.1.1。

表 5.1.1　电容和电感元件在换路瞬间和稳态值时的特征

特征 元件	$t = 0_-$	$t = 0_+$	$t = \infty$
C $u_C(t)$	$u_C(0_-) = 0$	$u_C(0_+) = 0$	开路
	$u_C(0_-) = U_o$	$u_C(0_+) = U_o$　$+\ U_o\ -$	
L $i_L(t)$	$i_L(0_-) = 0$	$i_L(0_+ = 0$	短路
	$i_L(0_-) = I_o$	$i_L(0_+) = L_o$　I_o	

5.2　一阶电路的零输入响应

5.2.1　RC 电路的零输入响应

图 5.2.1 是 RC 串联电路。换路前，开关 S 合在位置 1 上，电源对电容元件充电，达到稳态时 $u_C = U_s$。在 $t = 0$ 时，将开关 S 从位置 1 换接到位置 2，RC 电路脱离电源，电容元件开始经过电阻 R 放电。此时电路的输入为零，电路中的电压和电流仅由电容元件所储存的能量引起，所以是零输入响应。

应用基尔霍夫电压定律，列出 $t \geqslant 0$ 时电路的方程，即

$$u_R(t) + u_C(t) = 0 \qquad (5.2.1)$$

将 $u_R(t) = Ri(t)$、$i(t) = C\dfrac{\mathrm{d}u_C(t)}{\mathrm{d}t}$ 代入上式，得

$$RC\frac{\mathrm{d}u_C(t)}{\mathrm{d}t} + u_C(t) = 0 \qquad (5.2.2)$$

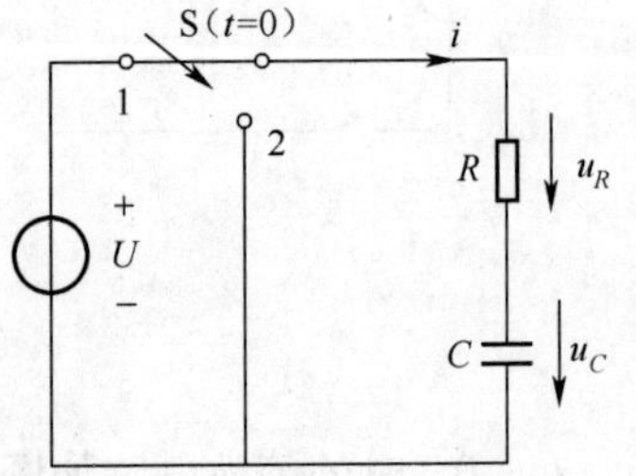

此方程为一阶线性常系数齐次微分方程。令它的通解为 $u_C(t) = Ae^{pt}$（A 为待定积分常数），代入式(5.2.2) 化简后，可得特征方程

图 5.2.1　RC 电路的零输入响应

$$RCp + 1 = 0$$

其特征根为

$$p = -\frac{1}{RC}$$

于是，式（5.2.2）的通解为

$$u_C(t) = A\mathrm{e}^{-\frac{1}{RC}t}$$

根据 $u_C(0_+) = U$，可得 $A = U_\mathrm{s}$，则

$$u_C(t) = U_\mathrm{s}\mathrm{e}^{-\frac{1}{RC}t} \qquad\qquad (5.2.3)$$

$$i(t) = C\frac{\mathrm{d}u_C(t)}{\mathrm{d}t} = -\frac{U_\mathrm{s}}{R}\mathrm{e}^{-\frac{1}{RC}t} \qquad\qquad (5.2.4)$$

$$u_R(t) = Ri(t) = -U_\mathrm{s}\mathrm{e}^{-\frac{1}{RC}t} \qquad\qquad (5.2.5)$$

它们随时间的变化曲线如图 5.2.2 所示。

从曲线中可以看出，电容的电压不能跃变，由初始值 U 按指数规律衰减而逐渐趋于稳态值零。随着电容电压按指数规律下降，电阻电压按相同指数规律上升，两者的和始终为零。

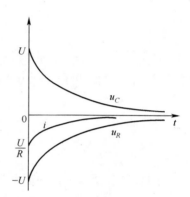

图 5.2.2　RC 零输入响应电压电流变化曲线

式（5.2.5）中，令 $\tau = RC$，因为它具有时间的量纲，即

$$[\text{欧}][\text{法}] = [\text{欧}]\left[\frac{\text{库}}{\text{伏}}\right] = [\text{欧}]\left[\frac{\text{安·秒}}{\text{伏}}\right] = [\text{秒}]$$

所以称为电路的时间常数。它决定了电路中过渡过程的快慢。改变电路的参数（R、C），可以改变电路过渡过程时间的长短。

当 $t = \tau$ 时，$u_C(t = \tau) = U\mathrm{e}^{-1} = 0.368U = 36.8\%U$

同理，$t = 2\tau$ 时，$u_C(t = 2\tau) = U\mathrm{e}^{-2} = 0.135U = 13.5\%U$

$t = 5\tau$ 时，$u_C(t = 5\tau) = U\mathrm{e}^{-5} = 0.002U = 0.2\%U$

可见，时间常数 τ 等于电压 u_C 衰减到初始值 U 的 36.8% 所需的时间。从理论上讲，电路只有经过 $t = \infty$ 的时间才能达到稳定状态。通过上面的计算可知，当 $t = 5\tau$ 时，电容电压仅为初始值的 0.2%，所以工程上认为，当经过 $t = (4 \sim 5)\tau$ 时，电路即达到稳定状态，过渡过程结束。显然，时间常数越小，过渡过程进行得越快，反之则越慢。这是因为，在一定的初始电压 U 时，电容 C 越大，存储的电荷（$q = CU$）越多，放电时间就越长；电阻 R 越大，放电电流 $\left(I = \dfrac{U}{R}\right)$ 就越小，放电时间也越长。

综上所述，RC 电路的零输入响应是描述电容的放电过程。电容电压不能突变，它随着时间按指数规律逐渐衰减，最后趋于零。随着电容放电的进行，其在换路前所存储的能量逐渐被电阻元件所消耗。

5.2.2　RL 电路的零输入响应

图 5.2.3 是 RL 串联电路。换路前，开关 S 是合在位置 1 上，处于稳态，电路中通过恒定电流 $I = \dfrac{U_\mathrm{s}}{R_1}$。当 $t = 0$ 时，将开关 S 从位置 1 换接到位置 2，RL 电路脱离电源，电感

元件将已存储的能量向电阻放出,电路处于零输入状态。

应用基尔霍夫电压定律,列出 $t \geqslant 0$ 时电路的方程,即

$$u_R(t) + u_L(t) = 0 \qquad (5.2.6)$$

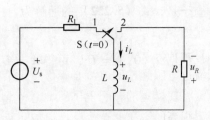

图 5.2.3　RL 电路的零输入响应

将 $u_R(t) = Ri_L(t)$、$u_L(t) = L\dfrac{\mathrm{d}i_L(t)}{\mathrm{d}t}$ 代入上式,得

$$L\frac{\mathrm{d}i_L(t)}{\mathrm{d}t} + Ri_L(t) = 0 \qquad (5.2.7)$$

此方程为一阶线性常系数齐次微分方程。令它的通解为 $i_L(t) = Ae^{pt}$,代入式(5.2.7)化简后,可得特征方程为

$$Lp + R = 0$$

其特征根为

$$p = -\frac{R}{L}$$

于是,式(5.2.7)的通解为

$$i_L(t) = Ae^{-\frac{R}{L}t}$$

根据 $i_L(0_+) = I$,可得 $A = I$,则

$$i_L(t) = Ie^{-\frac{R}{L}t} = \frac{U_s}{R_1}e^{-\frac{R}{L}t} \qquad (5.2.8)$$

$$u_L(t) = L\frac{\mathrm{d}i_L(t)}{\mathrm{d}t} = -\frac{U_s}{R_1}Re^{-\frac{R}{L}t} \qquad (5.2.9)$$

$$u_R(t) = Ri_L(t) = \frac{U_s}{R_1}Re^{-\frac{R}{L}t} \qquad (5.2.10)$$

它们随时间的变化曲线如图 5.2.4 所示。

式(5.2.10)中,令 $\tau = \dfrac{L}{R}$,它同样也具有时间的量纲,即

$$\left[\frac{\text{亨}}{\text{欧}}\right] = \left[\frac{\text{韦}}{\text{安·欧}}\right] = \left[\frac{\text{伏·秒}}{\text{安·欧}}\right] = [\text{秒}]$$

所以称为 RL 电路的时间常数。

注意:在 RL 串联电路中,时间常数 τ 与电阻 R 成反比,R 越大,τ 越小;而在 RC 串联电路中,时间常数 τ 与电阻 R 成正比。

综上所述,RL 电路的零输入响应实质上就是当 R、L 短接后,电感中储存的磁场能转换为电阻的热能的过程。

[**例 5.2.1**]　RL 电路断开时的过电压现象和保护

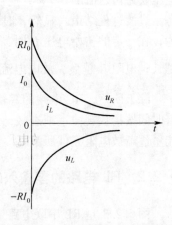

图 5.2.4　RL 零输入响应曲线

措施。

图 5.2.5 所示为一个实际电感线圈（电感与电阻串联电路）和直流电源接通的电路。当打开开关 S 将电感线圈突然和电源断开，而未加以短路时，根据换路定律，在换路瞬间流过电感元件的电流必须保持原有储能 I_0。但是，此刻电路已经断开，电感元件中的电流将在极短的时间里迅速地衰减到零，形成很大的电流变化率，在电感线圈两端将感应出很高的电压。这个感应电压可能使线圈的绝缘击穿，同时可能把开关两触头之间的空气击穿而造成火花或电弧以延缓电流的中断，开关触头因而被烧坏。所以在设计或操作电感量较大的仪器、设备时，应采取必要的措施防止这类事故的发生。

常用的保护措施是采用并接续流二极管的方法来防止高压的产生，其电路如图 5.2.6 所示。RL 电路工作时，二极管反向截止，不影响电路的正常工作。当开关 S 断开时，二极管正向导通，提供了一条通路使得电流（或磁场能）缓慢衰减，避免了高电压的产生。

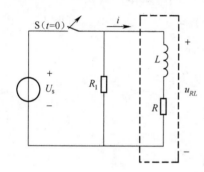

图 5.2.5　例 5.2.1 电路

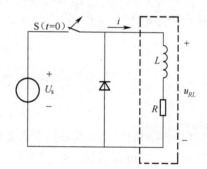

图 5.2.6　并联二极管的 RL 电路

另外，如果图 5.2.5 所示电路中的 R_1 是个内阻很大的电压表或其他元器件，这种高电压还可能损坏接在电路中的 R_1，甚至危及人身安全，在开关 S 打开前必须将 R_1 从电路中断开。

5.3　一阶电路的零状态响应

5.3.1　RC 电路的零状态响应

图 5.3.1 是 RC 串联电路，换路前电路处于稳定状态，电容 C 的初始储能为零。开关 S 在 $t=0$ 时闭合，电路与电压源接通，电源通过 R 对电容 C 充电。此时电路中的储能元件无初始储能，电路中的电压和电流仅由激励产生，所以是零状态响应。

应用基尔霍夫电压定律，列出 $t \geq 0$ 时电路的方程，即

$$u_R(t) + u_L(t) = U_s \qquad (5.3.1)$$

将 $u_R(t) = Ri(t)$、$i(t) = C\dfrac{\mathrm{d}u_C(t)}{\mathrm{d}t}$ 代入上式，得

$$RC\frac{\mathrm{d}u_C(t)}{\mathrm{d}t} + u_C(t) = U_s \qquad (5.3.2)$$

此方程为一阶线性常系数非齐次微分方程。此方程的解由两部分组成，即非齐次微分方程的特解 u_C' 和相应齐次微分方程的通解 u_C''。后者可由

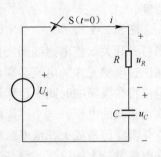

图 5.3.1　RC 电路的零状态响应

$$RC\frac{du_C''(t)}{dt} + u_C''(t) = 0$$

求得，$u_C''(t) = Ae^{-\frac{1}{RC}t} = Ae^{-\frac{1}{\tau}t}$，$\tau = RC$ 为电路时间常数。

满足非齐次微分方程的任意一个解都可以作为特解。取电路达到新的稳定状态的解作为该方程的特解，则

$$u_C'(t) = u_C(\infty) = U_s$$

特解又称为稳态解或稳态分量。于是，式（5.3.2）的通解为

$$u_C(t) = u_C'(t) + u_C''(t) = U_s + Ae^{-\frac{1}{\tau}t}$$

根据换路定律，$t = 0_+$ 时，$u_C(0_+) = u_C(0_-) = 0$，代入上式，可得 $A = -U_s$。则

$$u_C(t) = U_s - U_s e^{-\frac{1}{\tau}t} \tag{5.3.3}$$

$$i(t) = C\frac{du_C(t)}{dt} = \frac{U_s}{R}e^{-\frac{1}{\tau}t} \tag{5.3.4}$$

$$u_R(t) = Ri(t) = U_s e^{-\frac{1}{\tau}t} \tag{5.3.5}$$

它们随时间的变化曲线如图 5.3.2 所示。

从图 5.3.2 可以看出，电容电压 $u_C(t)$ 不能跃变。它由初始值（$u_C(0_+) = 0$）按指数规律逐渐上升至稳态值 U_s，而电阻上的电压 $u_R(t)$ 和电路中的电流 $i(t)$ 都按指数规律下降。当电源电压 U_s 刚作用于电路瞬间，电容上的电压为零，电容相当于短接，电源电压全部加在电阻上，电流最大。随后电容上的电压随时间不断增加，电阻上的电压逐渐衰减，经过 $(4 \sim 5)\tau$ 的时间，过渡过程结束，电容上的电压与输入电压 U_s 相等，电流衰减为零，电阻上的电压也衰减为零，此时电路中无电荷移动，这就是电容的"隔直"作用。

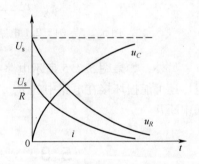

图 5.3.2　RC 电路零状态响应曲线

综上所述，分析 RC 电路的零状态响应实际上就是分析电容元件的充电过程。充电过程的快慢，同样由电路的时间常数 $\tau = RC$ 决定。

5.3.2　RL 电路的零状态响应

图 5.3.3 是 RL 串联电路，换路前电路处于稳定状态，电感 L 的初始储能为零。开关 S 在 $t = 0$ 时闭合，电路与电流源接通，电路将产生零状态响应。

应用基尔霍夫电压定律，列出 $t \geqslant 0$ 时电路的方程，即

$$u_R(t) + u_L(t) = Ri(t) + L\frac{\mathrm{d}i(t)}{\mathrm{d}t}U_s \qquad (5.3.6)$$

上式的通解为

$$i(t) = i'(t) + i''(t) = \frac{U_s}{R} + Ae^{-\frac{1}{\tau}t}$$

根据换路定律，$t = 0_+$ 时，$i(0_+) = i(0_-) = 0$，代入上式可得 $A = -\dfrac{U_s}{R}$，则

$$i(t) = \frac{U_s}{R}(1 - e^{-\frac{1}{\tau}t}) \qquad (5.3.7)$$

$$u_L(t) = L\frac{\mathrm{d}i(t)}{\mathrm{d}t} = U_s e^{-\frac{1}{\tau}t} \qquad (5.3.8)$$

$$u_R(t) = Ri(t) = U_s(1 - e^{-\frac{1}{\tau}t}) \qquad (5.3.9)$$

式（5.3.7）~式（5.3.9）中，τ 是电路的时间常数，$\tau = \dfrac{L}{R}$。$i(t)$、$u_L(t)$、$u_R(t)$ 随时间的变化曲线如图 5.3.4 所示。

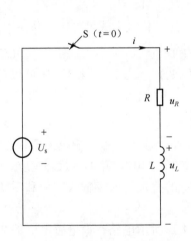

图 5.3.3　RL 电路的零状态响应

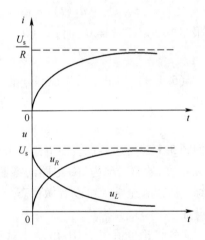

图 5.3.4　RL 电路零状态响应曲线

5.4　一阶电路的全响应与三要素法

5.4.1　一阶电路的全响应

在图 5.4.1（a）所示的 RC 电路中，开关 S 闭合前电容 C 已经存储了能量，设 $u_C(0_-) = U_0$。在 $t = 0$ 时开关 S 闭合，RC 串联电路与电压源 U_s 接通。此时电路中有激励源，并且储能元件有初始储能，所以是全响应。

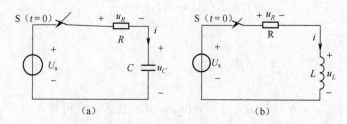

图 5.4.1　一阶电路的全响应

（a）RC 电路的全响应；（b）RL 电路的全响应。

应用基尔霍夫电压定律，列出 $t \geqslant 0$ 时电路的方程，即

$$u_R(t) + u_C(t) = U_s \tag{5.4.1}$$

或

$$RC\frac{\mathrm{d}u_C(t)}{\mathrm{d}t} + u_C(t) = U_s \tag{5.4.2}$$

式（5.4.2）和式（5.3.2）相同，其通解仍为

$$u_C(t) = u'_C(t) + u''_C(t) = U_s + A\mathrm{e}^{-\frac{1}{\tau}t}$$

根据换路定律，$t = 0_+$ 时，$u_C(0_+) = u_C(0_-) = U_0$，代入上式可得 $A = U_0 - U_s$，则

$$u_C(t) = U_s + (U_0 - U_s)\mathrm{e}^{-\frac{1}{\tau}t} \tag{5.4.3}$$

式（5.4.3）的第一项为稳态分量，第二项为暂态分量。式（5.4.3）还可以写成如下形式：

$$u_C(t) = U_0\mathrm{e}^{-\frac{1}{\tau}t} + U_s(1 - \mathrm{e}^{-\frac{1}{\tau}t}) \tag{5.4.4}$$

回顾 5.1 节所述，在线性电路中根据叠加原理，全响应 = 零输入响应 + 零状态响应。式（5.4.4）的第一项为 RC 电路的零输入响应，第二项为 RC 电路的零状态响应。

综上所述，全响应可以看做稳态分量和暂态分量的叠加，或零输入响应和零状态响应的叠加。

同样的结论也适用于 RL 电路，对于图 5.4.1（b）所示电路，设电感电流的初始值为 I_0，用类似的方法，可以直接写出 RL 电路的全响应表达式为

$$i_L(t) = i_L'(t) + i_L''(t) = \frac{U_s}{R} + \left(I_0 - \frac{U_s}{R}\right)\mathrm{e}^{-\frac{1}{\tau}t} \tag{5.4.5}$$

或

$$i_L(t) = I_0\mathrm{e}^{-\frac{1}{\tau}t} + \frac{U_s}{R}(1 - \mathrm{e}^{-\frac{1}{\tau}t}) \tag{5.4.6}$$

5.4.2　一阶线性电路的三要素法

观察前面分析各类响应时所列举的 RC 电路和 RL 电路，可以看出电路中只含有一种储能元件（只含有电容或只含有电感），并且从根据基尔霍夫定律列出的 $t \geqslant 0$ 时的电路方程形式上可以看出，均属于一阶线性常微分方程。因此，具有上述特征的一类电路常

被称为一阶电路（first – order circuit）。

仔细研究求解 RC 电路和 RL 电路全响应的表达式，即

$$u_C(t) = u_C{'}(t) + u_C{''}(t) = U_s + (U_0 - U_s)e^{-\frac{1}{\tau}t}$$

和

$$i_L(t) = i_L{'}(t) + i_L{''}(t) = \frac{U_s}{R} + \left(I_0 - \frac{U_s}{R}\right)e^{-\frac{1}{\tau}t}$$

从数学的角度看，它们具有相同的形式，都由两项构成，第一项均为与时间无关的稳态分量，第二项均为随时间按指数规律变化的暂态分量。实际上这不是偶然的，可以证明，一阶电路任意一个元件的全响应，均可以用如下通式表示：

$$f(t) = f(\infty) + [f(0_+) - f(\infty)]e^{-\frac{t}{\tau}} \tag{5.4.7}$$

式中：$f(t)$ 为电压或者电流；$f(0_+)$ 为初始值；$f(\infty)$ 为稳态值；τ 为时间常数。

$f(0_+)$、$f(\infty)$ 和 τ 称为一阶电路的三要素。实际上，只要求出电路的这 3 个量的值，就可以得到电路过渡过程的全解，这一方法称为三要素法（three – factor method）。求解 $f(0_+)$ 即为求解电路的初始值；求解 $f(\infty)$ 就是求解电路的新稳态值；求解 τ 时，对于 RC 电路，$\tau = RC$，对于 RL 电路，$\tau = L/R$，R 为换路后从电容或电感两端看入的戴维南等效电阻。

和用于求解一阶电路的经典法（解一阶线性常微分方程）相比较，三要素法简便易行，在工程分析和计算上得到了广泛应用。此方法同样适用于分析交流电路的过渡过程。

[**例 5.4.1**]　在图 5.4.2 所示的电路中，已知 $R_0 = 5\Omega$，$R = 10\Omega$，$L = 0.5\,\text{H}$，$U_s = 120\text{V}$，电路处于稳态。$t = 0$ 时开关 S 闭合，试用三要素法求 S 闭合后经过多少时间电流 i 才能达到 11A。

解：$t = 0_-$ 时电路处于稳态，电感相当于短路，等效电路如图 5.4.3（a）所示，则

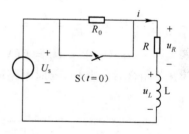

图 5.4.2　例 5.4.1 电路

$$i(0_-) = i_L(0_-) = \frac{U_s}{R_0 + R} = \frac{120}{5 + 10}\text{A} = 8\text{A}$$

由换路定律，得

$$i(0_+) = i_L(0_+) = i_L(0_-) = 8\text{A}$$

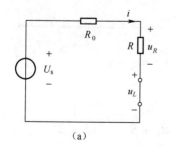

(a)

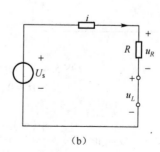

(b)

图 5.4.3　例 5.4.1 等效电路

(a) $t = 0_-$；(b) $t = \infty$。

开关闭合后，当 $t = \infty$ 时电路进入新的稳态，电感相当于短路，等效电路如图 5.4.3（b）所示，则

$$i(\infty) = \frac{U_s}{R} = \frac{120}{10} = 12(A)$$

$$\tau = \frac{L}{R} = \frac{0.5}{10} = 0.05(s)$$

将 $i(0_+)$、$i(\infty)$、τ 代入三要素公式 $f(t) = f(\infty) + [f(0_+) - f(\infty)]e^{-\frac{t}{\tau}}$，得

$$i(t) = i(\infty) + [i(0_+) - i(\infty)]e^{-\frac{t}{\tau}}$$
$$= 12 + (8 - 12)e^{-\frac{t}{0.05}}$$
$$= 12 - 4e^{-20t}(A)$$

当电流达到 11A 时，$11 = 12 - 4e^{-20t}$，所经过的时间 $t = 0.069s$。

[**例 5.4.2**] 在图 5.4.4 所示的电路中，已知 $R_1 = 1k\Omega$，$R_2 = 2k\Omega$，$C = 300\mu F$，$U_s = 6V$，开关 S 闭合前电路处于稳态。在 $t = 0$ 时开关 S 闭合。试用三要素法求 $t \geqslant 0$ 时的 u_C、i_C 和 u_2。

解：开关 S 闭合前电路处于稳态，电容无储能，$u_C(0_-) = 0V$，根据换路定律，$u_C(0_+) = u_C(0_-) = 0V$，故在 $t = 0_+$ 的等效电路里电容相当于短路。电路如图 5.4.5（a）所示，则

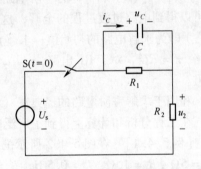

图 5.4.4 例 5.4.2 电路

$$i_C(0_+) = \frac{U_s}{R_2} = \frac{6}{2} = 3(mA)$$

$$u_2(0_+) = U_s = 6(V)$$

开关闭合后，当 $t = \infty$ 时电路进入新的稳态，电容元件相当于开路，所以有

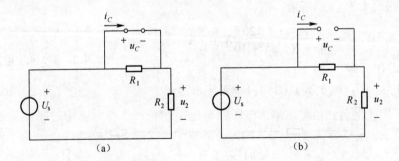

图 5.4.5 例 5.4.2 等效电路
(a) $t = 0_+$；(b) $t = \infty$

$$u_C(\infty) = \frac{R_1}{R_1 + R_2}U_s = \frac{1}{1 + 2} \times 6 = 2(V)$$

$$i_C(\infty) = 0(A)$$

$$u_2(\infty) = U_s - u_C(\infty) = (6 - 2) = 4(V)$$

将电压源短路，从电容两端看进去的等效电阻 $R = R_1 /\!/ R_2 = \frac{2}{3}\mathrm{k\Omega}$，时间常数 $\tau = RC = \frac{2}{3} \times 10^3 \times 300 \times 10^{-6} = 0.2(\mathrm{s})$。将上述三要素代入式（5.4.7），可得

$$u_C(t) = u_C(\infty) + [u_C(0_+) - u_C(\infty)]\mathrm{e}^{-\frac{t}{\tau}} = 2(1 - \mathrm{e}^{-5t})(\mathrm{V})$$

$$i_C(t) = i_C(\infty) + [i_C(0_+) - i_C(\infty)]\mathrm{e}^{-\frac{t}{\tau}} = 3\mathrm{e}^{-5t}(\mathrm{mA})$$

$$u_2(t) = u_2(\infty) + [u_2(0_+) - u_2(\infty)]\mathrm{e}^{-\frac{t}{\tau}} = (4 + 2\mathrm{e}^{-5t})(\mathrm{V})$$

5.5 一阶电路的脉冲响应

研究脉冲激励（pulse excitation）下的电路有很重要的意义，因为通过改变电路的时间常数，可以在元件上得到不同形式的电压波形，从而满足不同电子线路的需要。这里所说的脉冲信号，是如图 5.5.1 所示的理想方波（ideal square wave），（a）为单脉冲（single pulse），（b）为连续脉冲（series pulse，又称序列脉冲）。以下讨论在脉冲激励下 RC 电路的响应。

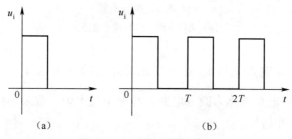

图 5.5.1　理想的脉冲信号
（a）单脉冲；（b）连续脉冲。

5.5.1　微分电路

在图 5.5.2（a）所示的 RC 串联电路中，设输入电压 u_i 是如图 5.5.2（b）所示幅值为 U、宽度为 T 的脉冲信号，输出电压就是电阻的电压。在电路的时间常数远远小于 u_i 的脉冲宽度（即 $\tau \ll T$）的条件下，此电路被称为微分电路（differentiating circuit）。

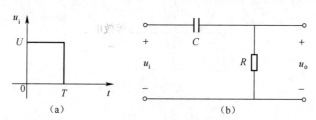

图 5.5.2　微分电路
（a）脉冲信号；（b）RC 串联电路。

假设脉冲信号加入前电容的初始储能为零，在 $t = 0_+$ 时，输入电压 u_i 突然由零跃变到 U ，由于 $u_C(0_+) = u_C(0_-) = 0$ ，所以 $u_o(0_+) = U$ ，因为时间常数很小，电容充电速度很快（充电回路见图5.5.3（a）），经过很短的时间，电容电压达到最大值 U ，而电阻电压降到零，即 $u_o(\infty) = 0$ 。因此，在 $t = 0_+$ 后，$u_o(t)$ 的波形出现了一个很窄的尖脉冲电压。

在 $t = T$ 时，电路进行第二次换路，此时电容上的电压已经充至最大值，$u_C(T) = U$ 。而输出电压 $u_o(T) = -u_C(T) = -U$ ，同样由于电路的时间常数很小，放电速度很快（放电回路见图5.5.3（b）），使得输出电压 u_o 很快变为零。因此，在 $t \geqslant T$ 之后，$u_o(t)$ 的波形出现了一个很窄的负向尖脉冲电压（图5.5.4）。

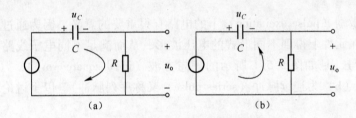

图 5.5.3　微分电路
（a）充电电路；（b）放电电路。

由此看出，只有在输入电压 u_i 发生变化时才有输出电压 u_o ，即 $u_o \propto \dfrac{\mathrm{d}u_i}{\mathrm{d}t}$ ，故图 5.5.2 所示的 RC 串联电路被称为微分电路。在电子技术中，常采用微分电路把矩形脉冲信号变换成为尖峰脉冲信号。

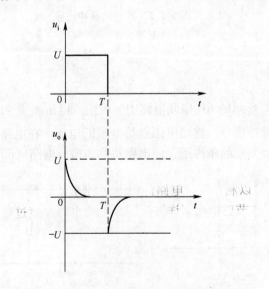

图 5.5.4　微分电路输出输入电压间关系

5.5.2　积分电路

若将图 5.5.2（b）所示电路中的 R、C 互换位置，输出电压取自于电容，输入电压仍为脉冲电压，且电路的时间常数取得很大（$\tau \gg T$），就构成了积分电路（integrating circuit），如图 5.5.5 所示。

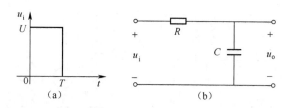

图 5.5.5　积分电路
（a）脉冲信号；（b）RC 串联电路。

该电路的分析方法和微分电路类似。假设脉冲信号加入前电容的初始储能为零，在 $t = 0_+$ 时，输入电压 u_i 突然由零跃变到 U，由于 $u_C(0_+) = u_C(0_-) = 0$，所以 $u_o(0_+) = U$，因为时间常数很大，电容充电速度很慢；在 $0 < t < T$ 期间，输出电压 u_o 近似为直线缓慢增长，在电容电压还未达到最大值 U 时，电路开始了第二次换路；在 $t \geqslant T$ 之后，电容开始慢慢放电，u_o 的变化又近似为直线，经过很长时间才能为零。输出波形如图 5.5.6 所示，因为输出电压 u_o 和输入电压 u_i 之间的关系近似于数学中的积分，即 $u_o \propto \int u_i \mathrm{d}t$，故图 5.5.5 所示的 RC 串联电路被称为积分电路。

在电子技术中，常采用积分电路把矩形脉冲信号变换成为锯齿波或三角波信号。

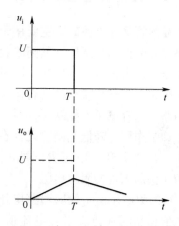

图 5.5.6　积分电路输出输入电压间关系

5.6　一阶电路过渡过程的应用实例

在电子技术中，可以利用 RC 电路的过渡过程来产生特定波形的电信号（锯齿波、三角波、尖脉冲），5.5 节已经作了详细介绍。一阶电路过渡过程除这一应用外，还有其他方面的应用，本节列举一些应用电路，并作简单介绍。

5.6.1　避雷器

避雷器是与电气设备并联的一种过电压保护设备，其作用是限制电气设备绝缘上的过电压，保护其绝缘免受损伤或击穿。避雷器的电路组成如图 5.6.1 所示。

变压器高压侧经整流硅堆输出的电压是半波整流电压，其正半周时经电阻 R 对电容 C 充电，负半周时电容 C 经电阻 R 放电，但由于 C 较大，放电速度很慢，电荷溢出很少。下一个正半周时，C 又通过 R 充电，使得两端的电压维持原来的数值，这样就可以保证避雷器 FA 两端的电压波动很小。

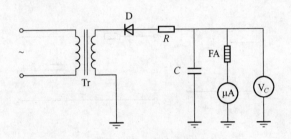

图 5.6.1　避雷器的电路组成

5.6.2　晶闸管过电压吸收保护电路

晶闸管又称可控硅，主要用于大功率的交流电能与直流电能的相互转换和交、直流电路的开关控制与调压。晶闸管设备在运行过程中，会受到由交流供电电网进入的操作过电压和雷击过电压的侵袭，同时设备自身运行中以及非正常运行中也有过电压出现。

图 5.6.2 是并联在晶闸管阳极和阴极之间的 RC 吸收回路，电容电压不能跃变，对晶闸管两端的电压跃变产生抑制作用，降低晶闸管元件在换向时承受的过电压冲击。其"瞬升"电压尖刺被电容 C 所吸收，电阻 R 是防止振荡出现的阻尼电阻。

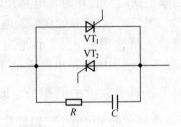

图 5.6.2　RC 过电压吸收回路

C 的耐电压值一般取回路电压的 1.5 倍左右，C 的容量值在晶闸管通态平均电流值 20A ~ 200A 时，取值 $0.1\mu F \sim 0.5\mu F$，R 取值 $10\Omega \sim 100\Omega$，功率 1W ~ 3W。

5.6.3　电子式时间继电器

图 5.6.3 所示是电子式时间继电器的电路图。工作时，按下 S_1、S_2，整流电路对电容 C_2 充电，电容 C_2 两端的电压迅速达到直流电源电压值（即整流电路的输出电压值）。同时，直流电源（整流电路的输出电压）经电阻 R 为 VT_1、VT_2组成的复合管提供基极偏流，使复合管导通，继电器 KM 线圈得电，其触点 KM 闭合，使负载 R_L 与交流电源接通；松开 S_1、S_2后，电容 C_2 经电阻 R 和复合管所构成的回路放电，使复合管继续保持导通状态，从而维持负载 R_L 的正常工作；随着时间的延迟，电容 C_2 上的电压不足以维持复合管的导通，继电器 KM 线圈失电，KM 触点打开，负载 R_L 上的交流电源被自动切断。通过改变 R-C_2 电路的时间常数（即改变 C_2、R 的参数）可以调节延时的长短。

这种电路可应用于楼梯的照明系统，使楼梯走廊里的照明灯可以自动熄灭，方便实用且节约能源。

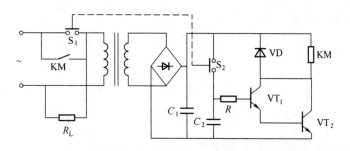

图 5.6.3 电子式时间继电器电路

 习题

5-1 如果一个电感元件两端的电压为零，其储能是否也一定为零？如果一个电容元件中的电流为零，其储能是否也一定为零？

5-2 电感元件中通过恒定电流时可视为短路，是否此时电感 L 为零？电容元件两端加恒定电压时可视为开路，是否此时电容 C 为无穷大？

5-3 试确定图示电路中各电流的初始值和稳态值。换路前电路已处于稳态。

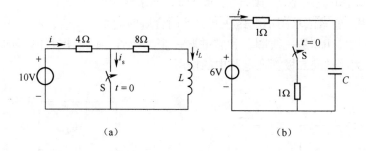

习题 5-3 图

5-4 在图示电路中，试确定在开关 S 断开后初始瞬间电容的电压和各支路的电流。S 断开前电路已处于稳态。

5-5 RC 放电电路如图所示，电容元件上电压的初值 $u_c(0_+) = U_0 = 20\text{V}$，$R = 10\text{k}\Omega$，放电 0.01s 后，测得放电电流为 0.736mA，试问电容值 C 是多少？

5-6 电路如习题图 5-5 所示，放电开始（$t = 0$）时，电容电压为 10V，放电电流为 1mA，经过 0.1s（约 5τ）后电流趋近于零。试求电阻 R 和电容 C 的数值，并写出放电电流 i 的表达式。

5-7 图中，$U = 20\text{V}$，$R = 7\text{k}\Omega$，$C = 0.47\mu\text{F}$。C 原来不带电荷。试求在将开关 S 合上瞬间电容和电阻上电压 u_C 和 u_R 以及充电电流 i。经过多少时间后电容元件上的电压充电到 12.64V。

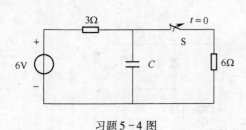

习题 5-4 图

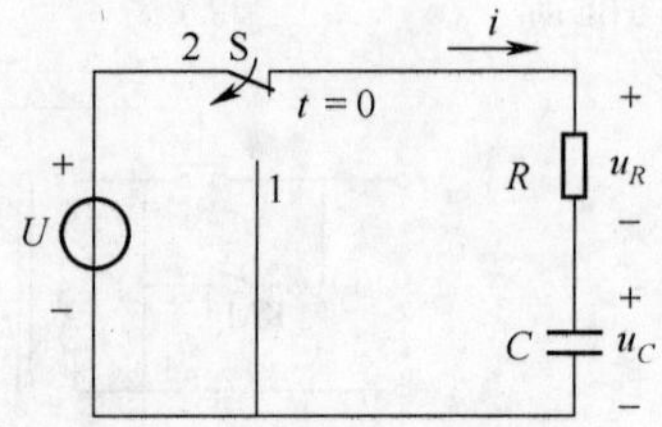

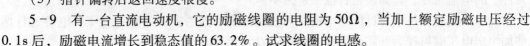

习题 5-5 图

5-8 常用万用表的 "$R \times 1000$" 挡来检查电容器（电容量应较大）的质量。如在检查时发现下列现象，试解释，并说明电容器的好坏：

（1）指针满偏转；

（2）指针不动；

（3）指针很快偏转后又返回原刻度（∞）处；

（4）指针偏转后不能返回原刻度处；

（5）指针偏转后返回速度很慢。

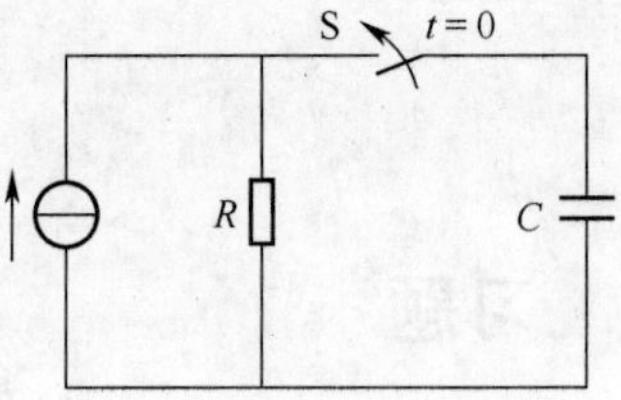

习题 5-7 图

5-9 有一台直流电动机，它的励磁线圈的电阻为 50Ω，当加上额定励磁电压经过 0.1s 后，励磁电流增长到稳态值的 63.2%。试求线圈的电感。

5-10 一个线圈的电感 $L = 0.1$H，通有直流 $I = 5$A，现将此线圈短路，经过 $t = 0.01$s 后，线圈中电流减小到初始值的 36.8%，试求线圈的电阻 R。

5-11 用三要素法求图示电路在开关 S 闭合后的电流 i_1、i_2、i_L。

5-12 图中，RL 是一线圈，和它并联一个二极管。设二极管的正向电阻为零，反向电阻为无穷大。试问二极管在电路中的作用。

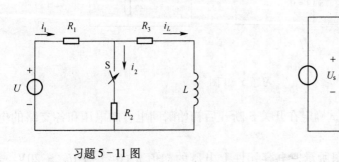

习题 5-11 图

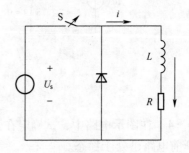

习题 5-12 图

第6章

变压器与电机

6.1 研究电机的意义

电机在工农业生产和人们的日常生活中有着广泛的应用，对国民经济和社会各领域的影响日益突出。

1. 电机在电力系统中的作用

电能作为优质的二次能源，由于其清洁无污染、灵活分配及便于控制、效率高等特点成为现代最常用的一种能源。在以电能的生产、传输和分配为核心的电力系统中，电机的地位极为重要。异步电动机是发电厂各种转动机械的原动机，同步发电机在原动机的拖动下输出电能作为电力系统的电源。为了减少远距离输电中的能量损失，须采用高压输电，目前输电线路的电压等级有110kV、220kV、330kV、500kV、750kV，而发电机发出的电压一般仅为几千伏至几十千伏，因此，发电机的输出电压应经过变压器升压后再进行电能的传输。输电至各用电区后，由于各用电设备所需要的电压等级不同，须通过变压器降为各种低压后方可供用户使用。图6.1.1为电机在一简单电力系统的应用示意图。

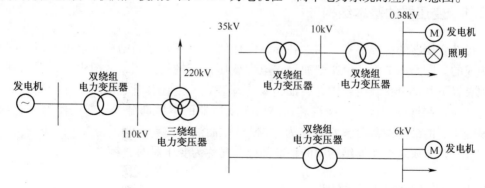

图6.1.1 电机在电力系统中的应用示意图

2. 电机在其他国民经济领域中的应用

除在电力系统中有重要应用以外，电机在国民经济的其他领域也有着广泛的应用，主要用于驱动各种生产机械和装备。一个现代化的企业一般需要成百上千，甚至上万的各种电动机驱动车床、镗床、铣床、刨床、磨床、钻床等机床；交通运输业中的电力机车和无轨电车需要电动机驱动；随着农业技术的不断发展，电力排灌、谷物收割以及农副产品加工更离不开电动机；科教文卫系统中的不少设备都是靠电机的驱动来实现育人和治病救人的目的；人们在日常生活中使用的家用电器也离不开电动机的驱动。此外，科学技术的日新月异使工农业生产和国防设施的自动化程度越来越高，普遍采用各种各样称为控制电机的小电机来作为元件进行工作和执行命令。

3. 电机的种类

电机的种类繁多，其分类方法也是多种多样的，常见的电机类型如图 6.1.2 所示。

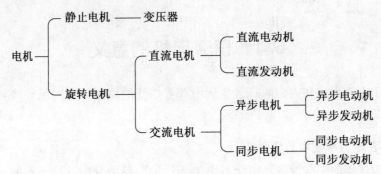

图 6.1.2　常见的电机类型

本书将以目前使用最为广泛的变压器和三相异步电动机为对象，介绍其基本结构，着重分析其工作原理与使用特性。

6.2　变压器

6.2.1　变压器的基本结构

虽然变压器的种类很多，用途各异，但任何一台变压器的结构都是由许多不同的部分组成的。图 6.2.1 为一台典型油浸式电力变压器结构示意图，从图中可以看出其结构大致有以下几部分：绕组、铁芯、油箱及冷却装置、绝缘套管、调压和保护装置等主要部件。在这些组成部件中，绕组和铁芯属于变压器的本体部分，是变压器的电磁部分，也是变压器的最基本部分，常被称为"器身"；而油箱，高、低压套管，调压分接开关，油枕等，则是属于变压器结构中的辅助部分，又称为变压器的"组件"。

6.2.2　变压器的工作原理

变压器是将一种电压的电能转换成另一种电压的电能的静止电机。变压器的工作是建立在电磁感应原理基础之上的，主要用于电力系统中改变电压的大小；另外，变压器还可用于电流互感器以改变电流大小，电子电路中的阻抗匹配以改变阻抗大小。本章以单相变压器为研究对象，分析其变压、变流及变阻抗的基本原理，分析结果可推广到其

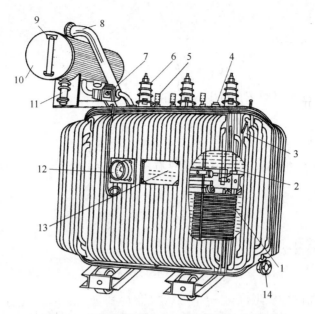

图 6.2.1 典型油浸式电力变压器结构示意图

1—绕组；2—铁芯；3—油箱；4—分接开关；5—低压套管；

6—高压套管；7—气体继电器；8—安全气道；9—油表；10—油枕；

11—吸湿器；12—信号式温度计；13—铭牌；14—放油阀门。

他变压器。

1. 变压器的变压作用（空载运行）

空载运行是指变压器一次绕组接交流电源，二次绕组开路时的运行状态。此时，变压器二次绕组电流 $i_2 = 0$。一次绕组电流称为空载电流，记为 i_0。i_0 在一次绕组产生励磁磁势 $f_0 = i_0 N_1$，f_0 建立交变磁通，包括主磁通 Φ 和一次绕组的漏磁通 $\Phi_{1\sigma}$。由于铁芯的导磁能力远大于芯外非磁性材料的导磁能力，故总磁通中漏磁通仅占很小的一部分（约 $0.1\% \sim 0.2\%$）。

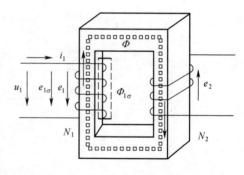

图 6.2.2 单相变压器空载运行

根据电磁感应定律，交变的主磁通在一、二次绕组中分别感应电动势 e_1、e_2，漏磁通在一次绕组感应电动势 $e_{1\sigma}$，此外，i_0 还在一次绕组中产生压降 $i_0 R_1$，R_1 为一次绕组的等效电阻。图 6.2.2 为单相变压器空载运行示意图，在如图所示正方向前提下，可得变压器空载时一、二次侧的电势平衡方程式如下：

一次侧
$$u_1 + e_1 + e_\sigma - i_0 R_1 = 0$$

二次侧
$$e_2 = u_{20}$$

其对应的相量式为

一次侧
$$\dot{U}_1 + \dot{E}_1 + \dot{E}_{1\sigma} - \dot{I}_0 R_1 = 0$$

二次侧 $\qquad\qquad \dot{E}_2 = \dot{U}_{20}$

一次侧相量式可写为

$$\dot{U}_1 = -\dot{E}_1 - \dot{E}_{1\sigma} + \dot{I}_0 R_1$$

一次侧漏磁感应电动势 $\dot{E}_{1\sigma}$ 可用一次侧漏抗 $X_{1\sigma}$ 表示，即

$$\dot{E}_{1\sigma} = -\mathrm{j}X_{1\sigma}$$

式中：$X_{1\sigma} = \omega L_{1\sigma}$ 为一次侧漏抗，$L_{1\sigma}$ 为一次侧漏磁电感。

由于空载电流 I_0 很小，其数值一般只有额定电流的百分之几，而且 R_1 与 $X_{1\sigma}$ 也很小，故可近似写为

$$\dot{U}_1 = \dot{E}_1$$

$-\dot{E}_1$ 可用励磁阻抗压降的形式表示，即

$$-\dot{E}_1 = (R_{\mathrm{m}} + \mathrm{j}X_{\mathrm{m}})\dot{I}_0 = Z_{\mathrm{m}}\dot{I}_0$$

式中：Z_{m} 为变压器的励磁阻抗；$-\dot{E}_1$ 可认为是 I_0 在励磁阻抗 Z_{m} 上的压降；R_{m} 是对应于铁耗（包括磁滞损耗和涡流损耗）的等效电阻，称为励磁电阻；X_{m} 是对应于铁芯磁导的电抗。由以上分析不难得到变压器空载时的等效电路，如图 6.2.3 所示。

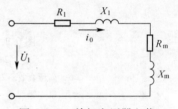

图 6.2.3　单相变压器空载时的等效电路

假设 $\qquad\qquad \Phi = \Phi_{\mathrm{m}}\sin\omega t$

则

$$e_1 = N_1 \frac{\mathrm{d}\Phi}{\mathrm{d}t} = -\omega N_1 \Phi_{\mathrm{m}}\cos\omega t = \sqrt{2}E_1\sin(\omega t - 90°)$$

$$e_2 = N_2 \frac{\mathrm{d}\Phi}{\mathrm{d}t} = -\omega N_2 \Phi_{\mathrm{m}}\cos\omega t = \sqrt{2}E_2\sin(\omega t - 90°)$$

$$e_{1\sigma} = N_1 \frac{\mathrm{d}\Phi_{1\sigma}}{\mathrm{d}t} = -\omega N_1 \Phi_{1\sigma\mathrm{m}}\cos\omega t = \sqrt{2}E_{1\sigma}\sin(\omega t - 90°)$$

式中

$$E_1 = \frac{\omega N_1 \Phi_{\mathrm{m}}}{\sqrt{2}} = 4.44 f N_1 \Phi_{\mathrm{m}}$$

$$E_2 = \frac{\omega N_2 \Phi_{\mathrm{m}}}{\sqrt{2}} = 4.44 f N_2 \Phi_{\mathrm{m}}$$

$$E_{1\sigma} = \frac{\omega N_1 \Phi_{1\sigma\mathrm{m}}}{\sqrt{2}} = 4.44 f N_1 \Phi_{1\sigma\mathrm{m}}$$

则

$$U_1 \approx E_1 = 4.44 f N_1 \Phi_{\mathrm{m}}$$

$$U_{20} = E_2 = 4.44 f N_2 \Phi_{\mathrm{m}}$$

于是，有

$$\frac{U_1}{U_{20}} \approx \frac{E_1}{E_2} = \frac{N_1}{N_2} = k$$

式中：k 为变压器的变比，表明变压器一、二次绕组的电压比等于匝数比。改变匝数比，就能改变输出电压，此为变压器的变压原理。当 $k > 1$ 时，变压器为降压变压器；当 $k < 1$

时，变压器为升压变压器。

2. 变压器的变流作用（负载运行）

变压器负载运行是指变压器一次绕组接交流电源，二次绕组接负载的运行方式，如图 6.2.4 所示。此时，二次侧电流所产生的磁势 $\dot{I}_2 N_2$ 也作用于铁芯上，力图改变铁芯中的主磁通 Φ 及其感应电动势 $\dot{E}_1$，也使一次侧电流 $\dot{I}_1$ 发生变化。由于 $E_1 \approx U_1$，而 U_1 的数值是由电网电压决定的，可认为不变。当外加电压、频率不变时，铁芯中主磁通的最大值在变压器空载或有负载时基本不变（$U_1 \approx 4.44 f N_1 \Phi_m$）这样

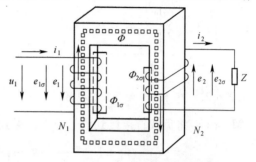

图 6.2.4　单相变压器负载运行

变压器负载运行时产生主磁通所需要的合成磁势与空载运行时的磁势 $\dot{I}_m N_1$ 相等，故磁势平衡方程式为

$$\dot{I}_1 N_1 + \dot{I}_2 N_2 = \dot{I}_m N_1 \approx \dot{I}_0 N_1$$

上式可写为

$$\dot{I}_1 = \dot{I}_2 + \left(-\frac{N_2}{N_1}\dot{I}_2 \right)$$

由上式可以看出，当变压器负载运行时，一次侧电流 $\dot{I}_1$ 由两个分量组成，其中一个分量是励磁电流分量 $\dot{I}_0$，它在铁芯中建立起主磁通 Φ；另一个分量是 $\left(-\frac{N_2}{N_1}\dot{I}_2 \right)$，用来抵消负载电流 $\dot{I}_2$ 所产生的磁势，称为一次电流的负载分量，记为 $\dot{I}_{1L}$。

前已述及 $\dot{I}_0$ 值很小，在理论分析时可将其忽略不计，即可得到

$$\dot{I}_1 \approx -\frac{N_2}{N_1}\dot{I}_2$$

在数值上，有

$$\frac{I_1}{I_2} = \frac{N_2}{N_1} = \frac{1}{k}$$

上式表明变压器一、二次侧绕组的电流与匝数成反比，此为变压器的变流原理。

3. 变压器的阻抗变换作用

图 6.2.5 所示为单相变压器带 R_L 负载运行，且 $R_L = U_2/I_2$。

从一次侧看进去的等效电阻为

$$R_L' = \frac{U_1}{I_1} = \frac{KU_2}{I_2/K} = \frac{U_2}{I_2}K^2 = R_L K^2$$

即

$$R_L' = K^2 R_L$$

变压器原边的等效负载，为副边所带负载乘以变比的平方，此为变压器的变阻抗原理。

[例6.2.1] 图6.2.6中，扬声器上如何得到最大输出功率。已知信号电压的有效值为 $U_1 = 50\text{V}$；信号内阻为 $R_s = 100\ \Omega$；负载为扬声器，其等效电阻为 $R_L = 8\Omega$。

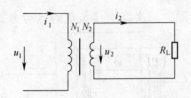
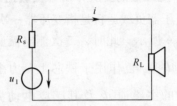

图6.2.5 单相变压器带负载电路图　　　　　　图6.2.6 扬声器等值电路

解：（1）将负载直接接到信号源上，得到的输出功率为

$$p_L = \left(\frac{U}{R_s + R_L}\right)^2 R_L = \left(\frac{50}{108}\right)^2 \times 8 = 1.7\,(\text{W})$$

（2）将负载通过变压器接到信号源上，设变比

$$K = \frac{N_1}{N_2} = 3.5:1$$

则

$$R_L' = (3.5)^2 \times 8 = 98\,(\Omega)$$

输出功率为

$$p_L = \left(\frac{U}{R_s + R_L'}\right)^2 \times R_L' = \left(\frac{50}{100 + 98}\right)^2 \times 98 = 6.25\,(\text{W})$$

由此例可见加入变压器以后，输出功率提高了很多，原因是满足了电路中获得最大输出的条件（信号源内、外阻抗差不多相等）。

6.2.3　变压器的使用

1. 变压器的额定值

变压器在额定运行条件下的各物理量的数值称为额定值。额定值通常标注在变压器的铭牌上，故也称为铭牌值。

1）额定电压 U_{1N}/U_{2N}

U_{1N} 是指变压器正常运行时加在一次侧的电压；U_{2N} 是指变压器一次侧加额定电压时，二次侧的空载电压。在三相变压器中，额定电压均指线电压。单位为 V 或 kV。

2）额定容量 S_N

S_N 表示变压器的视在功率，表征变压器传送功率的最大能力。单位为 VA 或 kVA，容量更大时也用 MVA。变压器设计时通常保证一、二次侧绕组的额定容量相同。

3）额定电流 I_{1N}/I_{2N}

I_{1N}、I_{2N} 分别是变压器正常运行时一、二次侧所能承担的电流。单位为 A 或 kA。

对于单相变压器，有

$$I_{1N} = \frac{S_N}{U_{1N}}, \quad I_{2N} = \frac{S_N}{U_{2N}}$$

由于三相变压器的额定电压、额定电流均指线电压、线电流，故

$$I_{1N} = \frac{S_N}{\sqrt{3}U_{1N}}, \quad I_{2N} = \frac{S_N}{\sqrt{3}U_{2N}}$$

4）额定频率 f_N

我国变压器的额定频率采用 50Hz。

此外，额定温升、相数、绕组连接方式、冷却方式以及效率等参数也标注在变压器的铭牌上。例如，变压器 SFFZ9 - CY - 50000/220，各符号和数字所表示的含义如下：S—三相变压器；F—风冷；F—分裂线圈；Z—有载调压；9—设计序号，代表损耗水平；CY—厂用变特殊用途代号，可省略不标；50000—额定容量为 50MVA；220—高压侧额定电压为 220kV。

2. 变压器的电压调整率

当变压器的二次侧流过负载电流时，由于漏阻抗等原因，使输出到负载的电压 $\dot{U}_2$ 低于空载时的二次侧电压 $\dot{U}_{20}$，电压调整率就是表征这种压降程度的物理量。

变压器电压调整率 ΔU 定义为 U_{20} 与 U_2 的差值与 U_{2N} 的百分比，即

$$\Delta U = \frac{U_{20} - U_2}{U_{2N}} \times 100\%$$

由于
$$U_{20} = U_{2N}$$

故
$$\Delta U = \frac{U_{2N} - U_2}{U_{2N}} \times 100\%$$

负载运行时由于负载变化使二次侧电流 $\dot{I}_2$ 变化时，二次侧输出电压 $\dot{U}_2$ 也随之发生变化。当电源电压 $U_1 = U_{1N}$，负载功率因数 $\cos\varphi_2$ 为常数时，二次侧电压 U_2 随负载电流 I_2 的变化规律 $U_2 = f(I_2)$ 称为变压器的外特性。

实验和计算分析表明：当负载为感性负载时，随着负载电流 I_2 的增加，二次侧电压 U_2 是下降的；当负载为容性负载时，随着负载电流 I_2 的增加，二次侧电压 U_2 是上升的，考虑到漏阻抗压降的因素，当变压器带容性负载时，ΔU 也可能会等于零。变压器的外特性曲线如图 6.2.7 所示。

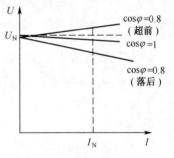

图 6.2.7　变压器的外特性

3. 变压器的效率

变压器的效率计算式为

$$\eta = \frac{P_2}{P_1} \times 100\%$$

由于变压器为静止电机，因此效率比较高，一般在 90% 以上。效率和损耗是密不可分的，输入功率 P_1 减去变压器的总损耗 ΣP 即为输出功率 P_2，上式可改写为

$$\eta = \frac{P_2}{P_2 + \Sigma P} \times 100\%$$

而总损耗 $\sum P$ 为铜耗 P_{Cu} 与铁耗 P_{Fe} 之和。

铜耗包括基本铜损耗和附加铜损耗。基本铜损耗是电流在一、二次绕组等效电阻上的损耗，附加铜损耗包括因集肤效应引起的损耗以及漏磁场在结构部件中引起的涡流损耗等。铜损耗大小与负载电流平方成正比，故也称为可变损耗。

铁耗也包括基本铁损耗和附加铁损耗。基本铁损耗为磁滞损耗和涡流损耗，附加铁损耗包括由铁芯叠片间绝缘损伤引起的局部涡流损耗、主磁通在结构部件中引起的涡流损耗等。铁损耗与外加电压大小有关，而与负载大小基本无关，故也称为不变损耗。

在采用效率公式进行变压器效率计算时，可先通过变压器参数测定的方法（空载试验和短路试验）测得空载损耗 P_0 和短路损耗 P_{kn}，有 $P_{Fe} = P_0$，$P_{Cu} = \beta^2 P_{kn}$，其中 β 为负载系数，$\beta = I_1 / I_{1N}$。输出功率 P_2 的计算采用下式：

$$P_2 = mU_2 I_2 \cos\varphi_2 = \beta m U_{2np} \cdot I_{2np} \cos\varphi_2 = \beta S_N \cos\varphi_2$$

式中：m 为相数。

这样，效率 η 的计算式就可写成

$$\eta = \frac{\beta S_N \cos\varphi_2}{\beta S_N \cos\varphi_2 + P_0 + \beta^2 P_{kn}} \times 100\%$$

由于 P_0、P_{kn} 是一定的，则 η 与 β 和 $\cos\varphi_2$ 有关。在一定的 $\cos\varphi_2$ 下，通过求解 $\dfrac{d\eta}{d\beta} = 0$，可求得产生最大效率时的负载系数为 $\beta = \sqrt{P_0 / P_{kn}}$，对应于图 6.2.8 所示变压器效率特性曲线中的效率最高点。效率特性指在功率因数一定时，变压器的效率与负载电流之间的关系 $\eta = f(I_2)$。

$\beta = \sqrt{P_0 / P_{kn}}$ 可写成 $P_0 = \beta^2 P_{kn}$，即 $P_{Fe} = P_{Cu}$，说明当变压器铁耗等于铜耗时，效率最大。

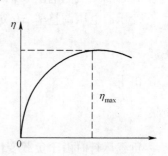

图 6.2.8　变压器的效率特性

4. 变压器绕组的极性判别

变压器在使用中经常为了获得较高电压而串联绕组，为获得较高电流而并联绕组。为了正确地连接两个绕组，必须事先明确两个绕组的极性，变压器绕组的极性判别有两种情况。

1）绕组绕向已知的情况

如图 6.2.9 所示，变压器两个二次侧绕组的绕向已知。如铁芯中有一交变的磁通 Φ，在图示参考方向下，根据右手螺旋法则可判断出两个绕组中产生的感应电动势 e_1 和 e_2 的方向。在任意瞬间，这两个绕组都是一端为高电位，另一端为低电位。同时为高电位（或低电位）的两绕组的对应端称为同极性端，也称为同名端。通常在同名端旁标注以相同的符号，如"·"或"*"。图 6.2.9（a）中，A、a 端和 X、x 端分别为同名端。

同名端与绕组的绕向有关，若改变图 6.2.9（a）中二次侧绕组 a–x 的绕向为图 6.2.9（b）所示，可判断出 e_1 和 e_2 的瞬时方向相反，此时 A、a 端和 X、x 端不再是同名端了，而 A、x 端和 X、a 端分别为同名端。

2）绕组的绕向不明

对于已经制成的变压器，如果引出线上没有标明极性，或者即使已标注但是由于长期使用、磨损而字迹不清，并且由于经过浸漆或其他工艺处理，从外观也无法辨认绕组的绕向，这时就要用实验的方法来确定同名端。

（1）交流法。绕组极性的交流测定如图 6.2.10 所示，把两个绕组的任意两端（X – x）连接，然后在绕组 AX 上加一小交流电压 u。用交流电压表测量 U_{AX}、U_{ax}、U_{Aa}。

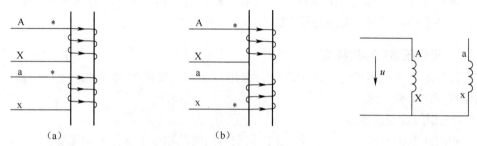

图 6.2.9　已知绕向的绕组极性判别　　　　　图 6.2.10　绕组极性的

（a）绕向相同；（b）绕向相反。　　　　　　　　　交流法测定

若 $U_{Aa} = U_{AX} + U_{ax}$，说明 U_{AX} 与 U_{ax} 是反相的，则 A 与 x 或 X 与 a 是同极性端；

若 $U_{Aa} = U_{AX} - U_{ax}$，说明 U_{AX} 与 U_{ax} 是同相的，则 A 与 a 或 X 与 x 为同极性端。

（2）直流法。绕组极性的直流测定如图 6.2.11 所示，将一个绕组通过开关 K 接至直流电源上，另一绕组两端接一 mA 表。设 K 闭合时 Φ 增加，感应电动势的方向阻止 Φ 的增加。如果当 K 闭合时，mA 表正偏，则 A 与 a 为同极性端；如果当 K 闭合时，mA 表反偏，则 A 与 x 为同极性端。这是因为当开关 K 闭合时，A – X 绕组中的电流由 A 端流向 X 端并逐渐增大，根据楞次定律，A – X 绕组中感应磁通势的实际方向与其中电流方向相反。mA 表指针正偏表明 a – x 绕组中的电流是由 x 端流向 a 端的，绕组中感应磁通势的实际方向与电流的方向是一致的，也是由 x 端指向 a 端。故 A 与 a 为同极性端。

变压器绕组同名端确定后，即可串并联使用。图 6.2.12 中，正确选择端子连接可实现两种电压（220V/110V）的切换。连接 2 – 3，可获得 220V 电压；联结 1 – 3、2 – 4，电压为 110V，可获得更大电流。

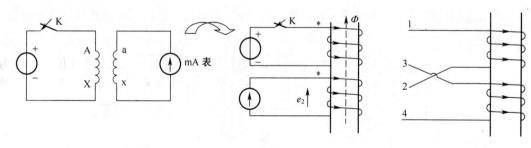

图 6.2.11　绕组极性的直流法测定　　　　　　图 6.2.12　绕组的连接

思考： 如果两绕组的极性端接错，结果会如何？

6.2.4 三相变压器

变压器按相数可分为单相变压器、三相变压器和多相变压器。由于三相制效率高，经济性好，现代电力系统普遍采用三相供电制，因而三相变压器应用最为广泛。从运行原理及分析方法来看，三相变压器在对称负载下运行时，各相电压、电流、磁通也是对称的。故对称运行的三相变压器只需进行某一相分析，其方法与单相变压器分析方法完全一样。本节将对三相变压器的若干特殊问题展开分析。

1. 三相变压器的结构特点

实际的电力系统和其他工业生产中，常用三相组式变压器和三相芯式变压器，现对其结构特点作简单介绍。

1）三相组式变压器

三相组式变压器是由 3 台容量、变比完全相同的单相变压器按三相连接方式组成，其示意图如图 6.2.13 所示。图中的一、二次均接成星形，也可采用其他接法。

三相组式变压器的特点是三相仅仅在电路上有连接，而 3 个铁芯是独立的，三相磁路互不关联，三相电压对称时，三相励磁电流和磁通也是对称的。

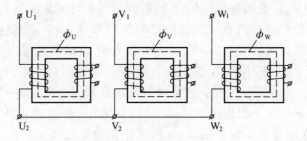

图 6.2.13　三相组式变压器

2）三相芯式变压器

三相芯式变压器的磁路系统是由三相组式变压器演变而来的，其演变过程如图 6.2.14 所示。变压器对称运行时，（a）中三相的公共铁芯柱中的磁通为 $\Phi_U + \Phi_V + \Phi_W = 0$，即可将公共铁芯柱去掉而得磁路（b）图，为了制造方便，一般是将三相的铁芯柱排列于同一平面内的，这样就得到了普遍使用的（c）图磁路系统。三相芯式变压器的磁路

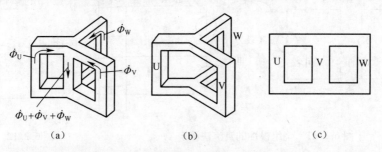

（a）　　　　　　　（b）　　　　　　　（c）

图 6.2.14　三相芯式变压器磁路的演变过程

系统是不对称的，中间一相的磁路比两边要短些。因此在对称情况下（即 $\varPhi_U = \varPhi_V = \varPhi_W$ 时），中间相的励磁电流就比另外两相的小，但由于励磁电流在变压器负载运行时所占比重较小，故这对变压器实际运行不会带来大的影响。

相比而言，在相同的额定容量下，三相芯式变压器具有材料省、效率高、经济性好等优点；组式变压器中每一台单相变压器却比一台三相芯式变压器体积小、质量轻、便于运输。对于一些超高压、特大容量的三相变压器，当制造及运输发生困难时，一般采用三相组式变压器。

2. 三相变压器连接组别判断

三相变压器的一、二次侧都分别有 A、B、C 三相绕组，它们之间的连接方式对于变压器的运行性能有很大的影响，三相变压器绕组的连接不仅是构成电路的需要，还关系到一、二次侧绕组电动势谐波的大小以及并联运行等问题。本节主要介绍三相变压器绕组的连接方式的判别方法，即连接组别的判断。

1）钟时序法

三相变压器的连接组别是反映三相变压器连接方式及一、二次线电动势（或线电压）的相位关系。三相变压器的连接组别不仅与绕组的绕向和首末端标志有关，还与三相绕组的连接方式有关。理论和实践证明，无论采用怎样的连接方式，一、二次侧线电动势（或线电压）的相位差总是 30° 的整数倍。这让我们联想到时钟的表面刻度，每两个相邻小时相隔 30° 的几何角度。因此，可以采用钟时序法——规定让高压侧的某线电势相量（如 $\dot{E}_{AB}$）作为时钟的分针，指向 12 点，而让低压侧对应线电势相量 $\dot{E}_{ab}$ 作为时钟的时针，其指向的"几点钟"数字就是三相变压器的组别号。组别号的数字乘以 30°，就是二次侧绕组的线电势滞后于一次侧对应线电势的相位角。此外，连接组符号中的 Y、D 和 Z 分别表示一次侧的三相绕组为星形、三角形和曲折形接线，若 Y 为 Y0，则表示一次侧为带中性线的星形接法；而 y、d 和 z 分别表示二次侧的三相绕组为星形、三角形和曲折形接线；若 y 为 y0，则表示二次侧为带中性线的星线接法。

根据钟时序法，由于单相变压器一、二次侧绕组之间的线电势相量只有同相和反相两种相位关系，故连接组符号只有两种，即"I，i0"和"I，i6"，其中 I 表示高压侧绕组，i 表示低压侧绕组。

2）已知绕组连接，判断连接组别

下面以 Y，y0 和 Y，d11 这两种连接组为例，说明在绕组连接已知的条件下，其连接组别的判断方法。

（1）Y，y0 连接组。图 6.2.15 表示 Y，y0 连接组的绕组连接图。此时高、低压绕组绕向相同，故 A 和 a 为同名端，同理，B 和 b，C 和 c 也是同名端。由于高、低压绕组的首端为同名端，故高、低压绕组对应的相电压相量应为同相位，即 $\dot{U}_A$ 和 $\dot{U}_a$ 同相，$\dot{U}_B$ 和 $\dot{U}_b$ 同相，$\dot{U}_C$ 和 $\dot{U}_c$ 同相，如图 6.2.15（b）所示。相应地，高、低压侧对应的线电压也为同相位，即 $\dot{U}_{AB}$ 和 $\dot{U}_{ab}$ 同相，$\dot{U}_{BC}$ 和 $\dot{U}_{bc}$ 同相，$\dot{U}_{AC}$ 和 $\dot{U}_{ac}$ 同相。若使高压和低压侧两个线电压三角形的重心 O 和 o 重合，并使高压侧三角形的中线 OA 指向 12 点，则低压侧对

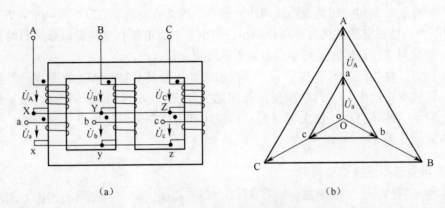

(a)   (b)

图 6.2.15   Y，y0 连接组

应的中线 oa 也将指向 12，从时间上看为 O 点，故该连接组的组号为 0，记为 Y，y0。

此例中，如果把低压边的非同名端标为首端 a、b、c，再把尾端 x、y、z 连接在一起，首端 a、b、c 引出，连接组将变成 Y，y6。

（2）Y，d11 连接组。图 6.2.16 是 Y，d11 连接组的绕组连接图。此时，高压绕组为星形连接，低压绕组按 a－y、b－z、c－x 的顺序依次连接成三角形。由于把高、低压绕组的同名端作为首端，故高压和低压对应相的相电压为同相位。因高压侧为星形连接，故高压侧的相量图仍和 Y，y0 时相同；低压侧为三角形连接，其相量图要根据 $\dot{U}_a$、$\dot{U}_b$、$\dot{U}_c$ 的相位和绕组的具体接法画出。考虑到 $\dot{U}_a$ 与 $\dot{U}_A$ 同相，$\dot{U}_b$ 与 $\dot{U}_B$ 同相，$\dot{U}_c$ 与 $\dot{U}_C$ 同相，且 a 与 y 相连，b 与 z 相连，c 与 x 相连，故低压侧可得图 6.2.16（b）所示相量图。再把高、低压两个线电压三角形的重心 O 和 o 重合，并使高压侧三角形的中线 OA 指向 12 点，则低压侧的对应中线 oa 将指向 11 点，如图 6.2.16（c）所示。这种连接组的组号为 11，用 Y，d11 表示。

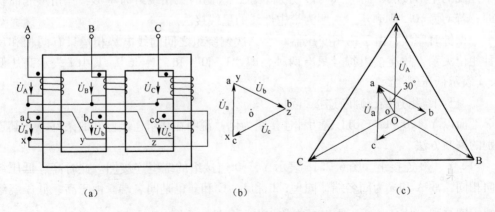

(a)   (b)   (c)

图 6.2.16   Y，d11 连接组

此例中，如果把非同名端标为首端，则得 Y，d5 连接组。

（3）其他连接组的判别。变压器连接组的种类很多，为了制造和并联运行时的方便，我国规定 Y，y0；Y，d11；YN，d11；YN，y0 和 Y，y0 等 5 种作为标准连接组。五种标准连接组中，以前 3 种最为常用。对于任一给定连接绕组，就可以依据绕组的绕向和首末端标志以及三相绕组的连接方式画出电势（或电压）相量图，应用钟时序法就可判断其连接组别。

3. 三相变压器的并联运行

在发电厂、变电站中的三相变压器通常采用多台并联运行的方式，所谓并联运行就是将两台或两台以上变压器的一次绕组并接在同一电压的母线上，二次绕组并接在另一电压的母线上运行。

1）三相变压器并联运行的优点

三相变压器并联运行的优点如下：

（1）提高电力系统供电的可靠性。当某台变压器发生故障（或需要检修）而退出运行时，并联运行的其他变压器仍可以继续运行，以保证重要用户的用电，既能保证变压器的计划检修，又能保证不中断供电，以提高供电的可靠性。

（2）提高变压器的运行效率。由于用电负荷具有较大的昼夜和季节波动，因此可以根据负荷的变动情况，随时调整投入并联运行的变压器台数，即在轻负荷时可以将部分变压器退出运行，这样既可以减少变压器的空载损耗，提高运行效率，又可以减少无功励磁电流，改善电网的功率因数，提高系统运行的经济性。

（3）减小备用容量，减少建站、安装时的一次投资。电力系统的负荷一般是在若干年内不断发展、不断增加的，随着负荷的不断增加，可以相应地增加变压器的台数，减小备用容量，减少建站、安装时的一次投资，提高电站的可扩展性。

2）三相变压器并联运行的条件

三相变压器并联运行时，若最大容量为各并联变压器额定容量之和，且损耗最小，利用率最高，此为变压器理想并联运行。在这种理想并联运行情况下，变压器空载时，各台变压器之间应没有环流；在负载时，各台变压器应按照各自的额定容量合理地分配负荷且所分担的电流为同相位。因此，为尽可能达到理想的运行情况，变压器并联运行时，应满足以下 3 个条件：

（1）各台变压器的一、二次侧的额定电压及变比应相同；

（2）各台变压器的相序及连接组别必须相同；

（3）各台变压器的阻抗电压（短路阻抗）应相等。

实际运行时，变压器相序及连接组别必须相同，其余条件很难做到完全相等，应严格控制偏差。下面以两台变压器并联运行为例，分析上述条件中某一条件不符合时产生的不良后果。

（1）变比不等时并联运行。变比不等的两台变压器并联运行时，二次空载电压不等。折算到二次侧的等效电路如图 6.2.17 所示。

由等效电路可以列出如下方程式：

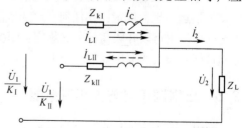

图 6.2.17　变比不等的两台
变压器并联运行等效电路

$$\dot{I} = \dot{I}_{\text{I}} + \dot{I}_{\text{II}}, \quad \frac{\dot{U}_1}{K_{\text{I}}} - \dot{U}_2 = \dot{I}_{\text{I}} Z_{k\text{I}}, \quad \frac{\dot{U}_1}{K_{\text{II}}} - \dot{U}_2 = \dot{I}_{\text{II}} Z_{k\text{I}}$$

则

$$\dot{I}_{\text{I}} = \frac{\dfrac{\dot{U}_1}{K_{\text{I}}} - \dfrac{\dot{U}_1}{K_{\text{II}}}}{Z_{k\text{I}} + Z_{k\text{II}}} + \frac{Z_{k\text{II}}}{Z_{k\text{I}} + Z_{k\text{II}}} \dot{I} = \dot{I}_{\text{C}} + \dot{I}_{\text{LI}}$$

$$\dot{I}_{\text{II}} = \frac{\dfrac{\dot{U}_1}{K_{\text{I}}} - \dfrac{\dot{U}_1}{K_{\text{II}}}}{Z_{k\text{I}} + Z_{k\text{II}}} + \frac{Z_{R\text{I}}}{Z_{k\text{I}} + Z_{k\text{II}}} \dot{I} = -\dot{I}_{\text{C}} + \dot{I}_{\text{LI}}$$

当变压器的变比不等时，在空载时，环流 $\dot{I}_{\text{C}}$ 就存在。变比相差越大，环流就越大。由于变压器的短路阻抗很小，即使变比差很小，也会产生很大的环流。环流的存在，既占用了变压器的容量，又增加了变压器的损耗，这是很不利的。

为了保证空载时环流不超过额定电流的 10%，通常规定并联运行的变压器的变比差不大于 1%。

（2）连接组别不同时并联运行。连接组别不同时，二次侧线电压之间至少相差 30°，则二次线电压差为线电压的 51.8%，由于变压器的短路阻抗很小，这么大的电压差将产生几倍于额定电流的空载环流，会烧毁绕组，所以连接组别不同时绝不允许并联。

（3）短路阻抗标么值不等时并联运行。效电路如图 6.2.18 所示。由等效电路可知

$$\dot{I}_{\text{I}} Z_{S\text{I}} = \dot{I}_{\text{II}} Z_{S\text{II}}$$

$$\frac{\dot{I}_{\text{I}}}{\dot{I}_{N\text{I}}} \frac{\dot{I}_{N\text{I}} Z_{S\text{I}}}{\dot{U}_N} = \frac{\dot{I}_{\text{II}}}{\dot{I}_{N\text{II}}} \frac{\dot{I}_{N\text{II}} Z_{S\text{II}}}{\dot{U}_N}$$

$$\beta_{\text{I}} : \beta_{\text{II}} = \frac{1}{Z_{k\text{I}}^*} : \frac{1}{Z_{k\text{II}}^*}$$

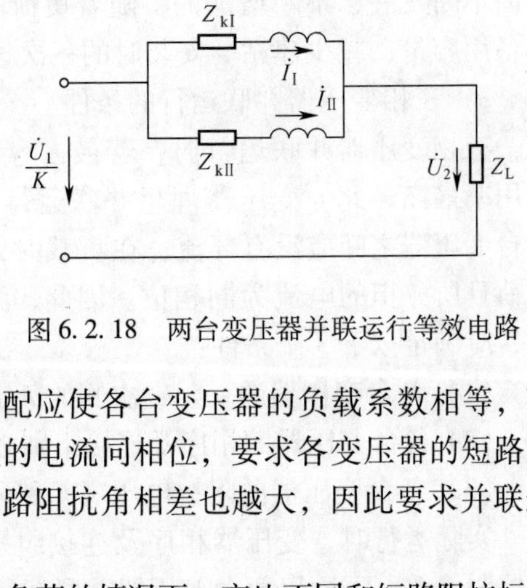

图 6.2.18　两台变压器并联运行等效电路

可见，各台变压器所分担的负载大小与其短路阻抗标么值成反比。

为了充分利用变压器的容量，理想的负载分配应使各台变压器的负载系数相等，而且短路阻抗标值相等。为了使各台变压器所承担的电流同相位，要求各变压器的短路阻抗角相等。一般来说，变压器容量相差越大，短路阻抗角相差也越大，因此要求并联运行的变压器的最大容量之比不超过 3：1。

变压器运行规程规定：在任何一台变压器不过负荷的情况下，变比不同和短路阻抗标么值不等的变压器可以并联运行。又规定：阻抗标么值不等的变压器并联运行时，应适当提高短路阻抗标么值大的变压器的二次电压，以使并联运行的变压器的容量均能充分利用。

6.2.5　自耦调压器与仪用互感器

前面介绍的变压器每相一、二次侧各只有一个绕组，称为双绕组变压器。在电力生产及其他行业领域中应用的变压器则是多种多样的，对双绕组变压器的运行分析研究是其他变压器分析的理论基础。本节将简要介绍两种常用的特殊变压器——自耦调压器与仪用互感器。

1. 自耦调压器

有一种特殊的变压器，它只有一个绕组，该绕组为一次侧绕组，取其一部分兼做二次侧绕组，如图 6.2.19 所示，这种变压器叫自耦变压器，自耦变压器一、二次侧不仅有磁的联系，还存在着电的直接联系。

$$\frac{U_1}{U_2} = \frac{N_1}{N_2} = K$$

$$\frac{I_1}{I_2} = \frac{N_2}{N_1} = \frac{1}{K}$$

单相自耦调压器是一种在电力行业常用到的变压工具，可连续调节输出电压 0 ~ 250V，具有波形不失真、体积小、质量轻、效率高、使用方便、性能可靠以及能长期运行等特点。单相自耦调压器就是匝数比连续可调的自耦变压器，当调压器电刷借助手轮主轴和刷架的作用，沿线圈的磨光表面滑动时，就可以连续地改变匝数比，从而使输出电压平滑地从零调节到最大值。

3 个相同规格的单相自耦调压器同轴组装即可构成三相调压器。

在电工实验室中，普遍会用到自耦变压器，得到连续可调的电压输出，其外形如图 6.2.20 所示。

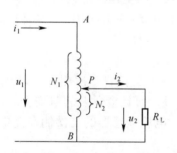

图 6.2.19　自耦调压器

（a）　　　　　　（b）

图 6.2.20　自耦调压器外形
（a）三相调压器；（b）单相调压器。

在应用时，应注意原、副边绝不可对调使用，以防变压器损坏。因为 N 变小时，磁通增大，电流会迅速增加。

2. 仪用互感器

仪用互感器也是一种特殊的变压器，被广泛用于交流高电压和交流大电流的测量。按用途不同，仪用互感器可分为电压互感器和电流互感器。

电压互感器是一个降压变压器，是将交流高电压降为低电压的仪表。它的一次绕组的匝数远远多于二次绕组的匝数。为使仪表规格统一，降低成本，电压互感器二次绕组的额定电压一般为 100V，故不同量程的电压互感器其一次绕组的匝数是不同的。当使用电压互感器测量高电压时，被测电路、电压互感器和电压表之间的接线如图 6.2.21（a）所示。

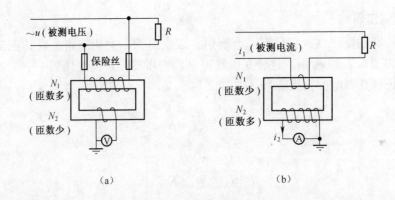

图 6.2.21　仪用互感器原理接线图

电流互感器是一个降流变压器，是将交流大电流降为小电流的仪表。它的一次绕组的匝数远远少于二次绕组的匝数。同样，为使仪表规格统一，降低成本，电流互感器二次绕组的额定电流一般为 5A，故不同量程的电流互感器其一次绕组的匝数是不同的。当使用电流互感器测量大电流时，被测电路、电流互感器和电流表之间的接线如图 6.2.21（b）所示。

由于互感器是一种测量用设备，所以必须要保证测量的准确度，准确度或误差大小是互感器的重要性能指标。电压互感器按准确度的高低，分为 0.2、0.5、1.0 和 3.0 4 个等级，数字越小，准确度越高。例如，1.0 级准确度表示的是在额定电压时，原、副边电压变比的误差不超过 1%。而电流互感器按误差大小有 0.2、0.5、1.0、3.10 和 10.0 5 个准确度等级，其表示的意义与电压互感器的准确度是一样的。

使用仪用互感器应注意以下事项：

（1）电流互感器的二次侧在使用时绝不可开路。一旦开路，二次侧将感应出高电压，其值可达几千伏甚至更高，这不仅可能使绕组被烧毁，而且会危及人身安全。使用时，应先将二次侧短路，二次侧不允许安装熔丝。同理，电压互感器的二次侧在使用时绝不可短路，否则二次侧将感应出大电流。

（2）互感器二次侧必须有一端可靠接地，防止一、二次侧绝缘损坏，高压窜入二次侧，危及人身和设备安全。

（3）互感器接线时，应保证一、二次侧端子的极性接线正确。

（4）电流互感器一次侧须串接在线路中，而电压互感器一次侧须并接在线路中。

6.2.6　变压器异常运行诊断及处理

变压器是输配电系统中极其重要的电气设备，变压器一旦出现故障，造成的损失将不可估量。根据运行维护管理规定，变压器必须定期进行检查，以便及时了解和掌握变压器的运行情况，及时采取有效措施，力争把可能引起故障的异常运行消除在萌芽状态之中，从而保障变压器的安全、可靠运行。

1. 变压器异常运行的表现及其原因

变压器异常运行可通过其运行时的声音、油位的高低、温度的变化，套管、安全门有无破裂及各触点是否松动、发热等进行判断。变压器的故障是由变压器的长期异常运行使其缺陷逐渐发展、扩大而造成的。因此，变压器异常运行时，应果断、正确、及时地进行处理，以保证供电的连续性、可靠性。

1）声音异常

变压器正常运行时，由于交流电通过变压器绕组，在铁芯中产生周期性的交变磁通，引起铁芯片的磁致伸缩，铁芯叠片间的磁应力以及线圈间的电磁应力振动，因而变压器会发出轻微的连续的"嗡嗡"声和振动（属正常声响），有其固有频率。当变压器异常运行或发生故障时，频率将会偏离固有值发生变化而出现声音异常。

当变压器内部或外部发生故障时，电流波形发生变化，除基波为正弦波外，将产生各次谐波，导致杂音。这属于不正常现象，必须查明原因并消除。根据异常情况的不同，发生声音异常的原因主要如下：

（1）声音均匀持续，但比平时明显增大。当变压器过负荷时，使变压器电流超过额定值，磁通增加甚至饱和，铁芯振动加剧，发出大而沉重的"嗡嗡"声。过负荷越严重，声音越大。

（2）声音比平时增大，且有明显杂音。紧固部件如内部夹件、铁芯压紧螺钉松动，在电磁应力下引起硅钢片共振，使振动增强，损坏硅钢片间绝缘，引起铁芯局部过热。

（3）声音中夹杂"劈啪"的放电声或不均匀的爆裂声。多是由于绕组或引出线对外壳闪络放电，接头焊接或接触不良或未接地的金属部件发生静电放电，变压器内部绝缘击穿，产生严重放电。

（4）声音中有像水沸腾的"咕嘟"声。变压器内部发生匝间短路或分接开关接触不良，造成局部严重过热，使油温急剧升高沸腾。

2）油温异常

目前，国内电力系统使用的大型变压器多为油浸式变压器。变压器内部绝缘材料由于受热或其他物理、化学作用而逐渐失去其机械强度和电气强度，从而失去了其原有的绝缘性能的现象，称为绝缘老化。变压器绝缘老化的直接原因是高温。在实际运行中，绝缘介质的工作温度越高，氧化作用及其他化学反应进行得越快，引起机械强度及电气强度丧失的速度越快，即绝缘的老化速度越快，变压器的使用年限也越短。

油温的变化在变压器运行中是有规律的，当发热和散热达到平衡状态时，各部分的温度均趋于稳定；在正常负荷和正常冷却条件下，变压器上层油温较平时高出 10℃ 以上，或变压器负荷不变而油温不断上升，则应认为变压器温度异常。其原因大致如下：

（1）变压器内部故障。变压器分接开关出现故障或变压器绕组的匝间短路、线圈的放电、铁芯及夹件的环流、内部引线接头发热乃至铁芯起火等都会造成变压器局部过热，而使油温上升。

（2）冷却装置运行不正常。冷却装置运行不正常或发生故障，如潜油泵停运、风扇损坏、散热管道积垢不畅、散热器冷却效果差等都引起温度升高。

3）油色异常

变压器新油呈亮黄色，运行油呈透明微黄色。

变压器油内含有杂质和水分，使酸价增高，闪点降低，随之绝缘强度降低，容易引起线圈对地放电。可通过对变压器油油色变化的检测，定性判断其绝缘状态。

变压器油油色不正常的原因如下：

（1）老化；

（2）内部故障产生杂质，如炭粒等。

4）油位异常

对变压器油油温及油色的检测外，还要时刻注意油位的变化，不能过高也不能过低，要始终维持在油位线附近。变压器油位高的原因一般是油温高或加油过多；而油位低的原因是变压器漏油或变压器原本油位就不高，负荷突降或环境温度降低。

5）套管闪络

套管密封不严、有裂纹、电容芯子制造不良、内部有游离放电、套管脏污严重等，都会使套管发生局部放电，甚至爆炸。

2. 变压器异常运行诊断处理

在变压器异常运行还没有发展为事故之前，应严密监视负荷、温度及其他变化。对于能在变压器运行中处理的问题应立即联系检修人员处理。油面下降时，应通知检修人员对变压器进行补油。对于油温过高的原因应进行分析，首先核对温度计指示的值是否正确，即核对变压器所带的负荷在冷却介质的温度下应该使变压器的油温升高到多少，其值与温度计指示有无过大的偏差。如果温度计的指示值偏高，则应核查冷却系统有无问题，若冷却系统无异常，则温度高是由变压器内部故障所引起的，此时可通过三相电流是否平衡进行判断。

1）切换备用变压器

发生下列异常情况时，应将工作变压器退出，投入备用变压器工作。

（1）在负荷正常、冷却系统无异常的情况下，上层油温超过85℃。

（2）油面过低，漏油不能及时处理，补油不起作用。

（3）油色变深，有碳质出现。

（4）变压器过负荷并超过规定的时间，应调整运行方式使其不过负荷；不能调整时，投入备用变压器；无备用时，应降低出力运行。

2）工作变压器退出运行

在下列异常情况下，无论有无备用变压器均应退出工作变压器运行。

（1）变压器内部有强烈的异响。

（2）油顶层的温度超过规定的允许值，且不属于冷却系统的问题。

（3）若变压器油温在正常负荷及环温和冷却器正常运行方式下仍不断升高则可能是变压器内部有故障。

（4）油枕安全门破裂，向外喷油、喷烟。

（5）油位计指示值低于下限，不能及时处理。

（6）套管破裂、严重放电并有造成对地短路或相间短路的可能。

（7）触点松动、发热甚至可能熔断。

电力变压器虽配有避雷器、自动装置等多重保护，但由于内部结构复杂、电场及热场不均，特别是变压器绝缘较弱等诸多因素，事故率仍很高，恶性事故和重大损失时有发生。因此，及时合理地诊断及处理变压器异常运行情况，可保证电力供应更加安全可靠。

习题

6-1 电机的类型有哪些？

6-2 电机磁路常采用什么材料制成？这种材料有哪些主要特性？

6-3 磁路的磁阻如何计算？磁阻的单位是什么？若磁路气隙增大，则其磁阻如何变化？

6-4 说明磁路与电路的异同点。

6-5 图示铁芯用 D_{23} 硅钢片叠成，其截面积 $S_{Fe} = 12.25 \times 10^{-4}\, m^2$，铁芯的平均长度 $l_{Fe} = 0.4m$，空气隙 $\delta = 0.5 \times 10^{-3}\, m$，线圈的匝数为 600 匝，试求产生磁通 $\Phi = 11 \times 10^{-4}\, Wb$ 时所需的励磁磁势和励磁电流。

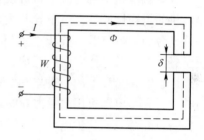

习题 6-5 图

6-6 变压器铁芯的作用是什么？为什么它要由薄硅钢片叠装而成？

6-7 从物理意义上说明变压器为什么只能变交流，不能变直流；为什么能变压，而不能变频率。

6-8 变压器有哪些主要部件？它们的主要作用是什么？

6-9 三相变压器的组别有何意义？用时钟法来判别图 6-9 各绕组连接组别。

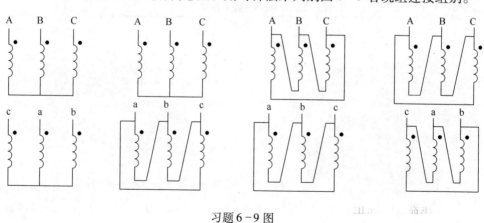

习题 6-9 图

6-10 一台 Y，d11（Y/△-11）和一台 D，y11（△/Y-11）连接的三相变压器能否并联运行？为什么？

6-11 变压器负载时，一、二次线圈中各有哪些电动势或电压降？它们产生的原因是什么？写出它们的表达式，并写出电动势平衡方程。

6-12 简述变压器常见的异常运行原因及处理措施。

第 7 章

三相异步电动机

在旋转电机中有直流电机和交流电机,交流电机又有同步和异步之分。异步电机满足电机的可逆性原理,由于异步发电机的运行性能较差,因而异步电机主要用作电动机去拖动各种机械负载。异步电动机具有结构简单,制造、使用、维修方便,运行可靠及质量轻、成本低等优点而广泛应用于工农业和其他国民经济各部门,是各种电动机中应用最广、需要量最大的一种电机,90%左右的电气原动力均为异步电动机,在电网的总负荷中,异步电动机用电量占60%以上。限于本课程性质,各种旋转电机无须一一介绍,下面着重介绍三相异步电动机的结构、原理及使用方法内容。

7.1　三相异步电动机的基本结构

三相异步电动机主要由静止的定子和转动的转子组成,定子和转子之间有一个较小的气隙。图7.1.1为典型三相异步电动机的结构示意图。

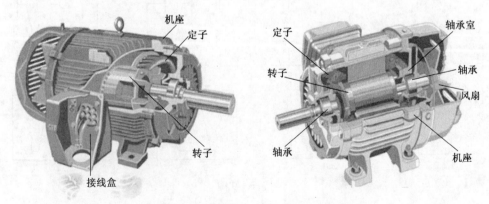

图 7.1.1　三相异步电动机结构示意图

7.1.1　定子

三相异步电动机的定子由定子铁芯、定子绕组和机座 3 部分组成。

1. 定子铁芯

定子铁芯是主磁通磁路的一部分。交变的磁通在定子铁芯中必会引起铁耗（磁滞损耗和涡流损耗），为了减小铁耗，定子铁芯一般由导磁性能较好的厚度为 0.5mm 且冲有槽形的硅钢片（图 7.1.2）叠压而成。对于容量较大（10kW 以上）的电动机，在硅钢片两面涂以绝缘漆，以作片间绝缘。

图 7.1.2　定子铁芯薄硅钢片

定子铁芯上的槽形有半闭口槽、半开口槽和开口槽 3 种，如图 7.1.3 所示。

从提高电动机的效率和功率因数来看，半闭口槽最好，但绕组的绝缘和嵌线工艺比较复杂，这种槽形适用于中小容量型的低压异步电动机。半开口槽的槽口等于或略大于槽宽的一半，可嵌放成形线圈，可用于大型低压异步电动机，开口槽用于高压异步电动机，以保证绝缘的可靠和下线方便。

图 7.1.3　异步电动机的定子槽形

2. 定子绕组

定子绕组（图 7.1.4）是由许多绕组按一定规律连接而成，布置在铁芯槽内，绕组在

（a）　　　　　　　　　　　　　　　　（b）

图 7.1.4　定子绕组

（a）散嵌线圈；（b）已嵌绕组的定子。

槽内须与槽壁之间有绝缘，以免电动机在运行时绕组对铁芯出现击穿或短路故障。绕组

在槽内可布置为单层或双层两种基本形式，容量较大的异步电动机都采用双层绕组，双层绕组在每槽内的导线分上下两层放置，上下层绕组之间需要用层间绝缘隔开。

3. 机座

机座的作用主要是固定和支撑定子铁芯。三相异步电动机根据其容量、电压等级及冷却方式而采用不同的机座形式。中小型异步电动机一般都采用铸铁机座，而大中型异步电动机则通常采用钢板焊接的机座。

7.1.2 转子

三相异步电动机的转子由转子铁芯、转子绕组和转轴组成。

转子铁芯也是主磁通磁路的一部分，一般也由0.5mm厚冲槽的硅钢片叠成，铁芯固定在转轴或转子支架上，整个转子铁芯的外表面呈圆柱形。

转子绕组分为笼型和绕线型两种结构，下面分别说明这两种绕组的结构特点。

（1）笼型绕组。由于转子绕组内的电流是由电磁感应作用而产生的，不需要由外电源对其供电，因此绕组可自行闭合。笼型绕组由插入转子的导条和两端的环形端环组成。如果去掉铁芯，整个绕组的外形就像一个关松鼠的笼子，笼型以此而得名。为了节约铜用量和提高生产率，小容量的异步电动机一般采用铸铝转子，如图7.1.5（a）所示。这种转子的导条和端环一次性铸出。但对于容量大于10kW的电动机，由于铸铝质量不易保证，常用铜条插入转子内，在两端焊上端环，构成笼型绕组。笼型转子上既无集电环，又无绝缘，所以结构简单，制造方便，运行可靠。

（2）绕线型绕组。它与定子绕组一样，都是一个对称的三相绕组，三相绕组接成星形，连接转轴上的3个集电环，并通过电刷使转子绕组与外电路接通，如图7.1.5（b）所示。这种转子可通过集电环和电刷在转子回路中接入附加电阻或其他控制装置以改善电动机的启动或调速性能。

（a）

（b）

图7.1.5 转子绕组

（a）笼型绕组；（b）绕线型绕组。

7.1.3　气隙

三相异步电动机主磁通由定子铁芯、转子铁芯、气隙构成。气隙的大小与异步电动机的性能有关。气隙越大，磁阻也越大，电动机的功率因数降低。然而，磁阻大，可以减少气隙磁场中的谐波含量，从而可减小附加损耗，且改善起动性能。气隙过小，会使装配困难和运转不安全。气隙大小应权衡利弊，全面考虑而定，一般异步电动机的气隙以较小为宜，一般为 $0.2\text{mm} \sim 2.0\text{mm}$。

7.2　三相异步电动机的工作原理

7.2.1　旋转磁场的产生

为了理解三相异步电动机的转动原理，首先做一个简单的实验。如图 7.2.1 所示，有一对 N–S 磁极，在其磁场区域放置一闭合线圈，N–S 磁极与闭合线圈各自用轴承支起，可在空间旋转。用一个手柄将 N–S 磁极以转速为 n_1 逆时针旋转起来，可以发现，静止的闭合线圈也会逆时针逐渐旋转起来，如果 n_1 恒定，闭合线圈也会最终保持一定的转速 n。

为什么闭合线圈会旋转起来呢？请读者自己思考。

三相异步电动机的转动原理与此相似。由旋转磁极所提供的磁场也是旋转的，通常称为旋转磁场。由三相异步电动机的基本结构可知，这里的闭合线圈就相当于异步电机的转子，而实际的异步电机结构中并没有旋转的磁极，那么旋转磁场是由哪个部件提供的呢？

对称的三相交流电流通入到三相异步电动机的对称三相定子绕组上，如图 7.2.2 所示，A—X、B—Y、C—Z 三线圈在空间互隔 120° 分布在定子铁芯内圆周上，构成对称的三相绕组。对称三相电流分别接到三相绕组时，当电流从绕组的首端 A、B、C 流入，从末端 X、Y、Z 流出时，规定电流为正值，否则为负值。图中，（×）表示电流流入，（⊙）表示电流流出。

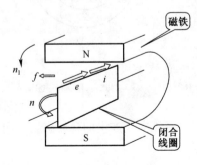

图 7.2.1　简单实验示意图

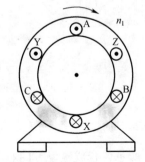

图 7.2.2　三相异步电动机结构简化图

下面，在一个电流周期内分别选择 $wt = 0°$、$60°$、$120°$、$180°$、$240°$、$300°$ 时，分析定子磁场的情况。

设通入的三相交流电流为

$$i_A = I_m \sin\omega t; i_B = i_m \sin(\omega t - 120°); i_C = I_m \sin(\omega t + 120°)$$

当 $\omega t = 0°(360°)$ 时，$i_A = 0$，$i_B = -\frac{\sqrt{3}}{2}I_m$，$i_C = \frac{\sqrt{3}}{2} - I_m$ 电流流向及产生的合成磁场方向如图 7.2.3（a）所示。合成磁场方向向下。

当 $\omega t = 60°$ 时，$i_A = \frac{\sqrt{3}}{2}I_m$，$i_B = -\frac{\sqrt{3}}{2}I_m$，$i_C = 0$，电流流向及产生的合成磁场方向如图 7.2.3（b）所示。合成磁场方向左下。

当 $\omega t = 120°$ 时，$i_A = \frac{\sqrt{3}}{2}I_m$，$i_B = 0$，$i_C = -\frac{\sqrt{3}}{2}I_m$，电流流向及产生的合成磁场方向如图 7.2.3（c）所示。合成磁场方向左上。

当 $\omega t = 180°$ 时，$i_A = 0$，$i_B = \frac{\sqrt{3}}{2}I_m$，$i_C = -\frac{\sqrt{3}}{2}I_m$，电流流向及产生的合成磁场方向如图 7.2.3（d）所示。合成磁场方向向上。

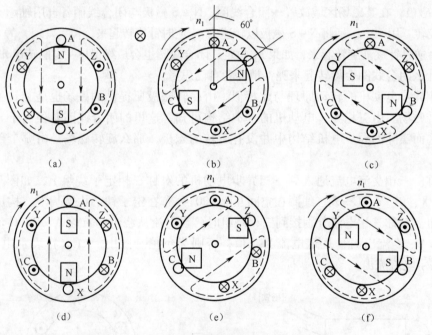

图 7.2.3 三相交流产生的旋转磁场（一对磁极）

（a）$\omega t = 0°$；（b）$\omega t = 60°$；（c）$\omega t = 120°$；（d）$\omega t = 180°$；（e）$\omega t = 240°$；（f）$\omega t = 300°$。

当 $\omega t = 240°$ 时，$i_A = -\frac{\sqrt{3}}{2}I_m$，$i_B = \frac{\sqrt{3}}{2}I_m$，$i_C = 0$，电流流向及产生的合成磁场方向如图 7.2.3（e）所示。合成磁场方向右上。

当 $\omega t = 300°$ 时，$i_A = -\frac{\sqrt{3}}{2}I_m$，$i_B = 0$，$i_C = \frac{\sqrt{3}}{2}I_m$，电流流向及产生的合成磁场方向如图 7.2.3（f）所示。合成磁场方向右下。

从以上的分析可知，定子绕组中通入对称三相电流后所产生的合成磁场形成一对磁极，对应于三相电流的几个特殊值，磁极在不同的空间位置，考虑到三相电流是连续变化的，所以磁极在空间连续旋转起来，且电流变化一个周期，磁极旋转一周，即产生旋转磁场。如果电源的频率为 f_1 时，每秒钟磁场转数为 f_1，则每分钟转数为 $n_1 = 60f_1$。

三相异步电动机磁场转速与电动机定子三相绕组在定子槽内放置的位置及连接方法有关。图 7.2.4 所示电动机每相绕组是由两个线圈串联组成的，各相绕组在空间互差 $60°$，通入三相电流后，形成的合成磁场为两对磁极旋转，当电流由 $\omega t = 0°$ 变化到 $\omega t = 60°$ 时，磁极只旋转了 $30°$，也就是当电流变化一个周期，磁场只转动半周，即 $n_1 = \dfrac{60f_1}{2}\text{r/min}$。

当电动机定子三相绕组通入三相电流产生 3 对磁极合成磁场时，电流变化一周，磁场旋转 1/3 圈，即 $n_1 = \dfrac{60f_1}{3}\text{r/min}$。

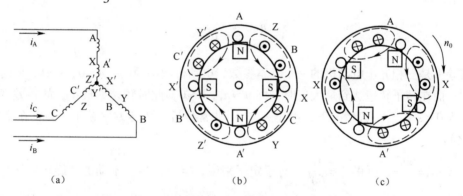

$$(a) \qquad\qquad (b) \qquad\qquad (c)$$

图 7.2.4　三相交流产生的旋转磁场（两对磁极）

（a）定子绕组连接；（b）$\omega t = 0°$；（c）$\omega t = 60°$。

以此类推，当极对数为 p 时，磁场的转速 $n_1 = \dfrac{60f_1}{p}\text{r/min}$。

7.2.2　三相异步电动机的转动原理

1. 转动原理

三相异步电动机对称的三相定子绕组接对称的三相电源以后，在定、转子之间的气隙内产生转速 n_1 的旋转磁场。由于转子上的导条被旋转磁场的磁力线切割，根据电磁感应定律，转子导条内会感应出感应电动势，若旋转磁场按顺时针方向旋转，如图 7.2.5 所示，根据右手定则，可知图中转子上半部导体中的电动势方向都是垂直于纸面向外（⊙）；而转子下半部分导体中的电动势方向都是垂直于纸面向里（×）。由于转子导条自成闭合回路，转子导条中就有感应

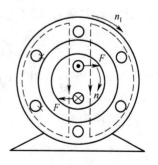

图 7.2.5　三相异步电机
转动原理

电流流过，如不考虑导条中电流与电动势的相位差，则电动势的瞬时方向就是电流的瞬时方向。根据电磁力定律，载有感应电流的导条在旋转磁场中会受到电磁力的作用，根据左手定则判断，转子上下、左右对称位置上的导条受到的电磁力大小相等、方向相反，形成一个顺时针方向的转矩，这个转子上受到的电磁转矩将克服负载转矩而做功，使得原来静止的转子旋转起来，实现能量的转换。这就是三相异步电动机的转动原理。

2. 转差率

三相异步电动机在运行中，一般情况下转子转速 n 不能达到旋转磁场的转速（同步转速）n_1，这是因为如果 n 等于 n_1，则旋转磁场与转子导条就没有相对运动，导条内就不会有感应电动势与电流，也不会产生电磁转矩拖动负载。通常三相异步电动机的转子转速 n 总是略小于同步转速 n_1，即与旋转磁场"异步"地转动，异步电动机由此而得名。n_1 与 n 的差值称为转差，将转差（$n_1 - n$）表示为同步转速 n_1 的百分值，称为转差率，用 s 表示，即

$$s = \frac{n_1 - n}{n_1} \times 100\%$$

转差率是三相异步电动机的一个基本参数，电动机起动瞬间，$n = 0$，$s = 1$，此时转差率最大；而在转子转速达到最大值时，即 $n \approx n_1$，$s \approx 0$，此时转差率最小，故转差率的取值范围为 $0 < s \leq 1$。一般情况下，由于 n 与 n_1 非常接近，故转差率较小，通常在 0.01 ~ 0.09 之间。

由式 $n_1 = \frac{60f_1}{p}$，可得 $f_1 = \frac{n_1}{60}p$，对子定子来说，定子是静止不动的，旋转磁场与其相对运动转速就是同步转速 n_1；而对于转子来说，转子的转速为 n，旋转磁场与其相对转速则为 $n_1 - n$，所以转子绕组上感应电流的频率应为 $f_2 = \frac{n_1 - n}{60}p$，又由于 $s = \left(\frac{n_1 - n}{n_1}\right) \times 100\%$，故 $f_2 = \frac{n_1 - n}{n_1} \times \frac{n_1}{60}p = sf_1$。

[例 7.2.1] 三相异步电动机接电源 $f_1 = 50\text{Hz}$，电机额定转速 $n = 960\text{r/min}$。

求：转差率 s，转子电动势的频率 f_2。

解：由式 $n = \frac{60f_1}{p}$，$f_1 = 50\text{Hz}$，当 $p = 1$ 时，$n_1 = 3000\text{r/min}$；当 $p = 2$ 时，$n_1 = 1500\text{r/min}$；当 $p = 3$ 时，$n_1 = 1000\text{r/min}$。电机额定转速 $n = 960\text{r/min}$，n_1 应稍大于 n，则 $n_1 = 1000\text{r/min}$。

转差率为

$$s = \frac{n_1 - n}{n_1} = \frac{1000 - 960}{1000} = 0.04$$

$$f_2 = sf_1 = 0.04 \times 50 = 2 \ （\text{Hz}）$$

7.3　三相异步电动机的电磁转矩和机械特性

三相异步电动机是将电能转换为机械能，以转矩和转速的形式为生产机械提供原动力。在使用电动机时，人们总是希望电动机的机械特性能够满足机械负载的要求。电动机的机械特性是指在定子电压、频率和参数恒定的条件下，电磁转矩 T 与转速 n（或转差率 s）之间的函数关系。

7.3.1　三相异步电动机的电磁转矩

1. 三相异步电动机的"电 – 磁"关系

与变压器相似，异步电动机的定子与转子之间也只有磁的关系，而无电的联系。从电磁关系来看，异步电机的定子绕组相当于变压器的一次侧绕组，而转子绕组则相当于二次侧绕组。图 7.3.1 为三相异步电动机每相等值电路示意图，由图可以分别列出定子和转子每相电路的电势平衡式。

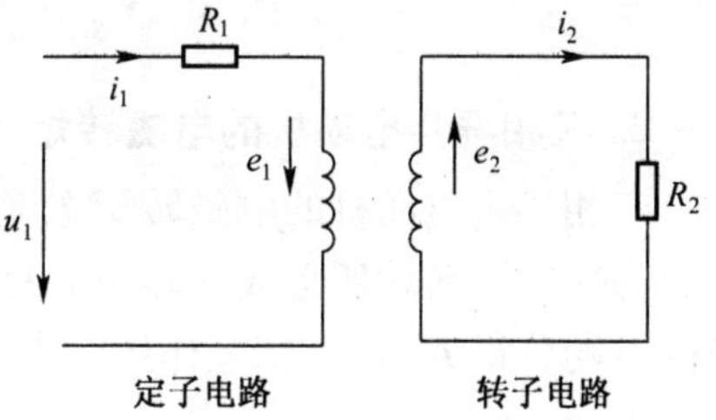

定子侧：

$$u_1 = i_1 R_1 - e_1 \approx -e_1 = N_1 \frac{\mathrm{d}\varphi}{\mathrm{d}t}$$

设 $\varphi = \Phi_m \sin\omega_1 t$，则有

$$u_1 = N_1 \Phi_m \omega_1 \cos\omega_1 t$$

有效值为

$$U_1 = N_1 \Phi_m \omega_1 / \sqrt{2} = N_1 \Phi_m 2\pi f_1 / \sqrt{2} = 4.44 f_1 N_1 \Phi_m$$

图 7.3.1　三相异步电动机每相等值电路

$$\Phi_m = \frac{U_1}{4.44 f_1 N_1}$$

$$E_1 \approx U_1 = 4.44 f_1 N_1 \Phi_m$$

同理，可得
$$E_2 = 4.44 f_2 N_2 \Phi_m$$

式中：f_2 为转子感应电动势的频率；f_2 取决于转子和旋转磁场的相对速度，$f_2 = s f_1$；N_2 为转子线圈匝数。

转子电流为

$$I_2 = \frac{E_2}{\sqrt{R_2^2 + X_2^2}}$$

$$E_2 = 4.44 f_2 N_2 \Phi_m = 4.44 s f_1 N_2 \Phi_m = s E_{20}$$

$$E_{20} = 4.44 f_1 N_2 \Phi_m，s = 1 时的 E_2（E_2 的最大值）$$

$$X_2 = 2\pi f_2 L_2 = 2\pi s f_1 L_2 = s X_{20}$$

则

$$I_2 = \frac{s E_{20}}{\sqrt{R_2^2 + (s X_{20})^2}}$$

转子功率因数

$$\cos\phi_2 = \frac{R_2}{\sqrt{R_2^2 + X_2^2}} = \frac{R_2}{\sqrt{R_2^2 + (sX_{20})^2}}$$

[例7.3.1] 三相异步电动机，$p = 2$，$n = 1440\text{r/min}$，转子 $R_2 = 0.02\Omega$，$X_{20} = 0.08\Omega$，$E_{20} = 20\text{V}$，$f_1 = 50\text{Hz}$。求起动时的转子电流 $I_{2\text{st}}$ 与额定转速下的转子电流 $I_{2\text{N}}$。

解:

$$I_2 = \frac{sE_{20}}{\sqrt{R_2^2 + (sX_{20})^2}}$$

（1）起动时，$s = 1$，有

$$I_{2\text{st}} = \frac{E_{20}}{\sqrt{R_2^2 + (X_{20})^2}} = \frac{20}{\sqrt{(0.02)^2 + (0.08)^2}} = 242(\text{A})$$

（2）额定转速下，有

$$s = \frac{1500 - 1440}{1500} = 0.04$$

$$I_{2\text{N}} = \frac{sE_{20}}{\sqrt{R_2^2 + (sX_{20})^2}} = \frac{0.04 \times 20}{\sqrt{(0.02)^2 + (0.04 \times 0.08)^2}} = 40(\text{A})$$

2. 三相异步电动机的电磁转矩

三相异步电动机的电磁转矩 T 是由转子中各个载流导体在旋转磁场的作用下受到的电磁力对转子转轴所形成的转矩的总和，即电磁转矩 T 是由气隙中的主磁通 Φ_m 与转子电流的有功分量 $I_2\cos\phi_2$ 相互作用而产生的，所以有

$$T = K_\text{T}\Phi_\text{m}I_2\cos\phi_2$$

式中：K_T 为转矩系数，是与电动机结构有关的常数。

将其中参数代入：

$$I_2 = \frac{sE_{20}}{\sqrt{R_2^2 + (sX_{20})^2}}, \quad E_{20} = 4.44f_1N_2\Phi_\text{m},$$

$$\Phi_\text{m} = \frac{U_1}{4.44f_1N_1}, \quad \cos\phi_2 = \frac{R_2}{\sqrt{R_2^2 + (sX_{20})^2}}$$

可得

$$T = K\frac{sR_2}{R_2^2 + (sX_{20})^2} \cdot U_1^2$$

上式中，当电源频率一定时，K 为一常数，电磁转矩不仅与转差率 s，转子电路参数 R_2、X_{20} 有关，还与电源电压 U_1 有关。所以，电源电压的波动对三相异步电动机的影响很大。

7.3.2 三相异步电动机的机械特性

根据转矩公式 $T = K\dfrac{sR_2}{R_2^2 + (sX_{20})} \cdot U_1^2$，以及 $s = \dfrac{n_1 - n}{n_1} \times 100\%$，可得三相异步电动机的机械特性曲线，如图7.3.2所示。

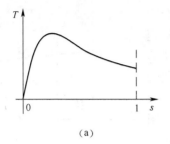
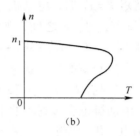

（a）　　　　　　　　　　　　（b）

图 7.3.2　三相异步电动机的机械特性曲线

（a）$T = f(S)$；（b）$n = f(T)$。

1. 机械特性和电路参数的关系

1）与电源电压的关系

$$T = K \frac{sR_2}{R_2^2 + (sX_{20})^2} \cdot U_1^2 \Rightarrow T \sim U_1^2$$，如图 7.3.3（a）所示，$U_1 \uparrow \Rightarrow T \uparrow$。电源电压的波动对电磁转矩的影响很大，这是三相异步电动机的缺点。

2）与转子电阻的关系

由转矩公式不容易看出转子电阻与转矩成正比例还是成反比例，通过图 7.3.3（b）简单给出转子电阻的变化对转矩的影响。对于绕线式的三相异步电动机，可通过在转子绕组串接电阻来改变其输出转速、转矩。

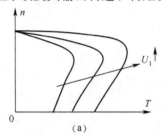
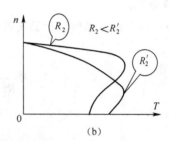

（a）　　　　　　　　　　　　（b）

图 7.3.3　机械特性和电路参数的关系

（a）$T = f(n, U_1)$；（b）$T = f(n, R_2)$。

2. 机械特性的软硬

硬特性是指负载变化时，转速变化不大的特性曲线，如图 7.3.3（b）中 R_2 对应的机械特性曲线，其运行特性好；而软特性是指负载增加时转速下降较快的特性曲线，如图 7.3.3（b）中 R_2' 对应的机械特性曲线，其起动转矩大，起动特性好。不同场合应选用不同的电动机。如金属切削，应选硬特性电动机；重载起动则选软特性电动机。

3. 电动机的自适应负载能力

电动机的电磁转矩可以随负载的变化而自动调整，这种能力称为自适应负载能力。图 7.3.4 中，当电动机所带负载转矩 T_L 小于其起动转矩 T_{st}，电动机就会沿着 d—c 曲线，转矩和转速不断增大，到达 c 点时，转矩达到最大值。随后电动机的转矩将随转速的增大而减小。直到转矩 $T = T_L$ 时，电动机的转速将会稳定在 b 点。工作点位于 ac 之间，如果负载转矩 $T_L \uparrow$ 到 T_L'，则暂时 $T < T_L \rightarrow n \downarrow \rightarrow s \uparrow \rightarrow I_2 \uparrow \rightarrow T \uparrow \rightarrow$ $T' = T_L'$，电动机会达到新的平衡状态。如果负载转矩 $T_L \downarrow$ 到 T_L'，则暂时有 $T > T_L \rightarrow n \uparrow \rightarrow s \downarrow \rightarrow I_2 \downarrow \rightarrow$ $T \downarrow \rightarrow T'' = T_L''$，电动机也会达到新的平衡状态。图 7.3.4 中 ac 段为电动机的稳定运行区间。

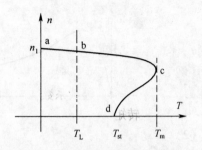

图 7.3.4　三相异步电动机稳定运行区

图 7.3.4 中 cd 段为电动机的非稳定区间，请读者自行思考。

7.3.3　三相异步电动机的转矩计算

1. 额定转矩 T_N

额定转矩是电动机在额定电压下，以额定转速 n_N 运行，输出额定功率 P_N 时，电动机转轴上输出的转矩。

$$T_N = \frac{P_N}{\frac{2\pi n_N}{60}} = 9550 \frac{P_N(\text{kW})}{n_N(\text{r/min})}(\text{N} \cdot \text{m})$$

2. 最大转矩 $T_{\max}$

最大转矩可以表征电动机带动最大负载的能力。

由式

$$T = K \frac{sR_2}{R_2^2 + (sX_{20})^2} \cdot U_1^2$$

求解

$$\frac{\partial T}{\partial S} = 0$$

得，当 $s_m = \frac{R_2}{X_{20}}$时，有

$$T_{\max} = KU_1^2 \frac{1}{2X_{20}}$$

工作时，务必使负载转矩 $T_L < T_{\max}$，否则电动机将停转，致使 $n \rightarrow 0$，即 $(s = 1) \Rightarrow I_2 \uparrow \Rightarrow I_1 \uparrow \Rightarrow$ 使电动机严重过热。

定义 $\lambda = \frac{T_{\max}}{T_N}$为过载系数，通常三相异步电动机 $\lambda = 1.8 \sim 2.2$。

3. 起动转矩 T_{st}

起动转矩是电动机起动时的转矩。

$$T = K \frac{sR_2}{R_2^2 + (sX_{20}) \cdot U_1^2}$$

其中，$n = 0 (s = 1)$，则

$$T_{st} = K \frac{R_2}{R_2^2 + (X_{20})^2} \cdot U_1^2$$

T_{st} 体现了电动机带载起动的能力。若 $T_{st} > T_L$，电动机能起动，否则无法起动。

[例 7.3.2]　三相异步电动机，额定功率 $P_N = 10\text{kW}$，额定转速 $n_N = 1450\text{r/min}$，启动能力 $T_{st}/T_N = 1.2$，过载系数 $\lambda = 1.8$。求：

（1）额定转矩 T_N；

（2）起动转矩 T_{st}；

（3）最大转矩 T_{max}。

解：（1）额定转矩 T_N：

$$T_N = 9550 \frac{P_N(\text{KW})}{n_N(\text{r/min})} = 9550 \frac{10}{1450} = 65.9 (\text{N} \cdot \text{m})$$

（2）起动转矩 T_{st}：

$$T_{st} = 1.2 T_N = 79 (\text{N} \cdot \text{m})$$

（3）最大转矩 T_{max}：

$$T_{max} = \lambda T_N = 1.8 \times 65.9 = 118.6 (\text{N} \cdot \text{m})$$

7.4　三相异步电动机的使用

7.4.1　额定值

电动机在正常运行状态下的各物理量值，如电压、电流、功率等称为电动机的额定值。通常额定值标注在电动机的铭牌上，故也称为铭牌值。图 7.4.1 为某三相异步电动机的铭牌。

三相异步电动机		
型　号 Y132M-4	功　率 7.5kW	频　率 50Hz
电压　380V	电流　15.4A	接法　△
转速　1440r/min	绝缘等级B	工作方式　连续
年　月　日	编号	××电机厂

图 7.4.1　三相异步电动机铭牌

1. 型号

Y 132 M-4

三相异步电动机————磁极数(4 极)

机座中心高度(132mm)————机座长度代号(中机座)

2. 转速

电动机轴上的转速 $n = 1440$（r/min）。

转差率为

$$n_1 = \frac{60f}{p} \text{（r/min）}$$

同步转速为 1500r/min。

$$s = \frac{1500 - 1440}{1500} = 0.04$$

3. 连接方式

电动机定子绕组通过接线盒实现 Y/△ 接法，如图 7.4.2 所示。

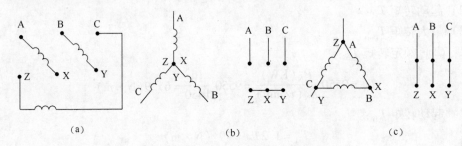

图 7.4.2　三相异步电动机连接方式
(a) 接线盒；(b) Y 接法；(c) △ 接法。

4. 额定电压

额定电压是定子绕组在指定接法下应加的线电压。如：380/220Y/△ 是指：线电压为 380V 时采用 Y 接法；当线电压为 220V 时采用 △ 接法。一般规定电动机的运行电压不能高于或低于额定值的 5%。

5. 额定电流

额定电流是定子绕组在指定接法下的线电流。如：△/Y 11.2A/6.48A 表示 △ 接法下，电机的线电流为 11.2A，相电流为 6.48A；Y 接法时线、相电流均为 6.48A。

6. 额定功率

额定功率是电动机在额定运行时轴上输出的功率 P_2，而不是从电源吸收的功率 P_1，两者的关系为

$$P_2 = \eta \times P_1$$

式中：η 为电动机的效率。三相鼠笼式异步电动机的 η 一般为 72% ~ 93%，$P_1 = \sqrt{3} U_N I_N \cos\varphi$。

7. 功率因数 $\cos\varphi$

额定负载时 $\cos\varphi$ 一般为 0.7 ~ 0.9，空载时功率因数很低，约为 0.2 ~ 0.3，如图 7.4.3 所示，额定负载时，功率因数最大。

实用中应选择合适容量的电动机，防止"大马"拉"小车"的现象。

此外还有频率、工作方式以及绝缘等级等参数，在此不

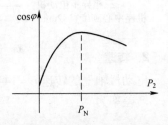

图 7.4.3　$\cos\varphi = f(P_2)$ 曲线

作一一介绍。请读者参阅相关专业书籍。

7.4.2　三相异步电动机的起动

1. 三相异步电动机的起动特性

当三相异步电动机接三相电源后，电动机由静止状态开始转动，然后升速到稳定运行的状态，这个过程叫起动过程，简称为起动。

三相异步电动机的起动性能主要包括以下几项：

（1）起动电流倍数 I_{st}/I_{1N}。I_{st} 为起动时定子电流。

（2）起动转矩倍数 T_{st}/T_N。T_{st} 为起动时电动机的转矩。

（3）起动时间。希望起动时间短，以提高劳动生产率。

（4）起动过程中的能量损耗。对经常起动的电动机，能量损耗大会使电动机的温升增高，危害绕组的绝缘。

（5）起动设备的简单性和可靠性。起动设备简单，可降低设备成本和便于维护。

起动性能中最重要的是对起动电流倍数和启动转矩倍数的要求。如不采取措施，三相异步电动机起动时，起动电流很大，启动转矩却不大。对于鼠笼式异步电动机，起动电流倍数和起动转矩倍数国家都有规定的标准要求，一般

$$I_{st}/I_{1N} \leqslant 4 \sim 7，\quad T_{st}/T_N \geqslant 1 \sim 2$$

2. 三相异步电动机常用的起动方法

为了使三相异步电动机起动时，电流尽可能小的同时转矩尽可能大，须采用合适的起动方法。鼠笼型和绕线型三相异步电动机的起动方法有所区别，分别予以叙述。

1）鼠笼型三相异步电动机的起动方法

鼠笼型三相异步电动机的起动方法有直接起动和降压起动两种。

（1）直接起动。直接起动，顾名思义，就是不需要专门的起动设备，直接把电动机的定子绕组接到额定电压的电源上。这种方法只有在供电变压器的容量较大、电动机的容量较小时才可采用。一般而言，容量在 7.5kW 以下的小容量电动机都可直接起动。

直接起动简单，但起动电流较大，将使线路电压下降，影响负载正常工作。

（2）降压起动。对容量较大的电动机而供电变压器容量相对较小时，为降低起动电流，需要采用降压起动。常用的降压起动方法有下列四种。

①Y－△起动。在起动时将定子绕组连接成星形，通电后电动机运转，当转速升高到接近额定转速时再换接成三角形，如图 7.4.4 所示。

Y－△起动适用于额定运行时定子绕组为三角形连接的电动机。采用这种方法起动时，可使每相定子绕组所承受的电压降低到电源电压的 $1/\sqrt{3}$，起动的线电流为直接起动时的 $1/3$，起动转矩也减小到直接起动时的 $1/3$。所以，这种起动方法只能用在

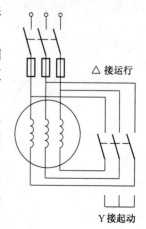

△ 接运行

Y 接起动

图 7.4.4　Y－△起动

空载或轻载起动的场合。

②定子绕组串接电抗器起动。这种方法是在电动机开始起动时，在定子绕组串接电抗器以降低其端电压，到转速接近额定转速时将电抗器切除。采用这种方法起动，电动机的起动电流按其端电压的比例降低，而其起动转矩则按其端电压平方的比例降低。故电抗器降压起动法常用于高压电动机。

③自耦降压启动。利用三相自耦变压器将电动机在起动过程中的端电压降低，以达到减小起动电流的目的，如图 7.4.5 所示。自耦变压器备有 40%、60%、80% 等多种抽头，使用时要根据电动机起动转矩的要求具体选择。采用自耦降压起动，电动机的动动电流与起动转矩都按其端电压平方的比例下降。与串接电抗器起动比较，这种方法的优点是电动机在同样降低的端电压下，定子电流可较小。这种起动方法多用于大、中型电动机。

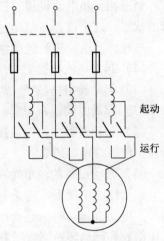

图 7.4.5 自耦降压起动

④延边三角形起动。起动时定子绕组先作延边三角形连接，待转速增加到接近额定转速时再换接为三角形连接。作延边三角形连接的定子绕组，每相绕组要各有一个中间抽头，以将定子绕组的一部分连接成星形接法。根据不同的要求，可以采用不同的抽头比例，也就改变了延边三角形连接的相电压。由于延边三角形连接的相电压比 Y - △ 连接起动时的星形连接的相电压要高，因此它的起动转矩较 Y - △ 连接起动时要大。

延边三角形起动适用于额定运行时定子绕组为三角形连接的电动机。这种起动方法可获得较大的起动转矩，因此可以重载起动。其缺点是定子绕组接线比较复杂。

2）绕线型三相异步电动机的起动方法

绕线型三相异步电动机起动时，采用的方法是在转子回路中接入变阻器，如图 7.4.6 所示，以达到减小起动电流，提高起动转矩的目的。在启动过程中，随着电动机转速的上升，逐渐减小变阻器的阻值，待转速增加到接近额定转速时，将变阻器切除。常用的变阻器有起动变阻器和频敏变阻器两种。

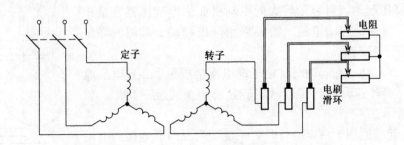

图 7.4.6 转子回路串变阻器起动

（1）起动变阻器起动。将可调节的三相变阻器接在转子回路中，随转速升高而逐渐切除电阻。起动时，转子电阻增大，可使起动电流降低而起动转矩增大，因而获得好的起动性能。这种起动方法多用在要求起动转矩大的场合，如起重机、球磨机等。

（2）频敏变阻器起动。频敏变阻器的结构相当于一个铁芯损耗特别大的三相电抗器，而它在电动机起动过程中的作用，相当于一个随转速升高而自动逐渐切除电阻的变阻器，因此采用频敏变阻器起动，不需要经过分级切除电阻就可把电动机平稳地起动起来，因而获得了广泛应用。

7.4.3　三相异步电动机的调速

由转差率公式 $s = \dfrac{n_1 - n}{n_1} \times 100\%$，可得 $n = (1 - s)\, n_1$，又根据同步转速公式 $n_1 = \dfrac{60 f_1}{p}$，得三相异步电动机的转速表达式为

$$n = (1 - s) \frac{60 f_1}{p}$$

由转速公式可知，要想改变三相异步电动机的转速可采用 3 种方法，即变极对数调速、变频调速和变转差率调速。

1. 变极对数调速

1）变极原理

变极调速只用于鼠笼型电动机。以 4 极变 2 极为例，U 相两个线圈，顺向串联，定子绕组产生 4 极磁场；而反向串联或反向并联，定子绕组则产生的是 2 极磁场，如图 7.4.7 所示。

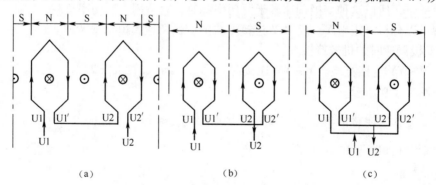

图 7.4.7　变极原理示意图
（a）顺串展开图；（b）反串展开图；（c）反并展开图。

2）3 种常用变极接线方式

常用的变极接线方式如图 7.4.8 所示。

值得注意的是，当改变定子绕组接线时，必须同时改变定子绕组的相序。

3）变极调速时的容许输出

容许输出是指保持电流为额定值条件下，调速前、后电动机轴上输出的功率和转矩。

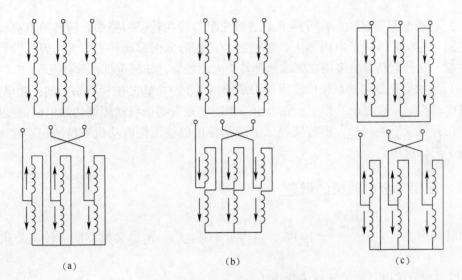

图 7.4.8　变极接线示意图

(a) Y→反并 YY, 2p-p; (b) Y→反串 Y, 2p-p; (c) △→YY, 2p-p。

(1) Y-YY 连接方式。Y-YY 连接后，极数减少一半，转速增大一倍，即 $n_{YY}=2n_Y$，保持每一绕组电流为 I_N，则输出功率和转矩为：$P_{YY}=2P_Y$，$T_{YY}=T_Y$。可见，Y-YY 连接方式时，电动机的转速增大一倍，容许输出功率增大一倍，而容许输出转矩保持不变，所以这种变极调速属于恒转矩调速，它适用于恒转矩负载。

(2) △-YY 连接方式。△-YY 后，极数减少一半，转速增大一倍，即 $n_{YY}=2n_\triangle$，保持每一绕组电流为 I_N，则输出功率和转矩为：$P_{YY}=1.15P_\triangle$，$T_{YY}=0.58T_\triangle$。可见，△-YY 连接方式时，电动机的转速增大一倍，容许输出功率近似不变，而容许输出转矩近似减少一半，所以这种变极调速属于恒功率调速，它适用于恒功率负载。

同理可以分析，正串 Y-反串 Y 连接方式的变极调速属恒功率调速。

4) 变极调速时的机械特性

(1) Y-YY 连接方式。Y-YY 连接时，$s_{mYY}=sm_Y$、$T_{mYY}=2T_{mY}$、$T_{stYY}=2T_{stY}$，机械特性如图 7.4.9 所示。

(2) △-YY 连接方式。△-YY 连接时，$s_{mYY}=sm_\triangle$、$T_{mYY}=\dfrac{2}{3}T_{m\triangle}$、$T_{stYY}=\dfrac{2}{3}T_{s\triangle}$，机械特性如图 7.4.10 所示。

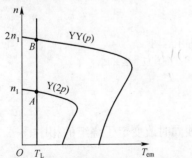

图 7.4.9　Y-YY 变极调速时的机械特性图

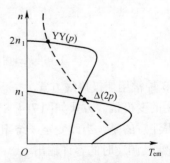

图 7.4.10　△-YY 变极调速时的机械特性

变极调速时，转速几乎是成倍变化的，调速的平滑性较差，但具有较硬的机械特性，稳定性好，可用于恒功率和恒转矩负载。

2. 变频调速

1）电压随频率调节的规律

当转差率 s 变化不大时，电动机的转速 n 基本与电源频率 f_1 成正比，连续调节电源频率，可以平滑地改变电动机的转速。但是由于

$$\Phi_0 = \frac{E_1}{4.44 f_1 N_1 k_{w1}} \approx \frac{U_1}{4.44 f_1 N_1 k_{w1}}$$

$$\lambda_T = \frac{T_m}{T_N} \approx \frac{m_1 p U_1^2}{4\pi f_1 (X_1 + X_2') T_N} = c\frac{U_1^2}{f_1^2 T_N}$$

频率改变将影响磁路的饱和程度、励磁电流、功率因数、铁损及过载能力的大小。为了保持变频率前、后过载能力不变，要求下式成立：

$$\frac{U_1^2}{f_1^2 T_N} = \frac{U_1'^2}{f_1'^2 T_N'} \, 及 \, \frac{U_1'}{U_1} = \frac{f_1'}{f_1}\sqrt{\frac{T_N'}{T_N}}$$

（1）恒转矩变频率调速。对恒转矩负载：

$$\frac{U_1}{U_1'} = \frac{f_1}{f_1'} = 常数$$

此条件下变频调速，电动机的主磁通和过载能力不变。

（2）恒功率变频率调速。对恒功率负载：

$$P_N = \frac{T_N n_N}{9550} = \frac{T_N' n_N'}{9550} = 常数, \quad \frac{T_N'}{T_N} = \frac{n_N}{n_N'} = \frac{f_1}{f_1'}$$

得

$$\frac{U_1}{\sqrt{f_1}} = \frac{U_1'}{\sqrt{f_1'}} = 常数$$

此条件下变频调速，电动机的过载能力不变，但主磁通发生变化。

2）频率调速时电动机的机械特性

变频调速时电动机的机械特性可用下列各式表示：

最大转矩

$$T_m \approx \frac{m_1 p}{2\pi^2} \frac{1}{(L_1 + L_2')}\left(\frac{U_1}{f_1}\right)^2$$

起动转矩

$$T_{st} \approx \frac{m_1 p R_2'}{2\pi^2 (L_1 + L_2')^2}\left(\frac{U_1}{f_1}\right)^2 \frac{1}{f_1}$$

临界点转速降 $\quad \Delta n_m = sn_1 \approx \dfrac{R_2'}{2\pi f_1 (L_1 + L_2')}\dfrac{60 f_1}{p} = \dfrac{30 R_2'}{\pi p (L_1 + L_2')}$

在基频以下调速时，保持 $U_1/f_1 = $ 常数，即恒转矩调速；而在基频以上调速时，电压只能为 $U_1 = U_{1N}$，迫使主磁通与频率成反比降低，近似为恒功率调速。

3. 变转差率调速

1）绕线式转子电动机的转子串接电阻调速

绕线式转子电动机的转子回路串接对称电阻时的机械特性如图 7.4.11 所示。

从机械特性看，转子串电阻时，同步转速和最大转矩不变，但临界转差率增大。当恒转矩负载时，电动机的转速随转子串联电阻的增大而减小。设 s_m、s、T_{em} 是转子串联电阻 R_s 前的量，s'_m、s'、T'_{em} 是串联电阻后的量，则转子串接的电阻为

$$R_s = \left(\frac{s' T_{em}}{s T'_{em}} - 1 \right) R_2$$

2）绕线式转子电动机的串级调速

在绕线式转子电动机的转子回路串接一个与转子电动势 $\dot{E}_{2s}$ 同步频率的附加电动势 $\dot{E}_{ad}$，如图 7.4.12 所示。通过改变 $\dot{E}_{ad}$ 的幅值和相位，也可实现调速，这就是串级调速。

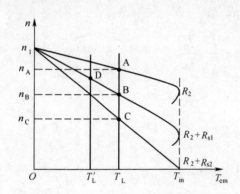

图 7.4.11　绕线式转子电动机的转子
串接电阻调速机械特性

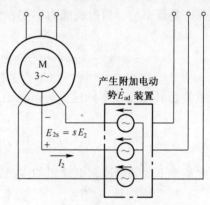

图 7.4.12　绕线式转子电动机的
串级调速示意图

7.4.4　三相异步电动机的制动

1. 能耗制动

三相异步电动机能耗制动原理如图 7.4.13 所示。制动时，S_1 断开，电机脱离电网，同时 S_2 闭合，在定子绕组中通入直流励磁电流。直流励磁电流产生一个恒定的磁场，因惯性继续旋转的转子切割恒定磁场，导体中感应电动势和电流。感应电流与磁场作用产生的电磁转矩为制动性质，转速迅速下降，当转速为零时，感应电动势和电流为零，制动过程结束。

制动过程中，转子的动能转变为电能消耗在转子回路电阻上，因此而称为能耗制动，图 7.4.14 为其机械特性曲线。由于 $n_1 = 0$ 所以能耗制动时 $s = 1$。对笼型异步电动机，可以增大直流励磁电流来增大初始制动转矩。

对绕线型异步电动机，可以增大转子回路电阻来增大初始制动转矩。制动电阻大小可按下式计算：

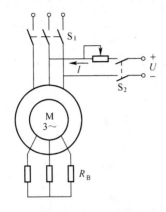

图 7.4.13 能耗制动原理示意图

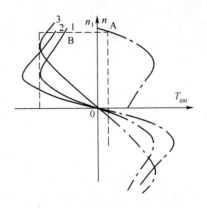

图 7.4.14 能耗制动机械特性

$$R_{B} = （0.2 \sim 0.4）\frac{E_{2N}}{\sqrt{3}I_{2N}} - R_2$$

2. 反接制动

1）电源两相反接的反接制动

三相异步电动机电源两相反接的反接制动原理及机械特性如图 7.4.15 所示。突然将电动机电源两相反接，可实现反接制动。

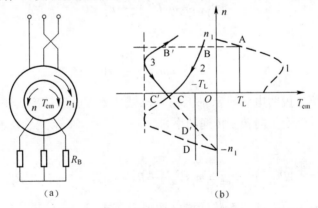

图 7.4.15 电源两相反接的反接制动原理及机械特性

（a）原理示意图；（b）机械特性。

由于定子旋转磁场方向改变，理想空载转速变为 $-n$，$s>1$。机械特性由 1 变为 2，工作点变化情况为 A→B→C，$n=0$，制动过程结束。

绕线式电动机在定子两相反接的同时，可在转子回路串联制动电阻来限制制动电流和增大制动转矩，如图 7.4.15（b）中曲线 3 所示。

2）倒拉反转的反接制动

三相异步电动机倒拉反转的反接制动方法适用于绕线式异步电动机带位能性负载情况。其原理及机械特性如图 7.4.16 所示。在转子回路串联适当大电阻 R_B 可实现反接制动。

电动机工作点变化情况为 A→B→C，$n=0$，制动过程开始，电动机反转，直到 D 点。

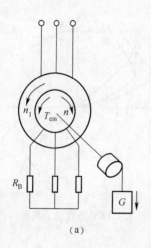
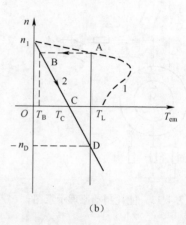

图 7.4.16　倒拉反转的反接制动原理及机械特性
（a）原理示意图；（b）机械特性。

在第四象限才是制动状态。

反接制动时，由于电动机反向旋转，$n < 0$，$s > 1$。所以有

机械功率为

$$P_{\text{MEC}} = m_1 I_2'^2 \frac{1-s}{s} R_2' < 0$$

电磁功率为

$$P_{\text{em}} = m_1 I_2'^2 \frac{R_2'}{s} > 0$$

机械功率为负，说明电动机从轴上输入机械功率；电磁功率为正，说明电动机从电源输入电功率，并轴定子向转子传递功率。

而

$$|P_{\text{MEC}}| + P_{\text{em}} = m_1 I_2'^2 \frac{s-1}{s} R_2' + m_1 I_2'^2 \frac{R_2'}{s} = m_1 I_2'^2 R_2'$$

上式表明，轴上输入的机械功率转变成电功率后，连同定子传递给转子的电磁功率一起消耗在转子回路电阻上，反接制动的能量损耗较大。

3. 回馈制动

三相异步电动机回馈制动状态实际上就是将轴上的机械能转变成电能并回馈到电网的异步发电机状态。即电动机转子在外力作用下，使 $n > n_1$。

1）下放重物时的回馈制动

其机械特性如图 7.4.17 所示。电机沿着机械特性曲线 1，运行于 A 点。首先将定子两相反接，定子旋转磁场的同步转速为 $-n_1$，特性曲线变为 2，工作点由 A 到 B。经过反接制动过程（由 B 到 C）、反向加速过程（C 到 $-n_1$ 变化），最后在位能负载作用下反向加速并超过同步速，直到 C 点保持稳定运行。

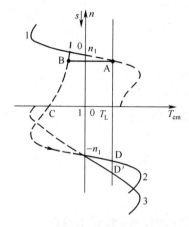

图 7.4.17　下放重物时回馈制动机械特性

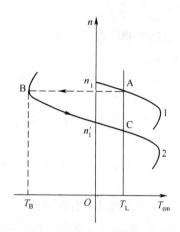

图 7.4.18　变极或变频调速过程回馈制动机械特性

2）变极或变频调速过程中的回馈制动

其机械特性如图 7.4.18 所示。电机沿着机械特性曲线 1，运行于 A 点。当电动机采用变极（增加极数）或变频（降低频率）进行调速时，机械特性变为 2，同步速变为 n_1'。电动机工作点由 A 变到 B，电磁转矩为负，$n_B > n_1'$，电动机处于回馈制动状态。

7.5　三相异步电动机的运行及维护要点

7.5.1　三相异步电动机的运行工作要点

对于一般三相异步电动机的正常运行工作，要按照国家标准规定的《电机基本技术要求》来进行，其工作要点主要有三条。

1. 电源条件

电源的电压、频率和相数应与电动机铭牌数据相符。供电电压应为实际正弦波形与实际对称系统。电压与其额定值的偏差不超过 ±5%；频率与其额定值的偏差不超过 ±1%。

2. 环境条件

电动机运行地点的环境温度、海拔高度必须符合技术条件的规定，其防护能力必须与其工作场所的周围环境条件相适应。

3. 负载条件

电动机的性能应与起动、制动、不同定额的负载以及变速或调速等负载条件相适应，使用时应保持其负载不超越电动机的规定能力。

7.5.2　三相异步电动机的维护要点

三相异步电动机的维护工作分为以下两个部分。

1. 起动前的检查

主要的检查项目有：

（1）检查电动机和起动设备的接地装置是否良好完整，接线是否正确，接触是否良好，电动机铭牌所标的电压、频率应与电源电压、频率相等；

（2）对新安装或长期停用的电动机，使用前应检查电动机定子、转子绕组各相之间和绕组对地的绝缘电阻；

（3）对绕线型转子电动机，应检查集电环上的电刷及电刷提升机构是否处于正常工作状态；

（4）检查轴承是否有润滑油。

此外，合闸后如发现不转或起动很慢、声音不正常，必须立即停电检查。

2. 正常运行中的维护

（1）电动机运行时应经常注意监视各部分的温升情况，不应超过允许温升；

（2）监视电源电压、频率的变化和电压的不平衡度；

（3）监视电动机的负载电流，不应超过铭牌上所规定的额定电流值；

（4）注意电动机的气味、震动和噪声，在闻到焦味或发现不正常的振动或碰擦声、特大的"嗡嗡"声或其他杂声时应立即停电检查；

（5）经常检查轴承发热、漏油情况，定期更换润滑油；

（6）对绕线型转子电动机，应检查电刷与集电环间的接触、电刷磨损以及火花情况，如火花严重，必须及时处理；

（7）注意保持电动机内部的清洁，不允许有水滴、油污以及杂物等落入电动机内部，电动机的进风口与出风口必须保持畅通无阻。

习题

7-1　异步电动机的气隙为什么要尽可能地小？它与同容量变压器相比，为什么空载电流较大？

7-2　旋转磁场是如何产生的？简述三相异步电动机的转动原理。

7-3　一台工频 8 极三相感应电动机，额定转差率 $s_N = 0.05$，问该机的同步转速是多少？当该机运行在 700r/min 时，转差率是多少？当该机运行在 800r/min 时，转差率是多少？当该机运行在起动状态时，转差率是多少？

7-4　三相异步电动机，额定功率 $P_N = 15kW$，额定转速 $n_N = 1475r/min$，起动能力 $T_{st}/T_N = 1.25$，过载系数 $\lambda = 1.8$。求：

（1）额定转矩 T_N；

（2）起动转矩 T_{st}；

（3）最大转矩 T_{max}。

7-5　绕线式异步电动机在转子回路中串电阻起动时，为什么既能降低起动电流，又能增大起动转矩?

7-6　为什么说一般的电动机不适用于需要在宽广范围内调速的场合? 简述异步电动机主要的调速方法。

7-7　简述异步电动机主要的制动方法并说明分别适用于什么情况。

7-8　三相异步电动机的运行及维护要点有哪些?

第8章

继电器－接触器控制系统

在工业生产中，需要对生产过程进行自动控制，电器是实现控制的基本元件。控制系统由各种类型的控制元件组成，通过开关、按钮、继电器、接触器等电器触点的接通或断开来实现的各种控制叫做继电器－接触器控制。由接触器和各种继电器等低压电器组成的自动控制系统称为继电器－接触器控制系统。继电器－接触器控制系统具有原理简单、逻辑清楚、线路简单等优点。尽管这种有触点的控制方式在可靠性和灵活性上远低于微机和（可编程控制器）PLC控制系统，但在一些简单的工业生产控制过程中，继电器－接触器控制系统仍然以低廉的价格和较好的可靠性得到了广泛的应用。

本章主要介绍继电器－接触器控制系统中的常用传统低压电器和一些新型的低压电器、典型的电气控制线路和实例系统。通过本章的学习，使读者掌握继电器－接触器控制系统的分析方法、设计方法和识读电气控制线路图的基本方法。

8.1　常用低压电器

根据外界特定的信号和要求自动或手动接通或断开电路，断续或连续改变电路参数，实现对电路或非电路对象的接通、切换、保护、检测、控制、调节作用的设备称为电器。

电器在实际电路中的工作电压有高低之分，工作于不同电压下的电器可分为高压电器和低压电器两大类，凡工作在交流电压1000V及以下，或直流电压1500V及以下电路中的电器称为低压电器，低压电器是设备电气控制系统中的基本组成元件。

8.1.1　低压电器的基础知识

1. 低压电器的分类

低压电器用途广泛，功能多样，种类繁多，分类方法各异。

1）按用途分类

（1）控制电器：用于各种控制电路和控制系统的电器。如接触器、各种控制继电器、控制器、起动器等。

（2）主令电器：用于自动控制系统中发送控制指令的电器。如控制按钮、主令开关、行程开关、万能转换开关等。

（3）保护电器：用于保护电路及用电设备的电器。如熔断器、热继电器、各种保护继电器、避雷器等。

（4）配电电器：用于电能的输送和分配的电器。如高压断路器、隔离开关、刀开关、断路器等。

（5）执行电器：用于完成某种动作或传动功能的电器。如电磁铁、电磁离合器等。

2）按工作原理分类

（1）电磁式电器。依据电磁感应原理来工作的电器。如交直流接触器、各种电磁式继电器等。

（2）非电量控制电器。电器的工作是靠外力或某种非电物理量的变化而动作的电器。如刀开关、行程开关、按钮、速度继电器、压力继电器、温度继电器等。

3）按执行机能分类

（1）有触点电器。利用触点的接触和分离来通断电路的电器。如刀开关、接触器、继电器等。

（2）无触点电器。利用电子电路发出检测信号，达到执行指令并控制电路目的的电器。如电感式开关、电子接近开关、晶闸管式时间继电器等。

有触点的电磁式电器在电气自动控制电路中使用最多，其类型也很多，各类电磁式电器在工作原理和构造上亦基本相同。就其结构而言，大多由两个主要部分组成，即感测和执行部分。感测部分在自动切换电器中常由电磁机构组成，在手动切换电器中常为操作手柄；执行部分为触点。

2. 低压电器的电磁机构和执行机构

电气控制系统中以电磁式电器的应用最为普遍。电磁式低压电器是一种用电磁现象实现电器功能的电器类型，此类电器在工作原理及结构组成上大体相同。根据其结构组成，电磁式低压电器的电磁机构分为交流和直流，执行机构分为触头系统和灭弧系统。

1）电磁机构

电磁机构为电磁式电器的感测机构，它的作用是将电磁能量转换为带动触头动作的机械能量，从而实现触头状态的改变，完成电路通、断的控制。电磁机构由吸引线圈、铁芯、衔铁等几部分组成，如图 8.1.1 所示。其工作原理是：线圈通过工作电流产生足够的磁动势，在磁路中形成磁通，使衔铁获得足够的电磁力，用以克服反作用力与铁芯吸合，由连接机构带动相应的触头动作。衔铁沿棱角转动的拍合式铁芯如图 8.1.1（a）所示，这种形式广泛应用于直流电器中；衔铁沿轴转动的拍合式铁芯如图 8.1.1（b）所示。其铁芯形状有 E 形和 U 形两种，此种结构多用于触点容量较大的交流电器中；衔铁直线运动的双 E 形直动式铁芯，如图 8.1.1（c）所示，多用于交流接触器、继电器中。

电磁式电器分为直流与交流两大类，都是利用电磁铁的原理制成。通常直流电磁铁的铁芯是用整块钢材或工程纯铁制成，而交流电磁铁的铁芯则是用硅钢片叠铆而成。

线圈（又叫吸引线圈）的作用是将电能转换成磁场能量。按通入电流种类不同，线圈可分为直流和交流两种：

（1）对于直流电磁铁，因其铁芯不发热，只有线圈发热，所以直流电磁铁的线圈做成高而薄的瘦长形，且不设线圈骨架，使线圈与铁芯直接接触，易于散热。

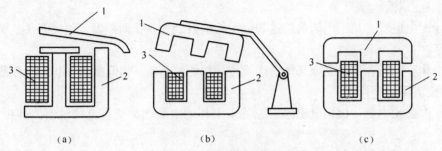

图 8.1.1　电磁机构组成

1—衔铁（又称动铁芯）；2—铁芯（又称静铁芯）；3—线圈。

（2）对于交流电磁铁，由于其铁芯存在磁滞和涡流损耗，所以交流电磁铁的线圈设有骨架，使铁芯与线圈隔离，并将线圈制成短而厚的矮胖形，这样做有利于铁芯和线圈的散热。此外，由于交流电磁铁磁通是交变的，当磁通过零时，电磁铁的吸力也为零，吸合后的衔铁在反力弹簧的作用下将被拉开，磁通过零后电磁吸力又增大，当吸力大于弹簧反力时，衔铁又吸合。这样反复动作，使衔铁产生强烈振动和噪声，甚至使铁芯松散。因此交流电磁铁铁芯端面上都安装一个铜制的短路环，用于消除振动和噪声。如图8.1.2 所示。

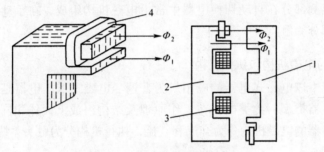

图 8.1.2　交流电磁铁的短路环

1—衔铁；2—铁芯；3—线圈；4—短路环。

无论何种类型，电磁机构的动作过程总为：线圈通电→磁通通过铁芯、衔铁、气隙→闭合回路→衔铁受力→克服弹簧力→铁芯吸引衔铁→触点动作。

2）触头系统

触头作为电器的执行机构，起着接通和分断电路的重要作用，必须具有良好的接触性能，故应考虑其材质和结构设计。对于电流容量较小的电器，如机床电气控制线路所应用的接触器、继电器等，常采用银质材料作触头，其优点是银的氧化膜电阻率与纯银相近，与其他材质（比如铜）相比，可以避免因长时间工作，触头表面氧化膜电阻率增加而造成触头接触电阻增大。

触头系统的结构如图8.1.3 所示，可分为桥式和指式两种。其中桥式触头又分为点接触式和面接触式。

3）灭弧系统

电弧产生的条件：当被分断电路的电流超过 0.25A～1A，分断后加在触头间隙两端的电压超过 12V～20V（根据触头材质的不同取值）时，在触头间隙中会产生电弧。

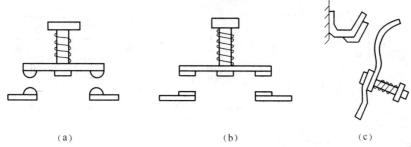

图 8.1.3　触头系统的结构

（a）点接触式；（b）面接触式；（c）指式。

电弧的实质：电弧是一种气体放电现象，即触头间气体在强电场作用下产生自由电子，正、负离子呈游离状态，使气体由绝缘状态转变为导电状态，并伴有高温、强光。若不对电弧进行处理，则有可能会造成人身和设备的安全问题，并有可能引发电气火灾及爆炸。灭弧系统熄弧时采用的方法如下：

（1）机械力灭弧：分断触点时，迅速增加电弧长度，使单位长度内维持电弧燃烧的电场强度不够而熄弧，如图 8.1.4 所示。

（2）窄缝灭弧：依靠磁场的作用，将电弧驱入耐弧材料制成的窄缝中，以加快电弧的冷却，如图 8.1.5 所示。这种灭弧装置多用于交流接触器。

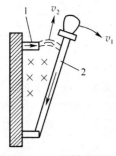

图 8.1.4　机械力灭弧

1—静触点；2—动触点。

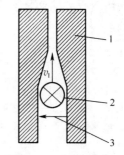

图 8.1.5　窄缝灭弧装置

1—纵缝中的电弧；2—电弧电流；3—灭弧磁场。

（3）栅片灭弧：分断触点时，产生的电弧在电动力的作用下被推入彼此绝缘的多组镀铜薄钢片（栅片）中，电弧被分割成多组串联的短弧，从而使电弧迅速冷却而灭弧，如图 8.1.6 所示。

（4）电动力灭弧：利用流过导电回路或特制线圈的电流在弧区产生磁场，使电弧受力迅速移动和拉长，如图 8.1.7 所示。这种灭弧方法一般用于交流接触器等交流电器中。

（5）磁吹灭弧：在触点电路中串入一个磁吹线圈，负载电流产生的磁场方向如图 8.1.8 所示。当触点开断产生电弧后，在电动力作用下，电弧被拉长并吹入灭弧罩中，使电弧冷却熄灭。这种灭弧装置是利用电弧电流灭弧，电流越大，吹弧能力也越强。它广泛应用于直流接触器中。

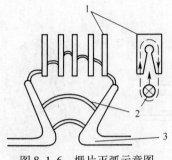

图 8.1.6　栅片灭弧示意图

1—灭弧栅片；2—电弧；3—触点。

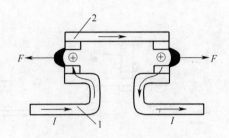

图 8.1.7　电动力灭弧

1—静触点；2—动触点。

（6）气吹灭弧：在封闭的灭弧室中，利用电弧自身能量分解固体材料产生气体，来提高灭弧室中的压力或者利用产生的气流使电弧拉长和冷却进行灭弧，如图 8.1.9 所示。常见熔断器的灭弧就是利用熔片汽化后，受石英砂限制，体积不能自由膨胀而产生很高压力，此气体压力又推动游离气体向石英砂中打散，因而受石英砂的冷却和去游离，最终达到灭弧效果。

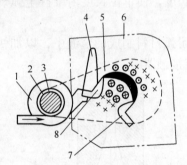

图 8.1.8　磁吹灭弧

1—磁吹线圈；2—绝缘套；3—铁芯；4—引弧角；
5—导磁夹板；6—灭弧罩；7—动触点；8—静触点。

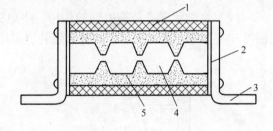

图 8.1.9　气吹灭弧

1—熔管；2—端盖；3—接线板；4—熔片；5—石英砂。

3. 低压电器产品型号类组代号

根据 2007 年发布的《低压电器产品型号编制方法》，低压电器产品型号采用汉语拼音大写字母及阿拉伯数字。

1）低压电器产品通用型号

低压电器产品通用型号组成形式如下：

$$\boxed{1}\,\boxed{2}\,\boxed{3}-\boxed{4}\,\boxed{5}/\boxed{6}\,\boxed{7}$$

1：类组代号 2：设计序号 3：系列派生代号 4：额定等级（规格）

5：品种派生代号 6：其他代号 7：特殊环境产品代号

（1）类组代号。用两位或三位汉语拼音字母，第一位为类别代号，第二、三位为组别代号，代表产品名称，由型号登记部门按表 8.1.1 确定。

（2）设计序号。用数字表示，位数不限，其中两位及两位以上的首位数字为"9"者

表8.1.1 低压电器产品型号类组代号表

类别代号及名称	第一位组别代号及名称 A	B	C	D	E	F	G	H	J	K	L	M	N	P	Q	R	S	T	U	W	X	Y	Z	第二位组别代号及名称 D	G	J	L	R	S	T	X	Z	H
H 空气式开关、隔离开关及熔断器组合电器				隔离器			熔断器式隔离器	开关熔断器组(负荷开关)		隔离开关						熔断器式开关	转换隔离器				旋转开关	其他	组合开关										
R 熔断器								汇流排式			螺旋式	密闭管式					半导体元件保护(快速)	有填料封闭管式			熔断信号器	其他	自复										
D 断路器									真空		灭磁						外热			万能式		其他	塑料外壳式				漏电		半导体元件保护(快速)	可通信	限流		
K 控制器		控制与保护开关电器					鼓形						平面					凸轮				其他			交流					可通信		直流	

（续）

类别代号及名称	第一位组别代号及名称																							第二位组别代号及名称									
	A	B	C	D	E	F	G	H	J	K	L	M	N	P	Q	R	S	T	U	W	X	Y	Z	D	G	J	L	R	S	T	X	Z	H
C 接触器					固态		高压		交流	真空		灭磁		中频			时间					其他	直流										
Q 起动器	按钮式		电磁式						减压							软	手动		油浸	无触点	星三角	其他	综合										
I 控制继电器			可编程	漏电							电流			频率		热	时间	通用		温度		其他	中间										
L 主令电器	按钮								接近开关	主令控制器							主令开关	足踏开关	旋钮	万能转换开关	行程开关	超速开关											
Z 电阻器、变阻器			旋臂式								励磁			频敏	起动	非线性电力				液体起动	电阻器												
T 自动转换开关电器									接触器式					一体式						万能断路器式			塑壳断路器式							可通信		智能型	混合式（无弧）

（续）

类别代号及名称		第一位组别代号及名称																						第二位组别代号及名称									
		A	B	C	D	E	F	G	H	J	K	L	M	N	P	Q	R	S	T	U	W	X	Y	Z	D	G	J	L	R	S	T	X	Z	H
B	总线电器																		接口															
M	电磁铁															牵引					起动		液压	制动			交流				推动器		直流	
P	组合电器																							终端										
A	其他		保护器	插座	信号灯			电涌保护器（过电压保护器）	接线盒	交流接触器节电器		电铃						插头				电子消弧器	模数化电压表		多功能电子式		交流	漏电	热		可通信		直流	
F	辅助电器						导线分流器			接线端子排																								

133

表示船用；"8"表示防爆用；"7"表示纺织用；"6"表示农业用；"5"表示化工用。

（3）系列派生代号。一般用一位或两位汉语拼音字母，表示全系列产品变化的特征，由型号登记部门根据表8.1.2统一确定。

（4）额定等级（规格）。用数字表示，位数不限，根据各产品的主要参数确定，一般用电流、电压或容量参数表示。

（5）品种派生代号。一般用一位或两位汉语拼音字母，表示系列内个别品种的变化特征，由型号登记部门根据表8.1.2统一确定。

（6）其他代号。用数字或汉语拼音字母表示，位数不限，表示除品种以外的需进一步说明的产品特征，如极数、脱扣方式、用途等。

（7）特殊环境产品代号。表示产品的环境适应性特征，由型号登记部门根据表8.1.3确定。

例如：某产品型号为 CJ 20—10 中的 C 表示接触器、J 表示交流、20 表示设计序号、10 表示电流为 10A，因此，该产品是额定电流为 10A 的交流接触器。

表 8.1.2 派生代号表

派生代号	代 表 意 义
C	插入式、抽屉式
E	电子式
J	交流、防溅式、节电型
Z	直流、防震、正向、重任务、自动复位、组合式、中间接线柱式、智能型
W	失压、无极性、外销用、无灭弧装置、零飞弧
N	可逆、逆向
S	三相、双线圈、防水式、手动复位、三个电源、有锁住机构、塑料熔管式、保持式、外置式通信接口
P	单相、电压的、防滴式、电磁复位、两个电源、电动机操作
K	开启式
H	保护式、带缓冲装置
M	灭磁、母线式、密封式、明装式
Q	防尘式、手车式、柜式
L	电流的、摺板式、剩余电流动作保护、单独安装式
R	高返回、带分励脱扣、多纵缝灭弧结构式、防护盖式
X	限流
T	可通信、内置式通信接口

表 8.1.3 特殊环境产品代号表

代号	代 表 意 义
TH	湿热带产品
TA	干热带产品
G	高原型

2）低压电器企业产品型号

低压电器产品生产企业为增强产品的市场占有率和竞争力，保护企业自身利益和知识产权，可提出与企业名称、商标等相关联的企业产品型号，登记的型号应具有唯一性。企业产品型号组成型式如下：

$$\boxed{1}\boxed{2}\boxed{3}\boxed{4}-\boxed{5}\boxed{6}/\boxed{7}\boxed{8}$$

1：企业代码 2：产品代码 3：设计序号 4：系列派生代号 5：额定等级（规格）

6：品种派生代号 7：其他代号 8：特殊环境产品代号

（1）企业代码。用两位或三位汉语拼音字母，表示企业特征。由企业自行确定，并保持唯一性。一家企业一般使用一种企业代码。

（2）产品代码。用一位或两位汉语拼音字母，代表产品名称，由型号登记部门根据表 8.1.4 统一确定。

（3）设计序号。用数字表示，位数不限。由企业自行编排。

（4）系列派生代号。一般用一位或两位汉语拼音字母，表示全系列产品变化的特征，由型号登记部门根据表 8.1.2 推荐使用。

（5）额定等级（规格）。用数字表示，位数不限，根据各产品的主要参数确定，一般用电流、电压或容量参数表示。

（6）品种派生代号。一般用一位或两位汉语拼音字母，表示系列内个别品种的变化特征，由型号登记部门根据表 8.1.2 推荐使用。

（7）其他代号。用数字或汉语拼音字母表示，位数不限，表示除品种以外的需进一步说明的产品特征，如极数、脱扣方式、用途等。

（8）特殊环境产品代号。表示产品的环境适应性特征，由型号登记部门根据表 8.1.3 推荐使用。

引进、外资企业产品，原则上可以使用原型号。

表 8.1.4　产品名称代码表

产 品 名 称	代码	产 品 名 称	代码
塑料外壳式断路器	M	控制与保护开关电器、控制器	K
万能式断路器	W	行程开关、微动开关	X
真空断路器	V	自动转换开关电器	Q
开关、开关熔断器组、熔断器式刀开关	H	熔断器	F
隔离器、隔离开关等	G	小型断路器	B
电磁起动器	CQ	剩余电流动作断路器	L
手动起动器	S	电涌保护器	U
交流接触器	C	终端组合电器	P
热继电器	R	终端防雷组合电器	PS
电动机保护器	D	漏电继电器	JD
万能转换开关	Y	插头、插座	A
按钮、信号灯	AL	通信接口、通信适配器	T
电流继电器、时间继电器、中间继电器	J	电量监控仪	E
软起动器	RQ	过程 I/O 模块	I
接线端子	JF	通信接口附件	TF

4. 低压电器的主要技术参数

低压电器主要的技术参数如下：

（1）额定电压：电器的额定工作电压、额定绝缘电压。

（2）额定电流：电器的额定工作电压、额定发热电流。

（3）操作频率与通电持续频率。

（4）机械寿命和电寿命：一般电寿命小于机械寿命。

8.1.2 低压开关

低压开关主要用作隔离、转换以及接通和分断电路用。多数作为机床电路的电源开关、局部照明电路的控制，有时也可用来直接控制小容量电动机的起动、停止和正、反转控制。低压开关一般为非自动切换电器，常用的主要类型有闸刀开关、转换开关和自动空气开关等。

1. 闸刀开关

闸刀开关又称为刀闸、刀开关，普通刀开关是一种结构最简单且应用最广泛的一种手动低压电器。胶盖闸刀开关是一种带熔断器的开启式负荷开关，其外观如图 8.1.10 所示。

闸刀开关由操作手柄、触刀、静插座和绝缘底板组成。依靠手动来实现触刀插入插座与脱离插座的控制。按刀数可分为单极、双极和三极。闸刀开关的电路符号如图 8.1.11 所示。闸刀开关一般均与熔丝或熔断器组成具有保护作用的开关电器，如开启式负荷开关（胶盖闸刀开关）和封闭式负荷开关（铁壳开关）等。

1）胶盖闸刀开关

图 8.1.12 为 HK 系列胶盖闸刀开关的结构图。闸刀开关装在上部，由进线座和静夹座组成，熔断器装在下部，由出线座、熔丝和动触刀组成。动触刀上端装有瓷质手柄，便于操作，上下两部分用两个胶盖以紧固螺丝固定，将开关零件罩住以防止电弧或触及带电体伤人。胶盖上开有与动触刀数（极数）相同的槽，便于动触刀上下运动，与静夹座分合操作。HK 系列闸刀开关不设专门的灭弧装置，仅利用胶盖的遮护以防电弧灼伤人手，因此不宜带负载操作。若带一般性负载操作时，应动作迅速，使电弧较快熄灭，一方面不易灼伤人手，同时也减少电弧对动触刀和静夹座的灼伤。推动手柄使动触刀插入静夹座中，电路就会被接通；反之，电路断开，当发生断路时，熔断器会熔断以保护用电设备的安全。

这种开关适用于额定电压为交流 380V 或直流 440V、额定电流不超过 60A 的电器装置，在电热、照明等各种配电设备中，不频繁地接通或切断负载电路，及起短路保护作用。三极闸刀开关由于没有灭弧装置，因此在适当降低容量使用时，也可用作小容量异步电动机不频繁直接起动和停止的控制开关。在拉闸与合闸时，动作要迅速，以利于迅速灭弧，减少刀片的灼伤。

安装时，闸刀开关在合闸状态下手柄应该向上，不能倒装和平装，以防止闸刀松动落下时误合闸。电源进线应接在静触点一边的进线端，用电设备应接在动触点一边的出线端。这样，当闸刀开关关断时，闸刀和熔丝均不带电，以保证更换熔丝时的安全。

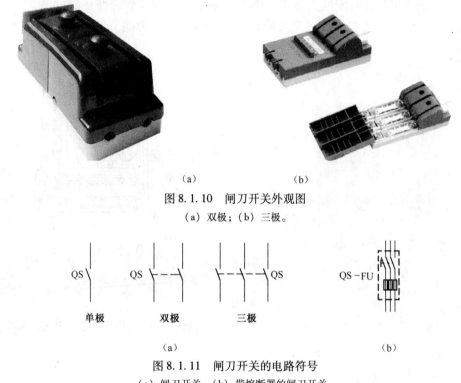

图 8.1.10　闸刀开关外观图

（a）双极；（b）三极。

图 8.1.11　闸刀开关的电路符号

（a）闸刀开关；（b）带熔断器的闸刀开关。

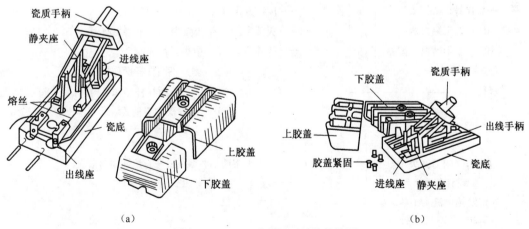

图 8.1.12　HK 系列闸刀开关结构图

2）铁壳开关

铁壳开关又称封闭式负荷开关，带灭弧装置和熔断器，其图形符号与胶盖闸刀开关相同。外观如图 8.1.13 所示。常用的 HH 系列结构和外形如图 8.1.14 所示。它由闸刀开关、熔断器、灭弧装置、操作机构和金属外壳构成。三把闸刀固定在一根绝缘轴上，由手柄操作。操作机构装有机械连锁，使盖子打开时手柄不能合闸和手柄合闸时盖子不能打开，以保证操作安全。操作机构中，在手柄转轴与底座间装有速动弹簧，使闸刀开关的接通与断开速度与手柄操作速度无关，这样有利于迅速灭弧。

铁壳开关适用于各种配电设备中，供手动不频繁地接通和分断负载电路，并可控制交流异步电动机的不频繁直接起动及停止，具有短路保护功能。使用铁壳开关时，外壳应可靠接地，防止意外漏电造成触电事故。

图 8.1.13　铁壳开关的外观图

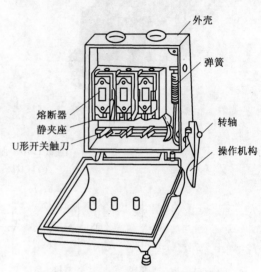

图 8.1.14　HH 系列铁壳开关结构图

3）闸刀开关的类别和型号含义如下：

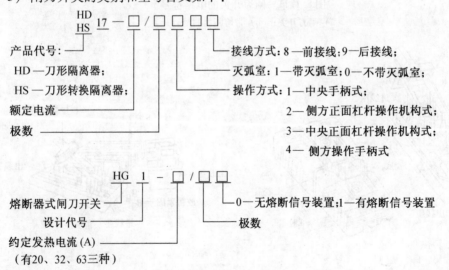

2. 转换开关

转换开关又称组合开关，其操作较灵巧，靠动触片的左右旋转来代替闸刀开关的推合与拉开，外观如图 8.1.15 所示。转换开关一般用于电气设备中不频繁地通断电路、换接电源和负载，小容量电动机不频繁的起停控制。HZ10 系列转换开关的结构如图 8.1.16 所示。实际上其相当于多极触点组合而成的刀开关，主要由动触点（动触片）、静触点（静触片）、转轴、手

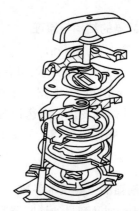

图 8.1.15　组合开关外观图　　　　图 8.1.16　HZ10 系列转换开关结构图

柄、定位机构及外壳等部分组成。其动、静触点分别叠装于数层绝缘壳内，其内部结构如图 8.1.17 所示，当转动手柄时，每层的动触片随方形转轴一起转动。

用转换开关可控制 7kW 以下电动机的起动和停止，该转换开关额定电流应为电动机额定电流的 3 倍。用转换开关接通电源，由接触器控制电动机时，转换开关的额定电流可稍大于电动机的额定电流。

HZ10 系列为早期全国统一设计产品。适用于额定电压 500V 以下，额定电流有 10A、25A、100A 几个等级。极数有 1 极 ~4 极。新型的更新换代产品为 HZ15 系列。转换开关通常按极数分成单极、双极和多极，其符号如图 8.1.18 所示。

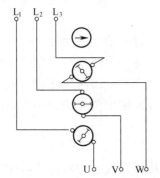

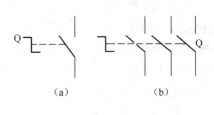

图 8.1.17　转换开关结构示意图

图 8.1.18　组合开关符号
（a）单极；（b）三极。

8.1.3　熔断器

熔断器是低压配电系统和电力拖动系统中的保护电器。在使用时，熔断器串接在所保护的电路中，当该电路发生过载或短路故障时，通过熔断器的电流达到或超过某一规定值，以其自身产生的热量使熔体熔断而自动切断电路，起到保护作用。电气设备的电流保护有过载延时保护和短路瞬时保护两种主要形式。过载一般是指 10 倍额定电流以下的过电流，短路则是指 10 倍额定电流以上的过电流。但应注意，过载保护和短路保护决不仅是电流倍数的不同，实际上无论从特性方面、参数方面还是工作原理方面来看，差异都很大。

1. 熔断器的结构与原理

熔断器主要由熔体和熔座两部分组成。熔体由低熔点的金属材料（铅、锡、锌、银、铜及合金）制成丝状或片状，俗称熔丝。工作中，熔体串接于被保护电路，既是感测元件，又是执行元件；当电路发生短路或严重过载故障时，通过熔体的电流势必超过一定的额定值，使熔体发热，当达到熔点温度时，熔体某处自行熔断，从而分断故障电路，起到保护作用。熔座（或熔管）是由陶瓷、硬质纤维制成的管状外壳。熔座的作用主要是为了便于熔体的安装并作为熔体的外壳，在熔体熔断时兼有灭弧的作用。

2. 熔断器的主要技术参数

每一种系列及型号的熔断器都有安秒特性和分断能力两个主要技术参数。

1）安秒特性曲线

熔断器的安秒特性曲线亦是熔断特性曲线、保护特性曲线，是表征流过熔体的电流与熔体的熔断时间的关系，如图 8.1.19 所示。

曲线说明了熔体的熔断时间随着电流的增大而缩短，是反时限特性。因为熔断器是以过载时的发热现象作为动作的基础，而在电流发热过程中总是存在 I_{Rmin} 为常数的规律，即熔体在熔化和汽化过程中，所需要的热量是一定的，因此，熔断时间与电流的平方成反比，电流越大，熔断时间越短。

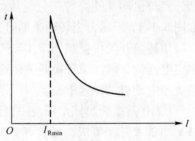

图 8.1.19　熔断器的安秒特性曲线

熔断器的安秒特性曲线主要是为过载保护服务的，过载动作的物理过程主要是熔体热熔化过程，体现了过载延时保护特性。另外，在安秒特性曲线中有一个熔断电流与不熔断电流的分界线，为最小熔化电流或临界电流 I_{Rmin}，往往以 1h～2h 内能熔断的最小电流值作为最小熔化电流。根据对熔断器的要求，熔体在额定电流下绝对不应熔断，所以最小熔化电流必须大于额定电流。

2）分断能力

熔断器的分断能力通常是指它在额定电压及一定功率因数下切断短路电流的极限能力，所以常用极限断开电流值来表示。

实际运行中，短路一般是突发性的，这时的电流变化并不是逐渐增大而是突然的增大，同时短路电流的持续时间很短，往往不到 1s，可见短路是电弧的熄灭过程，体现了短路瞬时保护特性。因此，分断能力主要是为短路保护服务的。短路时，熔体的熔断时间不随电流变化，由上可知，熔断器对过载反应是很不灵敏的，当系统电气设备发生轻度过载时，熔断器将持续很长时间才熔断，有时甚至不熔断。因此，熔断器一般不宜作为过载保护，主要用作短路保护。

3. 熔断器的类型

（1）瓷插式熔断器：多用于低压分支电路的短路保护，常见型号为 RC1A 系列，其外形结构及电路符号如图 8.1.20 所示，其他类型的熔断器电路符号均相同。其具有结构简单、更换方便、价格低廉的特点，一般在交流 50Hz，额定电压 380V、额定电流 200A 以下的低压线路末端或分支电路中，作为电气设备的短路保护及一定程度上的过载保护之用。型号含义如下：

R	C	I	A	—	□
熔断器	瓷插	设计序号	改型设计		额定电流

（2）螺旋式熔断器：多用于机床电气控制线路的短路保护，其结构如图 8.1.21 所示。此类熔断器在瓷帽上有明显的分断指示器，便于发现分断情况，更换熔体简单方便，无需任何工具。目前常用螺旋式熔断器新产品有 RL6、RL7 系列，具有分断能力较高、结构紧凑、体积小、安装面积小、更换熔体方便、安全可靠以及熔丝熔断后有明显信号指示等特点，广泛应用于控制箱、配电屏、机床设备及振动较大的场所，作为短路及过载保护元件。型号含义如下：

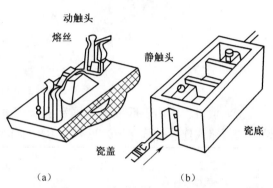

图 8.1.20　RC1A 系列瓷插式熔断器

（a）外形与结构；（b）电路符号。

R	L	1	—	□	/	□
熔断器	螺旋式	设计序号		熔断器额定电流		熔断管额定电流

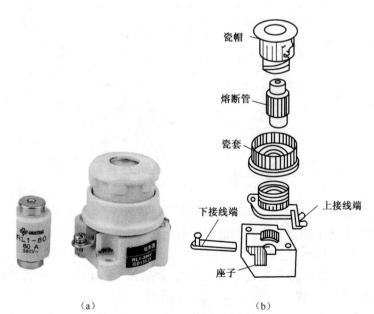

（a）　　　　　　　　　　　　　（b）

图 8.1.21　RL1 系列螺旋式熔断器

（a）外形；（b）结构。

（3）封闭管式熔断器：外观如图 8.1.22 所示。此类熔断器可分为以下 3 种。

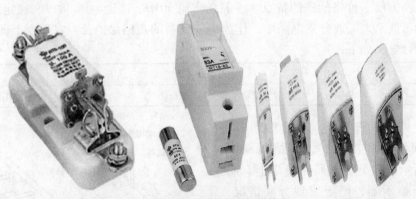

图 8.1.22 封闭管式熔断器外观

①无填料：多用于低压电力网和成套配电装置中，作为导线、电缆及较大容量电气设备的短路或连续过载保护，型号有 RM7、RM10 系列等。型号含义如下：

R	M	10	— □	/	□	□
熔断器	无填料封闭管式	设计序号	熔断器额定电流	辅助规格代号：Q—板前接线；H—板后接线		熔断管额定电流

②有填料：熔管内装有 SiO_2（石英砂），是一种大分断能力的熔断器，广泛用于短路电流很大的电力网络或低压配电装置中，常见型号为 RT0 系列。型号含义如下：

R	T	0	— □	/	□
熔断器	有填料封闭管式	设计序号	熔断器额定电流		熔断管额定电流

③快速：主要用于硅整流管及其成套设备的保护，其特点是熔断时间短、动作快，常用型号有 RLS、RSO 系列等。

图 8.1.23 户外跌落式熔断器

（4）户外跌落式熔断器：户外跌落式熔断器用于交流 50Hz 额定电压为 10kV 的电力系统中，作输电线路和电力变压器的短路和过负荷保护，可以与负荷开断操作勾棒配合，切合空载变压器，空载线路及负荷电流，具有质量轻、结构简单、耐污性能强、安装方便等优点。常用型号为 RW 系列，如图 8.1.23 所示。

（5）自复式熔断器：特点是能重复使用，不必更换熔体，其熔体采用金属钠，利用它常温时电阻很小，高温气化时电阻值骤升，故障消除后温度下降，气态钠回归固态钠，良好导电性恢复的特性制作而成。

4. 熔断器的选择

熔断器和熔体用于不同的负载时，其选择方法也不同，只有经过正确的选用，才能起到应有的保护作用。

（1）类型选择：根据使用环境和负载性质，选择适当类型的熔断器。例如，对于容量较小的照明线路或电动机的简易保护，可采用 RC1A 系列半封闭式熔断器；在开关柜或配电屏中可采用 RM 系列无填料封闭式熔断器；对于短路电流相当大或有易燃气体的地方，可采用 RT0 系列有填料封闭式熔断器；机床控制线路中，可采用 RL1 系列螺旋式熔断器；用于硅整流元件及晶闸管保护的，则应采用 RLS 系列或 RS0 系列的快速熔断器等。

（2）额定电压选择：熔断器的额定电压必须等于或大于线路的额定电压。

（3）额定电流选择：熔断器的额定电流必须等于或大于所装熔体的额定电流。一般情况应按上述要求选择熔断器的额定电流，但是有时熔断器的额定电流可选大一级的，也可选小一级的。例如 60A 的熔体，既可选 60A 的熔断器，也可选 100A 的熔断器，此时可按电路是否常有小倍数过载来确定，若常有小倍数过载情况，则应选用大一级的熔断器，以免其温升过高。

（4）熔断器的分断能力应大于电路可能出现的最大短路电流。

（5）熔断器在电路中上、下两级的配合应有利于实现选择性保护。

（6）熔体额定电流的选择：具体选择方法可遵循以下四条原则。

①保护一台电动机时，应对电动机起动冲击电流予以考虑，故熔体额定电流的要求为

$$I_{fN} \geqslant (1.5 \sim 2.5)I_N$$

式中：I_{fN} 为熔体额定电流；I_N 为电动机的额定电流。

②保护多台电动机时，熔体应在出现尖峰电流时不致熔断，通常将容量最大电动机起动，其他电动机正常工作时出现的电流视为尖峰电流，故

$$I_{fN} \geqslant (1.5 \sim 2.5)I_{Nmax} + \sum I_N$$

③电路上、下两级均设短路保护时，两级熔体额定电流的比值不小于 1.6:1，以使两级保护达到良好配合。

④照明电路、电炉等阻性负载因没有冲击电流，可取

$$I_{fN} \geqslant I_e$$

式中：I_e 为电路工作电流。

8.1.4　主令电器

主令电器是在自动控制系统中发出指令或信号的操纵电器。由于它专门"发号施令"，故称主令电器。主要用来切换控制电路，使电路接通或分断，实现对电力拖动系统的各种控制，以满足生产机械的要求。

主令电器应用广泛，种类繁多，随着电子技术的普及和自动化程度的提高，目前主令电器正向无触点方向发展。常用的主令电器有按钮开关、行程开关、万能转换开关和主令控制器等。

1. 按钮开关

按钮开关是一种手动操作接通或分断小电流控制电路的主令电器。一般情况下它不直接控制主电路的通断，主要利用按钮开关远距离发出手动指令或信号去控制接触器、继电器等电磁装置，实现主电路的分合、功能转换或电气联锁。

按钮开关根据使用要求、安装形式、操作方式不同，其种类异常繁多。表8.1.5给出了部分按钮的外观。

表8.1.5 部分按钮外观

系列	LA2	LA4	LA18	LA19	LA81
外观					

系列	LAY9	NP6	LAY3	COB	NPH1
外观					

按钮开关的结构一般包括按钮帽、恢复弹簧、桥式动触头、静触头、外壳及支柱连杆等。

按钮的结构示意如图8.1.24所示。

按钮分为常开按钮、常闭按钮和复式按钮3种，符号如图8.1.25所示。

（1）常开按钮：未按下时，动触头和静触头是断开的，如图8.1.24中的5，按下时触头3、5接通，松开后，按钮在恢复弹簧的作用下断开。对应的触点称为常开触点或动合触点。

（2）常闭按钮：未按下时，动触头和静触头是闭合的，如图8.1.24中的4，按下时触头3、4断开，松开后，按钮在恢复弹簧的作用下接通。对应的触点称为常闭触点或动断触点。

（3）复式按钮：将常开和常闭按钮组合成一体，如图8.1.24中的4和5。

除了直上、直下的操作形式外，还有旋钮、自锁钮、钥匙钮等。

按钮可根据实际工作需要组成多种结构形式，如LA18系列按钮采用积木式结构，触头数量按需要拼装，最多可至6对常开触点和6对常闭触点。工作中为便于识别不同作用的按钮，避免误操作，国标中对其颜色规定如表8.1.6所列。

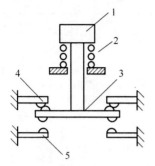

图 8.1.24 按钮开关结构示意图
1—按钮帽；2—恢复弹簧；3—动触头；
4—常闭静触头；5—常开静触头。

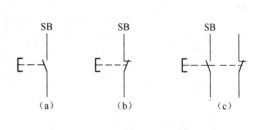

图 8.1.25 按钮的符号
（a）常开触点；（b）常闭触点；（c）复式触点。

表 8.1.6 按钮颜色的含义

功能	颜色	含义
停止和急停按钮	红色	使设备断电、停车
启动按钮	绿色	启动设备，接通设备电源
点动按钮	黑色	使设备点动运行
启动与停止交替按钮	必须是黑色、白色或灰色，不得使用红色和绿色	按一次为启动，再按一次时为停止
复位按钮	蓝色，当其兼有停止作用时，必须是红色	用于系统的复位

按钮的常用型号含义如下：

L	A	□	—	□	□	□
主令电器	按钮	设计序号		常开触头数	常闭触头数	结构形式代号： K—开启式；H—保护式；S—防水式； F—防腐式；J—紧急式；X—旋钮式； Y—钥匙式；D—带指示灯式

2. 信号灯

信号灯常于交流额定电压在 380V 及以下，直流电压 220V 及以下的电气线路中作指挥信号、预告信号、事故信号及其他指示信号之用。根据信号灯的状态，现场操作人员可以判断出目前设备的运行状态和工作情况的好坏。

信号灯的外观如表 8.1.7 所列。

信号灯的电路符号如图 8.1.26 所示，内部已经配置了限流电阻等电路，因此可直接用于交流 380V 及以下的电路。此外，还有将按钮开关和信号灯做成一体的产品，外观与按钮和信号灯相似。

表 8.1.7　信号灯外观

系列	AD1	AD3	AD11	XDJ1
外观			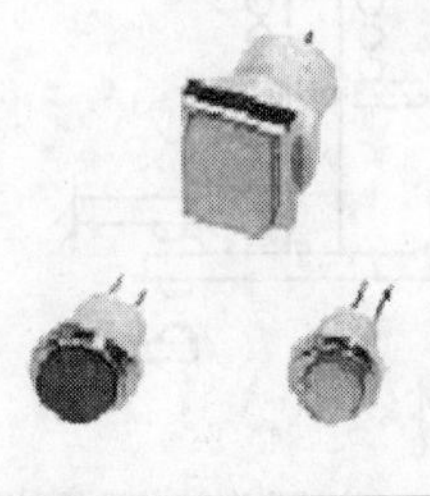	

系列	XD1	AD5	XD14	XB2-EV
外观				

3. 行程开关

行程开关也称为位置开关或限位开关。它的作用与按钮开关相同，其特点是不靠手按，而是利用生产机械某些运动部件的碰撞使触点动作，从而发出控制指令。它是将机械位移转变为电信号来控制机械运动的。主要用于控制机械的运动方向、行程大小

图 8.1.26　信号灯符号

和位置保护。行程开关的结构可分为三部分：操作机构、触点系统和外壳。行程开关的种类很多，按其结构可分为直动式、转动式和微动式；按其复位方式可分为自动和非自动复位；按触点性质可分为触点式和无触点式。

行程开关的动作原理：当移动物体碰撞推杆或滚轮时，通过内部传动机构使微动开关触头动作，即常开、常闭触点状态发生改变，从而实现对电路的控制作用。

1）直动式行程开关

直动式行程开关的动作原理与控制按钮类似，又可称为按钮式。其结构如图 8.1.27 所示，与按钮不同之处在于，它是用运动部件上的撞块来碰撞行程开关的推杆发出控制指令的。直动式行程开关具有结构简单、成本较低的特点，但其触点的分合速度要取决于撞块移动的速度，若撞块移动速度慢，不能瞬间切断电路，致使电弧停留时间过长而烧损触点。因此，这种开关不宜用在撞块移动速度小于 0.4m/min 的场合。

为克服直动式行程开关的缺点，使触点瞬时动作，行程开关一般应具有快速换接动作机构，以保证动作的可靠性、控制位置的精确性和减小电弧对触点的灼烧。

2）滚轮式行程开关

滚轮式行程开关如图 8.1.28 所示。其动作的快速性不依赖于机械触碰速度的快慢，

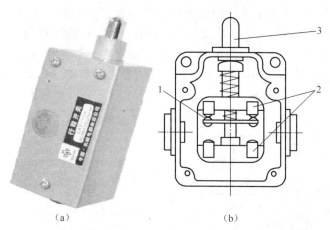

图 8.1.27　直动式行程开关

（a）外观图；（b）直动式行程开关结构原理图。

1—动触点；2—静触点；3—推杆。

而是由弹簧的瞬时动作来完成的。当开关的滚轮 1 受到来自右边的挡块碰触时，上转臂 2 向左转动，并压缩弹簧 8，同地下端的小滑轮 6 沿触头推杆 7 向右滚动，因此使弹簧 5 亦受到压缩；当滑轮 6 滚过杆 7 的中点后，弹簧 5 推动杆 7 迅速转动，使动触点 12 迅速地与右边的静触点 11 分开，并与左边的静触点闭合。推动杆 7 的动作快慢仅由弹簧 5 决定，而与机械挡块的运动速度无关，这样就减轻了触点的烧蚀。

图 8.1.28　滚轮式行程开关

（a）双滚轮式；（b）单滚轮式；（c）滚轮式行程开关结构原理图。

3）微动行程开关

当生产机械的行程比较小而且作用力也很小时，可采用具有瞬时动作的微动开关，其动作极限行程和动作压力均很小，只适用于小型机构。但它有体积小、动作灵敏的优点。如图 8.1.29 所示。

直动式行程开关和单滚轮式行程开关可以自行复位，而双滚轮式行程开关不可自动复位。各种行程开关虽然原理和外观各不相同，但在电路中的符号是统一的，如图8.1.30所示。目前，国内生产的行程开关品种规格很多，较常用的有 LX 系列和 LXK 系列等产品。除了前面提到的3种行程开关外，还有很多种类型，分别适用于不同的动作速度、动作方向和复位方式等。

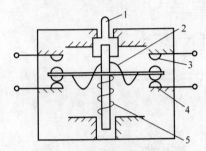

图 8.1.29　微动行程开关

1—推杆；2—弯形片状弹簧；3—常开触头；

4—常闭触头；5—恢复弹簧。

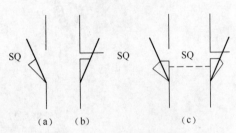

图 8.1.30　行程开关符号

（a）常开触头；（b）常闭触头；（c）复式触头。

常用位置开关除 LX19 系列、JLXK1 系列外，还有 JW 系列及引进德国西门子公司的3SE3 系列。这些位置开关主要用于机床、自动生产线和其他生产机械的限位及程序控制。除此之外，还有专门用于起重的位置开关，主要用于限制起重设备及各种冶金辅助机械的行程控制，如 LX22 系列等。

行程开关可按下列要求进行选用：

（1）根据应用场合及控制对象选择种类；

（2）根据安装环境选择防护形式；

（3）根据控制回路的额定电压和电流选择系列；

（4）根据机械与位置开关的传力与位移关系选择合适的操作头形式。

行程开关的型号含义如下：

L	X	K	□	—	□	□	□
主令电器	行程开关	快速	设计序号		滚轮数目	常开触头数	常闭触头数

4. 万能转换开关

万能转换开关实际是一种多挡位、控制多回路的组合开关，主要用于低压断路操作机构的分合闸控制，各种控制线路的转换，电气测量仪器的转换，也可用于小容量异步电动机的起动、调速和换向控制，还可用于配电装置线路的转换及遥控等。由于其换接电路多，用途广泛，故又称为万能转换开关。目前常用的万能转换开关有 LW5、LW6 等系列。部分万能转换开关外观如表8.1.8所列。

LW6 系列万能转换开关由操作机构、面板、手柄及触点座等主要部件组成，其操作位置有 2 个～12 个，触点底座有 1 层～10 层，其中每层底座均可装 3 对触点，并由底座中间的凸轮进行控制。由于每层凸轮可做成不同的形状，因此，当手柄转动到不同位置时，通过凸轮的作用，可使各对触点按所需要的规律接通和分断。

表 8.1.8　部分万能转换开关外观

系列	LW2	LW4	LW5
外观	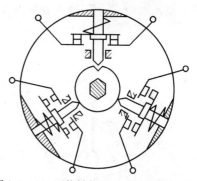		
系列	LW6	LW8	LW12
外观			

LW6 系列万能转换开关还可装成双列形式，列与列之间用齿轮啮合，并由一个公共手柄进行操作，因此，这种转换开关装入的触点最多可达到 60 对，图 8.1.31 为 LW6 系列万能转换开关中某一层的结构原理图。图 8.1.32 为万能转换开关的符号。万能转换开关的各挡位通断状况有两种表示法：图形表示法和列表表示法。图形表示法是在电路图中画虚线和画"."的方法：即用虚线表示操作手柄的位置，用有无"."表示触点的闭合和打开状态。例如，在触点图形符号下方

图 8.1.31　万能转换开关单层结构示意图

的虚线位置上画"."，表示当操作手柄处于该位置时，该触点是处于闭合状态；在虚线上未画"."，则表示该触点是处于打开状态。图 8.1.32（a）是用图形表示法表示电路通断状况的一个举例。列表表示法是在触点图形符号上标出触点编号，在接通表中用有无"×"来表示操作手柄在不同位置时的触点的分合状态，有"×"表示触点处于闭合状态。图 8.1.32（b）为接通表图。

5. 主令控制器

主令控制器主要用于要求按一定顺序频繁操纵的控制线路中，如绕线电动机按顺序切除转子附加电阻，也可实现与其他控制线路联锁、转换的目的。它的结构与万能转换开关有些类似，也是通过手柄操作凸轮，使触点按规定的接通表闭合或断开电路，但其触点对数较多。主令控制器的触点没有灭弧装置，其触点分断能力只比按钮稍大。

有触点的主令控制器有两种：一种凸轮可以调整，另一种凸轮不能调整。有触点的

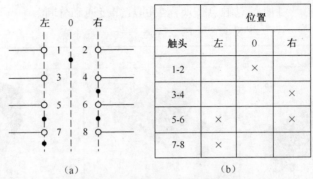

图 8.1.32 万能转换开关的图形符号

（a）接通位置图；（b）接通表图。

主令控制器，对电路输出的是开关量主令信号；无触点的主令控制器（又称无级主令控制器），对电路输出的是模拟量主令信号。无触点主令控制器的内部是一个自整角机，其转子由操作手柄带动。

主令控制器的结构如图 8.1.33 所示，主要由转轴、凸轮块、动静触头、定位机构及手柄等组成。其触点为双断点的桥式结构，通常为银质材料，操作轻便，允许每小时接电次数较多。它的手柄在各操纵位置时，各触点闭合或断开情况的表示方法与万能转换开关类似，表中"×"处代表触点在该位置上闭合，空格代表触点处于断开状态。

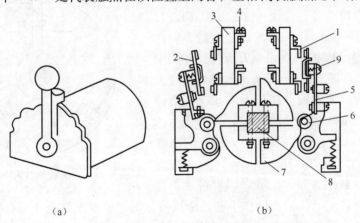

图 8.1.33 主令控制器的结构

（a）外形图；（b）结构原理图。

1—静触头；2—动触头；3—绝缘底板；4—接线端子；
5—杠杆；6—小轮；7—凸轮；8—转动轴；9—触头弹簧。

8.1.5 断路器

断路器又称为自动空气断路器、自动空气开关、自动开关。它既是控制电器，又可以对电路实施短路、过载、欠压等保护，具有保护电器的功能。它主要作为低压动力回路的配电装置，用以保护交、直流电路中的电气设备，使其免受过载、短路或欠电压等事故的危害。自动开关也可用于不频繁起动的电动机的控制。

　　自动开关的种类很多，按结构形式可分为框架式和塑料外壳式两类。塑料外壳式的结构紧凑、体积小、价格低，且便于独立安装，故容量较小的自动开关均为这种结构。

1. 结构和工作原理

　　断路器主要由 3 个基本部分组成，即触头、灭弧系统和各种脱扣器，包括过流脱扣器、失压（欠电压）脱扣器、热脱扣器、分励脱扣器和自由脱扣器机构。

　　图 8.1.34 是断路器的工作原理图。图中触点 2 有 3 对，串联在被保护的三相主电路中。手动扳动按钮为"合"位置（图中未画出），这时触点 2 由锁键 3 保持在闭合状态，锁键 3 由搭钩 4 支持着。要使开关分断时，扳动按钮为"分"位置（图中未画出），搭钩 4 被杠杆 7 顶开（搭钩可绕轴 5 转动），触点 2 就被弹簧 1 拉开，电路分断。

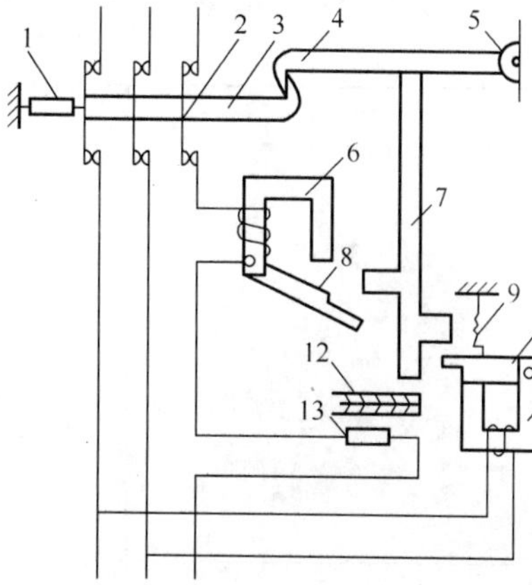

图 8.1.34　低压断路器原理

1—主弹簧；2—主触头；3—锁键；4—搭钩；5—轴；
6—电磁脱扣器；7—杠杆；8—电磁脱扣器衔铁；
9—弹簧；10—欠压脱扣器衔铁；11—欠压脱扣器；
12—双金属片；13—发热元件。

　　断路器的自动分断，是由过流脱扣器 6、欠压脱扣器 11 和热脱扣器使搭钩 4 被杠杆 7 顶开而完成的。过流脱扣器 6 的线圈和主电路串联，当线路工作正常时，所产生的电磁吸力不能将衔铁 8 吸合，只有当电路发生短路或产生很大的过电流时，其电磁吸力才能将衔铁 8 吸合，撞击杠杆 7，顶开搭钩 4，使触点 2 断开，从而将电路分断。

　　欠压脱扣器 11 的线圈并联在主电路上，当线路电压正常时，欠压脱扣器产生的电磁吸力能够克服弹簧 9 的拉力而将衔铁 10 吸合，如果线路电压降到某一值以下，电磁吸力小于弹簧 9 的拉力，衔铁 10 被弹簧 9 拉开，衔铁撞击杠杆 7 使搭钩顶开，则触点 2 分断电路。

　　当线路发生过载时，过载电流通过热脱扣器的发热元件 13 而使双金属片 12 受热弯曲，于是杠杆 7 顶开搭钩，使触点断开，从而起到过载保护的作用。断路器在使用上最大的好处是脱扣器可以重复使用，不需要更换。

2. 类型、主要技术参数和选用

　　断路器形式品种较多，有框架式、塑料外壳式、直流决速式、限流式等。断路器的主要技术参数有额定电压、额定电流、极数、脱扣器类型及其整定电流范围、分断能力、动作时间等。断路器的选用规则如下：

　　（1）断路器的额定电压和额定电流应大于或等于线路、设备的正常工作电压和工作电流。

　　（2）断路器的极限通断能力大于或等于电路最大短路电流。

　　（3）欠电压脱扣器的额定电压等于线路的额定电压。

　　（4）过电流脱扣器的额定电流大于或等于线路的最大负载电流。

　　国产断路器主要有 DW15、DZ15、DZX10、DS12 系列产品，国外引进的断路器产品有德国的 ME 系列，西门子公司的 3WE 系列，日本的 AE、AH、TG 系列，法国的 C45、S060 系列，美国的 H 系列等。部分断路器的外观如表 8.1.9 所列。

表 8.1.9 部分断路器外观

系列	DW15	DW17	DZ108
外观			
系列	DZ47	DZ5	DZ12
外观			
系列	DZ230	DZ15	DZ20
外观			

断路器的图形符号如图 8.1.35 所示。

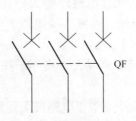

图 8.1.35 断路器的符号

断路器的型号含义如下：

DZ	□	—	□	/	□		□		□
塑壳式断路器	设计序号		额定电流		表示极数		0—无脱扣器； 1—热脱扣器式； 2—电磁脱扣器式； 3—复式		0—无辅助触头； 1—有辅助触头

3. 低压断路器的常见故障与排除

（1）产生触头不能闭合故障的原因有：

①欠压脱扣器 11 无电压或线圈损坏，则衔铁 10 不闭合，使搭钩被顶无法锁住锁链。

②反作用弹簧力过大，机构不能复位再行锁扣。

（2）产生自动脱扣器不能使开关分断故障的原因有：

①反作用力弹簧 1 弹力不足。

②储能弹簧 9 弹力不足。

③机械部件卡阻。

8.1.6　接触器

1. 接触器的作用与分类

接触器是一种可对交、直流主电路及大容量控制电路作频繁通、断控制的自动电磁式开关，通过电磁力作用下的吸合和反力弹簧作用下的释放使触头闭合和分断，从而控制电路的通断。它能实现远距离自动控制，具有欠（零）电压保护，是自动控制系统和电力拖动系统中应用广泛的一种低压控制电器。

接触器主要由电磁系统、触点系统和灭弧装置组成。可分为交流接触器和直流接触器两大类型。

2. 交流接触器

1）交流接触器电磁系统

交流接触器电磁系统用来操作触点的闭合与分断，包括线圈、动铁芯和静铁芯。线圈由绝缘铜导线绕制而成，一般制成粗而短的圆筒形，并与铁芯之间有一定的间隙，以免与铁芯直接接触而受热烧坏。铁芯由硅钢片叠压而成，以减少铁芯中的涡流损耗，避免铁芯过热。在铁芯上装有短路环，以减少交流接触器吸合时产生的振动和噪声，故又称减振环。

2）触点系统

触点系统分主触点和辅助触点，用来直接接通和分断交流主电路和控制电路。主触点用以通断电流较大的主电路，体积较大，一般有 3 对动合触点；辅助触点用以通断电流较小的控制电路，体积较小，有动合和动断两种触点。触点用导电性能较好的紫铜制成，并在接触部分镶上银或银合金块，以减小接触电阻。

3）灭弧装置

灭弧装置用来迅速熄灭主触点在分断电路时所产生的电弧，保护触点不受电弧灼伤，并使分断时间缩短。容量在10A以上的接触器都有灭弧装置，对于小容量的接触器，常采用双断口桥形触点以利于灭弧，其上有陶土灭弧罩。对于大容量的接触器，常采用纵缝灭弧罩及栅片灭弧结构。

4）其他部件

其他部件包括反作用力弹簧、传动机构和接线柱等。其外观和结构如图8.1.36所示。

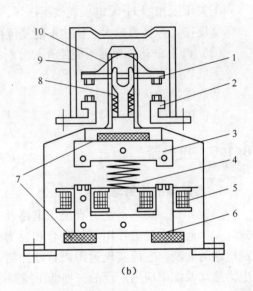

图8.1.36　CJ20系列交流接触器结构示意图

（a）外观；（b）结构。

1—动触桥；2—静触点；3—衔铁；4—缓冲弹簧；5—电磁线圈；6—铁芯；

7—垫毡；8—触头弹簧；9—灭弧罩；10—触头压力弹簧。

5）工作原理

当线圈通入电流后，在铁芯中形成强磁场，动铁芯受到电磁力的作用，便吸向静铁芯。但动铁芯的运动受到反作用力弹簧阻力，故只有当电磁力大于弹簧反力时，动铁芯才能被静铁芯吸住。动铁芯吸下时，带动动触点与静触点接触，从而使被控电路接通。当线圈断电后，动铁芯在反作用力弹簧作用下迅速离开静铁芯，从而使动、静触点也分离，断开被控电路。

目前，我国常用的交流接触器产品有：国内的CJ10、CJ20、CJ10X、CJ20、CJX1、CJX2、CJX12和CJ10等系列；国外的有德国BBC公司的B系列、SIEMENS公司的3TB系列等。引进产品中应用较多的有施耐德公司的LC1D/LP1D系列等，该系列产品采用模块化生产，产品本体上可以附加辅助触头、通电/断电延时触头和机械闭锁等模块，也可以很方便地组合成可逆接触器、星－三角启动器。

现以CJ20系列为例说明接触器型号的含义：

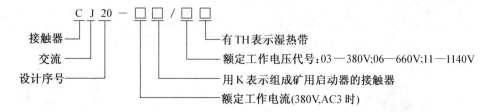

接触器 ┄┄┄ CJ20－□□/□□
交流
设计序号

有TH表示湿热带
额定工作电压代号:03—380V;06—660V;11—1140V
用K表示组成矿用启动器的接触器
额定工作电流(380V,AC3 时)

3. 直流接触器

直流接触器与交流接触器在结构与工作原理上基本相同，在结构上也是由电磁机构、触点系统和灭弧装置等部分组成。但二者也有不同之处，其铁芯通以直流电，不会产生涡流和磁滞损耗，所以不发热。为方便加工，由整块软钢制成为使线圈散热良好，通常将线圈绕制成长而薄的圆筒形，与铁芯直接接触，易于散热。直流接触器灭弧较困难，一般采用灭弧能力较强的磁吹灭弧装置。

常用的直流接触器有 CZ0、CZ18 等系列。

新产品结构紧凑，技术性能显著提高，多采用积木式结构，通过螺钉和快速卡装在标准导轨上的方式安装。交、直流接触器的主要技术参数有额定电压、额定电流、吸引线圈的额定电压等。接触器符号如图 8.1.37 所示。当线圈得电时，对应的主触点和辅助触点都将动作，主触点闭合，动断触点断开，动合触点闭合；当线圈失电时，对应的主触点断开，动断触点闭合，动合触点断开。绘制原理图时，按线圈未得电时的状态绘制对应的触点。

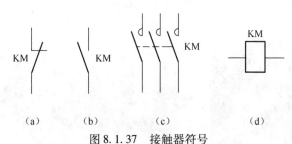

KM　　　KM　　　KM　　　KM

(a)　　　(b)　　　(c)　　　(d)

图 8.1.37　接触器符号

(a) 辅助常闭触点（动断触点）；(b) 辅助常开触点（动合触点）；(c) 主触点；(d) 线圈。

接触器种类繁多，部分接触器的外观如表 8.1.10 所列。

表 8.1.10　部分接触器外观

系列	CJ20	CJ12	CJ15
外观			

（续）

系列	CJ19	CJ24	CJ40
外观			
系列	CJX1（3TB）	CJT	CJR
外观			
系列	B	JWCJ12	CKJ160/380 真空接触器
外观			
系列	CZ0	CZ18	MZJ
外观			

4. 接触器的选用

接触器的基本参数有额定电流和额定控制电动机功率，它们又随使用条件不同而变化，因此还应考虑具体使用条件。

1）根据使用类别选用相应产品系列

交流接触器使用类别有 AC-0～AC-4 五类。

AC-0 类用于感性负载或阻性负载，接通和分断额定电压和额定电流。

AC-1 类用于起动和运转中断开绕线转子电动机。在额定电压下，接通和分断 2.5 倍额定电流。

AC-2 类用于起动、反接制动、反向接通或分断绕线型电动机。在额定电压下，接通和分断 2.5 倍额定电流。

AC-3 类用于起动和运转中断开笼型异步电动机。在额定电压下接通 6 倍额定电流，在 0.17 倍额定电压下分断额定电流。

AC-4 类用于起动、反接制动、反向接通或分断笼型异步电动机。在额定电压下接通和分断 6 倍额定电流。

接触器产品系列是按使用类别设计的。所以，应首先根据接触器负担的工作任务来选择相应的使用类别。若电动机承担一般任务，其控制接触器可选 AC-3 类；若承担重任务，应选 AC-4 类，此时若选用了 AC-3 类，则应降级使用，即使如此，其电寿命仍有不同程度的降低。

直流接触器工作类别有 DCI～DC4 四种，其具体选择方法与交流接触器相同。

2）根据电动机（或其他负载）的功率和操作情况确定接触器的容量等级

在确定接触器的容量等级时，应使它与可控制电动机的容量相当，或稍大一些。切忌仅根据电动机额定电流来选择接触器的容量等级，因为接触器的主要任务是接通和分断负载，在频繁操作的情况下，触头发热比通以额定电流时要严重得多。

3）根据控制回路电压决定接触器线圈电压

对于同一系列、同一容量等级的接触器，其线圈的额定电压有好几种规格，所以应指明线圈的额定电压，它是由控制回路电压决定的。另外，接触器还有触点电压等级，它是指主触点间或辅助触点间允许承受的电压，使用时应小于或等于此值。

4）根据使用地点的周围环境选择有关系列或特殊规格的接触器

5. 使用接触器的注意事项

（1）定期检查接触器的零件，要求可动部分灵活，紧固件无松动，已损坏的零件应及时修理或更换。

（2）保持触点表面的清洁，不允许粘有油污。当触点表面因电弧烧蚀而附有金属小珠粒时，应及时去掉。触点若已磨损，应及时调整，消除过大的超程；若触点厚度只剩下 1/3 时，应及时更换。银和银合金触点表面因电弧作用而生成黑色氧化膜时，不必锉去，因为这种氧化膜的接触电阻很低，不会造成接触不良，锉掉反而缩短了触点寿命。

（3）接触器不允许在去掉灭弧罩的情况下使用，因为这样很可能因触点分断时电弧互相连接而造成相间短路事故。用陶土制成的灭弧罩易碎，拆装时应小心，避免碰撞造成损坏。

（4）若接触器已不能修复，应予更换。更换前应检查接触器的铭牌和线圈标牌上标出的参数。换上去的接触器的有关数据应符合技术要求。用于分合接触器的可动部分，看是否灵活，并将铁芯上的防锈油擦干净，以免油污黏滞造成接触器不能释放。有些接触器还需要检查和调整触点的开距、超程、压力等，使各个触点动作同步。

（5）接触器工作条件恶劣时（如：电动机频繁正反转），接触器额定电流应选大一个等级。因为当接触器操作频率过高时，线圈会因过热而烧毁。

（6）避免异物（如螺钉等）落入接触器内，因为异物可能使动铁芯卡住而不能闭合，磁路留有气隙时，线圈电流很大，时间长了会因电流过大而烧毁。

6. 接触器常见故障与排除

（1）触头过热。产生此故障的原因是：

① 触头压力不足。

② 触头接触不良。

③ 电弧将触头表面烧坏。

以上 3 种原因会使触头接触电阻增加，使触头过热。

（2）触头磨损。接触器磨损分为电气磨损和机械磨损两种。

① 电气磨损属于正常磨损，是因电弧高温使触头金属汽化蒸发而造成的。

② 机械磨损是由触头闭合时的撞击和触头表面的相对滑动摩擦造成的。

（3）触头不复位。产生这种故障的原因是：

① 触头熔焊（电弧的高温将动、静触头焊在一起而不能分断的现象称为熔焊）。

② 反作用弹簧弹力不够。

③ 机械运动部件被卡住。

④ 铁芯端面有油污。

⑤ 铁芯剩磁太大。

（4）衔铁振动噪声。产生这种故障的原因是：

① 短路环损坏。

② 动、静铁芯由于衔铁歪斜或端面有污垢而造成接触不良。

③ 活动部件卡阻而使衔铁不能完全吸合。

（5）线圈过热或烧毁。产生这种故障的原因是：

① 线圈匝间短路。

② 动、静铁芯端面变形或有污垢，闭合后有间隙。

③ 操作过于频繁。

④ 外加电压高于线圈额定电压，电流过大，产生热效应，严重时会烧毁线圈。

8.1.7 继电器

继电器主要用于进行电路的逻辑控制，是一种根据电量或非电量（如电压、电流、转速、时间、温度等）的变化，利用电磁原理，通过电磁机构使衔铁产生吸合动作，从而带动触点动作，接通或断开控制电路，实现自动控制和保护电力拖动装置的电器。

继电器一般不是用来直接控制较强电流的主电路，主要用于反映控制信号，因此同接触器比较，继电器触头的分断能力很小，一般不设灭弧装置。

继电器的种类较多，其工作原理和结构也各不相同，根据继电器在控制线路中的重要性，要求继电器具有反应灵敏、动作准确、切换迅速、工作可靠、结构简单、体积小、质量轻等特点。

继电器的分类有若干种方法，按输入信号的性质分为电压继电器、电流继电器、速度继电器、压力继电器等；按工作原理分为电磁式继电器、感应式继电器、热继电器、晶体管式继电器等；按输出形式分为有触点和无触点两类。

继电器种类繁多，有电压继电器、电流继电器、中间继电器、时间继电器、热继电器、速度继电器、压力继电器等。

1. 电磁式继电器

电磁式继电器是应用最早的一种形式，属于有触点自动切换电器。它广泛应用于电力拖动系统中，起控制、放大、联锁、保护与调节的作用，以实现控制过程的自动化。电磁式继电器按吸引线圈的电流种类可分为交流电磁继电器和直流电磁继电器，按继电器反映的参数可分为中间继电器、电流继电器、电压继电器等。

1）中间继电器

中间继电器是将一个输入信号变成一个或多个输出信号的继电器。它的输入信号为线圈的通电和断电，输出信号是触头的动作，不同动作状态的触头分别将信号传给几个元件或回路。

中间继电器的基本结构及工作原理与接触器完全相同，故称为接触式继电器。所不同的是中间继电器的触头对数较多，并且没有主、辅之分，各对触头允许通过的电流大小是相同的，其额定电流约为5A。

常用的中间继电器有 JZ 系列中间继电器，外形及结构如图 8.1.38 所示，与小容量的交流接触器相似。继电器采用立体布置，铁芯和衔铁用 E 形硅钢片叠装而成，线圈置于铁芯中柱，组成双 E 直动式电磁系统。触头采用桥式双断点结构，上下两层各有 4 对触头，下层触头为常开。动作原理也与接触器相同。此外，还有 JZ14 系列交直流中间继电器等。

中间继电器的主要用途：

（1）当电压或电流继电器触头容量不够时，可借助中间继电器来控制，用中间继电器作为执行元件，这时中间继电器可被看成一级放大器。

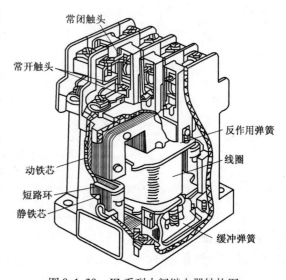

图 8.1.38　JZ 系列中间继电器结构图

（2）当其他继电器或接触器触头数量不够时，可利用中间继电器来切换多条电路。

中间继电器的选择：主要依据被控制电路的电压等级，所需触头的数量、种类、容量等要求来选择。

型号意义如下：

J	Z	□	—	□	□
继电器	中间	设计序号		常开触头数	常闭触头数

中间继电器的电路符号如图8.1.39所示。

2）电流继电器

根据电流值的大小而动作的继电器称为电流继电器。电流继电器的线圈串接在被测量的电路中，此时继电器所反映的是电路中电流的变化，为使串入电流继电器的线圈后不影响电路正常工作，电流继电器的线圈匝数要少、导线要粗、阻抗要小，只有这样，线圈的功率损耗才小。

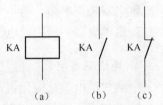

图8.1.39 中间继电器符号
（a）线圈；（b）常开触点；
（c）常闭触点。

根据实际应用的要求，电流继电器可分为过电流继电器和欠电流继电器。

图8.1.40为电磁式通用继电器的典型结构示意图，在这种继电器的磁系统上装设不同的线圈，便可制成过电流、欠电流、过电压、欠电压等继电器。

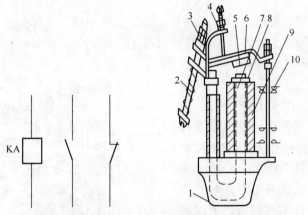

图8.1.40 电磁式通用继电器的典型结构示意图
1—座底；2—反作用力弹簧；3，4—调节螺钉；5—非磁性垫片；
6—衔铁；7—铁芯；8—极靴；9—电磁线圈；10—触头系统。

（1）过电流继电器。过电流继电器在正常工作时，线圈通过的电流在额定值范围内，它所产生的电磁吸力不足以克服反作用弹簧的反作用力，故衔铁不动作。当通过线圈的电流超过某一整定值时，电磁吸力大于反作用弹簧拉力，吸引衔铁动作，于是常闭触头断开，常开触头闭合。有的过电流继电器带有手动复位机构，它的作用是：当过电流时，继电器动作，衔铁被吸合，但当电流再减小甚至到零时，衔铁也不会自动返回，只有当故障得到处理后，采用手动复位机构，松开锁扣装置后，衔铁才会在恢复弹簧作用下返回原始状态，从而避免重复过电流事故的发生。

过电流继电器主要用于频繁启动和重载启动的场合，作为电动机或主电路的过载和短路保护，一般交流过电流继电器调整在 $110\% \sim 400\% I_e$ 动作，直流过电流继电器调整在 $70\% \sim 300\% I_e$ 动作。在选用过电流继电器时，小容量直流电动机和绕线式异步电动机，其线圈的额定电流一般可按电动机长期工作的额定电流来选择；对于频繁起动的电动机，考虑到起动电流在继电器线圈中的发热效应，继电器线圈的额定电流可选大一级。

（2）欠电流继电器。欠电流继电器是当通过线圈的电流降低到某一整定值时，继电器衔铁被释放，所以欠电流继电器在电路电流正常时，衔铁吸合。欠电流继电器的吸引电流为线圈额定电流的 $30\% \sim 65\%$，释放电流为额定电流的 $10\% \sim 20\%$。因此，当继电器线圈电流降低到额定电流的 $10\% \sim 20\%$ 时，继电器即动作，给出信号，使控制电路作出应有的反应。

电流继电器的动作值与释放值可用调整反力弹簧的方法来整定。旋紧弹簧，反作用力增大，吸合电流和释放电流都被提高；反之，旋松弹簧，反作用力减小，吸合电流和释放电流都降低。另外，调整夹在铁芯柱与衔铁吸合端面之间的非磁性垫片的厚度也能改变继电器的释放电流，垫片越厚，磁路的气隙和磁阻就越大；与此相应，产生同样吸力所需的磁势也越大，当然，释放电流也要大些。

JL14 系列交直流电流继电器的磁系统为绕棱角转动拍合式，由铁芯、衔铁、磁扼和线圈组成，触头为桥式双断点，触头数量有多种，并带有透明外罩。

型号意义如下：

J	L	□	—	□	□	□	□
继电器	电流	设计序号		常开触头数	常闭触头数	Z—直流； J—交流	S—手动复位机构； Q—欠电流； G—高返回系数

过流继电器和欠流继电器的外观与符号如图 8.1.41 所示。

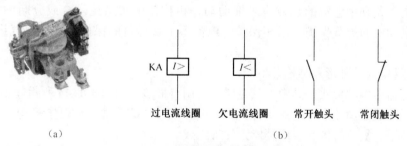

（a）　　　　　　　　　　　　　　　　（b）

图 8.1.41　电流继电器外观符号

（a）JL14 电流继电器外观；（b）符号。

3）电压继电器

根据电压大小而动作的继电器称为电压继电器。电压交流继电器的线圈并联在被测量的电路中，此时继电器所反映的是电路中电压的变化，电压继电器的电磁机构及工作原理与接触器相似。

根据实际应用的要求，电压继电器有过电压、欠电压、零电压继电器之分。

（1）过电压继电器是当电压超过规定电压高限时，衔铁吸合，一般动作电压为

$105\% \sim 120\% U_e$ 以上时对电路进行过电压保护。

（2）欠电压继电器是当电压不足于所规定的电压低限时，衔铁释放，一般动作电压为 $40\% \sim 70\% U_e$ 以下时对电路进行欠电压保护。

（3）零电压继电器是当电压降低到接近零时，衔铁释放，一般动作电压为 $10\% \sim 35\% U_e$ 时对电路进行零压保护。

对于具体的吸合电压及释放电压值的调整，应根据需要决定。

常用的过电压继电器为 JT4 – A 型，欠电压及零电压继电器为 JT4 – P 型。

型号意义如下：

J	T	□	—	□	□	□	□
继电器	通用	设计序号		常开触头数	常闭触头数	Z—直流； J—交流	S—手动复位；A—过电压； P—零电压；L—过电流

电压继电器的外观与符号如图 8.1.42 所示。

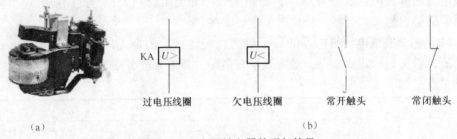

（a）

KA $U>$ $U<$ 过电压线圈   欠电压线圈   常开触头   常闭触头

（b）

图 8.1.42　电压继电器外观与符号

（a）JT4 电压继电器外观；（b）符号。

2. 热继电器

热继电器是利用电流的热效应来推动动作机构使触头系统闭合或分断的保护电器，主要用于电动机的过载保护、断相保护、电流不平衡运行的保护及其他电气设备发热状态的控制。

1）热继电器的外形及结构

热继电器有多种形式，其中以双金属片式用得最多，如图 8.1.43 所示。

双金属片式热继电器的基本结构由加热元件、主双金属片、动作机构、触头系统、电流整定装置、复位机构和温度补偿元件等组成。

热继电器的双金属片加热方式有 3 种：直接加热式、间接加热式和复合加热式。其中，间接加热式应用最普遍。加热元件一般用康铜、镍铬合金材料制成，使用时将加热元件串接在被保护电路中，利用电流通过时产生的热量，促使主双金属片弯曲变形。主双金属片是由两种热膨胀系数不同的金属片以机械碾压方式使之形成一体。材料多为铁镍铬合金和铁镍合金，当受热时即弯曲变形，弯曲程度由各自材料线膨胀系数及其温度所决定。

2）热继电器原理

常用的热继电器为两相结构的热继电器，如图 8.1.44 所示。它是一种双金属片间接加热式热继电器，有两个主双金属片 1、2 与两个发热元件 3、4，两个热元件分别串接在

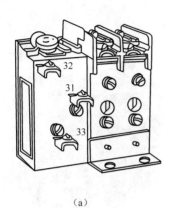

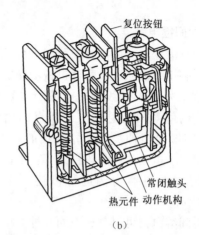

图 8.1.43 热继电器

（a）外形；（b）结构。

主电路的两相中。动触头 8 与静触头 9 接于控制电路的接触器线圈回路中，当负载电流超过整定电流值并经过一定时间后，发热元件所产生的热量足以使双金属片受热向右弯曲，并推动导板 5 向右移动一定距离，导板又推动温度补偿片 6 与推杆 7，使动触头 8 与静触头 9 分断，从而使接触器线圈断电释放，将电源切除起到保护作用。电源切断后，电流消失，双金属片逐渐冷却，经过一段时间后恢复原状，于是动触头在失去作用力的情况下，靠自身弓簧 13 的弹性自动复位与静触头闭合。

这种热继电器也可采用手动复位，将螺钉 10 向外调节到一定位置，使动触头弓簧的转动超过一定角度失去反弹性，在此情况下，即使主双金属片冷却复原，动触头也不能自动复位。必须采用手动复位，按下复位按钮 11 使动触头弓簧恢复到具有弹性的角度，使之与静触头恢复闭合。这在某些要求故障未被消除而防止带故障再行投入运行的场合是必要的。

热继电器的符号如图 8.1.45 所示。目前我国生产并广泛使用的热继电器主要有 JR16、JR20 系列；引进产品有施耐德公司的 LR2D 系列，其特点是具有过载与缺相保护、测试按钮、停止按钮，还具有脱扣状态显示功能以及在湿热的环境中使用的强适应性。

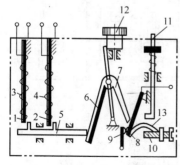

图 8.1.44 热继电器原理图

1，2—主双金属片；3，4—加热元件；5—导板；
6—温度补偿片；7—推杆；8—动触头；9—静触头；
10—螺钉；11—复位按钮；12—凸轮；13—弓簧。

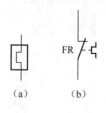

图 8.1.45 热继电器的符号

（a）热元件；（b）常闭触点。

163

3. 时间继电器

时间继电器是一种按时间原则进行控制的继电器。它利用电磁原理，配合机械动作机构能实现在得到信号输入（线圈通电或断电）后的预定时间内的信号的延时输出（触点的闭合或断开）。时间继电器种类很多，常用的有电磁式、空气阻尼式、电动式和晶体管式等。下面以空气阻尼式时间继电器为例进行讲述，外观如图8.1.46 所示。

图 8.1.46 空气阻尼式时间继电器外观

该时间继电器可以分成下面几种类型：

（1）通电延时型：线圈通电，延时一定时间后延时触点才闭合或断开；线圈断电，触点瞬时复位。

（2）断电延时型：线圈通电，延时触点瞬时闭合或断开；线圈断电，延时一定时间后延时触点才复位。

JS7 – A 系列时间继电器由电磁机构、工作触头、气室 3 部分组成，其工作原理如图8.1.47 所示。

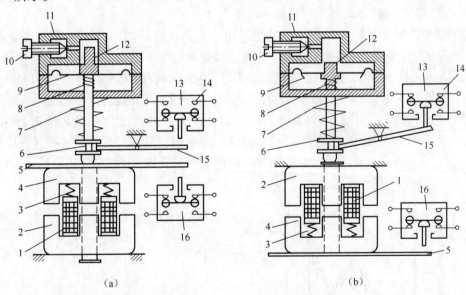

（a）　　　　　　　　　　　　　　　　（b）

图 8.1.47　JS7 – A 系列时间继电器工作原理

（a）通电延时型；（b）断电延时型。

1—线圈；2—静铁芯；3、7—弹簧；4—衔铁；5—推板；6—顶杆；8—弹簧；9—橡皮；10—螺钉；
11—进气孔；12—活塞；13、16—微动开关；14—延时触头；15—杠杆；16—微动开关。

图 8.1.47（a）中的微动开关 16 为时间继电器瞬动触头，线圈 1 通电或断电时，该触头在推板 5 的作用下均能瞬时动作。断电延时型时间继电器的原理与结构均与通电延时型时间继电器相同，只是电磁机构翻转 180°安装。

现以我国生产的 JS23 系列为例说明时间继电器的型号意义：

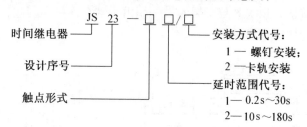

时间继电器的图形符号如图 8.1.48 所示。

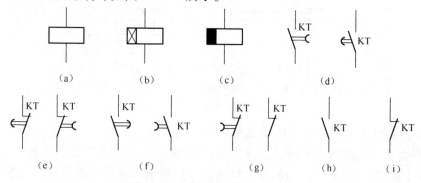

图 8.1.48　时间继电器的图形符号

（a）线圈一般符号；（b）通电延时线圈；（c）断电延时线圈；（d）延时闭合常开触点；
（e）延时断开常闭触点；（f）延时断开常开触点；（g）延时闭合常闭触点；
（h）瞬时常开触点；（i）瞬时常闭触点。

4. 速度继电器

速度继电器是用来反映转速和转向变化的继电器。它的基本工作方式是依靠旋转速度的快慢为指令信号，通过触头的分合传递给接触器，主要作用是在三相交流异步电动机反接制动控制电路中作为转速过零的判断元件。

速度继电器的外形及结构如图 8.1.49 所示，速度继电器主要由定子、转子、端盖、可动支架、触头系统等组成。

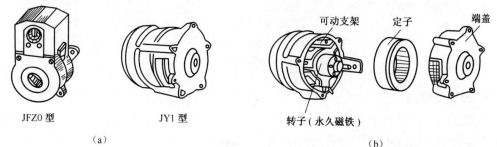

图 8.1.49　速度继电器的外形及结构

（a）外形；（b）结构。

图 8.1.50 所示为速度继电器的结构。由图可以看出，定子 3 由硅钢片叠成并装有笼型的短路绕组 4（同鼠笼型转子绕组相似），定子与转轴 1 同心，定、转子间有一很小气

隙，并能独自偏摆；转子 2 是用一块永久磁铁制成，固定在转轴上；支架 5 的一端固定在定子上，可随定子偏摆；顶块 8 与支架的另一端由小轴 6 连接在一起，转轴与小轴分别固定，顶块可随支架偏摆而动作。

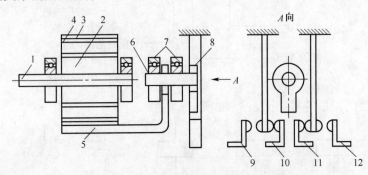

图 8.1.50　速度继电器的结构示意图

1—轴；2—转子；3—笼型定子；4—短路绕组；5—支架；6—小轴；7—轴承；
8—顶块；9，12—常开触点；10，11—常闭触点。

速度继电器的工作原理：当电动机旋转时，与电动机同轴连接的速度继电器转子也转动，这样，永久磁铁制成的转子，就由静止磁场变为在空间移动的旋转磁场。此时，定子内的短路绕组（导体）因切割磁力线而产生感应电动势和电流，载流短路绕组与磁场相互作用便产生一定的转矩，于是定子便顺着转轴的转动方向而偏转。定子的偏转带动支架和顶块，当定子偏转到一定程度时，顶块推动动触头簧片 13（或 12）闭合后，可产生一定的反作用力，阻止定子继续偏转。电动机转速越高，定子导体内产生的电流越大，电磁转矩越大，顶块对动触头簧片的作用力也就越大。当电动机转速下降时，速度继电器转子速度也随之下降，定子绕组内产生的感应电流相应减小，从而使电磁转矩减小，顶块对动触头簧片的作用力也减小。当转子速度下降到一定数值时，顶块的作用力小于触头簧片的反作用力时，顶块返回到原始位置，对应的触头也复位。

目前机床线路中常用的速度继电器有 JY1 型。速度继电器的符号如图 8.1.51 所示。

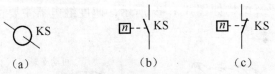

图 8.1.51　速度继电器的符号

（a）转子；（b）常开触点；（c）常闭触点。

5. 压力继电器

压力继电器在电力拖动中，多用于机床的气压、水压和油压等系统，在机床设备运行前或运行中，通过不同压力源的压力变化，发出相应的工作指令或信号，达到操纵、控制、保护的目的。压力继电器的结构原理如图 8.1.52（a）所示。压力继电器在电气原理图中的符号如图 8.1.52（b）所示。

压力继电器由缓冲器、橡皮薄膜、顶杆、压缩弹簧、调节螺母和微动开关等组成。微动开关和顶杆距离一般大于 0.2mm。压力继电器装在气路、水路或油路的分支管路中。

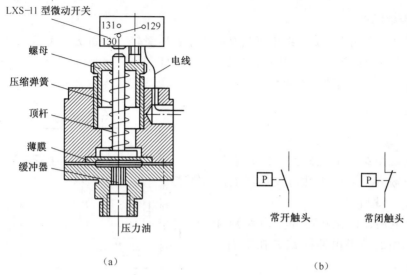

图 8.1.52　压力继电器结构图

(a) 结构；(b) 符号。

当管路中压力超过整定值时，通过缓冲器、橡皮薄膜推动顶杆，使微动开关动作，常闭触头 129 和 130 分断，常开触头 129 和 131 闭合。当管路中压力低于整定值后，顶杆脱离微动开关，使触头复位。

常用的压力继电器有 YJ 系列、TE52 系列和 YT－1226 系列等。

8.1.8　新型器件

随着半导体技术的发展，还出现了一些新型的器件，各器件的外观如表 8.1.11 所列。

表 8.1.11　新型器件外观

类型	微型继电器	极化继电器	磁保持继电器	固态继电器
外观				

类型	晶体管时间继电器	数字式时间继电器	表面贴装继电器	温度继电器
外观				

1. 微型继电器

与普通继电器相比,微型继电器具有体积小、质量轻、容量大、可靠性高、功耗低、寿命长等优点,因此被广泛应用于电子设备、自动化仪表、计算机、电子回路的输入输出接口和可编程序控制器等方面。

2. 极化继电器

极化继电器和通用继电器不同,其磁路中由永久磁铁组成极化磁路,因此继电器的动作与输入信号的极性有关,其工作原理如图 8.1.53 所示。

线圈断电后,极化磁通和复原弹簧对衔铁共同作用的结果可使衔铁处在下面 3 个不同的位置。

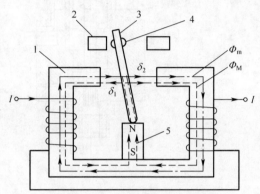

图 8.1.53 极化继电器原理图
1—铁芯; 2—静触头; 3—衔铁;
4—动触头; 5—永久磁铁。

(1)中间位置:为三位置极化继电器磁路,当线圈中无电流时,衔铁处于中间位置;当通以不同方向的电流时,衔铁分别吸向左边或右边,动、触点分别与左、右静触头接触。

(2)偏倚位置:为偏倚式极化继电器磁路,只有通以一定方向的线圈电流,继电器才能动作,当线圈断电后,衔铁又回到原来的位置。

(3)任意极面上:为双稳态极化继电器磁路,线圈通电并动作后,当线圈断电时,衔铁继续保持在通电动作位置上;当通以相反方向电流时,衔铁吸向另一方;当再次断电时,衔铁继续保持在该位置上。

3. 磁保持继电器

磁保持继电器的动作原理与双稳态极化继电器极为相似,因此又称为双稳态闭锁继电器、脉冲继电器。磁保持继电器有以下特点:

(1)使继电器动作的输入信号有极性要求,即该继电器有鉴别输入信号极性的能力。

(2)继电器线圈断电后,继电器仍能保持通电工作时的状态,即该继电器有记忆功能。

(3)只要有一个很短的输入脉冲,继电器就能动作,这以后可以不再消耗功率,因此磁保持继电器特别省电,适用于电源困难的场合。

(4)磁钢吸持力比较大,而且一般采用平衡力结构,因此磁保持继电器能承受较强的振动和冲击。

(5)由于磁路有两个工作气隙,在两种磁通的共同作用下,一边的磁通相叠加,一边相减,因而衔铁动作较快,衔铁的行程也可以做得较大,适宜做成大负荷继电器。

4. 干式舌簧式继电器

干式舌簧继电器是最常用的舌簧式继电器。

图 8.1.55 为一种典型的舌簧式继电器的外形图,它以套在线圈上的舌簧管为主体结

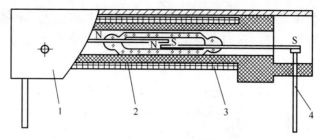

图 8.1.54　干式舌簧继电器结构简图

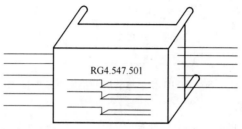

图 8.1.55　舌簧式继电器外形图

构。舌簧管用玻璃管密封，舌簧片由磁性材料制成，由冷加工变形及热处理控制，使它具有合适的弹性和较好的磁性。接触部分用铁镍合金制成的半硬磁舌簧片可制成剩磁性舌簧继电器，由于半硬磁舌簧片的辅助作用，其灵敏度和动作速度均优于普通舌簧继电器。

5. 固态继电器

固态继电器是一种具有类似电磁式继电器功能，输入回路与输出回路隔离，无机械运动机构的继电器，由于是无触点结构，因此称为固态继电器。由半导体器件或电子电路功能块与电磁式继电器组成的继电器称为混合式固态继电器。固态继电器与电磁式继电器相比有明显的优点。

（1）固态继电器的优点：

①无运动零件，因此动作速度快，接触可靠，抗振动，冲击性能好，无动作噪声。

②无燃弧触点，对其他电路干扰小，没有因火花而引起爆炸的危险。

③输入功率小，灵敏度高。

④容易做成多功能继电器。

⑤使用寿命长。

（2）固态继电器的分类：

①按负载性质，分为直流和交流两种。

②按输入与输出的隔离形式，分为光电隔离（包括光电耦合和光控可控硅等）、变压器隔离和干簧继电器隔离等。

③按封装结构，分为塑封型、金属壳全密封型、环氧树脂灌封型和无定型封装型固态继电器等。

6. 时间继电器

1）晶体管时间继电器

在自动控制系统中，常需要一种延迟一定时间后再动作的时间继电器。目前，随着电子技术的发展，晶体管时间继电器得到广泛的应用。这种继电器种类很多，最基本的有延时吸合和延时释放两种，它们大多是利用电容充放电原理来达到延时目的的，电路原理如图 8.1.56 所示。

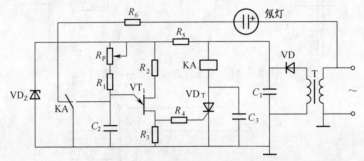

图 8.1.56　JJSB1 型晶体管时间继电器电路原理图

2）数字式时间继电器

图 8.1.57 为数字式时间继电器原理方框图。其工作原理如下：接通电源后，经过时基电路分频将数字信号送到计数电路进行计数，当计数达到时限选择电路所整定的数字时，通过驱动电路使继电器 K 得电，带动其常开触头和常闭触头动作，闭合或分断控制电路，同时向显时器发出显时信号，完成一次延时控制。

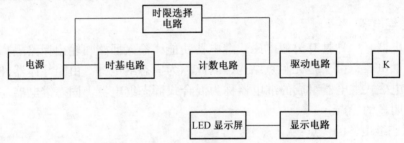

图 8.1.57　数字式时间继电器工作原理框图

7. 表面贴装继电器简介

电子技术的飞速发展对印制电路板的安装密度提出了新的要求。安装间隔为 12.5mm 甚至更小的插板式安装将为大多数整机所采用。由于表面贴装技术不需要对电路板打孔，因而表面贴装元件得到了长足的发展。

8. 温度继电器

温度继电器主要用于对电动机、变压器和一般电气设备的过载、堵转、非正常运行引起的过热进行保护。使用时，将温度继电器埋入电动机绕组或介质中，当绕组或介质温度超过允许温度时，继电器就快速动作切断电路，使电器不会损坏；当温度下降到复位温度时，继电器又能自动复位。

9. 接近开关

由于半导体技术的出现，产生了一种非接触式的行程开关，这就是接近开关。当生产机械接近它到一定距离范围之内时，它就能发出开关量或模拟量信号，以控制生产机械的位置或进行计数。

从工作原理上来分，接近开关有高频振荡型、电磁感应型、光电型、永磁及磁敏元件型、电容型、红外线型和超声波型等。测量距离从几个毫米到几米，具有各种电压等级。电磁感应型接近开关具有定位精度高、操作频率高、寿命长、体积小等一系列优点，在自动控制系统中已得到广泛应用。电路符号如图 8.1.58 所示。

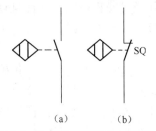

图 8.1.58　接近开关的电路符号
（a）动合触点；（b）动断触点。

8.2　继电器－接触器控制系统的电路设计方法

在了解了常用的低压电器后，掌握电气控制系统的设计方法才能为实际生产机械或生产过程设计出实用的继电器－接触器控制系统。

8.2.1　电气控制设计概述

电气控制设计包括电气原理图设计和电气工艺设计两个方面。电气原理图设计是为满足生产机械及其工艺要求而进行的电气控制系统设计；电气工艺设计是为满足电气控制系统装置本身的制造、使用、运行以及维修的需要而进行的生产工艺设计，包括机箱（柜）体设计、布线工艺设计、保护环节设计、人体工学设计及操作、维修工艺设计等。

电气原理图设计的质量决定着一台（套）设备的实用性、先进性和自动化程度的高低，是电气控制系统设计的核心。而电气工艺设计则决定着电气控制设备的制造、使用、维修等的可行性，直接影响电气原理图设计的性能目标及经济技术指标的实现。

电气设计的基本任务是根据控制要求设计和编制出设备制造和使用维修过程中所必需的图纸、资料，包括总图、系统图、电气原理图、总装配图、部件装配图、电器元器件布置图、电气安装接线图、电气箱（柜）制造工艺图、控制面板及电器元件安装底板、非标准件加工图等，以及编制外购器件目录、单台材料消耗清单、设备使用维修说明书等资料。

现代工业生产和生活中，所用的机电设备品种（类）繁多，其电气控制设备类型也是千变万化，但电气控制系统的设计规则和方法是有一定规律可循的，这些规则、方法和规律是人们通过长期的实践而总结和发展的。作为电气工程技术人员，必须掌握这些基本原则、规则和方法，并通过工作实践取得较丰富的实践经验后才能做出满意的工程设计。一项电气控制系统的设计，应根据工程需要提出的技术要求、工艺要求，拟定总体技术方案，并与机械结构设计协调，才能开始进行设计工作。一项机电一体化设计的先进性和实用性是由机电设备的结构性能及其电气自动化程度共同决定的。

任何生产工艺过程、机械功能的实现主要取决于电气控制系统的正常运行，电气控制系统的任一环节的正常运行都将保证生产工艺过程、机械功能的实现。相反，电气控制系统的非正常运行将会造成事故甚至重大的经济损失。任何一项工程设计的成功与否必须经过安装和运行才能证明，而设计者也只能从安装和运行的结果来验证设计工作，一旦发生严重错误，必将付出代价。因此，保证电气控制系统的正常运行首先取决于严谨而正确的设计，总体设计方案和主要设备的选择应正确、可靠、安全及稳定，无安全隐患，这就要求设计者应正确理解设计任务、精通生产工艺要求、准确计算、合理选择产品的规格型号并进行校验。正确的设计思想和工程意识是高质量完成设计任务的基本保证。为了保证实现设计功能，设计者还应精心设计施工图样，并进行全面的核算，有时会在其中找到纰漏，只有这样才能保证设计质量和工程质量，保证电气控制系统的正常运行。

完整的设计程序一般包括初步设计、技术设计和施工图设计3个阶段。初步设计完成后，经过技术审查、标准化审查、技术经济指标分析等工作后，才能进入技术设计和施工图设计阶段。但对于比较简单的设计，可以直接进入技术设计工作。在此讨论的是各阶段的共性问题，不涉及各阶段的设计程序，主要介绍电气原理图的设计方法、原则、注意事项等。实际上根据不同行业特点，设计程序是有差异的。

8.2.2 电气控制设计的一般原则与注意事项

1. 电气控制设计的一般原则

在电气控制系统设计的过程中，通常应遵循以下几个原则：

（1）最大限度地满足机械或设备对电气控制系统的要求是电气设计的依据，这些要求常常以工作循环图、执行元件动作节拍表、检测元件状态表等形式提供，有调速要求的设备还应给出调速技术指标。其他如起动、转向、制动等控制要求应根据生产需要充分考虑。

（2）在满足控制要求的前提下，设计方案应力求简单、经济。在电气控制系统设计时，为满足同一控制要求，往往要设计几个方案，应选择简单、经济、可靠和通用性强的方案，不要盲目追求自动化程度和高指标。

（3）妥善处理机械与电气的关系。机械或设备与电力拖动已经紧密结合并融为一体，传动系统为了获得较大的调速比，可以采用机电结合的方法实现，但要从制造成本、技术要求和使用方便等具体条件去协调平衡。

（4）要有完善的保护措施，防止发生人身事故和设备损坏事故。要预防可能出现的故障，采用必要的保护措施。例如短路、过载、失压和误操作等电气方面的保护功能和使设备正常运行所需要的其他方面的保护功能。

2. 电气设计中的注意事项

电气设计中主要有下列注意事项：

（1）尽量减少控制电源种类。当控制系统需要若干电源种类时，应按国标电压等级选择。

（2）尽量缩短连接导线的数量和长度。设计控制线路时，应考虑各个元件之间的实际接线。特别要注意控制柜、操作台和按钮、限位开关等元件之间的连接线，如按钮一般均安装在控制柜或操作台上，而接触器安装在控制柜内，这就需要经控制柜端子排与按钮连接，所以一般都先将起动按钮和停止按钮的一端直接连接，另一端再与控制柜端子排连接，这样就可以减少一次引出线。

（3）尽量减少电器元件的品种、规格与数量。同一用途的器件尽可能选用相同品牌、型号的产品。电气控制系统的先进性总是与电器元件的不断发展紧密联系在一起的，因此，设计人员必须密切关注相关技术的新发展，不断收集新产品资料，以便及时应用于设计中，使控制线路在技术指标、先进性、稳定性、可靠性等方面得到进一步提高。

（4）使设计的电气控制系统在正常工作中尽可能减少通电器的数量，以利节能，延长电器元件寿命，减少故障。

（5）合理使用电器触头。在复杂的电气控制系统中，各类接触器、继电器数量较多，使用的触头也多，在设计中应注意尽可能减少触头使用数量，以简化线路。使用触头容量、断流容量应满足控制要求，避免使用不当而出现触头磨损、黏滞和释放不了等故障，以保证系统工作寿命和可靠性。此外应合理安排电器元件及触头位置。对一个串联回路，各电器元件或触头位置互换并不影响其工作原理，但从实际连线上有时会影响到安全、节省导线等方面。如图 8.2.1 两种接法所示，两者工作原理相同，但是采用图 8.2.1（a）的接法既不安全又浪费导线，因为限位开关 SQ 的常开、常闭触头靠得很近，在触头断开时，电弧可能造成电源短路，很不安全，而且这种接法控制柜到现场要引出 5 根线，很不合理。采用图 8.2.1（b）所示的接法只需引出 3 根线即可，较合理。

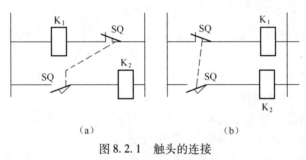

（a）　　　　　　　　　　　（b）

图 8.2.1　触头的连接

（a）不合理；（b）合理。

（6）正确连接电器的线圈。在交流控制电路中，电器元件的线圈不能串联接入，如图 8.2.2 所示。即使外加电压是两个线圈额定电压之和，也是不允许的，因为每个线圈上所分配到的电压与线圈阻抗成正比，由于制造上的原因，两个电器总有差异，不可能同时吸合。假如交流接触器 K_2 先吸合，由于 K_2 的磁路闭合，线圈的电感显著增加，因而在该线圈上的电压降也相应增大，从而使另一个接触器 K_1 的线圈电压达不到动作电压。因此，两个电器需要同时动作时其线圈应并联连接。

（7）在控制线路中应避免出现寄生电路。在电气控制线路的动作过程中，意外接通的电路叫寄生电路。图 8.2.3 所示是一个具有指示灯和热继电器保护的正反向控制电路。在正常工作时，能完成正反向起动、停止和信号指示。但当热继电器 FR 动作时，线路就出现了寄生电路（图中虚线所示），使正向接触器 K_1 不能释放，起不了保护作用。在设计电气控制线路时，严格遵循"线圈、能耗元件右边接电源（零线），左边接触头"的原则，就可降低产生寄生回路的可能性。另外，还应注意消除两个电路之间产生联系的可能性，否则应加以区分、联锁隔离或采用多触头开关分离。如将图 8.2.3 中指示灯分别用

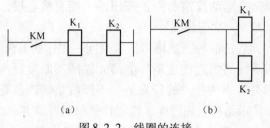

图 8.2.2 线圈的连接

(a) 不合理；(b) 合理。

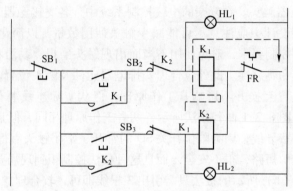

图 8.2.3 寄生电路

K_1、K_2 的另外的常开触头直接连接到左边控制母线上，加以区分就可消除寄生回路。

（8）避免发生触头"竞争"与"冒险"现象。在电气控制电路中，在某一控制信号作用下，电路从一个状态转换到另一个状态时，常常有几个电器的状态发生变化，由于电器元件总有一定的固有动作时间，往往会发生不按预定时序动作的情况，触头争先吸合，发生振荡，这种现象称为电路的"竞争"。另外，由于电器元件的固有释放延时作用，也会出现开关电器不按要求的逻辑功能转换状态的可能性，这种现象称为"冒险"。"竞争"与"冒险"现象都将造成控制回路不能按要求动作，引起控制失灵。如图 8.2.4 所示电路，当 KM 闭合时，K_1、K_2 争先吸合，只有经过多

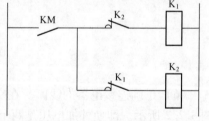

图 8.2.4 触头的"竞争"与"冒险"

次振荡吸合竞争后，才能稳定在一个状态上。同样，在 KM 断开时，K_1、K_2 又会争先断开，产生振荡。

（9）电气联锁和机械联锁共用。在频繁操作的可逆线路、自动切换线路中，正、反向（或两只）接触器之间至少要有电气联锁，必要时要有机械联锁，以避免误操作可能带来的危害，特别是一些重要设备应仔细考虑每一控制程序之间必要的联锁，即使发生误操作也不会造成设备事故。重要场合应选用机械联锁接触器，再附加电气联锁电路。

（10）设计的线路应能适应所在电网情况。在确定电动机的起动方式是直接起动还是降压起动时，应根据电网或配电变压器容量的大小、电压波动范围以及允许的冲击电流数值等因素全面考虑，必要时应进行详细计算，否则将影响设计质量甚至发生难以预测

的事故。

（11）应具有完善的保护环节，提高系统运行可靠性。电气控制系统的安全运行主要靠完善的保护环节，包括过载、短路、过流、过压、失压等，有时还应设有工作状态、合闸、断开、事故等必要的指示信号。保护环节应工作可靠，满足负载的需要，做到动作准确。正常操作下不发生误动作，并按整定和调试的要求可靠工作，稳定运行，能适应环境条件，抵抗外来的干扰；事故情况下能准确可靠动作，切断事故回路。

（12）线路设计要考虑操作、使用、调试与维修的方便。例如，设置必要的显示，随时反映系统的运行状态与关键参数；考虑到运动机构调整、修理，设置必要的单机点动；以及备用必要的易损触头及电器元件等。

8.2.3　电气控制系统故障危害及保护的一些基本知识

电气控制系统对国民经济的发展和人民生活的影响都很大，因此，提高电气控制系统的可靠性和安全是从事电气工作人员的重要任务。为了提高电气控制系统运行的可靠性，在电气控制系统的设计与运行中，都必须考虑到系统有发生故障和不正常工作情况的可能性。因为发生这些情况时，会引起电流增大，电压和频率降低或升高，致使电气设备和电能用户的正常工作遭到破坏。

在三相交流电力系统中，最常见和最危险的故障是各种形式的短路，其中包括三相短路、两相短路、一相接地短路以及电动机和变压器一相绕组上的匝间短路等。除此以外，配电线路、电机和变压器还可能发生一相或两相断线以及上述几种故障同时发生的复杂故障。电气系统故障可能引起下列严重后果：

（1）短路电流通过短路点燃引起电弧，使电气设备烧坏甚至烧毁，严重时会引发火灾。

（2）短路电流通过故障设备和非故障设备时，产生热和电动力的作用，致使其绝缘遭到损坏或缩短使用寿命。

（3）造成电网电压下降，波及其他用户和设备，使正常工作和生产遭到破坏甚至使事故扩大，造成整个配电系统瘫痪。

（4）最常见的不正常工作情况是过负荷。长时间过负荷会使载流设备和绝缘的温度升高，而使绝缘加速老化或设备遭受损坏，甚至引起故障。故障和不正常工作情况都可能在电气系统中引起事故，发生事故的原因是多种多样的，其中大多数是由设备缺陷、设计错误和安装、检修质量不高以及运行维护不当等引起的。为此，只要正确地进行设计、制造与安装，加强设备维修，就有可能把事故消灭在发生之前，防患于未然。

电气系统各设备之间是电和磁的联系，当某一设备发生故障时，在极短的时间内就会影响到同一电气系统的非故障设备。为了防止电气系统事故的扩大，保证非故障部分仍然可靠运行，必须尽快切除故障，切除故障的时间有时甚至要求短到百分之几秒。在这样短促的时间内，由运行人员来发现故障设备并将故障设备切除是不可能的。要完成这样的任务，只有借助于安装在每一电气设备上的自动保护装置。

电气系统建立初期，通常采用熔断器作为保护装置。随着电气设备容量的增大，以及电气系统越来越复杂，熔断器已不能满足要求，因而各种电气保护装置得到了应用和发展，这些电气保护装置是能反映电气系统各电气设备故障或不正常工作情况，并作用于自动动作电器跳闸或发出信号的一种自动装置。由此可见，电气保护装置在电气系统中的作用如下：

（1）借自动动作电器将故障设备与电气系统的非故障设备自动隔离，使系统的运行恢复正常。但对于某些不正常工作情况，例如小倍数过载，由于不会立即破坏电气系统的正常运行，在许多情况下，为了不影响设备工作的连续性，保护装置可只作用于信号。

（2）反映电气设备的不正常工作情况，并根据不正常工作情况和设备运行维护条件的不同发出信号，以便值班人员进行处理，或由装置自动地进行调整，或将那些继续运行而会引起事故的电气设备予以切除。反映不正常工作情况的保护装置一般带一定的延时动作。

电气保护装置是电气系统自动化的重要组成部分，是保证电气系统安全可靠运行的主要措施之一。在现代电气系统中，如果没有专门的电气保护装置，要想维持系统正常工作是根本不可能的。因此，所有电气控制系统均应具有完善的保护环节，用以保护电网、电动机、电器以及其他电路元件等。

电气系统发生短路和过电流等故障时，电气量将发生下述变化：

（1）电流增大，在短路点与电源间直接联系的电气设备上的电流会增大。

（2）电压降低，系统故障的相电压或相间电压会下降，而且离故障点越近，电压下降越多，甚至降为零。

（3）电流电压间的相位角会发生变化。例如，正常运行时，同相的电流与电压间的相位角为负荷功率因数角，约为20°；三相短路时电流与电压间的相位角则为线路阻抗角，架空线路电流与电压的相位角为60°～85°。

利用短路时这些电气量的变化，可以构成各种作用原理的电气保护。例如，利用电流增大的特点可以构成过电流保护；利用电压降低的特点可以构成低电压保护；利用电流电压间相位角的变化特点可以构成断相保护、漏电保护等。常用的保护环节有过电流、短路、过载、过压、失压、断相保护等，有时还设有合闸、分闸、正常工作、事故等指示信号。下面从电气设计角度讨论电气故障的类型、产生原因及常用的电气保护方法以供设计中参考。

1. 电流型保护

在正常工作中，电气设备通过的电流一般不超过额定电流，若少量超过额定电流，在短时间内，只要温升不超过允许值就是允许的，这也是各种电气设备或元件应具有的过载能力。但当通过电气设备或元件的电流过大，将因发热而使温升超过绝缘材料的承受能力，就会造成事故，甚至烧毁电气设备。在散热条件一定的情况下，温升决定于发热量，而发热量不仅决定于电流大小，还与通电时间密切相关。电流型保护就是基于这一原理构成的，它是通过传感元件检测过电流信号，经过信号变换、放大后控制执行机构及被保护对象动作，切断故障电路。属于电流型保护的主要有短路、过电流、过载和断相保护等。

1）短路保护

当电器或线路绝缘遭到损坏、负载短路或接线错误时将产生短路现象。短路时产生的瞬时故障电流可达到额定电流的十几倍到几十倍,使电气设备或配电线路因过流而产生电动力而损坏,甚至因电弧而引起火灾。短路保护要求具有瞬动特性,即要求在很短时间内切断电源。当电路发生短路时,短路电流引起电气设备绝缘损坏和产生强大的电动力,使电路中的各种电气设备产生机械性损坏。因此,当电路出现短路电流时,必须迅速、可靠地断开电源。

短路保护的常用方法是采用熔断器、低压断路器或专门的短路保护装置。在对主电路采用三相四线制或对变压器采用中性点接地的三相三线制的供电电路中,必须采用三相短路保护。若主电路容量较小,其电路中的熔断器可同时作为控制电路的短路保护;若主电路容量较大,则控制电路一定要单独设置短路保护熔断器。

2) 过电流保护

过电流保护是区别于短路保护的一种电流型保护。所谓过电流,是指电动机或电器元件超过其额定电流的运行状态,不正确地起动和负载转矩过大也常常引起电动机出现很大的过电流,由此引起的过电流一般比短路电流小,不超过 $6I_{N0}$。在过电流情况下,电器元件并不是马上损坏,只要在达到最大允许温升之前电流值能恢复正常还是允许的。较大的冲击负载将使电路产生很大的冲击电流,以致损坏电气设备,同时,过大的电流造成电路中的电动机转矩很大,也会使机械的转动部件受到损坏,因此要瞬时切断电源。在电动机运行中产生这种过电流比发生短路的可能性要大,特别是频繁起动和正反转、重复短时工作的电动机更是如此。通常,过电流保护可以采用低压断路器、热继电器、电动机保护器、过电流继电器等。其中,过电流继电器是与接触器配合使用,即将过电流继电器线圈串联在被保护电路中,电路电流达到其整定值时,过电流继电器动作,其常闭触头串联在接触器控制回路中,由接触器去切断电源。这种控制方法既可用于保护,也可达到一定的自动控制目的。这种保护主要应用于绕线转子异步电动机控制电路中。

3) 过载保护

过载保护是过电流保护的一种,也属于电流型保护。过载是指电动机的运行电流大于其额定电流,但超过额定电流的倍数更小些,通常在 $1.5I_{N0}$ 以内。引起电动机过载的原因很多,如负载的突然增加、缺相运行以及电网电压降低等。若电动机长期过载运行,其绕组的温升将超过允许值而使绝缘老化、损坏。异步电动机过载保护应采用热继电器或电动机保护器作为保护元件。热继电器具有与电动机相似的反时限特性,但由于热惯性的关系,热继电器不会受短路电流的冲击而瞬时动作。当有 6 倍以上额定电流通过热继电器时,需经 5s 后才动作,这样,在热继电器动作前就可能使热继电器的发热元件先烧坏,所以,在使用热继电器作过载保护时,还需要熔断器或低压断路器配合使用。由于过载保护特性与过电流保护不同,故不能采用过电流保护方法进行过载保护,因为引起过载保护的原因往往是一种暂时因素,例如负载的临时增加而引起过载,过一段时间又转入正常工作,对电动机来说,只要过载时间内绕组不超过允许温升就是允许的。如果采用过电流保护,势必要影响生产机械的正常工作,生产效率及产品质量会受到影响。过载保护要求保护电器具有与电动机反时限特性相吻合的特性,即根据电流过载倍数的不同,其动作时间是不同的,它随着电流的增加而减小。

图 8.2.5 是交流电动机常用保护类型示意图,具体选用时应有取舍。

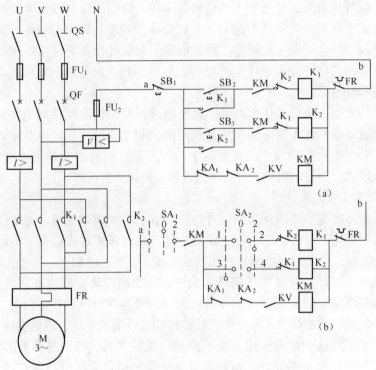

图 8.2.5 交流电动机常用保护类型示意图

(a) 方案 1；(b) 方案 2。

图 8.2.5 中采用低压断路器作为短路保护，热继电器用作过载保护。线路发生短路故障时，低压断路器动作切断故障；线路发生过载故障时，热继电器动作，事故处理完毕，热继电器可以自动复位或手动复位，使线路重新工作。当低压断路器的保护范围不能满足要求时，应采用熔断器作为短路主保护，而使低压断路器作为短路保护的后备保护。

图 8.2.5 中的电压继电器用于低电压保护，过流继电器用作电动机工作时的过电流保护。当电动机工作过程中由某种原因而引起过电流时，过电流继电器动作，其动断触头断开，电动机便停止工作，起到保护作用。当用过电流继电器保护电动机时，其线圈的动作电流可按下式计算：

$$I = 1.2 I_{st}$$

式中：I 为电流继电器的动作电流；I_{st} 为电动机的起动电流。

应当指出，过电流继电器不同于熔断器和低压断路器，它是一个测量元件，低压断路器是把测量元件和执行元件装在一起，熔断器的熔体本身就是测量和执行元件。过电流保护要通过执行元件接触器来完成，因此，为了能切断过电流，接触器触头容量应加大，但不能可靠地切断短路电流。为避免起动电流的影响，通常将时间继电器与过电流继电器配合，起动时，时间继电器的动断触头闭合，动合触头尚未闭合时，过流继电器的线圈不接入电路，尽管电动机的起动电流很大，但过流继电器不起作用。起动结束后，时间继电器延时结束，动断触头断开，动合触头闭合，过流继电器线圈得电，开始起保护作用。工作过程中，由某原因而引起过电流时，过电流继电器动作，其动断触头断开，电动机便停止工作，起到保护作用。

4）断相保护

异步电动机在正常运行中，由于电网故障或一相熔断器熔断引起对称三相电源缺少一相，电动机将在缺相电源中低速运转或堵转，定子电流很大，是造成电动机绝缘及绕组烧损的常见故障之一。断相时，负载的大小及绕组的接法等因素引起相电流与线电流的变化差异较大。对于正常运行采用三角形连接的电动机（我国生产的三相笼型异步电动机在 4.5kW 以上均采用三角形连接），如负载在 53%～67% 之间发生断相故障，会出现故障相的线电流小于对称性负载保护电流动作值，但相绕组最大一相电流却已超过额定值。热继电器热元件是串接在三相电流进线中，其断相保护功能采用专门为断相运行而设计的断相保护机构。图 8.2.6 是一种电子式电动机断相、过载、短路保护电路原理图。

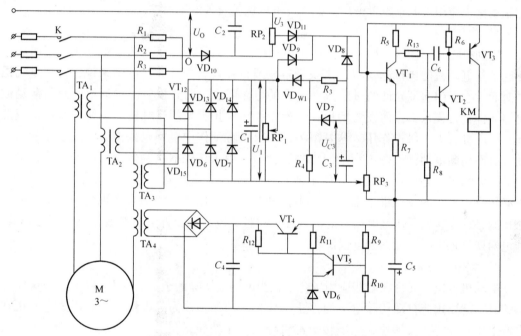

图 8.2.6　电子式异步电动机保护电路原理图

电路由断相取样、短路取样、电流取样、延时、射极耦合双稳态触发器、功率推动晶体管 VT_3、继电器 KM、直流稳压电源等部分组成。在正常运行时，接触器 K 工作，电动机运转。触发器 VT_1 管的基极输入信号较小，VT_1 截止，VT_2 和 VT_3 导通，使继电器 KM 动作，KM 的常开触头闭合，将起动自锁，维持 K 吸合。

根据三相交流平衡时其零序电压为零的原理，用 R_1、R_2、R_3 三个电阻形成一个零序点：相电压平衡时该点电位趋于零，当发生断相或三相严重不平衡时，U_0 升高，经 VD_{10}、C_2 滤波后送至电位器 RP_2，在 RP_2 上取出电压 U_3 经二极管 VD_{11} 加到 VT_1 的基极，使 VT_1 导通，VT_2 和 VT_3 截止，继电器 KM 释放，K 断开，将电源切除，达到断相保护的目的。调节 RP_2 使三相不平衡值小于某值，如 5% 时，U_3 不足以使 VT_1 导通。电流信号由三个电流变换器 TA_1、TA_3 取得，电流变换器的一次绕组串接在电动机定子三相电路里，三次绕组产生的交流电压经三相桥式整流、滤波后得到一直流电压 U_1。当电动机短路时，电枢电流很大，U_1 升高，由电位器 RP_1 上引出的电压 U_2 也随即升高，它经二极管 VD_9 加到 VT_1 基极，使 VT_1 导通，VT_2、VT_3 截止，KM 释放，K 断开，以实现过载保护。RP_1 用以调整被保护电路的短路电流值，当电动机电流超过额定值时，增大的 U_1 克服稳压管 VD_{w1} 的稳压值，经电阻 R_3 和电容 C_3 组成的充电延时环节使 U_{C_3} 升高，它经二极管 VD_8 使 VT_1 导通，VT_2、VT_3 截止，KM 释放，K 断开，达到短路保护的目的。其他部分请读者自行分析。

2. 电压型保护

电动机或电器元件都是在一定的额定电压下才能正常工作，电压过高、过低或者工作过程中非人为因素的突然断电都可能造成生产机械的损坏或人身事故，因此，在电气控制线路中应根据要求设置失压保护、过电压保护及欠电压保护。

1）失压保护

电动机正常工作时，如果因为电源电压的消失而停转，那么在电源电压恢复时就可能起动，电动机的自行起动将造成人身事故或机械设备损坏。对电网来说，许多电动机同时起动也会引起不允许的过电流和过大的电压降。为防止恢复时电动机的自行起动或电器元件自行投入工作而设置的保护，称为失压保护。采用接触器和按钮控制电动机的起、停就具有失压保护作用。这是因为，如果正常工作中电网电压消失，接触器就会自动释放而切断电动机电源，当电网恢复正常时，由于接触器自锁电路已断开，不会自行起动。但如果不是采用按钮而是用不能自动复位的手动开关、行程开关等控制接触器，则必须采用专门的零压继电器。对于多位开关，要采用零位保护来实现失压保护，即电路控制必须先接通零压继电器。工作过程中一旦失电，零压继电器释放，其自锁也释放，当电网恢复正常时，就不会自行投入工作。

2）欠电压保护

电动机或电器元件在有些应用场合下，当电网电压降到额定电压 U_N 以下，如60% ~ 80%时，就要求能自动切除电源而停止工作，这种保护称为欠电压保护。因为电动机在电网电压降低时，其转速、电磁转矩都将降低甚至堵转，在负载一定的情况下，电动机电流将增加，不仅影响产品加工质量，还会影响设备正常工作，使机械设备损坏，造成人身事故。另一方面，由于电网电压的降低，如降到 U_N 的60%，控制线路中的各类交流接触器、继电器既不释放又不能可靠吸合，处于抖动状态并产生很大噪声，线圈电流增大，甚至过热而造成电器元件和电动机的烧毁。除上述采用接触器及按钮控制方式时利用接触器本身的欠电压保护作用外，还可以采用低压断路器或专门的电磁式电压继电器来进行欠电压保护，其方法是将电压继电器线圈跨接在电源上，其常开触头串接在接触器控制回路中。当电网电压低于整定值时，电压继电器动作使接触器释放。

3）过电压保护

电磁铁、电磁吸盘等大电感负载及直流电磁机构、直流继电器等在通断时会产生较高的感应电动势，易使工作线圈绝缘击穿而损坏，因此，必须采用适当的过电压保护措施。通常过电压保护的方法是在线圈两端并联一个电阻，电阻串电容或二极管串电阻等形式，以形成一个放电回路，如图 8.2.7 ～图 8.2.9 所示。

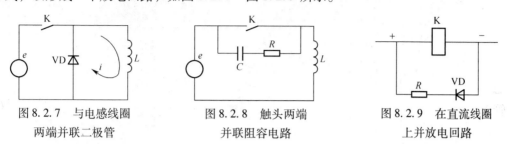

图 8.2.7　与电感线圈
两端并联二极管

图 8.2.8　触头两端
并联阻容电路

图 8.2.9　在直流线圈
上并放电回路

3. 位置控制与保护

一些生产机械运动部件的行程及相对位置往往要求限制在一定范围内，如直线运动切削机床、升降机械等需要有限位控制，有些生产机械工作台的自动往复运动需要有行程限位等，如起重设备的左右、上下及前后运动行程都必须有适当的位置保护，否则可能损坏生产机械并造成人身事故，这类保护称为位置保护。

位置保护、限位控制和行程限位在控制原理上是一致的，可以采用限位开关、干簧继电器、接近开关等电器元件构成控制电路，当运动部件到达设定位置时，开关动作，其常闭触点通常串联在接触器控制电路中，因常闭触头打开而使接触器释放，于是运动部件停止运行。图 8.2.10 是一种自动往返循环控制线路，电路的原理可适用于各种控制进给运动到预定点后自动停止的限位控制保护等，其应用相当广泛。图示控制线路是采用行程开关来实现的，这种控制是将行程开关安装在事先安排好的地点，当装于生产机械运动部件上的撞块压合行程开关时，行程开关的触头动作，从而实现电路的切换，以达到控制的目的。也可以采用非接触式接近开关代替行程开关。限位开关 SQ_1 放在左端需要反向的位置，而 SQ_2 放在右端需要反向的位置，机械挡铁装在运动部件上。起动时，利用正向或反向起动按钮，如按“正转”按钮 SB_2，接触器 K_1 通电吸合并自锁，电动机作正向旋转带动机械运动部件左移，当运动部件移至左端并碰到 SQ_1 时，将 SQ_1 压下，其常闭触头断开，切断接触器 K_1 线圈电路，同时其常开触头闭合，接通反转接触器 K_2 线圈电路，此时电动机由正向旋转变为反向旋转，带动运动部件向右运动，直到压下 SQ_2 限位开关，电动机由反转又变成正转。

8.2.4　电气原理图的设计

电气原理图是整个设计的中心环节，因为它是工艺设计和制订其他技术资料的依据。电气控制系统原理设计主要包括以下内容：

（1）制订电气设计任务书（技术条件）。设计任务书或技术建议书是整个系统设计的依据，同时又是今后设备竣工验收的依据，因此设计任务书的拟订是十分重要的，必须认真对待。在很多情况下，设计任务下达部门对本系统的功能要求、技术指标只能给出一个大致轮廓，设计应达到的各项具体的技术指标及其他各项要求实际是由技术部门、设备使用部门及设计部门共同协商，最后以技术协议形式予以确定的。

电气设计任务书中除简要说明所设计任务的用途、工艺过程、动作要求、传动参数、

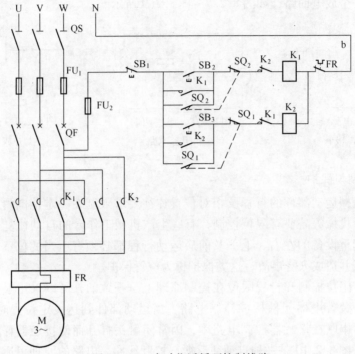

图 8.2.10　自动往返循环控制线路

工作条件外，还应说明以下主要技术经济指标及要求：

①电气传动基本特性要求、自动化程度要求及控制精度。

②目标成本与经费限额。

③设备布局、安装要求、控制柜（箱）及操作台布置、照明、信号指示、报警方式等。

④工期、验收标准及验收方式。

（2）选择电气传动方案与控制方式。

电力拖动方案与控制方式的确定是设计的重要部分，方案确定以后，就可以进一步选择电动机的类型、数量、结构形式以及容量等。电动机选择的基本原则如下：

①电动机的机械特性应满足生产机械的要求，要与被拖动负载特性相适应，以保证运行稳定并具有良好的起动、制动性能，对有调速要求时，应合理选择调速方案。

②工作过程中电动机容量能得到充分利用，使其温升尽可能达到或接近额定温升值。

③电动机的结构形式应满足机械设计要求，选择恰当的使用类别和工作制，并能适应周围环境工作条件。在满足设计要求的情况下，应优先采用结构简单、使用维护方便的笼型三相交流异步电动机。

（3）确定电动机的类型及其技术参数。

（4）设计电气控制原理框图，确定各部分之间的关系，拟订各部分技术指标与要求。

（5）设计并绘制电气原理图，计算主要技术参数。

（6）选择电器元件，制订元器件目录清单。

（7）编写设计说明书。

　　电气设计的重点在两个方面，一是拖动方案的制订，这部分属于电机与拖动的内容，在此不再赘述；二是控制线路的设计，常用继电接触控制或可编程控制器（本书只涉及继电接触控制），采用的方法有分析设计法和逻辑代数设计法，由于设计不是课程要求的重点，在此着重介绍继电接触控制线路的分析设计方法。

1. 继电接触控制线路的分析设计方法

1）分析设计法的特点

　　分析设计法又称为经验设计法，特别适合不太复杂的控制线路设计。电气控制又称为继电器接触器逻辑控制，一般包括电源装置（或部分）、电动机控制线路及其辅助电路。电源装置可以独立存在，也可以是继电逻辑控制系统中的一部分。电气控制设计方法通常是以熟练掌握各种电气控制线路的基本环节和具备一定的阅读分析电气控制线路的经验为基础，要求设计人员必须掌握和熟悉大量的典型控制线路、多种典型线路的设计资料，同时具有丰富的设计经验，也就是说，它主要靠经验设计，因此通常称为经验设计法。

　　经验设计法的特点是无固定的设计程序和固定的设计模式，灵活性很大，但相对来说设计方法简单，容易被人们掌握，对于具有一定工作经验的电气人员来说，能较快地完成设计任务，因此在电气设计中被普遍采用。从另一个角度来说，高水平的设计人员除必须具备系统的基础理论、分析问题和解决问题的能力及很强的学习和接受新知识的能力外，还必须深入生产第一线，熟悉现场，掌握生产过程工艺，了解生产机械的性能。用经验设计方法初步设计出来的控制线路可能有多种，需要加以比较分析并反复地修改简化，甚至要通过实验加以验证，才能使控制线路符合设计要求。

　　采用经验设计方法设计，通常是先根据生产工艺的要求画出功能流程图，再用一些成熟的典型线路环节来实现某些基本要求，确定适当的基本控制环节，而后再根据生产工艺要求逐步完善其功能要求，并适当配置联锁和保护等环节，利用基本绘制原则把它们综合地组合成一个整体，成为满足控制要求的完整线路。当找不到现成的典型环节时，可根据控制要求，将主令信号经过适当的组合和变换，在一定的条件下得到执行元件所需要的工作信号，再套用典型控制电路完成设计。设计过程中要随时增减元器件和改变触头的组合方式，以满足被拖动系统的工作条件和控制要求，经过反复修改得到理想的控制线路。在进行具体线路设计时，一般先设计主电路，然后设计控制电路、信号电路、局部特殊电路等。初步设计完成后，应当仔细检查、反复验证，看线路是否符合设计要求，并进一步使之完善和简化，最后选择恰当的电器元件的规格型号，使其能充分实现设计功能。也可以用逻辑分析的方法进一步进行逻辑分析，以优化设计。

2）设计实例

　　下面通过皮带运输机的实例介绍经验设计方法。

　　在建筑施工企业的沙石料场，普遍使用皮带运输机对沙和石料进行传送转运，图8.2.11 是两级皮带运输机示意图，M_1 是第一级电动机，M_2 是第二级电动机。基本工作特点如下：

　　（1）两台电动机都存在重载起动的可能；

（2）任何一级传送带停止工作时，其他传送带都必须停止工作；

（3）控制线路有必要的保护环节；

（4）有故障报警装置。

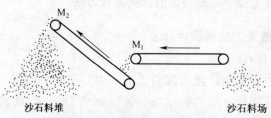

图 8.2.11　皮带运输机示意图

（1）主线路设计。电动机采用三相鼠笼型异步电动机，接触器控制起动、停止，线路应有短路、过载、缺相、欠压保护，两台电动机控制方式一样。基本线路如图 8.2.12 所示。

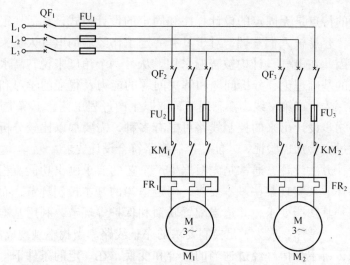

图 8.2.12　皮带运输机主电路

线路中采用了自动空气开关、熔断器、热继电器，可满足上述保护需要。

（2）控制线路设计。直接起动的基本控制线路如图 8.2.13 所示，为操作方便，线路中设计了总停按钮 SB_5。

考虑到皮带运输机随时都有重载起动的可能，为了防止在起动时热继电器动作，有两个解决办法，第一是把热继电器的整定电流调大，使之在起动时不动作，但这样必然降低了过载保护的可靠性；第二是起动时将热继电器的发热元件短接，起动结束后再将其接入，这就需要用时间继电器控制。如图 8.2.14（a）所示，起动时按下 SB_1，接触器 KM_1、KM_3 和时间继电器 KT_1 同时得电，KM_3 主触点闭合短接热继电器发热元件，经过一段时间电动机完成起动，时间继电器 KT_1 常闭触点延时断开，KM_3 失电，主触点断开，热继电器发热元件接入，线路正常工作。此时主电路如图 8.2.14（b）所示。

若遇故障，某级传送带停转，要求各级传送带都应停止工作，控制线路应能做到自

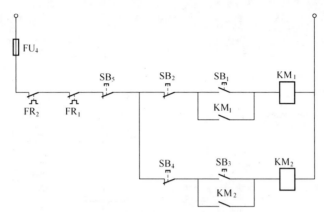

图 8.2.13　皮带运输机控制电路

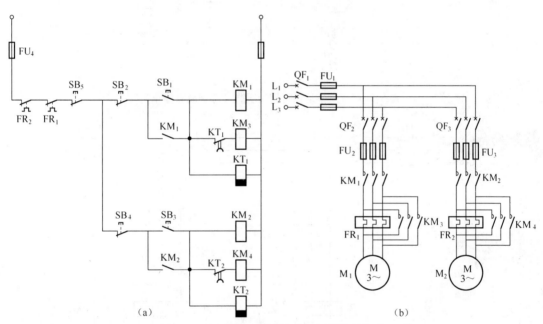

（a）　　　　　　　　　　　　　　　　（b）

图 8.2.14　皮带运输机的重载起动控制电路

（a）考虑重载起动；（b）主线路。

动停车，同时发出相应警示。在发生故障停车时，皮带会因沙石自重而下沉，可以在皮带下方恰当位置安装限位开关 SQ_1（SQ_2），由它来完成停车控制和报警。控制线路如图 8.2.15 所示。

　　主线路如图 8.2.16 所示。线路中增加了接触器 KM 和总起动按钮 SB_6，只有当 SQ_1、SQ_2 没有动作，常闭触点闭合时，按下 SB_6，得电，主电路和控制线路才有电。反之，当故障停车时，SQ_1（SQ_2）动作，KM 失电，主电路和控制线路电源被切断。

　　如遇临时停电，由于有了 SQ_1、SQ_2 的保护作用，线路将无法再起动，因此 SQ_1、SQ_2 只能在电动机完成起动后才能投入，为此增加了时间继电器 KT，如图 8.2.17 所示，利用常闭（延时断开）触点短接 SQ_1、SQ_2，保证线路能顺利进行重载起动，起动结束后传送带正常运行，在时间继电器触点延时断开之前，SQ_1、SQ_2 常闭触点已复位，线路正

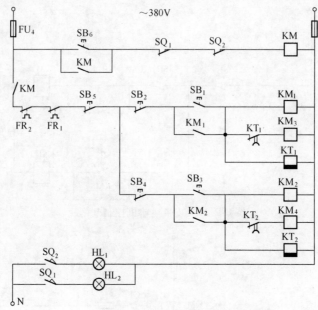

图 8.2.15 皮带运输机控制线路（考虑故障停车）

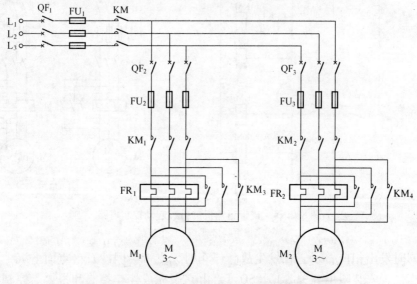

图 8.2.16 皮带运输机主线路（考虑故障停车后）

常工作。

（3）设计线路的复验。设计最后完成主线路（图 8.2.16）和控制线路（图 8.2.17），根据四项设计要求逐一验证。

①线路中采用了自动空气开关、熔断器、热继电器，可满足线路保护需要。

②两台电动机重载起动措施：由 KM_3（KM_4）在起动时切除热继电器发热元件，由时间继电器 KT 短接 SQ_1（SQ_2），保证 KM 得电，线路通电。

③任何一级皮带输送机出现故障停止工作时，传送带受重下沉使 SQ_1（SQ_2）动作，

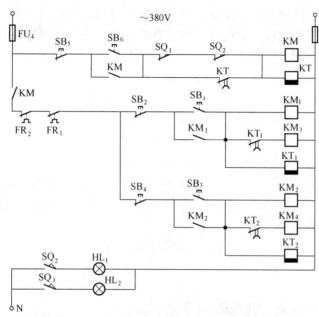

图 8.2.17　皮带运输机控制线路（考虑停电再起动）

KM 失电，主电路和控制线路同时断电。

④故障指示灯 HL_1、HL_2 显示相应传送带故障。

皮带运输机根据不同的使用场合有不同的控制线路，本例重在讲解经验设计法的运用，所涉及到的设备元件的选型、计算等问题未做详细讲解。

2. 电气控制线路的逻辑分析设计方法

逻辑分析设计方法又称逻辑设计法，是根据生产工艺的要求，利用逻辑代数来分析、化简、设计线路的方法。这种设计方法能够确定实现一个开关量自动控制线路的逻辑功能所必需的、最少的中间记忆元件（中间继电器）的数目，然后有选择地设置中间记忆元件，以达到使逻辑电路最简单的目的。逻辑设计法比较科学，设计的线路比较简化、合理。但是，当设计的控制线路比较复杂时，这种方法显得十分繁琐，工作量也大，而且容易出错，所以一般适用于简单的系统设计。但是，将一个较大的、功能较为复杂的控制系统分为若干个互相联系的控制单元，用逻辑设计的方法先完成每个单元控制线路的设计，然后再用经验设计法把这些单元组合起来，各取所长，也是一种简捷的设计方法，可以获得理想经济的方案，所用元件数量少，各元件能充分发挥作用，当给定条件变化时，容易找出电路相应变化的内在规律，在设计复杂控制线路时更能显示出它的优点。

逻辑设计方法是利用逻辑代数这一数学工具来实现电路设计，即根据生产工艺要求，将执行元件需要的工作信号以及主令电器的接通断开看成逻辑变量，并根据控制要求将它们之间的控制关系用逻辑函数关系式来表达，然后再运用逻辑函数基本公式和运算规律进行简化，使之成为需要的最简"与"、"或"关系式，根据最简式画出相应的电路结构图，最后进一步地检查和完善，即能获得需要的控制线路。

任何控制线路、控制对象与控制条件之间都可以用逻辑函数式来表示，所以逻辑设计法不仅可以进行线路设计，也可以进行线路简化和分析。利用逻辑分析法读图的优点是各控制元件的关系能一目了然，不会读错和遗漏。

1）继电器－接触器控制线路的逻辑函数

在继电器逻辑控制系统中，其控制线路中的开关量符合逻辑规律，可用逻辑函数关系式来表示。在图 8.2.18 两种简单的电动机起、停、自锁电路的结构函数中，将执行元件作为输出变量，将检测信号、中间单元触头及输出变量的反馈触头等作为逻辑输入变量。再根据各触头之间连接关系和状态，就可列出逻辑函数关系式。按规定，常开触头以正逻辑表示，而常闭触头以反逻辑（逻辑"非"）表示。图中，SB_1 为起动信号（开起），SB_2 为停止信号（关断），接触器的常开触头 K 为自锁（保持）信号。按图 8.2.18（a）可列出逻辑函数式为

$$f_{k(a)} = SB_1 + \overline{SB_2} \cdot K$$

其一般形式为

$$f_{k(a)} = X_1 + X_0 \cdot K$$

式中：X_1 为开起信号；X_0 为关断信号；K 为自锁信号。

按图 8.2.18（b）可列出逻辑函数为

$$f_{k(b)} = \overline{SB_1}(SB_2 + K)$$

其一般形式为

$$f_{k(b)} = X_0(X_1 + K)$$

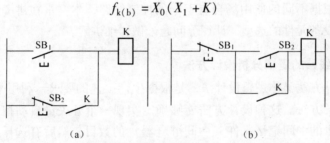

图 8.2.18　两种简单的电动机起、停、自锁电路的结构

X_1 应选取在输出变量开起边界线上发生状态转变的输入变量，若这个输入变量的元件状态是由"0"转换到"1"，则选原变量（常开触头）形式；若是由"1"转换到"0"，则取反变量（常闭触头）形式。

X_0 选取在输出变量关闭边界线上发生状态转变的输入变量，若这个输入变量的元件状态是由"1"转换到"0"，则选取原变量（常闭触头）形式；若是由"0"转换到"1"，则取其反变量（常开触头）形式。

2）逻辑代数法进行线路设计的基本步骤

（1）根据生产工艺列出工作流程图；

（2）列出元件动作状态表；

（3）写出执行元件的逻辑表达式；

（4）根据逻辑表达式绘制控制线路图；

（5）完善并校验线路。

8.2.5　继电器－接触器控制系统的电路安装

1. 控制线路的安装要求和相关原则

控制线路安装必须严格遵循《电气装置安装工程低压电器施工及验收规范》（GB 50254—96）的有关规定，按照有关施工工艺标准实施。

GB 50254—96 是强制性国家标准，内容包括总则，一般规定，低压断路器，低压隔离开关、刀开关、转换开关及熔断器组合电器，住宅电器、漏电保护器及消防电气设备，控制器、继电器及行程开关，电阻器及变阻器，电磁铁，熔断器，工程交接验收。

在控制线路安装工程中，还将涉及《建筑电气工程施工质量验收规范》（GB 50303—2002）等国家标准，必须遵照执行。

电气控制设备各部分及组件之间的接线方式一般遵循以下原则：

（1）开关电器板、控制板的进出线一般采用接线端头或接线鼻子连接，按电流大小及进出线数选用不同规格的接线端头或接线鼻子。

（2）电气柜（箱）控制箱、柜（台）之间以及它们与被控制设备之间采用接线端子排或工业连接器连接。

（3）弱电控制组件、印制电路板组件之间应采用各种类型的标准接插件连接。

（4）电气柜（箱）、控制箱、柜（台）内的元件之间的连接可以借用元件本身的接线端子直接连接，过渡连接线应采用端子排过渡连接，端头应采用相应规格的接线端子处理。

电器元件布置图是某些电器元件按一定原则的组合。电器元件布置图的设计依据是部件原理图、组件的划分等，应遵循以下原则：

（1）同一组件中电器元件的布置应注意将体积大和较重的安装在电器板的下面，而发热元件应安装在电气箱（柜）的上部或后部，但热继电器宜放在其下部，因为热继电器的出线端直接与电动机相连便于出线，而其进线端与接触器直接相连，便于接线并使走线最短。

（2）强电与弱电分开，并注意屏蔽。

（3）需要经常维护、检修、调整的电器元件安装位置不宜过高或过低，人力操作开关及需经常监视的仪表的安装位置应符合人体工学原理。

（4）电器元件的布置应考虑安全间隙，并做到整齐、美观、对称，外形尺寸与结构类似的电器安放在一起，以利加工、安装和配线。若采用行线槽配线方式，应适当加大各排电器间距，以利布线和维护。

（5）各电器元件的位置确定以后，便可绘制电器布置图。布置图是根据电器元件的外形轮廓绘制的，以其轴线为准，标出各元件的间距尺寸。每个电器元件的安装尺寸及其公差范围应按产品说明书的标准标注，以保证安装板的加工质量及各电器的顺利安装。大型电气柜中的电器元件宜安装在两个安装横梁之间，这样，既可减轻柜体质量，节约材料，又便于安装，设计时应计算纵向安装尺寸。

（6）在电器布置图设计中，还要根据本部件进出线的数量、采用导线规格及进出线位置等选择进出线方式及接线端子排、连接器或接插件，按一定顺序标上进出线的接线号。

2. 常用低压电器的安装

1）低压断路器的安装

（1）低压断路器安装前的检查，应符合下列要求，以保证一次试运行成功。

①衔铁工作面上的油污应擦净，防止衔铁表面粘上灰尘等杂质，动作时出现缝隙，产生响声。

②触头闭合、断开过程中，可动部分与灭弧室的零件不应有卡阻现象。

③各触头的接触面平整；开合顺序、动静触头分闸距离等应符合设计要求或产品技术文件的规定。

④受潮的灭弧室安装前应烘干，烘干时应监测温度，将灭弧室的温度控制以不使灭弧室变形为原则。

（2）低压断路器的安装应符合下列要求：

①低压断路器的安装应符合产品技术文件的规定；当无明确规定时，宜垂直安装，其倾斜度不应大于5°，近年来由于低压断路器性能的改善，在某些场合有横装的，又如直流快速断路器等为水平装。

②低压断路器与熔断器配合使用时，熔断器应安装在电源侧，以便于检修。检修断路器时不必将母线停电，只需将熔断器拔掉即可。

③由于低压断路器操作机构的功能和操作速度直接与触头的闭合速度有关，脱扣装置也比较复杂。低压断路器操作机构的安装应符合要求：操作手柄或传动杠杆的开、合位置应正确，操作力不应大于产品的规定值；电动操作机构接线应正确，在合闸过程中开关不应跳跃。开关合闸后，限制电动机或电磁铁通电时间的联锁装置应及时动作。电动机或电磁铁通电时间不应超过产品的规定值；开关辅助接点动作应正确可靠，接触应良好；抽屉式断路器的工作、试验、隔离3个位置的定位应明显，并应符合产品技术文件的规定；抽屉式断路器空载时进行抽、拉数次应无卡阻，机械联锁应可靠。

（3）低压断路器的接线应符合下列要求：

①裸露在箱体外部且易触及的导线端子应加绝缘保护。塑料外壳断路器在盘、柜外单独安装时，由于接线端子裸露在外部且很不安全，应在露出的端子部位包缠绝缘带或做绝缘保护罩作为保护。

②有半导体脱扣装置的低压断路器，其接线应符合相序要求，脱扣装置的动作应可靠。可用试验按钮检查动作情况并做相序匹配调整，必要时应采取抗干扰措施，确保脱扣器不误动作。

（4）直流快速断路器的安装、调整和试验，除执行上面有关规定外，还应符合下列专门要求：

①安装时应防止断路器倾倒、碰撞和激烈振动。由于直流断路器较重，吸合时动作力较大，因而基础槽钢与底座间应按设计要求采取防振措施。

②断路器极间中心距离及与相邻设备或建筑物的距离不应小于500 mm。当不能满足

要求时，应加装高度不小于单极开关总高度的隔弧板。直流快速断路器在整流装置中作为短路、过载和逆流保护用的场合较多，为了安装的需要，根据产品技术说明书及原规范（GJB 232—82）的规定，应对距离作要求。

在灭弧室上方应留有不小于 1000 mm 的空间；当不能满足要求时，在开关电流 3000 A 以下断路器的灭弧室上方 200 mm 处应加装隔弧板；在开关电流 3000A 及以上断路器的灭弧室上方 500 mm 处应加装隔弧板。

③灭弧室内绝缘衬件应完好，电弧通道应畅通。

④触头的压力、开距、分断时间及主触头调整后灭弧室支持螺杆与触头间的绝缘电阻，应符合产品技术文件要求。

⑤直流快速断路器的接线容易出错，造成断路器误动作或拒绝动作，安装时应注意符合要求：与母线连接时，出线端子不应承受附加应力；母线支点与断路器之间的距离不应小于 1000 mm；当触头及线圈标有正、负极时，其接线应与主回路极性一致；配线时应使控制线与主回路分开。

直流快速断路器调整和试验应符合下列要求：轴承转动应灵活，并应涂以润滑剂；衔铁的吸合动作应均匀；灭弧触头与主触头的动作顺序应正确；安装后应按产品技术文件要求进行交流工频耐压试验，不得有击穿、闪络现象；脱扣装置应按设计要求进行整定值校验，在短路或模拟短路情况下合闸时，脱扣装置应能立即脱扣。

2）低压接触器及电动机起动器的安装

（1）低压接触器及电动机起动器安装前的检查应符合下列要求：

①制造厂为了防止铁芯生锈，出厂时在接触器或起动器等电磁铁的铁芯面上涂以较稠的防锈油脂，安装前应做到衔铁表面无锈斑、油垢；接触面应平整、清洁，以免油垢粘住而造成接触器在断电后仍不返回。同时，可动部分应灵活无卡阻，灭弧罩之间应有间隙，灭弧罩的方向应正确。

②触头的接触应紧密，固定主触头的触头杆应固定可靠。

③当带有常闭触头的接触器与磁力起动器闭合时，应先断开常闭触头，后接通主触头，当断开时应先断开主触头，后接通常闭触头，且三相主触头的动作应一致，其误差应符合产品技术文件的要求。

④电磁起动器热元件的规格应与电动机的保护特性（反时限允许过载特性）相匹配。热继电器的电流调节指示位置应调整在电动机的额定电流值上，并应按设计要求进行定值校验。

每个热继电器出厂试验时都进行刻度值校验，一般只做三点：最大值、最小值、中间值。为此，当热继电器作为电动机过载保护时用户不需逐个进行校验，只需按比例调到合适位置即可。当作为重要设备或机组保护时，对热继电器的可靠性、准确性要求较高，按比例调到合适位置难免有误差，这时可根据设计要求进行定值校验。

（2）低压接触器和电动机起动器安装完毕后，应进行下列检查：

①接线应正确。

②在主触头不带电的情况下，主触头动作正常，衔铁吸合后应无异常响声。起动线圈应间断通电，以防止合闸瞬间线圈电流大，如果通电时间长，则会使线圈温升超过允

许值而烧毁线圈。

（3）真空接触器目前已得到普遍应用，根据产品说明，真空接触器安装前应进行下列检查：

①可动衔铁及拉杆动作应灵活可靠、无卡阻。

②辅助触夹应随绝缘摇臂可靠动作，且触头接触应良好。

③按产品接线图检查内部接线应正确。

（4）对新安装和新更换的真空开关管，要事先采用工频耐压法检查其真空度，并符合产品技术文件的规定。

（5）真空接触器接线应按出厂接线图接外接导线，且符合产品技术文件的规定；接地应可靠，可接在固定接地极或地脚螺栓上。

（6）可逆起动器或接触器电气联锁装置和机械联锁装置的动作均应正确、可靠，防止正、反向同时动作，同时吸合将会造成电源短路，烧毁电器及设备。

（7）星-三角起动器的检查、调整应符合下列要求：

①起动器的接线应正确；电动机定子绕组正常工作应为三角形接线。

②手动操作的星-三角起动器应在电动机转速接近运行转速时进行切换；自动转换的起动器应按电动机负荷要求正确调节延时装置。

（8）自耦减压起动器的安装、调整应符合下列要求：

①起动器应垂直安装。

②油浸式起动器的油面不得低于标定油面线。

③减压抽头在65%～80%额定电压下，应按负荷要求进行调整；起动时间不得超过自耦减压起动器允许的起动时间。

④自耦减压起动器出厂时，其变压器抽头一般接在65%额定电压的抽头上，当轻载起动时，可不必改接；如重载起动，则应将抽头改接在80%位置上。

用自耦降压起动时，电动机的起动电流一般不超过额定电流的3倍～4倍，最大起动时间（包括一次或连续累计数）不超过2min，超过2min时，按产品规定应冷却4h后方能再次起动。

（9）手动操作的起动器，触头压力应符合产品技术文件规定，操作应灵活。

（10）电磁式、气动式等接触器和起动器均应进行通断检查：检查接触器或起动器在正常工作状态下加力使主触头闭合后，接触器、起动器工作是否正常，否则应及时处理。用于重要设备的接触器或起动器还应检查其起动值，并应符合产品技术文件的规定，以确保这些接触器、起动器正常工作，保证重要设备可靠运行。

（11）安装变阻式起动器的变阻器后，应检查其电阻切换程序、触头压力、灭弧装置及起动值，并应符合设计要求或产品技术文件的规定，防止电动机在起动过程中定子或转子开路而影响电动机正常起动。

3）控制器和主令控制器的安装

（1）控制器的工作电压应与供电电源电压相符，有些系列主令控制器适用于交流，不能代替直流控制器使用，为此应检查控制器的工作电压，以免误用。

（2）凸轮控制器及主令控制器应安装在便于观察和操作的位置上。操作手柄或手轮的安装高度宜为 800mm ~ 1200mm，以便操作和观察，但在实际安装工程中也有少数例外。

（3）控制器的工作特点是操作次数频繁、挡位多。例如，KTJ 系列交流凸轮控制器的额定操作频率为 600 次/h，LK18 系列主令控制器的额定操作频率为 1200 次/h，因此，控制器安装应做到操作灵活，挡位明显、准确。带有零位自锁装置的操作手柄应能正常工作，安装完毕后应检查自锁装置能否正常工作。

（4）操作手柄或手轮的动作方向宜与机械装置的动作方向一致。操作手柄或手轮在各个不同位置时，其触头的分合顺序均应符合控制器开、合图表的要求，通电后应按相应的凸轮控制器件的位置检查电动机，并应正常运行。为使控制对象能正常工作，应在安装完毕后检查控制器的操作手柄或手轮在不同位置时控制器触头分、合的顺序，且应符合控制器的接线图，并在初次带电时再一次检查电动机的转向、速度是否与控制操作手柄位置一致，且符合工艺要求。

（5）控制器触头压力均匀，触头超行程不应小于产品技术文件的规定。凸轮控制器主触头的灭弧装置应完好。

（6）控制器的转动部分及齿轮减速机构应润滑良好，以利于各转动部件正常工作，减少磨损，延长使用年限。

4）继电器的安装继电器安装前的检查应符合下列要求：

（1）可动部分动作应灵活、可靠。

（2）表面污垢和铁芯表面防腐剂应清除干净。

5）按钮的安装

（1）按钮之间的距离宜为 50mm ~ 80mm，按钮箱之间的距离宜为 50mm ~ 100mm；当倾斜安装时，其与水平方向的倾斜角不宜小于 30°。

（2）按钮操作应灵活、可靠，无卡阻。

（3）集中在一起安装的按钮应有编号或不同的识别标志，"紧急"按钮应有明显标志，并设保护罩。

6）行程开关的安装、调整

由于行程开关种类很多，以下为常用的行程开关有共性的基本安装要求：

（1）安装位置应能使开关正确动作且不妨碍机械部件的运动。

（2）碰块或撞杆应安装在开关滚轮或推杆的动作轴线上，对电子式行程开关应按产品技术文件要求调整可动设备的间距。

（3）碰块或撞杆对开关的作用力及开关的动作行程均不应大于允许值。

（4）限位用的行程开关应与机械装置配合调整，确认动作可靠后方可接入电路使用。

7）熔断器的安装

熔断器种类繁多，安装方式也各异，一般要求如下：

（1）熔断器及熔体的容量应符合设计要求，并核对所保护电气设备的容量与熔体容量相匹配；对后备保护、限流、自复、半导体器件保护等有专用功能的熔断器，严禁替代。

（2）熔断器安装位置及相互间距离应便于更换熔体。

（3）有熔断指示器的熔断器，其指示器应装在便于观察的一侧。

（4）瓷质熔断器在金属底板上安装时，其底座应垫软绝缘衬垫。

（5）安装具有几种熔体规格的熔断器，为避免配装熔体时出现差错，应在底座旁标明规格，以免影响熔断器对电器的正常保护工作。

（6）有触及带电部分危险的熔断器，应配齐绝缘抓手。

（7）带有接线标志的熔断器，电源线应按标志进行接线。

（8）螺旋式熔断器的安装，其底座严禁松动，电源应接在熔芯引出的端子上。

3. 控制线路的技术准备

（1）认真阅读电气原理图，结合生产设备工作原理，弄清生产工艺过程和电气控制线路各环节之间的关系，对重点部位、关键设施、复杂过程要反复阅读，弄懂吃透。

（2）通过阅读安装图和接线图，了解各元器件的安装位置和内部接线的走向，并弄清外部连接线的走向、数量、规格、长短等。

（3）认真阅读产品说明书，了解产品的型号、规格、技术指标、工作原理、安装、调试、维修要点及注意事项。在进行设备安装调试时，电气控制柜由厂家提供并随设备运抵，经过长途运输，难免不出现电气控制元器件松动及连接线脱落等问题，因此在安装工作进行时，首先要对柜内进行检查，柜内所有电气元器件的规格、型号、安装位置均应正确，接线应紧固，安装在设备上的分立器件必须位置正确、功能完好。必须对所有接线编号进行详细核对，做到准确无误后方可进行安装、调试。

8.2.6 控制线路的调试

1. 控制线路的模拟动作试验

（1）断开电气主线路的主回路开关出线处，电动机等电气设备不通电，接通控制线路电源，检查各部分电源电压是否正确、符合规定，信号灯指示器工作是否正常，零压继电器工作是否正常。

（2）操作各开关按钮，相应的各个继电器、接触器应该动作，并吸合、释放迅速，无黏滞、卡阻现象，无不正常噪声，各信号指示正确。

（3）用人工模拟的办法试动各保护器件，应能实现迅速、准确、可靠的保护功能。

（4）手动各个行程开关，检查限位位置、动作方向、动作可靠性。

（5）对机械、电气联锁控制环节，检查联锁功能是否准确可靠。

（6）按照设备工作原理和生产工艺过程，按顺序操作各开关和按钮，检查接触器、继电器是否符合规定动作程序。

2. 试运行

（1）试运行是对整个设备运行调试。试运行是在控制线路的模拟动作试验完成，电动机安装完毕并完成了盘车、旋转方向确定，空载测试，完成了电气部分与机械部分的转动，动作协调一致，检查后进行的。

（2）试运行按以下原则进行：先控制回路，后主回路；先辅助回路，后主要回路；

先局部后整体；先点动后运行；先单台后联动；先低速后高速；限位开关先手动后电动。

（3）试运行时若出现继电保护装置动作，必须查明原因，不得随意增大整定电流，更不允许短接保护装置强行通电。

（4）试运行时若出现意外、紧急、特殊情况，操作人员应自行紧急停车。

3. 常见低压电器故障及检修方法

电气控制线路故障主要分成如下几种：

（1）控制线路电器元件自身损坏：设备在运行过程中，其电气设备常常承受许多不利因素的影响，诸如电器动作过程中机械振动、过电流的热效应加速电器元件的绝缘老化变质、电弧的烧损、长期动作的自然磨损、周围环境温度的影响、元件自身的质量问题、自然寿命等原因。

（2）人为故障：设备在运行过程中，由于人为破坏或操作不当、安装不合理而造成的故障。

（3）设备故障原因：如机械传动卡阻、负荷太重等。

（4）供电线路故障：电源电压过高或过低及缺相等。

（5）其他原因：如控制柜渗水、外力损伤、酸碱或有害介质腐蚀线路等。

常见低压电器的故障及检修方法如表8.2.1所列。

表8.2.1　低压电器故障及检修方法

名称	故障现象	原　因	检修方法
低压断路器	手动操作断路器不能闭合	（1）失压脱钩器无电压；（2）线圈损坏；（3）储能弹簧变形，导致闭合力减小；（4）反作用弹簧力过大，机构不能复位再扣	（1）检查电压是否正常，连接是否可靠；（2）检查或更换线圈；（3）更换储能弹簧；（4）调整弹簧反力，调整再扣接触面至规定值
	电动操作断路器不能闭合	（1）电源电压不符合要求，电源容量不够；（2）电磁铁拉杆行程不够；（3）电动机操作定位开关变位；（4）控制器元件损坏	（1）调整电源满足要求；（2）重新调整或更换电磁铁拉杆；（3）调整定位开关到合适位置；（4）更换元件
	漏电保护断路器不能闭合或频繁动作	（1）线路某处漏电或接地；（2）操作机构损坏；（3）漏电保护电流偏小或漏电保护电流变化	（1）排除漏电、接地故障；（2）送制造厂修理；（3）重新校正漏电保护电流至合适值
	缺相	（1）一般型号的断路器的连杆断裂，限流断路器拆卸机构的可拆连杆之间的角度变大；（2）触头烧毁、接线螺栓松动或烧毁	（1）更换连杆，调整可拆连杆之间的角度达规定值；（2）更换触头，调整并紧固或更换螺栓
	分离脱扣器不能分断	（1）线圈短路或断路；（2）电源电压太低；（3）再扣接触面太大；（4）螺钉松动	（1）更换或修复线圈；（2）调整电源电压至规定值；（3）重新调整；（4）拧紧螺钉

（续）

名称	故障现象	原　因	检　修　方　法
低压断路器	欠电压脱扣器不能分断	（1）反力弹簧变小或损坏；（2）机构卡阻	（1）调整反力弹簧，调整或更换蓄能弹簧；（2）消除卡阻原因
低压断路器	电动机起动时断路器立即分断	（1）过电流脱扣器瞬动整定值太小；（2）零件损坏；（3）反力弹簧断裂或脱落	（1）重新调整脱扣器瞬动整定值；（2）更换脱扣器或更换损坏零件；（3）更换弹簧或重新装上
低压断路器	断路器的温升过高	（1）断路器选用偏小；（2）触头压力太小；（3）触头表面氧化或有油污、表面磨损严重造成接触不良，连接螺栓松动	（1）更换断路器；（2）调整触头压力或更换弹簧；（3）打磨清理触头或更换触头保证接触良好；（4）拧紧连接螺栓
低压断路器	欠电压脱扣器噪声太大	（1）反作用弹簧力太大；（2）铁芯有油污；（3）短路环断裂	（1）重新调整反力弹簧；（2）清除油污；（3）修复短路环或更换铁芯
低压断路器	带负荷一定时间后自行分断	过电流脱扣器长延时整定值不对，热元件整定值不对	重新调整和更换
接触器和电磁式继电器	按下起动按钮，接触器不动作，或在正常工作情况下自行突然分开	（1）供电线路断电；（2）按钮的触头失效；（3）线圈断路	（1）检查控制线路电源；（2）检查按钮触头及引出线，若按下点动按钮接触器动作正常，一般都是起动按钮触头有问题；（3）检查线圈引出线有无断线和焊点脱落
接触器和电磁式继电器	按下起动按钮，接触器不能完全闭合	（1）按钮的触头不清洁或过度氧化；（2）接触器可动部分局部卡阻；（3）控制电路电源电压低于额定值85%；（4）接触器反力过大（即触头压力弹簧和反力弹簧的压力过大）；（5）触头超行程过大	（1）清洁按钮触头；（2）消除卡阻；（3）调整电源电压到规定值；（4）调整弹簧压力或更换弹簧；（5）调整触头超行程距离
接触器和电磁式继电器	按下停止按钮，接触器不分开	（1）可动部分被卡住；（2）反力弹簧的反力太小；（3）剩磁过大；（4）铁芯极面有油污，使动铁芯黏附在静铁芯上；（5）触头熔焊（熔焊的主要原因有操作频率过高或接触器选用不当、负载短路、触头弹簧压力过小、触头表面有金属颗粒突起或异物、起动过程尖峰电流过大、线圈的电压低或磁系统的吸力不足，造成触头动作不到位或动铁芯反复跳动，致使触头处于似接触非接触的状态）；（6）联锁触头与按钮间接线不正确而使线圈未断电	（1）消除卡阻原因。（2）更换反力弹簧。（3）更换铁芯。（4）清除油污。（5）降低操作频率或更换合适的接触器，排除短路故障，调整触头弹簧压力，清理触头表面，降低尖峰电流。当闭合能力不足时，提高线圈电压不低于额定值的85%。当触头轻微焊接时，可稍加外力使其分开，锉平浅小的金属熔化痕迹；对于已焊牢的触头，只能拆除更新。（6）检查联锁触头与按钮间接线
接触器和电磁式继电器	铁芯发出过大的噪声，甚至"嗡嗡"振动	线圈电压不足，动、静铁芯的接触面相互接触不良，短路环断裂	调整电源电压不低于线圈电压额定值的85%，锉平铁芯接触面，使相互接触良好，焊接或更新断裂的短路环

（续）

名称	故障现象	原　　因	检 修 方 法
接触器和电磁式继电器	起动按钮释放后接触器分开	（1）接触器自锁触头失效；（2）自锁线路接线错误或线路接触不良	（1）检查自锁触头是否有效接触；（2）排除线路接线错误并使线路接触可靠
	按下起动按钮，接触器线圈过热、冒烟	（1）控制电路电源电压大于线圈电压，此时接触器会出现动作过猛现象；（2）线圈匝间短路，此时线圈呈现局部过热，因吸力降低而铁芯发生噪声	（1）检查电源电压，如果是因更换了接触器线圈而出现此现象，一般是线圈更换错误（如将 220V 的线圈用于 380V）；（2）用线圈测量仪测量其圈数或测量其直流电阻，与线圈标牌上的圈数或电阻值相比较，一般均换成新线圈而不修理
	短路	（1）接触器用于正、反转控制过程中，正转接触器触头因熔焊、卡阻等原因不能分断，反转接触器动作造成相间短路；（2）正、反转线路设计不当，当正向接触器尚未完全分断时反向接触器已接通而形成相间短路；（3）接触器绝缘损坏对地短路	（1）消除触头熔焊、可动部分卡阻等故障；（2）设计上增加联锁保护，应更换成动作时间较长（即铁芯行程较长）的可逆接触器；（3）查找绝缘损坏原因，更换接触器
	触头断相	（1）触头烧缺；（2）压力弹簧片失效；（3）螺钉松脱	（1）更换触头；（2）更换压力弹簧；（3）拧紧松脱螺钉
	肉眼可见外伤	机械性损伤	仅为外部损伤时，可进行局部修理，如外部包扎、涂漆或黏结好骨架裂缝。当为机械性损伤而引起线圈内部短路、断路或触头损坏等，应更换线圈、触头
热继电器	电气设备经常烧毁而热继电器不动作	热继电器的整定电流与被保护设备要求的电流不符	（1）按照被保护设备的容量调整整定电流到合适值；（2）更换热继电器
	在设备正常工作状态下热继电器频繁动作	（1）热继电器久未校验，整定电流偏小；（2）热继电器刻度失准或没对准刻度；（3）热继电器可调整部件的固定支钉松动，偏离原来整定点；（4）有盖子的热继电器未盖上盖子，灰尘堆积、生锈或动作机构卡阻，磨损，塑料部件损坏；（5）热继电器的安装方向不符合规定；（6）热继电器安装位置的环境温度太高；（7）热继电器通过了巨大的短路电流后，双金属元件已产生永久变形；（S）热继电器与外界连接线的接线螺钉没有拧紧，或连接线的直径不符合规定	（1）对热继电器重新进行调整试验（在正常情况下每年应校验一次），校准刻度、紧固支钉或更换新热继电器；（2）清除热继电器上的灰尘和污垢，排除卡阻，修理损坏的部件，重新进行调整试验；（3）调整热继电器安装方向，使其符合规定；（4）变换热继电器的安装位置或加强散热，降低环境温度，或另配置适当的热继电器；（5）更换双金属片；（6）拧紧接线螺钉或换上合适的连接线
	热继电器的动作时快时慢	（1）热继电器内部机构有某些部件松动；（2）双金属片有形变损伤；（3）接线螺钉未拧紧；（4）热继电器校验不准	（1）将松动部件加以固定；（2）用热处理的办法消除双金属片内应力；（3）拧紧接线螺钉；（4）按规定的过程、条件、方法重新校验

（续）

名称	故障现象	原　　因	检 修 方 法
热继电器	接入热继电器后主电路不通	（1）负载短路将热元件烧毁；（2）热继电器的接线螺钉未拧紧；（3）复位装置失效	（1）更换热元件或热继电器；（2）拧紧接线螺钉；（3）修复复位装置或更换热继电器
	控制电路不通	（1）触头烧毁，或动触片的弹性消失，动、静触头不能接触；（2）在可调整式的热继电器中，有时由于刻度盘或调整螺钉转到不合适的位置将触头顶开了；（3）线路连接不良	（1）修理触头和触片；（2）调整刻度盘或调整螺钉；（3）排除线路故障，保证连接良好
	热继电器整定电流无法调准	（1）热继电器电流值不对；（2）热元件的发热量太小或太大；（3）双金属片用错或装错	（1）更换符合要求的热继电器；（2）更换正确的热元件；（3）更换或重新安装双金属片，电流值较小的热继电器更换双金属片

8.3　三相异步电动机典型控制电路

在工业生产过程中，三相异步电动机常用于拖动负载，尤其是鼠笼型异步电动机由于有结实耐用等诸多优点而得到广泛应用。下面针对工业生产过程中的要求介绍典型的控制电路，如点动控制、起保停控制（单向自锁运行控制）、正反转控制、行程控制、时间控制等，文中给出的为原理电路，进行了简化，实际应用时还需要根据实际情况进行修改。

电动机在使用过程中由于各种原因可能会出现一些异常情况，如电源电压过低、电动机电流过大、电动机定子绕组相间短路或电动机绕组与外壳短路等，如不及时切断电源则可能会对设备或人身带来危险，因此必须采取保护措施。常用的保护环节有短路保护、过载保护、零压保护和欠压保护等。

（1）继电器－接触器控制系统原理图绘制原则：

①按国家规定的电工图形符号和文字符号画图。

②控制线路由主电路（被控制负载所在电路）和控制电路（控制主电路状态）组成。

③属同一电器元件的不同部分（如接触器的线圈和触点）按其功能和所接电路的不同分别画在不同的电路中，但必须标注相同的文字符号。

④所有电器的图形符号均按无电压、无外力作用下的正常状态画出，即按通电前的状态绘制。

⑤与电路无关的部件（如铁芯、支架、弹簧等）在控制电路中不画出。

（2）分析和设计控制电路时的注意事项

①使控制电路简单，电器元件少，而且工作要准确可靠。

②尽可能避免多个电器元件依次动作才能接通同一个电器的控制电路。

③必须保证每个线圈的额定电压，不能将两个线圈串联。

8.3.1 起保停控制

继电器－接触器控制系统往往分成主电路和控制电路，在设计和分析中都要先设计/分析主电路，然后再设计/分析控制电路，要弄清楚主电路和控制电路中各元件的关系。一般来说，控制电路中元件发出控制信号，从而使主电路产生相应的动作。

在绘制电路图时主电路和控制电路应该分开来画，同一个电器中的线圈、触头无论画在什么位置都要使用相同的字母符号，控制电路中的所有触头的状态均为电器的自然状态（即未通电时的状态），一般接触器线圈的工作电压为三相交流电路的线电压。

1. 电路构成

三相异步电动机的单向全压起动、停止控制电路如图 8.3.1 所示。主电路由隔离开关 QS、熔断器 FU、接触器 KM 的主触点、热继电器 FR 的热元件和电动机 M 构成。控制电路由常闭触点 FR、停止按钮 SB_1、起动按钮 SB_2、接触器线圈 KM 和常开触点 KM 组成，这是最典型的起保停控制线路。

在以后的继电器－接触器控制系统的分析中，我们应学会分解出主电路和控制线路，并弄清楚二者之间的关系和电路的动作过程。以后将省略对主电路构成和控制电路构成的描述，请读者自行读图。

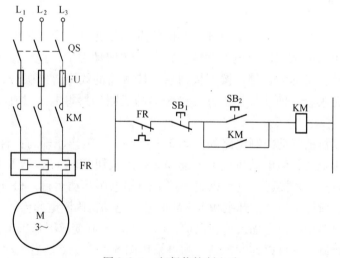

图 8.3.1 起保停控制电路

2. 工作过程分析

（1）起动过程：按下起动按钮 SB_2，接触器 KM 线圈通电，主电路中接触器 KM 吸合，主触点闭合，电动机接触电源开始全压起动。同时，与 SB_2 并联的 KM 的辅助常开触点也闭合，当松手后 SB_2 断开，线圈 KM 仍然保持通电，使电动机能够连续运转，从而实现连续运转控制。

（2）停止过程：按下停止按钮 SB_1，接触器 KM 线圈断电，与 SB_2 并联的 KM 的辅助常开触点断开，以保证松开按钮 SB$_2$ 后 KM 线圈持续失电，串联在电动机回路中的 KM 的主触点断开，电动机停转。

（3）自锁：与 SB$_1$ 并联的 KM 的辅助常开触点的这种作用称为自锁，也称为保持电路。

上述 3 个过程合在一起实现了电动机的起动、停止和保持，故称为起保停控制。

3. 保护电路

图 8.3.1 所示控制电路还可实现短路保护、过载保护和零压保护。

（1）短路保护：起短路保护的是串接在主电路中的熔断器 FU。一旦电路发生短路故障，熔体立即熔断，电动机立即停转，若要恢复运行时，需更换熔体。

（2）过载保护：起过载保护的是热继电器 FR。过载时，热继电器的发热元件发热，将其常闭触点断开，使接触器 KM 线圈断电，串联在电动机回路中的 KM 的主触点断开，电动机停转。同时 KM 辅助触点也断开，解除自锁。故障排除后若要重新起动，需按下 FR 的复位按钮，使 FR 的常闭触点复位（闭合）即可。

（3）零压（或欠压）保护：起零压（或欠压）保护的是接触器 KM 本身。当电源暂时断电或电压严重下降时，接触器 KM 线圈的电磁吸力不足，衔铁自行释放，使主、辅触点自行复位，切断电源，电动机停转，同时解除自锁，若电源再次恢复，则电路不会自行起动，需要再次按起动按钮才可投入运行。

8.3.2　点动控制

电动机控制主要有点动和长动两种。所谓的点动是通过一个按钮开关控制接触器的线圈，从而实现用弱电来控制强电的功能，按一下按钮动一下，连续按则连续动，不按则不动；所谓长动，又称为自锁，按下按钮后，接触器的线圈得电吸合，接触器自身带的辅助触点也同时吸合，即使按钮松开，接触器的线圈仍然得电，只有按下停止按钮后才会断开。

三相异步电动机的点动控制电路如图 8.3.2 所示。其工作原理为：合上开关 QS，三相电源被引入控制电路，但电动机还不能起动。按下按钮 SB，接触器 KM 线圈通电，衔铁吸合，常开主触点 KM 接通，电动机定子接通三相电源起动运行；松开按钮 SB，接触器 KM 线圈断电，衔铁松开，常开主触点 KM 断开，电动机因断电而停转。

实际运行的电路中往往会加入过载保护，因此点动控制变成图 8.3.3（b）所示电路。如果既可以点动控制，又可以连续控制，则可采用图 8.3.3（c），当手动开关 SA 处于断开位置时，SB$_2$ 用于完成点动控制；当 SA 处于闭合位置时，自锁触点 KM 接入，则可实现连续控制，按钮 SB$_1$ 为停止按钮。如果要用两个按钮分别完成点动控制和连续控制，则电路如图 8.3.3（d）所示，该电路在行车或是电葫芦的控制中有着广泛应用，其原理为：复合按钮 SB$_3$ 实现点动控制，按钮 SB$_2$ 实现连续控制。需要点动控制时，按下 SB$_3$，则其常闭触点先断开自锁电路，常开触点闭合，从而接通控制电路，线圈 KM 得电，主触点接通三相电源，电动机起动；松开点动按钮 SB$_3$ 时，线圈 KM 断电释放，主触点断开，电动机停转；按下 SB$_2$ 则可实现连续控制，SB$_1$ 为停止按钮。

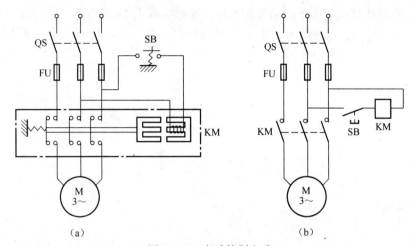

图 8.3.2 点动控制电路

（a）接线示意图；（b）电气原理图。

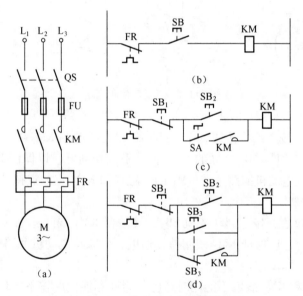

图 8.3.3 实际的点动长动控制电路

8.3.3 正反转控制

各种生产机械常常要求能够完成上下、左右、前后等相反方向的运动，这就要求电动机既能正向转动，又能反向转动。将三相异步电动机的定子电源的任意两根相线对调位置，改变定子绕组相序即可实现电动机转向的改变。

1. 基本正反转控制电路

三相异步电动机的正反转控制电路如图 8.3.4 所示。与起保停控制电路比较，主电路中多了一组接触器 KM_2，用于改变三相电源接入电动机定子时的相序，从而实现电动机的反向转动。基本的控制电路如图 8.3.4（b）所示，工作过程如下：

（1）正向起动过程：按下起动按钮 SB_2，接触器 KM_1 线圈通电，与 SB_2 并联的 KM_1 的辅助常开触点闭合，以保证 KM_1 线圈持续通电，串联在电动机回路中的 KM_1 的主触点持续闭合，电动机连续正向运转。

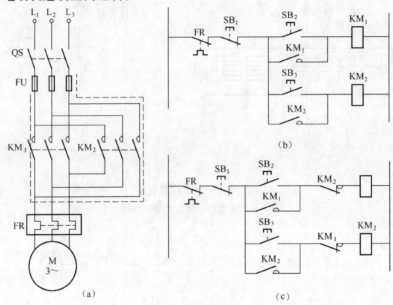

图 8.3.4　正反转控制电路

（a）电路图；（b）无互锁的控制电路；（c）互锁的控制电路。

（2）停止过程：按下停止按钮 SB_1，接触器 KM_1 线圈和 KM_2 线圈均断电，与 SB_2 并联的 KM_1 的辅助触点和与 SB_3 并联的 KM_2 辅助触点均断开，以保证 KM_1 线圈和 KM_2 线圈持续失电，串联在电动机回路中的 KM_1 的主触点和 KM_2 主触点持续断开，切断电动机定子电源，电动机停转。

（3）反向起动过程：按下起动按钮 SB_3，接触器 KM_2 线圈通电，与 SB_3 并联的 KM_2 的辅助常开触点闭合，以保证 KM_2 线圈持续通电，串联在电动机回路中的 KM_2 的主触点持续闭合，电动机连续反向运转。

特别注意 KM_1 和 KM_2 线圈不能同时通电，因此不能同时按下 SB_2 和 SB_3，也不能在电动机正转时按下反转起动按钮，或在电动机反转时按下正转起动按钮。每次改变电动机转向前，必须先按下停止按钮。如果操作错误，将引起主回路电源短路，FU 熔断。因此，该电路在缺陷，需要进行改进。

2. 带电气互锁的正反转控制电路

主电路与基本正反转控制电路相同。控制电路如图 8.3.4（c）所示，工作原理如下：

将接触器 KM_1 的辅助常闭触点串入 KM_2 的线圈回路中，从而保证在 KM_1 线圈通电时 KM_2 线圈回路总是断开的；将接触器 KM_2 的辅助常闭触点串入 KM_1 的线圈回路中，从而保证在 KM_2 线圈通电时 KM_1 线圈回路总是断开的。这样接触器的辅助常闭触点 KM_1 和 KM_2 保证了两个接触器线圈不能同时通电，这种控制方式称为联锁或者互锁，这两个辅助常开点称为联锁或者互锁触点。

该电路仍然存在问题：电路在具体操作时，若电动机处于正转状态，要反转时，必须先按停止按钮 SB_1，使联锁触点 KM_1 闭合后按下反转起动按钮 SB_3，才能使电动机反转；若电动机处于反转状态，要正转时，必须先按停止按钮 SB_1，使联锁触点 KM_2 闭合后按下正转起动按钮 SB_2，才能使电动机正转。

从图 8.3.4（c）可见，若要实现互锁，只需彼此将动断触点（常闭触点）串接在对方的接触器线圈中即可。

此外，在实际应用中，还有利用按钮的机械互锁实现的正反转控制电路和将机械互锁和电气互锁结合起来的正反转控制电路，限于篇幅，在此不进行描述，只给出控制电路图，如图 8.3.5 所示，请自行分析其工作过程。

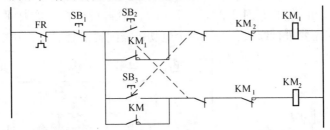

图 8.3.5 同时具有电气互锁和机械互锁的正反转控制电路

8.3.4 多点控制

对于有些机械和生产设备，为了操作方便，常常要求在两个或两个以上的地点都能进行操作。例如电梯，人在电梯厢时在里面控制，人进电梯前在楼道里控制等。图 8.3.6 所示为可两地起停的多点控制，把起动按钮 SB_1 和 SB_2 并联起来，停止按钮 SB_3 和 SB_4 串联起来，分别安装在两个地方，就可实现两地操作。在 A 地按下 SB_1，KM 线圈得电，KM 辅助触点闭合，从而电动机起动，按下 SB_3，则电动机停止；在 B 地按下 SB_2，KM 线圈得电，KM 辅助触点闭合，从而电动机起动，按下 SB_4，则电动机停止，因而实现了在 A、B 两地的多点控制。如果地点增加，只需将其他地点的起动按钮与 KM 辅助触点并联，将停止按钮与 KM 线圈串联，即可实现多地点的多点控制。

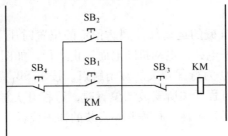

图 8.3.6 可两地起停的多点控制

8.3.5 顺序控制

如工业生产中有工艺生产要求，需要按顺序起动停止两台电动机，电路如图 8.3.7 所示。其中 M_1 为主轴电动机，M_2 为油泵电动机，只有油泵电动机起动后才能起动主轴电动机。因此，接触器 KM_2 必须在接触器 KM_1 工作后才能工作。

工作过程：图 8.3.7（b）中 SB_3 为 M_2 的起动按钮，SB_4 为 M_1 的起动按钮，SB_1 为 M_2 的停止按钮，SB_2 为 M_1 的停止按钮。操作顺序为 M_2 起动然后 M_1 起动，停止时 M_1 先停止，然后 M_2 再停止。若直接按下 SB_4 想起动 M_1，由于辅助触点 KM_1 和按钮 SB_3 均断开无法构成回路，因而 M_1 无法起动，只有先按下 SB_3，KM_1 线圈得电，辅助触点 KM_1 闭合用于自保持，主触点 KM_1 闭合，M_2 起动；然后再按 SB_4，KM_2 线圈得电，辅助触点 KM_2 闭合用于自保持，主触点 KM_2 闭合，M_1 起动。停止时，按下 SB_2，KM_2 失电，主触点 KM_2 断开，M_1 停止，再按 SB_1，KM_1 失电，主触点 KM_1 断开，M_2 停止。若直接按下 SB_1，则 M_1 和 M_2 同时停止。对于图 8.3.7（c），请自行分析。需要注意，若 M_1 和 M_2 容量相当时，电路需要进行修改，一般每个电动机需配置一套刀开关和熔断器。

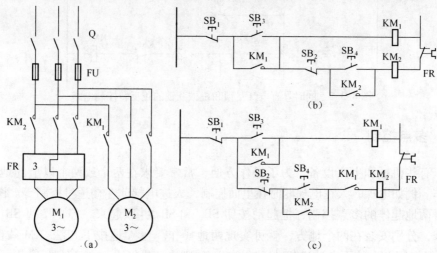

图 8.3.7　两台电动机的顺序控制

8.3.6　行程控制

1．限位控制

限位控制是指当生产机械的运动部件到达预定的位置时压下行程开关的触杆，将常闭触点断开，接触器线圈断电，使电动机断电而停止运行。如图 8.3.8 所示，SB_1 为起动按钮，SB_2 为停止按钮，SQ 为行程开关的常闭触点。按下 SB_1 后，电动机起动运行，当电动机带动的机械运动到行程开关所安装的位置时，行程开关被压下，SQ 断开，电动机停止运行。在实际使用时必须要注意行程开关安装的物理位置。

2．自动往返控制

某些机械要求在一定范围内能自动往返运行（自动往复运行），如机床的工作台。这就需要利用行程开关来检测往返运动的相对位置，再控制电动机的正反转，从而完成对机械的往返运动的控制。电路如图 8.3.9 所示。

按下正向起动按钮 SB_1，电动机正向起动运行，带动工作台向前运动。当运行到 SQ_2

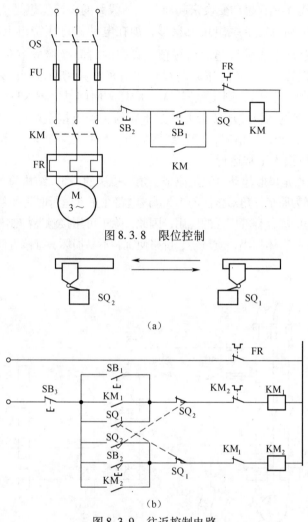

图 8.3.8 限位控制

（a）

图 8.3.9 往返控制电路

（a）往返运动图；（b）自动往返控制电路。

位置时，挡块压下 SQ_2，SQ_2 的常闭触点断开，接触器 KM_1 断电释放，SQ_2 的常开触点闭合，KM_2 通电吸合，电动机反向起动运行，使工作台后退。工作台退到 SQ_1 位置时，挡块压下 SQ_1，接触器 KM_2 断电释放，KM_1 通电吸合，电动机又正向起动运行，工作台又向前进，如此一直循环下去，直到需要停止时按下 SB_3，KM_1 和 KM_2 线圈同时断电释放，电动机脱离电源停止转动。

电动机自动往返的控制电路采用行程开关完成电动机正反转的自动切换，这种利用运动部件的行程实现的控制称为按行程原则的自动控制。

8.3.7 时间控制

$Y - \triangle$ 起动控制是一个典型的时间控制实例。对于容量较大的电动机，在起动时，若直接起动则会产生很大的起动电流，对电网和电动机本身都有影响。因此，对于绕线式异步电动机，常采用 Y－△起动变换来起动。这一线路的设计思想是按时间顺序控制起动过程，在起动时将电动机定子绕组接成星形，加在电动机每相绕组上的电压为额定值的 $1/\sqrt{3}$，从而减小了起动电流。待起动后按预先设定的时间换接成三角形接法，使电动机在额定电压下正常运转。Y－△降压起动线路如图 8.3.10 所示。当起动电动机时，先合上刀闸 S，按下起动按钮 SB_2，则接触器 KM、KM_1 与时间继电器 KT 的线圈同时得电，接触器 KM_1 的主触点将电动机接成星形并经过 KM 的主触点接至电源，电动机进行降压起动。当 KT 的延时值达到设定值时，KM_1 线圈失电，KM_2 线圈得电，电动机主电路换接成三角形接法，电动机投入正常运行。

Y－△起动的优点是星形起动电流是原来三角形接法的 1/3，结构简单、价格低。缺点是起动转矩也相应下降为原来三角形接法的 1/3。该电路在正常运行时定子绕组按三角形接线的异步电动机轻载起动的场合有着广泛的应用，因此，除了可用接触器控制外，还有专用的 Y－△起动器可以使用，具有体积小、质量轻、价格便宜、不易损坏、维修方便等优点。

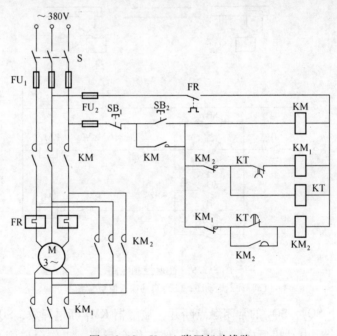

图 8.3.10　Y－△降压起动线路

电动机 Y－△换接起动的控制电路采用了时间继电器延时动作来完成电动机从降压起动到全压运行的自动切换，这种以时间作为参量实现的控制称为按时间原则的自动控制。

8.4　实　例　系　统

8.4.1　加热炉自动上料控制线路

为保证操作人员的安全，加热炉的上料常采用自动循环系统，主电路如图 8.4.1 所示。电动机 M_1 负责炉门的开启和关闭，M_2 负责推料机的前进与后退，来完成整个循环。

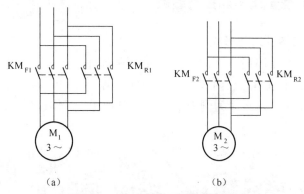

图 8.4.1　加热炉自动上料主电路

（a）炉门开闭电动机；（b）推料机进退电动机。

控制电路如图 8.4.2 所示。SB_1 为停止按钮，SB_2 为起动按钮，用于控制自动上料系统的起动和停止；炉门开时会压下 ST_a，炉门关时会压下 ST_d，推料机到达料位时会压下 ST_b，推料机退回到原位时会压下 ST_c，分别用于检测炉门和推料机的位置。系统刚开始时，炉门处于关闭状态（ST_d 被压下），推料机在原位（ST_c 被压下）。

主要的工作过程如图 8.4.3 所示。按下 SB_2，系统起动，KMF_1 线圈得电，M_1 正转，炉门打开，当炉门完全打开时，ST_a 被压下，M_1 停止正转；KMF_2 线圈得电，M_2 正转，推料机前进，到达指定位置时，ST_b 被压下，M_2 停止正转；KMR_2 线圈得电，M_2 反转，推料机后退，退回到原位时，ST_c 被压下，M_2 停止反转；KMR_1 线圈得电，M_1 反转，炉门关闭，当炉门完全关闭时，ST_d 被压下，M_1 停止反转，至此一个循环完成，系统将继续重复前面的过程，直到按下 SB_1 时，系统才停止运行。

详细的工作过程如图 8.4.4 所示。

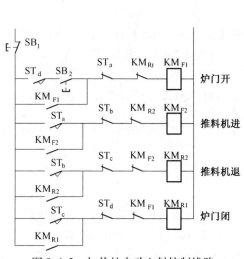

图 8.4.2　加热炉自动上料控制线路

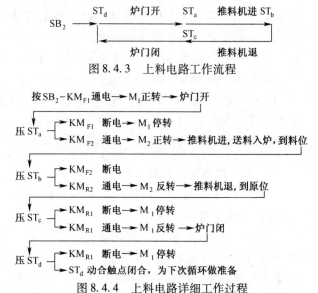

图 8.4.3　上料电路工作流程

图 8.4.4　上料电路详细工作过程

8.4.2 C620-1型普通车床控制线路

1. 车床的主要结构及运动形式

车床是机械加工中使用最广泛的一种机床。在各种车床中普通车床是应用最多的一种，主要用来车削工件的外圆、内圆、端面和螺纹等，并可以装上钻头、铰刀等进行加工。下面以C620-1型普通车床为例来说明其工作原理及工作过程。C620-1型普通车床如图8.4.5所示。

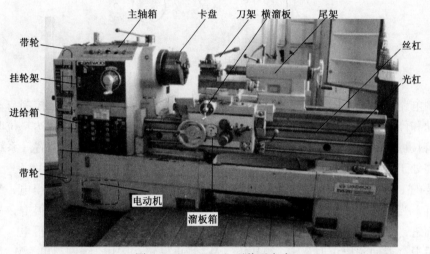

图 8.4.5　C620-1型普通车床

车床切削时，主运动是工件的旋转运动，而刀具作直线进给运动，电动机的动力由V带通过主轴变速箱传给主轴。变换主轴变速箱外的手柄位置，可以改变主轴的转速。主轴通过卡盘带动工件作旋转运动。主轴一般只要求单方向旋转，只有在车螺纹时才需要用反转来退刀。它是用操作手柄通过机械的方法来改变主轴旋转方向的。有的车床也用改变电动机的转向来改变主轴转向。

C620-1型车床的进给运动消耗的功率很小，所以也由主轴电动机拖动，不需要再另加单独的电动机拖动。主轴电动机传来的动力，经过主轴变速箱、挂轮箱传到走刀箱，再由光杠或丝杠传到溜板箱，使溜板箱带动刀架沿床身导轨纵向走刀运动；或者传到溜板箱，使刀架作横向走刀运动。所谓纵向运动，是指相对于操作者作向左或向右的运动。所谓横向运动，就是指相对于操作者作往前或往后的运动。

2. 车床电气控制线路分析

C620-1型车床电气控制线路如图8.4.6所示。

1）主电路分析

电源由开关QS引入，该开关为转换开关，不宜直接接通或断开负载。主轴电动机M_1的运转和停止由接触器KM的3对常开触点的接触和断开来控制。电动机的容量不大，故采用直接起动。冷却泵电动机的主电路接在接触器KM常开主触点的后面，这样使得只有在主轴电动机起动后才有可能接通冷却泵电动机。要使用冷却液时，可将转换开关SA_2

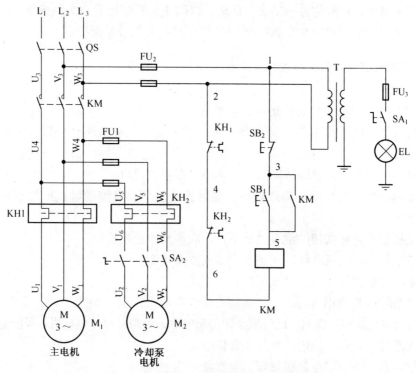

图 8.4.6 C620－1 型车床电气控制线路

转换到接通位置，这时冷却泵电动机运转，给机床提供冷却液。

因为考虑到进入车床前的电源（配电箱或铁壳开关）处已装有熔断器，所以，主轴电动机没有再加熔断器作短路保护。冷却泵电动机的容量很小，所以加了熔断器 FU 作短路保护。

热继电器 KH$_1$ 和 KH$_2$ 分别作为主轴电动机和冷却泵电动机的过载保护。它们的热元件都接在各自的主电路中。

2）控制电路分析

控制电路采用 380V 交流电压供电，由熔断器 FU$_2$ 作短路保护。

控制电路的工作原理如下：先合上电源开关 QS，按下起动按钮 SB$_1$，接触器 KM 的线圈通电。接触器 KM 的衔铁吸合，主电路上 KM 的 3 对常开主触点闭合，主轴电动机 M$_1$ 起动运转。同时，接触器 KM 的一个常开辅助触点也闭合，进行自锁，保证主轴电动机 M$_1$ 在松开起动按钮后能连续运转。按下停止按钮 SB$_2$，接触器 KM 的衔铁因线圈断电而释放，它用的 3 对主触点断开，主轴电动机 M$_1$ 便停止。热继电器 KH$_1$ 和 KH$_2$ 的常闭触点均串联在控制电路中，所以只要任何一台电动机过载，控制电路便断电，两台电动机都停止。这个电路有零压保护功能，在电源断电后，接触器 KM 释放；当电源电压再次恢复正常时，如果没有按下起动按钮 SB$_1$，则电动机不会自行起动，以免发生事故。这个电路同时还具有欠压保护功能，当电源电压太低时，接触器 KM 因电磁吸力不足而自动释放，将电源切除，电动机自行停止，以避免欠电压时电动机因电流过大而烧坏。

3）照明电路分析

照明变压器 T 将 380V 的交流电压降低到 36V 安全电压。照明电路由转换开关 SA$_1$ 接

36V 低压灯泡组成，灯泡的另一端必须接地，以防止照明变压器一次绕组和二次绕组间发生短路时可能发生的触电事故。熔断器 FU₃ 作照明电路的短路保护。

3. 车床电气控制线路常见故障及排除

（1）主轴电动机不能启动：

①控制电路熔断器 FU_2 熔体熔断，应更换。

②热继电器 KH_1 已动作过，动断触点未复位。要判断故障所在位置，还要查明引起热继电器动作的原因，并排除。可能的原因有：长期过载；继电器的整定电流太小；热继电器选择不当。按原因排除故障后，将热继电器复位即可。

③控制电路接触器线圈松动或烧坏，接触器的主触点及辅助触点接触不良，应修复或更换接触器。

④起动按钮或停止按钮的触点接触不良，应修复或更换按钮。

⑤各连接导线虚线或断线，应更改连线或更换连线。

⑥主轴电动机损坏，应修复或更换。

（2）主轴电动机缺相运行。按下起动按钮。电动机发出"嗡嗡"声，不能正常起动。这是电动机的电源缺相造成的。此时应立即切断电源，否则易烧坏电动机。可能的原因有：

①电源断相。应查明原因，恢复正常供电。

②接触器有一对主触点没接触好，应修复。

（3）主轴电动机只能点动运转。故障原因是控制电路中自锁触点接触不良或自锁电路接线松开，修复即可。

（4）按下停止按钮主轴电动机不停止：

①接触器主触点熔焊，应修复或更换接触器。

②停止按钮动断触点被卡住，不能断开，应更换停止按钮。

（5）冷却泵电动机不能起动：

①熔断器 FU_1 熔体熔断，应更换。

②热继电器 HK_2 已动作过，未复位。

③转换开关 SA_2 触头已损坏，应修复或更换。

④冷却泵电动机已损坏，应修复或更换。

习题

8-1 什么是继电器-接触器控制系统？

8-2 什么是低压电器？

8-3 常用的主令电器有哪些？作用分别是什么？

8-4 简述接触器和继电器的基本动作原理。

8-5 试设计一个三相异步电动机正反转控制线路，并说明其工作原理。

8-6 试设计一个既能点动运行又能连续运行的三相异步电动机控制线路，要求用两个按钮分别实现点动与连续控制，并说明其工作原理。

8-7 试分析图示电路的工作过程，并说明该电路的作用。

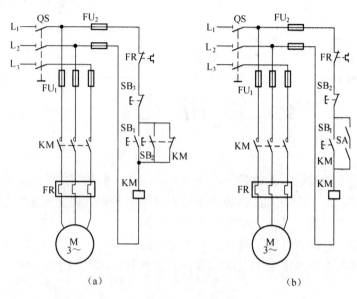

（a）　　　　　　　　　（b）

习题 8-7 图

8-8 图 8.3.4（b）所示的三相异步电动机正反转控制线路中，若出现下述现象，试问可能是线路中哪些地方出现故障？

（1）按下正转起动按钮 SB_2，电动机起动运行，松开按钮电动机停转。

（2）按下起动按钮 SB_2 后，接触器 KM_1 工作，但电动机不起动，还能听到电动机有"嗡嗡"声。

（3）按下起动按钮 SB_3 后，接触器 KM_2 工作，但能听到接触器有很大的噪声。

第9章

安全用电

随着科学技术的发展，无论是工农业生产，还是人们的日常生活，对电能的应用越来越广泛。从事电类工作的人员，必须懂得安全用电常识，树立安全责任重于泰山的观念，避免发生触电事故，以保护人身和设备的安全。

通过本章学习，读者可以了解有关人体触电的知识，懂得引起触电的原因及常用预防措施，能够进行人体触电后的及时抢救，并了解日常用电和生活中的一些防火、防爆和防雷常识。

9.1 触电的知识

触电是指人体触及带电体后，电流对人体造成的伤害。造成触电的原因主要有违规操作、粗心大意、直接接触或过分靠近带电体。由于触电种类、方式及条件的不同，受伤害的后果也不一样。因此，有必要先来了解一下触电的基础知识。

产生触电事故的原因一般有以下几种：

（1）缺乏用电常识，触及带电的导体；

（2）未遵守操作规程，人体直接与带电体部分接触；

（3）由于用电设备管理不当，使绝缘损坏，发生漏电，人体触碰漏电设备外壳；

（4）高压线路落地，造成跨步电压对人体的伤害；

（5）检修时安全措施不完善，接线错误，造成触电事故；

（6）使用了劣质设备或导线等，使绝缘击穿；

（7）其他偶然因素，如雷击等。

要想避免和降低触电事故的发生率，一般的安全措施如下：

（1）在电气设备的设计、制造、安装、运行、使用和维护以及专用保护装置的配置等环节中，要严格遵守国家规定的标准和法规；

（2）加强安全教育，普及安全用电知识；

（3）建立健全安全规章制度，并在实际工作中严格执行；

（4）在线路上作业或检修设备时，应在停电后进行，并采取切断电源、验电、装设临时地线等安全措施；

（5）电气设备的金属外壳应采取保护接地或接零；

（6）安装自动断电装置和保护装置；

（7）尽可能采用安全电压；

（8）保证电气设备具有良好的绝缘性能。

（9）保证人与带电体的安全距离；

（10）定期检查用电设备。

9.1.1　触电的种类和方式

当人体触电时，电流对人体的伤害主要有下面几种。

1. 电击

电击是指电流通过人体时对内部组织造成较为严重的损伤。它可使肌肉抽搐、内部组织损伤，造成发热、发麻、神经麻痹等，严重时将引起昏迷、窒息甚至心脏停止跳动、血液循环中止而死亡。通常说的触电，多是指电击。触电死亡中绝大部分系电击造成。电击的触电方式主要有以下几种：

（1）单相触电。人体的一部分接触带电体的同时，另一部分又与大地或零线（中性线）相接，电流从带电体流经人体到大地（或零线）形成回路，这种触电称为单相触电，如图 9.1.1 所示。单相触电是常见的触电方式。在接触电气线路（或设备）时，若不采用防护措施，一旦电气线路或设备绝缘损坏漏电，将引起间接的单相触电；若站在地上，误接触带电体的裸露金属部分，将造成直接的单相触电。

（2）两相触电。人体的不同部位同时接触两相电源带电体而引起的触电称为两相触电，如图 9.1.1 所示。对于这种情况，无论电网中性点是否接地，人体所承受的线电压将比单相触电时高，危险性更大。

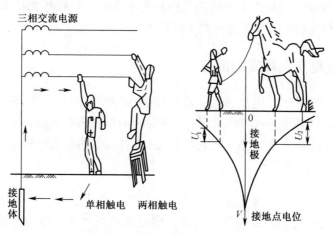

图 9.1.1　单相触电和两相触电

（3）跨步电压触电。接地点及周围形成强电场。其电位分布以接地点为圆心、半径 20m 的圆面积内形成分布电位，并且电位逐步降低，人、畜跨进这个区域，两脚之间将存在电压 U_k，该电压称为跨步电压。在这种电压作用下，电流从接触高电位的脚流进，从接触低电位的脚流出，这就是跨步电压触电，如图9.1.2所示。

跨步电压随距离的分布如图9.1.3所示，图中坐标原点表示带电体接地点，横坐标表示位置，纵坐标负方向表示电位分布，U_k 为人两脚间的跨步电压，离接地点越近、两脚距离越大，跨步电压值越大。因此，为了安全，不要靠近高压带电体。图9.1.3中，哪个人最危险，哪个人最安全呢？

图9.1.2　跨步电压触电

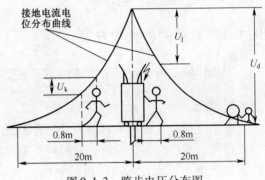

图9.1.3　跨步电压分布图

2. 电伤

电伤是在电流的热效应、化学效应、机械效应以及电流本身作用下造成的人体外部的局部损伤。主要有以下几种现象：

（1）电灼伤。由电流的热效应引起，主要是指电弧灼伤，造成皮肤红肿、烧焦或皮下组织损伤。

（2）电烙伤。由电流的热效应引起，是指皮肤被电气发热部分烫伤或由于人体与带电体紧密接触而留下肿块、硬块，使皮肤变色等。

（3）皮肤金属化。是指由电流的热效应和化学效应，导致熔化的金属微粒渗入皮肤表层，使受伤部位皮肤带金属颜色且留下硬块。

9.1.2　影响触电伤害程度的因素

电流大小、作用时间、电流途径、电流种类和频率、电压、人体电阻、触电者的体质和健康状况、周围环境条件等因素都会影响触电时的伤害程度。

人体对电流的反应非常敏感，触电时电流对人体的伤害程度与以下几个因素有关。

1. 电流的大小

触电时，流过人体的电流是造成损伤的直接因素。人们通过大量试验，证明通过人体的电流越大，人体的生理反应就越明显，感应就越强烈，引起心室颤动所需的时间就越短，致命的危害就越大。按照通过人体电流的大小和人体所呈现的不同状态，工频交流电大致分为下列3种，详细情况参见表9.1.1：

（1）感觉电流：指引起人的感觉的最小电流，约1mA～3mA。

（2）摆脱电流：指人体触电后能自主摆脱电源的最大电流，约10mA。

（3）致命电流：指在较短的时间内危及生命的最小电流，约30mA。

表 9.1.1　电流对人体的作用

电流/mA	对人体的作用
小于0.7	无感受
1	有轻微感觉
1～3	有刺激感，一般电疗仪器取此电流
3～10	感到痛苦，可自行摆脱
10～30	引起肌肉痉挛，短时间无危险，长时间有危险
30～50	强烈痉挛，时间超过60s有生命危险
50～250	产生心脏室性纤颤，丧失知觉，严重危害生命
大于250	短时间内（1s以上）造成心脏骤停，体内造成电灼伤

2. 电流的类型

电流的类型不同，对人体的伤害程度也不同。工频交流电的危害性大于直流电，因为交流电主要是麻痹破坏神经系统，往往难以自主摆脱，一般认为40Hz～60Hz的交流电对人体最危险。随着频率的增加，危险性将降低。当电流频率大于2000Hz时，所产生的损害明显减小。但高压高频电流对人体仍然是十分危险的。

表9.1.2的试验数据表明，频率在30Hz～300Hz的交流电最容易引起人体室颤，造成死亡。可见工频交流电对人体的伤害最严重，交流电的频率离工频越远，对人体的伤害就越低。

表 9.1.2　频率与死亡率

频率/Hz	10	25	50	60	80	100	120	200	500	1000
死亡率/%	21	70	95	91	43	34	31	22	14	11

3. 电流的作用时间

电流对人体的伤害与作用时间密切相关。可以用电流与时间的乘积（电击强度）来表示电流对人体的危害。人体触电，当通过的电流时间越长，越易造成心室颤动，生命危险性就越大。据统计，触电1min～5min内急救，90%有良好的效果，10min后降为60%，超过15min时希望甚微。为了保护人身安全，在很多场合都装设有漏电保护器，漏电保护器的一个重要指标就是额定断开时间与电流乘积小于30mA·s。实际产品一般额定动作电流为30mA，动作时间为0.1s，故小于30mA·s可有效防止触电事故的发生。

4. 电流路径

电流通过人体会对器官造成不同程度的损害。电流通过可引起中枢神经麻痹、抑制而使呼吸停止，以及循环中枢抑制而使心跳骤停；通过脊髓可能导致肢体瘫痪；通过心脏可引起心脏纤维变性、断裂或凝固性坏死、丧失弹性（高电压），能引起心室纤维颤动（一定电流），造成心跳停止，血液循环中断；通过肌肉能使肌肉抽搐和痉挛；通过呼吸

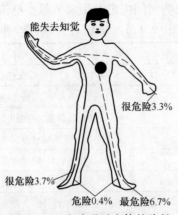

能失去知觉

很危险3.3%

很危险3.7%

危险0.4%　最危险6.7%

图9.1.4　电流通过人体的路径

系统会造成窒息。可见，电流通过心脏时，最容易导致死亡。

图9.1.4展示了电流通过人体的路径，表9.1.3表明了电流在人体中流经不同路径时，通过心脏的电流占通过人体总电流的百分数。

表9.1.3　电流通过不同路径对人体的伤害

电流通过人体的路径	通过心脏的电流占通过人体总电流的百分数/%
从一只手到另一只手	3.3
从右手到右脚	3.7
从右手到左脚	6.7
从一只脚到另一只脚	0.4

从表9.1.3可以看出，电流从右手到左脚危险性最大。

5. 电压的高低

人体接触的电压越高，流过人体的电流就越大，对人体的伤害也就越严重。但在触电例子的分析统计中，70%以上的死亡者是在对地电压为250V低压下触电的。如以触电者人体电阻为1kΩ计，在220V电压作用下，通过人体的电流是220mA，能迅速使人致死。对地250V以上的高压，危险性更大，但由于人们接触少，且对它警惕性较高，所以触高压电死亡事例约在30%以下。

6. 人体的状况

人的性别、健康状况、精神状态等与触电伤害程度有着密切关系。女性比男性触电伤害程度约严重30%，小孩与成人相比，触电伤害程度也要严重得多。体弱多病者比健康人容易受电流伤害。另外，人的精神状况，对接触电器有无思想准备，对电流反应的灵敏程度，都影响触电的伤害程度。醉酒、过度疲劳等都可能增加触电事故的发生次数并加重受电流伤害的程度。

7. 人体的电阻

人体电阻越大，受电流伤害越轻。通常人体电阻可按1kV～2kΩ考虑。如果皮肤表面角质层损伤、皮肤潮湿、流汗、带着导电粉尘等，将会大幅度降低人体电阻，增加触电伤害程度。因此，在夏天流汗多时，或刚洗完手去触碰用电设备都会大大增加触电时的伤害程度。

9.1.3　安全电压

人体触电时，人体所承受的电压越低，通过人体的电流就越小，触电伤害就越轻。当电压低到某一定值以后，对人体就不会造成伤害。也就是说，在不带任何防护设备的条件下，当人体接触带电体时对人体各部分组织（如皮肤、神经、心脏、呼吸器官等）均不会造成伤害的电压值，叫安全电压。它通常等于通过人体的允许电流与人体电阻的乘积，但在不同场合，安全电压的规定是不相同的。

1. 人体电阻的电气参数

当电流通过人体时，也会遇到阻力，这个阻力就是人体电阻。人体电阻不是纯电阻，人体电阻主要由体内电阻、皮肤电阻和皮肤电容组成。皮肤电容很小，一般可以忽略不计。内部电阻是固定的，与外部条件无关，约 $500\Omega \sim 800\Omega$；皮肤电阻主要由角质层的厚度决定，一般为 $1000\Omega \sim 1500\Omega$，外部条件变化时皮肤电阻会发生变化，如表 9.1.4 所列。

表 9.1.4　不同条件下的人体电阻

接触电压/V	人体电阻/Ω			
	皮肤干燥	皮肤潮湿	皮肤湿润	皮肤浸入水中
10	7000	3500	1200	600
25	5000	2500	1000	500
50	4000	2000	875	440
100	3000	1500	770	375
250	1500	1000	650	325

影响人体电阻的因素很多。除皮肤厚薄外，皮肤潮湿、多汗、有损伤、带有导电性粉尘等都会降低人体电阻；接触面积加大、接触压力增加也会降低人体电阻；通过人体的电流加大，通电时间加长，会增加发热出汗，也会降低人体电阻；接触电压增高会击穿角质层，并增强机体电解，也会降低人体电阻，包括体内电阻、皮肤电阻和皮肤电容。皮肤电容很小，可忽略不计；体内电阻基本上不受外界影响，差不多是定值；皮肤电阻占人体电阻的绝大部分，并且随着外界条件的不同可在很大范围内变化，但皮肤角质层容易遭到破坏，在计算安全电压时不宜考虑在内。人体电阻还与接触电压有关。接触电压升高，人体电阻将按非线性规律下降。

2. 人体允许电流

人体允许电流是指发生触电后触电者能自行摆脱电源、解除触电危害的最大电流。在通常情况下，人体的允许电流，男性为 9mA，女性为 6mA。一般情况下，人体允许电流应按不引起强烈痉挛的 5mA 考虑。在设备和线路装有触电保护设施的条件下，人体允许电流可达 30mA。在容器中，在高空、水面等场所，可能因电击造成二次事故（再次触电、摔死、溺死），应尤为注意。

一定要注意，此处所说的人体允许电流不是人体长时间能承受的电流。

3. 安全电压值

安全电压是指人体不戴任何防护设备时，触及带电体不受电击或电伤的电压。人体触电的本质是电流通过人体产生了有害效应，然而触电的形式通常都是人体的两部分同时触及了带电体，而且这两个带电体间存在电位差。因此，要将流过人体的电流限制在无危险范围内，也就是将人体能触及的电压限制在安全的范围内。我国有关标准规定，12V、24V 和 36V 三个电压等级为安全电压级别。不同场所应选用不同的安全电压等级。在湿度大、狭窄、行动不便、周围有大面积接地导体的场所（如金属容器内、矿井内、隧道内等）并使用手提照明灯，应采用 12V 安全电压。凡手提照明器具、危险环境或特别危险环境的局部照明灯、高度不足 2.5m 的一般照明灯、携带式电动工具等，若无特殊的安全防护装置或安全措施，均应采用 24V 或 36V 安全电压。

安全电压的规定是从总体上考虑的，对于某些特殊情况或某些人也不一定绝对安全。是否安全，与人的当时状况，主要是人体电阻、触电时间长短、工作环境、人与带电体的接触面积和接触压力等都有关系。所以，即使在规定的安全电压下工作，也不可粗心大意。

9.2　触电原因及保护措施

9.2.1　触电的常见原因

触电的场合不同，引起触电的原因也不同。下面根据在工农业生产、日常生活中所发生的不同触电事例，将常见触电原因作以归纳。

（1）线路架设不合规格。室内、外线路对地距离及导线之间的距离小于允许值；通信线、广播线与电力线间隔距离过近或同杆架设；线路绝缘破损；有的地区为节省电线而采用一线一地制送电等。

（2）电气操作制度不严格、不健全。带电操作时，不采取可靠的保护措施；不熟悉电路和电器而盲目修理；救护已触电的人时，自身不采取安全保护措施；停电检修时，不挂警告牌；检修电路和电器时，使用不合格的保护工具；人体与带电体过分接近而又无绝缘措施或屏护措施；在架空线上操作时，不在相线上加临时接地线（零线）；无可靠的防高空跌落措施等。

（3）用电设备不合要求。电气设备内部绝缘损坏，金属外壳又未加保护接地措施或保护接地线太短、接地电阻太大；开关、闸刀、灯具、携带式电器绝缘外壳破损，失去防护作用；开关、熔断器误装在中性线上，一旦断开，就使整个线路带电。

（4）用电不谨慎。违反布线规程，在室内乱拉电线；随意加大熔断器熔丝规格；在电线上或电线附近晾晒衣物；在电线杆上拴牲口；在电线（特别是高压线）附近打鸟、放风筝；未断电源就移动家用电器；打扫卫生时，用水冲洗或用湿布擦拭带电电器或线路等。

9.2.2　电气设备的接地和保护接零

防止触电首先是遵守安全制度，其次才是依赖于各种保护设备。在工厂企业、实验室等用电单位，几乎无一例外地制定有各种各样的安全用电制度。一定要牢记：在你走进车间、实验室时，千万不要忽略安全用电制度，不管这些制度粗看起来如何"不合理"，如何"妨碍"工作，否则必然会自己酿成苦果。严格遵守安全制度，可以避免大部分触电事故。此外，还要采用各种保护措施来尽量减小触电发生时对人体和设备造成的危害，主要有保护接零、保护接地和装设漏电保护装置等。

电气设备漏电或击穿碰壳时，平时不带电的金属外壳、支架及其相连的金属部分就会呈现电压，人若触及这些意外带电部分，就会发生触电事故。为防止意外事故的发生，应采取保护措施。在低压配电系统中采用的保护措施有两种，当低压配电系统变压器中性点不接地时，采用接地保护；当低压配电系统变压器中性点接地时，采用接零保护。

1. 接地的基本概念

电气设备的某部分与大地之间做良好的电气连接，称为接地。接地装置是由接地体和接地线两部分组成的。埋入地中并直接与大地接触的金属导体，称为接地体或接地极。接地体与电气设备的金属外壳之间的连接线，称为接地线。由若干接地体在大地中相互用接地线连接起来的一个整体，称为接地网。按照类型，接地可以分为功能性接地、保护性接地，以及功能性和保护性结合的接地；按照作用不同，接地可以分为工作接地、保护接地、重复接地、过电压保护接地、防静电接地和屏蔽接地等。文中主要介绍保护接地。

2. 接地的种类

1）工作接地

工作接地是为保证电力系统和电气设备达到正常工作要求而进行的一种接地，例如电源中性点的接地、防雷装置的接地等。各种工作接地有各自的功能。例如电源中性点直接接地，能在运行中维持三相系统中相线对地电压不变，而电源中性点经消弧线圈接地，能在单相接地时消除接地点的断续电弧，防止系统出现过电压。至于防雷装置的接地，其功能更是显而易见的，不进行接地就无法对地泄放雷电流，从而无法实现防雷的要求。

2）保护接地

由于绝缘的损坏，在正常情况下不带电的电力设备外壳有可能带电，为了保障人身安全，将电力设备正常情况不带电的外壳与接地体之间作良好的金属连接，称为保护接地。如将电气设备的外壳直接接到保护中性线上，这种方式就是我们常说的"保护接零"。保护接地一般应用在高压系统中，在中性点直接接地的低压系统中有时也有应用。

如图 9.2.1（a）所示，电力设备没有接地，当电力设备某处绝缘损坏而使其正常情况下不带电的金属外壳带电时，若人体触及带电的金属外壳，由于线路与大地间存在分布电容，接地短路电流通过人体，这是相当危险的。但是，当电气设备采用保护接地后，如图 9.2.1（b）所示，人体触及带电的金属外壳，接地短路电流将同时沿着接地体和人体两条通路流过，流过每一条通路的电流值与其电阻成反比。接地装置的接地电阻越小，流经人体的电流就越小。通常人体的电阻比接地装置的电阻大得多，所以流经人体的电流较小。只要接地电阻符合要求（一般不大于 4Ω），就可以大大降低危险，起到保护作用。

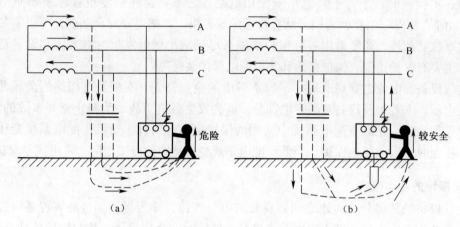

图 9.2.1　电气设备的保护接地（IT 系统）

(a) 没有接地；(b) 有接地。

接地系统一般由两个字母组成，必要时可加后续字母，其中字母的含义如下：

（1）第一个字母表示电源中性点对地的关系：T 表示直接接地、I 表示不接地或者通过阻抗接地。

（2）第二个字母表示电气设备外壳的接地方式：T 表示独立于电源接地点的接地、N 表示与电源系统接地点或者该点引出的导体相连。

（3）后续字母表示中性点和保护线之间的关系：C 表示中性线和保护线合一（PEN 线）；S 表示中性线和保护线分开；C – S 表示在电源侧为 PEN 线，从某一点分开为保护线 PE 和中性线 N。

保护接地和接零主要可分为 3 种形式：TN 系统、IT 系统和 TT 系统。

3. TN 系统

TN 系统如图 9.2.2 所示，工厂的低压配电系统大都采用这种三相四线制的中性点直接接地方式，属于保护接零。TN 系统又分为以下 3 种情况：

（1）TN – C 系统：整个系统的中性线 N 与保护线 PE 是合在一起的，电气设备不带电金属部分与之相连，如图 9.2.2（a）所示的 PEN 线。在这种系统中，当某相相线因绝缘损坏而与电气设备外壳相碰时，形成较大的单相对地短路电流，引起熔断器熔断而切断短路故障，从而起到保护作用。该接线保护方式适用于三相负荷比较平衡且单相负荷不大的场所，在工厂低压设备接地保护中使用相当普遍。

（2）TN – S 系统：配电线路中性线 N 与保护线 PE 分开，电气设备的金属外壳接在保护线 PE 上，如图 9.2.2（b）所示。在正常情况下，PE 线上没有电流流过，不会对接在 PE 线上的其他设备产生电磁干扰，适用于环境条件较差、安全可靠要求较高以及设备对电磁干扰要求较严的场所。该系统中保护零线绝对不允许断开。

（3）TN－C－S 系统：该系统是 TN－C 和 TN－S 系统的综合，电气设备大部分采用 TN－C 系统接线，在设备有特殊要求的场合，局部采用专设保护线接成 TN－S 形式，如图 9.2.2（c）所示。

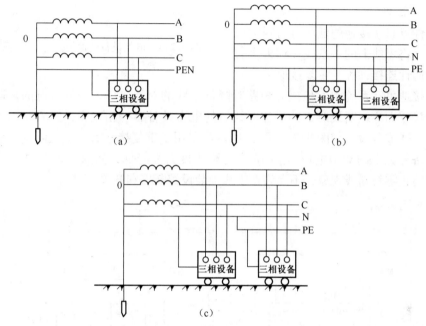

图 9.2.2 电气设备的保护接零（TN 系统）
（a）TN-C 系统；（b）TN-S 系统；（c）TN-CS 系统。

4. IT 系统

IT 系统的电源不接地或通过阻抗接地，电气设备的不带电金属部分直接经接地体接地，如图 9.2.1 所示。当电气设备因故障金属外壳带电时，接地电容电流分别经接地体和人体两条支路通过，只要接地装置的接地电阻在一定范围内，就会使流经人体的电流被限制在安全范围。IT 系统供电连续性较高，适合大型电厂用电和重要生产线用电，而且这种系统可以采用剩余电流动作保护器进行人身和设备安全保护。

5. TT 系统

TT 系统是针对大电流接地系统的保护接地，如图 9.2.3 所示。配电系统的中性线 N 引出，但电气设备的不带电金属部分经各自的接地装置直接接地，与系统接线不发生关系。发生绝缘损坏的故障时其保护方式与 IT 系统相似。

必须注意：同一低压系统中，不能有的采取保护接地，有的又采取保护接零，否则当采取保护接地的设备发生单相接地故障时，采取保护接零的设备外露，可导电部分将带上危险的电压。中性点不接地系统中的设备不允许采用保护接零，因为任一设备发生

221

碰壳时都将使所有设备外壳上出现接近相电压的对地电压，这是十分危险的。在中性线上不允许安装熔断器和开关，以防中性线断线，失去保护接零的作用。为安全起见，中性线还必须实行重复接地，以保证接零保护的可靠性。

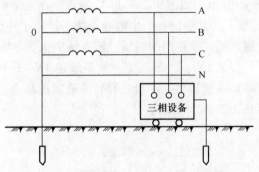

图 9.2.3　电气设备的保护接地（TT 系统）

6. 重复接地

在中性点直接接地的低压电力网中采用接零时，将零线上的一点或多点再次与大地作金属性连接，称为重复接地。

重复接地可在系统中发生碰壳短路时降低零线的对地电压，降低触电的危险性。当采用保护接零而零线断裂时，如果在断线后的电力设备有一相碰壳，则后面的零线会带上相电压，造成危险，如图 9.2.4（a）所示。采用了重复接地后，接在断裂处后面的所有电气设备外壳上的对地电压 $U_E \ll U_\varphi$，危险程度大大降低，如图 9.2.4（b）所示。因此，必须防止零线断线现象，不允许在零线上装设熔断器和开关。

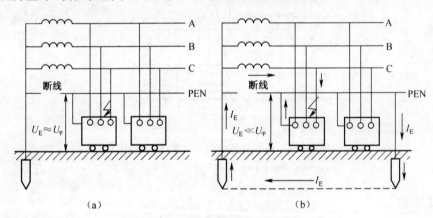

图 9.2.4　零线断裂时零线对地电压
（a）没有重复接地；（b）有重复接地。

从以上分析可知，在中性点直接接地的低压电力网中采用接零时，必须实行重复接地。其他情况不进行详述。

7. 家用电器的接地与接零

如果居民区供电变压器低压输出的三相四线电源中性点不接地，家用电器须采用保护接地作为安全措施。

如三相四线电源中性点接地，应采用接零保护。居民住宅一般是单相供电，即一根相线，一根零线。家用电器多采用三脚插头和三孔插座。图 9.2.5 为三眼插座的接法，"左零右相"，一般在插座上会分别标注出 N（零线）、L（相线）和 PE（保护零线，接线时采用黄绿双色线）。

图 9.2.5　三孔插座接线

9.2.3 漏电保护装置

普通民用住宅的配电箱大多数采用熔断器作为保护装置。随着家用电器的日益增多，这类保护电器已不能满足安全用电的要求。当设备只是绝缘不良引起漏电时，泄漏电流很小，不能使传统的保护装置（熔断器、自动空气开关等）动作。漏电设备外露的可导电部分长期带电，这增加了人身触电的危险。漏电保护开关（简称漏电开关）就是针对这种情况，在近年来发展起来的新型保护电器。

漏电保护开关的特点是在检测与判断到触电或漏电故障时，能自动切断故障电路。图 9.2.6 为漏电保护器的外观图，一般上面为进线端，下面为出线端接至用电器。图 9.2.7 所示为目前通用的电流动作型漏电保护开关的工作原理图。由零序互感器 TAN、放大器 A 和主回路断路器 QF（内含脱扣器 YR）等主要部件组成。其工作原理是：设备正常运行时，主电路电流的相量和为零，零序互感器的铁芯无磁通，其二次侧无电压输出。如设备发生漏电或单相接地故障时，主电路电流的相量和不再为零，零序互感器的铁芯有零序磁通，其二次侧有电压输出，经放大器 A 判断、放大后，输入脱扣器 YR，令断路器 QF 跳闸，从而切除故障电路，避免人员发生触电事故。

图 9.2.6 漏电保护器外观图

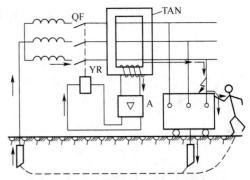

图 9.2.7 电流工作型漏电保护开关原理图

TAN—零序互感器；A—放大器；
YR—脱扣器；QF—低压断路器。

按保护功能分，漏电保护开关有两种。一种是带过流保护的，它除具备漏电保护功能外，还兼有过载和短路保护功能，使用这种开关，电路上一般不需再配用熔断器。另一种是不带过流保护的，它在使用时还需配用相应的过流保护装置（如熔断器）。

漏电保护断电器也是一种漏电保护装置，由零序互感器、放大器和控制触点组成。它只具有检测与判断漏电的能力，本身并不具备直接开闭主电路的功能。其通常与带有分励脱扣器的自动空气开关配合使用，当断电器动作时输出信号至自动空气开关，由自动开关分断主电路。

表 9.2.1 是我国生产的电流动作型漏电保护装置的技术数据。其中 DZL18-20 型漏电保护开关采用了国际电工委员会（EC）标准，它适用于额定电压为 220V、电源中性点

接地的单相回路。由于采用了微电子技术，这种漏电开关具有结构简单、体积小、动作灵敏、性能稳定可靠等优点，很适合一般民用住宅使用。当然，随着技术的发展，在实际选择时有新型号的替代产品。

表 9.2.1　国产漏电保护装置技术数据

型号	名称	极数	额定电压/V	额定电流/A	额定漏电动作电流/mA	漏电动作时间/s	保护功能
DZ15-20L	漏电开关	3	380	3、4、5	30、50、70、100	<0.1	过载、短路、漏电保护
DZ15-20		4		16、10、15、20、30、40			
DZL-16		2	220	6、10、15、25、40	15		漏电保护
		3	380		36		
		4					
DZL18-20		2	220	20	10、30、6、15		过载、短路、漏电保护
DZL-20							
JD-100	漏电继电器	贯穿孔	380	100	100、200、300、500		漏电保护专用
JD-200				200	200、300、400、500		

9.3　触电急救处理

触电人员的现场急救是抢救过程的一个关键。如果处理及时和正确，就可使触电而呈假死的人员获救；反之，则会造成不可弥补的后果。因此，从事工科的人员应当熟悉和掌握触电急救技术，以便在关键时刻发挥作用。

9.3.1　触电的处理方法

遇到人员触电时，一定要保持镇定，切忌不知所措，在高声呼喊的同时，应果断采取措施，使触电人员迅速脱离电源，这是最重要的一步，也是救治触电人员的第一步。具体的方法如下：

（1）如果电源开关距离触电人员较近，则应迅速地断开电源开关，切断电源。

（2）如果电源开关距离触电人员很远，则采用绝缘手钳或装有干燥木柄或绝缘手柄的器具将电线切断，但要防止被切断的电源线触及人体。

（3）当导线搭在触电人身上或压在身下时，可用干燥木棒或其他带在绝缘手柄的工具，迅速将电线挑开，如图 9.3.1 所示。但不可直接用手或用导电的物体去挑电线，以防触电。

（4）如果触电人员衣服是干燥的，而且电线并非紧紧缠绕其身体时，救护人员可站在干燥的木板上或绝缘物体上用一只手拉住触电人员的衣服将他拉离带电体，如图 9.3.2 所示。但此方法只适用于低压触电的情况。

（5）如果人在高空触电，则须采取安全措施，以防电源切断后，触电人员从高空坠落致残或致死。

图 9.3.1　将触电者身上电线挑开

图 9.3.2　将触电者拉离电源

9.3.2　触电的急救处理

当触电人员脱离电源后，应依据具体情况，迅速进行救治，同时赶快派人请医生前来抢救；情况严重时，在实施急救的同时应拨打 120 急救电话。研究显示，心跳骤停 10s 即可出现晕厥；1min 后呼吸停止；心脏停止跳动 4min～6min，将产生不可逆的脑损伤；心脏停跳 8min 后，将出现脑死亡和植物状态，这个时间再做心肺复苏抢救病人，成功率极低。心脏跳动停止者，若能在黄金 4min 内实施初步的心肺复苏，在 8min 内由专业人员进一步心脏救生，死而复生的可能性最大。

（1）触电人员脱离电源后，救护人员应当与触电人员进行语言等交流，如果触电人员的伤害并不严重，神志清醒，只是有些心慌，四肢发麻，全身无力，或者虽一度昏迷，但未失去知觉时，都要使之安静休息，不要走路，并密切观察其病变。

（2）如果触电人员伤害较严重，失去知觉，停止呼吸，但心脏微有跳动时，应立即采取口对口人工呼吸法进行急救。

（3）如果触电人员伤害较严重，失去知觉，虽有呼吸，但心脏停止跳动时，应立即采取人工胸外按压法进行急救。

（4）如果触电人员伤害很严重，心跳和呼吸都已停止，完全失去知觉时，则应同时采用人工呼吸法和胸外按压法。如果现场只有一人抢救时，可交替使用这两种方法，先胸外按压 8 次～15 次，然后人工呼吸 2 次～4 次，如此循环反复地进行操作。

人工呼吸和胸外按压都应尽可能就地进行，尽量不要随意搬运触电人员，只有在现场危及安全时，才可将触电人员移动安全地带进行急救。在运送医院途中，也应不间断地进行人工呼吸和胸外按压，进行急救。

9.3.3　心肺复苏法

心肺复苏法包括人工呼吸法与胸外按压法。对触电者生命来说，两者既至关重要又相辅相成，一般情况下同时施行。

正常的呼吸是由呼吸中枢神经支配的，人工呼吸法是采用人工机械的强制作用维持气体交换，并使其逐步地恢复正常呼吸。正常的心脏跳动是一种自主行为，同时受交感神经、副交感神经及体液的调节。心脏的收缩和舒张，把氧气和养料输送给机体，并把机体的二氧化碳和废料带回。一旦心脏停止跳动，机体因血液循环中止，将因缺乏氧气和养料而丧失正常功能，最后导致死亡。胸外心脏按压法是采用人工机械的强制作用维持血液循环，并使其逐步过渡到正常的心脏跳动。

触电后的"假死"现象，是由于受电流的刺激，引起呼吸和心跳的骤停。实践证明，假死状态的人，多数可以通过及时而正确的人工呼吸和胸外心脏按压挽救生命并逐步恢复正常。

采用心肺复苏法进行抢救的 3 项基本措施是：通畅气道（即呼吸道）；口对口（鼻）人工呼吸；胸外心脏按压（人工循环）。

1. 通畅气道

（1）首先迅速解开触电人员的衣服、裤带，松除其上身的紧身衣、胸罩和围巾等，使其胸部能够自由扩张，不致妨碍呼吸。

（2）触电者呼吸停止时，最主要的是确保其气道始终通畅。若发现触电者口内有异物，则应清理口腔以防阻塞。清理时将其身体及头部同时侧转，并迅速用一个或两个手指（交叉）从口角处插入取出异物。操作中要注意防止将异物推向咽喉深部。

（3）采用使触电者鼻孔朝天头后仰的"仰头抬颏法"（图 9.3.3）通畅气道。具体做法是用一只手放在触电者前额，另一只手将其下颌骨向上抬起，两手协同将头部推向后仰，此时舌根随之抬起，气道即可通畅（图 9.3.4（a））。禁止用枕头或其他物品垫在触电者头下，因头部抬高更会加重气道阻塞（图 9.3.4（b）），且使胸外按压时流向脑部的血减少。

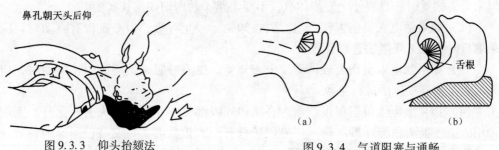

图 9.3.3　仰头抬颏法

图 9.3.4　气道阻塞与通畅
（a）通畅；（b）堵塞。

2. 人工呼吸法

（1）在保持气道通畅的同时，救护人员用放在触电者额上那只手捏住其鼻翼，深深地吸足气后，与触电者口对口接合并贴紧吹气，然后立即离开触电人员的嘴，并放松紧捏的鼻，让其自由排气，如此反复进行（图 9.3.5）。开始时（均在不漏气情况下）可先快速连续而大口地吹气 4 次（每次用 1s～1.5s）。经 4 次吹气后观察其胸部有无起伏状，同时测试其颈动脉（图 9.3.6），若仍无搏动，应同时施行胸外按压。

（2）除开始的 4 次大口吹气外，此后正常的口对口（鼻）吹气量均不需过大（但应达 800ml～1200ml），以免引起胃膨胀或肺泡胀破。施行速度 12 次/min～16 次/min（即每 4s～5s 吹气 1 次）；对儿童则 20 次/min（即每 3s 吹气 1 次）。吹气和放松时，应注意触电者胸部要有起伏状呼吸动作。吹气中如遇有较大阻力，可能是头部后仰不够，气道

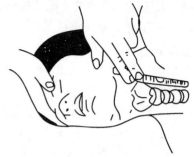

图9.3.5 口对口（鼻）人工呼吸法　　　　　　图9.3.6 测试颈动脉

不畅，要及时纠正。

（3）触电者如牙关紧闭无法弄开，可改为采用口对鼻人工呼吸。口对鼻人工呼吸吹气时，要将触电者嘴唇紧闭以防止漏气。施行口对口（鼻）人工呼吸法时，国内亦有采用简易的S形通气管道的，即将S形通气管道一端插入触电者口腔内约10cm（通气管总长18cm～20cm），救护人员对准另一端吹气，但应注意，不论是直接吹气还是经管道吹气，均要避免将触电者舌头推向后缩，以防影响呼吸道的通畅。

3. 胸外按压法

（1）按压位置（称"压区"）正确是保证胸外按压效果的重要前提，如图9.3.7（a）所示。压区的解剖图如图9.3.7（b）所示。

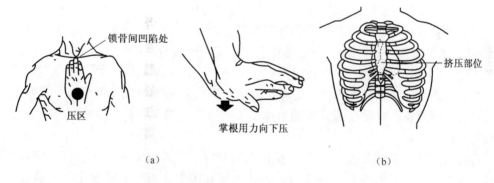

（a）　　　　　　　　　　　　　　　　　　　　（b）

图9.3.7 胸外按压的正确压区和叠掌方法

（a）压区；（b）压区解剖图。

（2）正确的按压姿势是达到胸外按压效果的基本保证。注意以下几点：

①使触电者仰面躺在平硬的地方，救护人员立或跪在伤员一侧肩旁，两肩位于伤员胸骨正上方，两臂伸直，肘关节固定不屈，两手掌根相叠。此时，贴胸手掌的中指尖刚好抵在触电者两锁骨间的凹陷处，然后再将手指翘起，不触及触电者胸壁，或者采用两手手指交叉抬起法。

②以髋关节为支点，利用上身的重力，垂直按压，正常成人的胸骨压陷4cm～5cm（儿童和瘦弱者酌减，为2.5cm～4cm，对婴儿则为1.5cm～2.5cm）。

③按压至要求程度后，要立即全部放松，但放松时救护人员的掌根（在压区）不应

离开胸壁，以免改变正确的按压位置。

按压时正确操作是关键，尤应要注意，抢救者双臂应绷直，双肩在患者胸骨上方正中，垂直向下用力按压。按压时应利用上半身的体重和肩、臂部肌肉力量（图 9.3.8）。

在施行按压急救过程中再次测试触电者的颈动脉，若有搏动则按压救护有效。由于颈动脉位置靠近心脏，容易反映心跳的情况。此外因颈部暴露，便于迅速触摸，且易于学会与记牢。触试方法及注意事项如下：

图 9.3.8　正确按压姿势

①在气道通畅的情况下，于首次人工呼吸后进行。

②一手置于触电者前额，使头部保持后仰，另一手在靠近抢救者一侧触及颈动脉。

③可用食指及中指指尖先触及气管正中部位，男性可先触及喉结，然后向旁滑移 2cm～3cm，在气管旁软组织处轻轻触摸颈动脉。

④检查时间不要超过 10s，触摸时不能用力过大，以免颈动脉受压，妨碍头部供血。

⑤若未触及到搏动，则表明心跳已停止。但注意要避免触摸感觉错误（如可能将自己手指的搏动感觉为触电者的脉搏）。

⑥判断应综合审定，如丧失意识再加上触不到脉搏，即可判定心跳已停止。

（3）胸外按压的动作频率：

①胸外按压要平稳，不能冲击式地猛压。应以均匀速度有规律地进行，80 次/min～100 次/min，每次按压和放松的时间要相等（各用约 0.4s）。

②胸外按压与口对口（鼻）人工呼吸两法同时进行时，其节奏为：单人抢救时，按压 15 次、吹气 2 次（15∶2），如此反复进行；双人抢救时，每按压 5 次，（由另一人）吹气 1 次（5∶1），可轮流反复地进行。

在进行人工呼吸和胸外按压时，救护人员应密切观察触电人员的反应。只要发现触电人员有苏醒现象，如眼皮闪动或嘴唇微动，就应中止操作几秒，以便让触电人员自行呼吸和心跳。

进行人工呼吸和胸外按压，对于救护人员来说，是非常劳累的，但必须坚持不懈，直到触电人员复苏或医务人员前来救治为止。只有医生才有权宣布触电人员真正死亡。事实说明，只要正确地坚持施行人工救治，触电假死的人被抢救复活的可能性是非常大的。

除了文中提到的基础知识外，在电气设备使用中还应注意电气防火、防爆和防雷等，限于篇幅，在此不作介绍，读者可参考相关资料。

习题

9－1　触电的种类有哪些？

9－2　影响触电伤害程度的因素有哪些？

9-3　什么是安全电压?

9-4　什么是接地? 什么是工作接地? 什么是保护接地?

9-5　TN 系统、TT 系统和 IT 系统在接地形式上有何区别?

9-6　试述电流型漏电保护器的工作原理。

9-7　发现有人触电, 如何进行急救处理?

9-8　如何进行人工呼吸和胸外按压?

第 10 章

常用半导体器件及其基本电路

10.1　半导体的基础知识及特性

自然界中的各种物质，按导电能力的大小，可以分为三大类：导体、绝缘体、半导体。

导体是指容易导电的物质，金属都是导体，如银，铜、铝、铁等。物质的导电能力通常用电阻率的大小来衡量，金属导体的电阻率较小，一般在 $10^{-6}\,\Omega\cdot\mathrm{cm}\sim10^{-3}\,\Omega\cdot\mathrm{cm}$ 范围内。

绝缘体是指几乎不传导电流的物质，如橡胶、陶瓷、石英、塑料等，其电阻率很大，一般在 $10^{8}\,\Omega\cdot\mathrm{cm}\sim10^{20}\,\Omega\cdot\mathrm{cm}$ 范围内；而电阻率介于上述两范围之间的物质被称为半导体。

10.1.1　半导体及其相关概念

1. 半导体（semiconductors）

半导体是指导电能力介于导体和绝缘体之间，且随温度、光照或掺入某些其他物质导电能力会显著变化的物质，如 4 价元素硅（Si）、锗（Ge）。缘此特点，半导体材料具有热敏性、光敏性及掺杂性，应用极广泛，可用于制造各种半导体元器件，以及热敏及光敏元件等。

经过科学实验测得，大多数半导体材料去除杂质进行提纯后都呈晶体结构，如图 10.1.1 所示。因此称半导体为晶体，并严格将这种完全纯净的、晶格完整的半导体称为本征半导体。

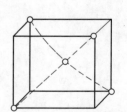

图 10.1.1　Si 单晶体的晶体结构

2. 本征半导体（intrinsic semiconductors）

在本征半导体中，每一个原子与相邻的 4 个原子以共价键即共用电子对的方式结合在一起，处于较稳定的状态。但稳定只是相对的，一些价电子由于受光照或加温等方式，获得了足够的能量而大于共价键时，便可以挣脱共价键的束缚成为自由电子，此过程称电子受到热激发。与此同时，原来的共价键中会对应出现一个空位，称其为空穴。空穴的出现，使原来呈电中性的硅原子变成一个带单位正电荷的正离子，因此认为空穴是带正电荷的载流子，自由电子是带单位负电荷的载流子。这就表明：本征半导体中自由电子和空穴总是成对出现的，如图 10.1.2 所示。

3. 电子电流和空穴电流

无外电场作用时，电子和空穴的运动是随机、不规则的，因此不会形成电流。但当本征半导体加上外电场后，一些能量大的价电子，能够脱离原子核对它的约束成为自由电子，在此电场作用下，将逆着电场方向有规则定向运动，形成电子电流。并且定向运动过程中，可能会遇到一个有空穴的 Si 原子，该自由电子将较容易地填补此空穴。这样，空穴相应地产生了移动，其方向恰与自由电子相反，即顺着电场方向，并称其定向运动形成的电流为空穴电流，如图 10.1.3 所示。由此可知：同时存在自由电子导电和空穴导电，是半导体与金属导体导电的本质区别。

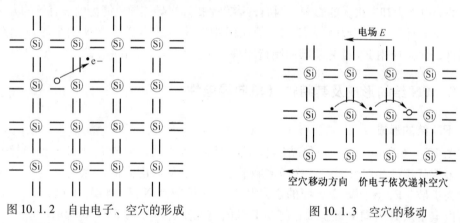

图 10.1.2　自由电子、空穴的形成　　　　图 10.1.3　空穴的移动

本征半导体的导电能力取决于体内载流子的数目，环境温度越高，光照越强，热激发越强，产生成对的载流子数目越多。但实际上，在室温中，本征半导体中自由电子和空穴数量极少，导电能力很低，不能满足需要。考虑到半导体掺杂后导电能力剧增的特点，杂质半导体应运而生。

4. 杂质半导体（extrinsic semiconductors）

半导体具有掺杂性，即掺入微量的非四价的某些杂质元素，其导电性能大大增加。掺杂后的半导体称为杂质半导体。根据掺入的杂质不同，可将其分为 N 型半导体和 P 型半导体。

1）N 型半导体（电子半导体）

当在硅或锗的晶体中掺入少量的五价元素如磷（P）时，晶体某些位置上的硅原子被磷原子取代，但基本结构不变。构成共价键后有一个电子很容易挣脱原子核的束缚而成为自由电子，使自由电子数目相对增加，相比空穴成为多数载流子，空穴则称为少数载流子。对应地，电子导电成为主要导电方式，故将本征半导体中掺入五价元素后的杂质半导体称为电子半导体或 N 型半导体，如图 10.1.4 所示。

2）P 型半导体（空穴半导体）

当掺入少量的三价元素如硼（B），与 Si 原子形成共价键时，因少一个价电子而形成空穴，使得空穴数目相对增加成为多数载流子，自由电子则为少数载流子。相应的空穴导电成为主要导电方式，故本征半导体中掺入三价元素后的杂质半导体为 P 型半导体或空穴半导体，如图 10.1.5 所示。

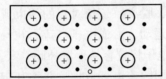

图 10.1.4　N 型半导体

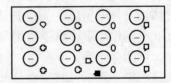

图 10.1.5　P 型半导体

半导体掺入杂质后，载流子的数目都有相当程度的增加，尽管杂质含量很少，但它们对半导体的导电能力却有很大的影响。因而，掺杂是提高半导体导电能力的最有效的方法。

杂质半导体的导电能力大大增强。但实际中，并不是用 P 型或 N 型半导体制造半导体元器件，而是应用 PN 结为基础而制造器件。下面介绍 PN 结的形成、特点及应用。

10.1.2　PN 结的形成及其特性（单向导电性）

1. PN 结的形成

如图 10.1.6 所示，在一块单晶片上，通过掺杂等工艺，形成 P 型和 N 型半导体。由于两区多数载流子存在浓度差，这样多数载流子势必从浓度高的区域向浓度低的区域运动，称为扩散。P、N 两区交界面的空穴从 P 区向扩散到 N 区，将与 N 区的自由电子复合；自由电子从 N 区向 P 区扩散，将与 P 区的空穴复合，如图 10.1.6 所示。

其中，⊖°表示得到一个电子的三价杂质离子，带负电；⊕·表示失去一个电子的五价杂质离子，带正电。

由于载流子的扩散使 PN 两区原来的电中性被破坏，在交界面两侧的正负杂质离子虽然带电，但并不能移动，不参与导电，因此扩散的结果是在 PN 两区交界面的 P 区留下空间负电荷区，在 N 区留下空间正电荷区，称这个不能移动的带异性电荷的离子层为空间电荷区，这就是 PN 结，如图 10.1.7 所示。对应在 PN 结内部产生一个方向由正电荷区指

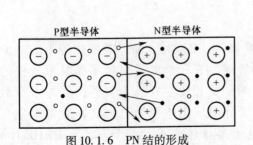

图 10.1.6　PN 结的形成

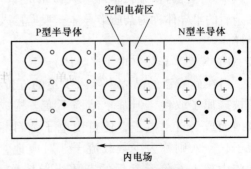

图 10.1.7　PN 结的形成

向负电荷区的"内建电场"。将 PN 结内电场的电势差或"势垒"用 U_D 表示，一般：硅材料 $U_D = 0.6V \sim 0.8V$；锗材料 $U_D = 0.2V \sim 0.3V$。

内电场形成后，由于电场力的作用，会使两区的多数载流子向对方的扩散运动受到阻碍。但同时它又推动两区的少子向对方运动时更加顺利。相对于多子的扩散运动，少数载流子在内电场作用下小浓度、有规则的向对方的定向运动称为漂移。半导体中多子的扩散与少子的漂移是方向相反的两种运动，互相联系又互相矛盾。在 PN 结形成之初，多子的扩散运动占优势，但随着内电场的形成、增强，PN 结越来越宽，多子的扩散运动被削弱，少子的漂移逐渐增强。而双方漂移过去的载流子又分别补充了多子扩散走的载流子，最终两运动达到动态平衡，PN 形成并处于稳定状态。

2. PN 结的特性——单向导电性

（1）PN 结正向偏置。指 PN 结外加正向电压，即 P 端接高电位，N 端接低电位，如图 10.1.8 所示。假设最初 PN 结稳定，即多子扩散运动与少子漂移运动达到动态平衡。由图可知，当 PN 结正偏时，外电场与内电场方向相反。内电场逐渐被削弱，外电场的作用逐渐增强，两区的多子扩散运动逐渐加强，少子漂移则越来越弱，PN 结内部空穴和自由电子会大量进入空间电荷区，相应形成的电流随之增强。两电流的方向一致，均为 P→N，对应称为正向电流，且其大小随外加电压的变化而变化。此时 PN 结中载流子数增加使其电阻率下降、电阻减小，PN 结越来越窄，呈现低阻导通状态。

（2）PN 结反向偏置。指 PN 结外加反向电压，即 P 端接低电位，N 端接高电位，如图 10.1.9 所示。由图可知，此时 PN 结的内、外电场方向一致，更加阻止两区多子扩散运动，而推动少子漂移。因此只考虑少子漂移运动形成的两种电流即可，均由 N 区→P 区，称为反向电流。由于少子数量极少，因此反向电流很小。这样，从宏观看，电流流到 PN 结似乎被堵截，即 PN 结呈现的反向电阻很高，处于反向截止状态。

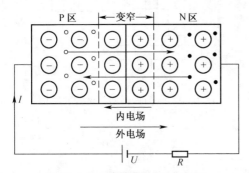

图 10.1.8　PN 结外加正向电压

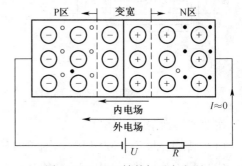

图 10.1.9　PN 结外加反向电压

综上所述，PN 结的特性为单向导电性，即：PN 正偏时，结电阻很低，导通状态，正向电流较大；PN 反偏时，结电阻很高，截止状态，反向电流较小。

杂质半导体中，因为多数载流子是掺杂产生的，少数载流子则是半导体材料本身中的价电子当受热激发而产生的。随着环境温度的升高，少数载流子的数量随之增多，即温度对反向电流的大小影响很大。

实际中各种半导体器件均是利用 PN 结的单向导电性及击穿特性、变容特性等而制造及应用的。下面介绍由 PN 结构成的几种重要器件。

10.2　半导体二极管及其基本电路

10.2.1　半导体二极管（diode）

半导体二极管是以 PN 结为基础，在 PN 结两端各引一个电极并用管壳加以封装而成。P 端引出的电极为阳极，N 端引出的电极为阴极。表示符号（D）及电气符号如图 10.2.1 所示。因此，二极管的特性是单向导电性。

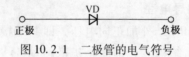

图 10.2.1　二极管的电气符号

1. 半导体二极管的分类

按 PN 结材料不同，分为硅管和锗管、砷化镓二极管等。

按结构形式不同，分为：

（1）点接触型：PN 结面积小，等效电容小，不能承受大的反向电压及大电流，主要应用于高频检波、小电流整流及数字脉冲电路中的开关元件，如图 10.2.2 所示。

（2）面接触型：PN 结面积大，允许通过较大的正向电流，多用于低频整流电路中，如图 10.2.3 所示。

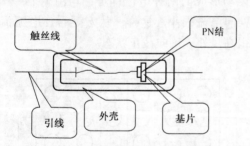

图 10.2.2　点接触型二极管的结构

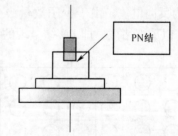

图 10.2.3　面接触型二极管的结构

按功能特性不同，分为：

（1）普通二极管：利用 PN 结的单向导电性制造。

（2）特殊二极管：利用 PN 结的其他特性制造。

要求通过附录等资料了解各种二极管的型号及命名方法。

2. 半导体二极管的伏安特性（U—I）

半导体二极管的伏安特性是指加在二极管两端电压 U 与流过的电流 I 之间的关系，表示为 $I = f(U)$。由于二极管的结构本质是 PN 结，因此二者的伏安特性基本相同。下面通过具体的二极管（如 2CP10 硅二极管）的特性曲线（图 10.2.4）进行分析。二极管具有非线性的伏安特性。

1）正向特性

（1）当外加正向电压 U 很低时，正向电流 I 很小，几乎为零。此时，外电场不足以克服 PN 结内电场对多子扩散的阻碍，仍处于截止状态。二极管仍未真正导通，因此正向电流很小，几乎为零。此区域称为"死区"或"门坎"，此电压称为"死区电压"或"门坎电压"，通常记为 U_{th}，其大小受二极管的材料及环境温度影响。通常硅管的死区电压约为 0.5V，锗管的约为 0.2V。

（2）当外加正向电压 U 大于死区

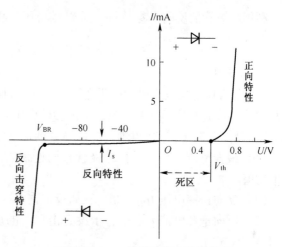

图 10.2.4　二极管的伏安特性曲线

电压后（$U_{外} > U_{th}$），正向电流 I 随着正向电压 U 的增大而增大，伏安特性上升极快。当外电压超过死区电压后，内电场被大大削弱。因此，多子扩散运动大大增强，形成较大电子电流、空穴电流，二极管真正导通，电流较快增长。

2）反向特性

（1）在二极管上加反向电压从 0 值到很大值变化时，反向电流很小（$I \approx -I_s$）。此时更加强了 PN 结内电场的作用。多子扩散更加被抑制，只有少子漂移被促进，但毕竟少子数量极有限，它只与温度有关，因此反向电流很小。由于此范围内反向电压的大小变化对反向电流的影响颇小，而且在相当宽的反向电压范围内，反向电流几乎不变，于是通常称此电流为反向饱和电流 I_{so}。反向电流的特点是一般在常温下恒定，温度突然升高或降低，变化才显著。

（2）当反向电压过高，超过一定范围时，反向电流将急剧增大，此时二极管失去单向导电性，这种现象称为反向击穿或电击穿。将此电压称为反向击穿电压，记为 U_{BR}。

①电击穿产生的原因及分类。电击穿产生的原因是外加反向电压过强。在强电场作用下，自由电子和空穴的数目大大增加，引起反向电流的急剧增加。由于产生机理的不同，分为雪崩（avalanche）击穿和齐纳（Zener）击穿两种。

②热击穿。由于 PN 结发生电击穿后流过结电流很大，且反向电压又很高，因而消耗在 PN 结上的功率是很大的，这样易使 PN 结发热。当发热严重超过 PN 结的耗散功率后，热量散不出去而使 PN 结温度上升，直到过热而烧毁，这种现象称为热击穿。由电击穿及热击穿发生的原理知二者有本质区别，如表 10.2.1 所列。

表 10.2.1　PN 结的击穿区别

类型	条　件	特　　点
电击穿	反向电流与反向电压的乘积不超过 PN 结的耗散功率	过程可逆：即加在 PN 结两端的反向电压撤掉后，PN 结恢复原来正常状态
热击穿	反向电流与反向电压的乘积超过 PN 结的耗散功率	过程不可逆：即彻底将 PN 结损坏，不能再使用

利用二极管的反向击穿特性，可以做稳压二极管，但一般的二极管不允许工作在反向击穿区。

3. 二极管的主要参数

二极管 VD 的参数一般均由手册给出，是正确使用它的依据。二极管的主要参数可分为两大类：直流参数、微变参数，直流参数中主要包括最大整流电流 I_{OM}、反向击穿电压 U_{BR} 等。微变参数包括微变电阻 r_D 等。VD 的极间电容：势垒电容 C_B 和扩散电容 C_D。

（1）最大整流电流 I_F。指二极管长期连续工作时，允许通过二极管的最大正向电流的平均值。

（2）反向击穿电压 U_{BR}。指二极管反向击穿时的电压值。

（3）反向饱和电流 I_s。指管子没有击穿时的反向电流值。其值越小，说明二极管的单向导电性越好。

（4）最高工作频率 f_M。主要取决于 PN 结电容的大小。

10.2.2　半导体二极管基本电路及其分析方法

由二极管的非线性伏安特性曲线可知它是非线性元器件，由其构成的各种电路为非线性电路。那么，在工程计算中分析电路时为了达到简化的目的，人们常将二极管理想化进行电路分析。

理想二极管：正向导通时正向电阻为零，呈短路特性，正向压降忽略不计；反向截止时，反向电阻为无穷大，呈开路特性，反向漏电流忽略不计。

电子技术中，二极管由于具有单向导电性，使其获得了非常广泛的应用，典型的有二极管整流电路、削波（限幅）电路、钳位和隔离电路、峰值保持电路、检波电路等。本书中不作说明时，认为二极管为理想元件。

1. 整流电路（rectification）

电路中利用二极管 VD 的单向导电性，将交流电变换为直流电的过程称为整流。

[**例 10.2.1**]　整流电路如图 10.2.5 所示，已知 $u_i = 8\sin\omega t$，VD 为理想元件，管压降 $u_D = 0$，试画出 u_L 波形。

解题分析：

（1）电路中有二极管 VD 时，由于 VD 具有单向导电性，即承受正向电压为导通，反向时截止，因此要分析 VD 何时导通，何时截止，并分别加以讨论。

（2）应用理想模型，VD 导通时，相当于短路管压降 $u_D = 0$；截止时，电流为 0，相当于开路。

解：（1）当 u_i 在正半周时，VD 承受正向压降，VD 导通相当于短路，u_L 即为负载 R_L 上的电压，而 u_i 全部都加到 R_L 上，$u_i = u_L$。画其波形同 u_i，如图 10.2.6 所示。

（2）当 u_i 在负半周时，VD 承受反向电压，截止，电路开路，$i_L = 0$，$u_L = R_L$，$i_L = 0V$。因此可作图，这样通过 VD 的交流电称为单向脉动直流电，称为整流。

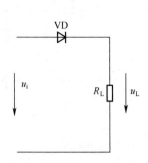

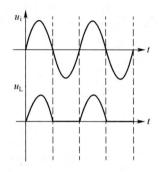

图 10.2.5　二极管整流电路图　　　　　　图 10.2.6　波形图

2. 削波限幅电路（起削波限幅作用，limit）

［例 10.2.2］　已知 $u_i = 8\sin\omega t$，$R_L \gg R$，VD 为理想元件，试画出 u_o 的波形。

解： 为确定二极管 VD 的通与断，应对交流信号 u_i 进行分段分析。

（1）当 u_i 在正半周（$u_i > 0$）且 $u_i < U_R$ 时，二极管两端电压 $u_D = u_i - U_R < 0$，承受反向电压截止而开路，VD 上电流 $i_D = 0$，而 $R_L \gg R$，$u_i \approx u_o$，可作出其波形，如图 10.2.7 所示。

（2）当 u_i 在正半周且 $u_i \gg U_R$ 时，VD 承受正向电压而导通，即相当于短路，$u_D = 0$，负载 R_L 与直流恒压源并联，可作出其波形。

（3）当 u_i 在负半周时，无论其是否大于 U_R，由于 u_i 与 U_R 串联，因此 VD 始终承受反向电压而截止，同（1），得 $u_i \approx u_o$，于是可作出其波形。

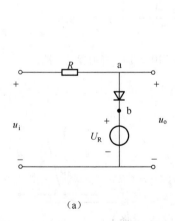

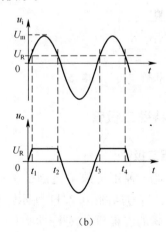

（a）　　　　　　　　　　　　　（b）

图 10.2.7　二极管削波电路

归纳：（1）通过此例可充分体现利用二极管的单向导电性，起到削波限幅的作用。目的是在电子电路中，可以降低信号的幅度以满足电路工作的安全需要，从而保护某些器件不受过大的信号电压作用而损坏。

（2）由此上削波作用，可理解下削波作用的电路以及双向削波限幅作用的电路分析，如图 10.2.8 所示。

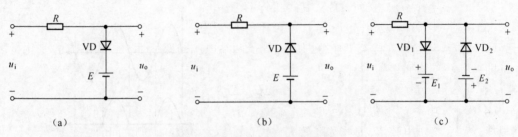

图 10.2.8　各种二极管削波电路

（a）并联二极管上限幅电路；（b）并联下限幅电路；（c）双向限幅电路。

3. 起钳位和隔离作用

利用二极管单向导电性接通和断开电路，将输出电压箝位在一定数值上，广泛用于数字电路中。图 10.2.9 所示为二极管"与"门电路。

4. 峰值保持电路

电路如图 10.2.10 所示。

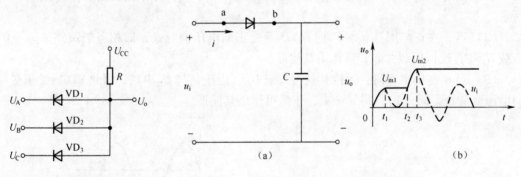

图 10.2.9　二极管"与"门电路　　　　图 10.2.10　峰值保持电路

10.2.3　特殊二极管

1. 稳压二极管

稳压管是一种用特殊工艺制造的面结型硅半导体二极管，符号如图 10.2.11 所示。稳压管的伏安特性与普通的二极管伏安特性类似，差异在于反向击穿特性部分变化很陡。

稳压原理：稳压管工作于反向击穿区，由于反向击穿特性曲线部分变化很陡，反向电流增量很大，只引起很小的电压变化，从而起稳压作用。稳压管的稳定电压就是反向击穿电压。

稳压管的主要参数：

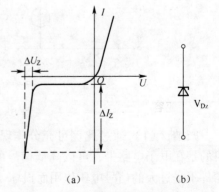

图 10.2.11　稳压管伏安特性和电气符号

（a）伏安特性；（b）符号。

（1）稳定电压 U_Z。反向击穿后稳定工作的电压。

（2）稳定电流 I_Z。工作电压等于稳定电压时的电流。

（3）动态电阻 r_Z。稳定工作范围内，管子两端电压的变化量与相应电流的变化量之比，即

$$r_Z = \Delta U_Z / \Delta I_Z$$

（4）额定功率 P_Z 和最大稳定电流 I_{ZM}。额定功率 P_Z 是在稳压管允许结温下的最大功率损耗。最大稳定电流 I_{ZM} 是指稳压管允许通过的最大电流。它们之间的关系是

$$P_Z = U_Z \cdot I_{ZM}$$

2. 发光二极管（light – emitting diode，LED）

发光二极管的 PN 结加上正向电压时，电子与空穴复合过程以光的形式放出能量，即是一种将电能转化为光能的特殊二极管。不同材料制成的发光二极管会发出不同颜色的光。

特点：发光二极管具有亮度高、清晰度高、电压低（1.5V ~ 3V）、反应快、体积小、可靠性高、寿命长等特点，是一种很有用的半导体器件，常用于信号指示、数字和字符显示，如图 10.2.12 所示。

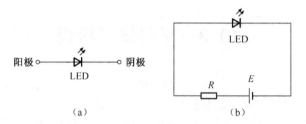

图 10.2.12　发光二极管的电气符号及电路

3. 光电二极管（光敏二极管，photo diode）

光电二极管的工作原理恰好与发光二极管相反，是一种将光信号转换为电信号的特殊二极管。当光线照射到光电二极管的 PN 结时，能激发更多的电子，使之产生更多的电子空穴对，从而提高了少数载流子的浓度。在 PN 结两端加反向电压时反向电流会增加，所产生反向电流的大小与光的照度成正比，所以光电二极管正常工作时所加的电压为反向电压。为使光线能照射到 PN 结上，在光电二极管的管壳上设有一个小的通光窗口，如图 10.2.13 所示。

4. 变容二极管

变容二极管是利用二极管结电容随反向电压的增加而减少的特性制成的电容效应显著的二极管。多于高频技术中，如图 10.2.14 所示。

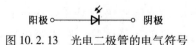

图 10.2.13　光电二极管的电气符号

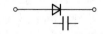

图 10.2.14　变容二极管的电气符号

5. 光电耦合器件

如图 10.2.15 所示。

6. 光电池（photoelectric cell）

如图 10.2.16 所示，光电池也由 PN 结构成，但是不用外加电压，PN 结能将光能转换成电能。当光线照射到空间电荷区时，受光能的激发在空间电荷区产生电子空穴对，在内电场的作用下，电子空穴对很快分离，电子进入 N 区，空穴进入 P 区，产生光电流，光电流流过外部负载产生电压。

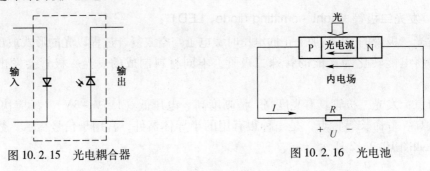

图 10.2.15　光电耦合器　　　　　图 10.2.16　光电池

10.3　半导体三极管

半导体三极管又称晶体三极管，一般简称晶体管。三极管分为两种，即双极型和单极型晶体三极管，本节学习双极型晶体三极管。电子技术的发展与应用中半导体三极管是非常重要的元件，这主要是因为该器件的结构，决定其具有重要作用即电流放大作用（本章学习重点）以及开关作用。

它是通过一定的制作工艺，将两个 PN 结结合在一起的器件，两个 PN 结相互作用，使三极管成为一个具有控制电流作用的半导体器件。由此，三极管可以用来放大微弱的电信号和作为无触点开关。

10.3.1　半导体三极管（V）结构、符号及类型

双极型三极管从结构上来讲分为两类：NPN 型三极管和 PNP 型三极管，其结构内部都分 NPN 或 PNP 三层，对应 3 个区——发射区、基区和集电区，并相应地引出 3 个电极：发射极（e）、基极（b）和集电极（c）。核心是两个 PN 结，分别称为发射结 BE 和集电结 BC；结构示意图和符号如图 10.3.1 所示。其中，箭头方向表示发射结加正向电压时的电流方向。

三极管的类型有多种，按工作原理的不同可分为双极型晶体管和单极型晶体管。在工作过程中，两种载流子（电子和空穴）都参与导电的称为双极型晶体管；在工作过程中，只有一种载流子（电子或空穴）参与导电的称为单极型晶体管。三极管可以是由半导体硅材料制成，称为硅三极管；也可以由锗材料制成，称为锗三极管。它们对应的型

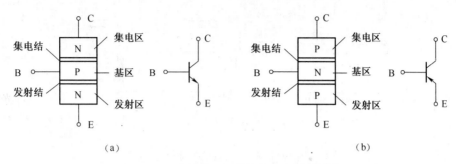

图 10.3.1　半导体三极管结构示意图和符号图

(a) NPN 型；(b) PNP 型。

号分别为：3A（锗 PNP）、3B（锗 NPN）、3C（硅 PNP）、3D（硅 NPN）。从应用的角度讲，根据工作频率分为高频管、低频管和开关管；根据工作功率分为大功率管、中功率管和小功率管。常见的三极管外形如图 10.3.2 所示。

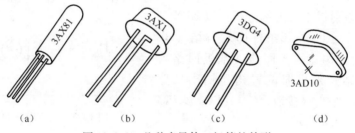

图 10.3.2　几种半导体三极管的外形

10.3.2　三极管的电流放大作用（电流分配）

三极管的电流放大作用的条件有两个，分别是内部结构条件和外部电压条件。

1. 三极管放大作用的条件

内部条件：三极管制作时内部结构特点通常是基区做得很薄（几微米到几十微米），且掺杂浓度低；发射区的杂质浓度则较高且厚，有利于电子的发射；集电区的面积则比发射区做得大，这是三极管实现电流放大的内部条件。

外部条件：为使三极管具有电流放大作用，外加电源必须使两个 PN 结偏置合适。具体是：

发射结（BE 结）须正向偏置（有利于多子扩散）；

集电结（BC 结）须反向偏置（有利于少子漂移）。

即：发射结正偏，集电结反偏。

2. 三极管放大电路的构成

为使三极管电流放大作用得以实现，电路构成时发射极（e）、基极（b）和集电极（c）中，一个做小信号输入端，一个做输出端，一个电极做公共端，从而构成由输入、输出两个回路的二端口网络。具体有 3 种组态的接法，如图 10.3.3 所示。

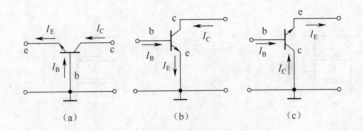

图 10.3.3　三极管的 3 种组态

（a）共基极；（b）共发射极；（c）共集电极。

发射极作为公共电极的共发射极接法，用 CE 表示；集电极作为公共电极的共集电极接法，用 CC 表示；基极作为公共电极的共基极接法，用 CB 表示。

下面以共发射极组态为例分析：以 NPN 型晶体管为核心，依据外部条件即发射结（BE 结）须正向偏置构建输入回路（基极回路），集电结（BC 结）须反向偏置构建输出回路（集电极回路），发射极接地，U_{CC}（EC）> U_{BB}（EB），如图 10.3.4 所示。

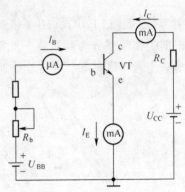

图 10.3.4　三极管的工作电路

3. 三极管电流的形成与分配（内部载流子的传输过程）

1）发射：发射区向基区发射（扩散）注入电子，形成发射极电流 I_E

发射结正偏，有利于发射区和基区的多子扩散运动。发射区向基区发射的电子所形成的电流，称为电子注入电流 I_{EN}，基区向发射区扩散的空穴所形成的电流称为 I_{EP}。发射极电流 I_E 由两部分组成：I_{EN} 和 I_{EP}。因为发射区是重掺杂，基区浓度很小且很薄，所以 I_{EP} 可忽略不计，即 $I_E \approx I_{EN}$（图 10.3.5）。

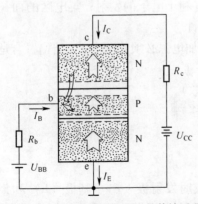

图 10.3.5　三极管中载流子的传输过程

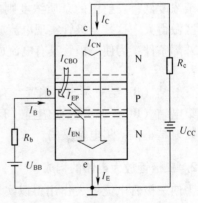

图 10.3.6　三极管电流的形成与分配

2）扩散和复合：电子在基区边复合边扩散，形成基极电流 I_B

由发射区注入基区的电子称为非平衡少子，由于浓度差继续向集电结扩散，扩散过程中少部分电子与基区空穴复合形成电流 I_{BN}。基区空穴是由电源 U_{BB} 提供的，故它是基极电流的一部分。由于基区薄且浓度低，所以 I_{BN} 很小。

3）收集：集电区收集从发射区扩散到基的电子，形成集电极电流 I_C

由于集电结反偏，促进了集电区和基区的少数载流子漂移运动。所以，基区中扩散到集电结边缘的电子（非平衡少子）在电场作用下漂移过集电结，到达集电区，形成收集电流 I_{CN}（图 10.3.6）。同时，集电区和基区内部本身原有的少数载流子也要向对方漂移运动，形成反向饱和电流 I_{CBO}。因此，集电极电流 I_C 由两部分组成：$I_C = I_{CN} + I_{CBO}$，由于两区本身原有的少数载流子数量极少，所以 I_{CBO} 很小，并且其值受温度影响较大，与外部电压变化无关。

由此可知，在放大的内部和外部条件的基础上，放大过程中三极管内部的两种载流子同时参与导电，故称为双极性晶体管。

4. 三极管各电极电流之间的数量关系以及放大作用

由上述载流子的传输过程可总结可知

$$I_C = I_{CN} + I_{CBO};\ I_B = I_{BN} - I_{CBO};\ I_E \approx I_{EN} = I_{CN} + I_{BN} = I_B + I_C$$

由于发射区注入的电子绝大多数能够到达集电极，形成集电极电流 I_C，因而说明

$$I_{CN} \gg I_{BN},\ I_E \approx I_{CN} \approx I_C,\ I_E = I_C + I_B,\ I_C = \beta I_B$$

通常相对于基极用直流电流放大系数 $\bar{\alpha}$ 衡量上述关系，其定义为 $\bar{\alpha} \approx \dfrac{I_C}{I_E}$，一般三极管的 $\bar{\alpha}$ 值为 $0.97 \sim 0.99$。通常相对于发射极用直流电流放大系数 $\bar{\beta}$ 衡量上述关系，其定义为 $\bar{\beta} = \dfrac{I_C}{I_B}$，一般三极管的 $\bar{\beta}$ 为几十至几百。β 太小，管子的放大能力就差，而 β 过大则管子不够稳定。

相应地，将集电极电流与发射极电流的变化量之比，定义为共基极交流电流放大系数 α，即 $\alpha = \dfrac{\Delta I_C}{\Delta I_E}\Big|_{U_{CB}=常数}$；将集电极电流与基极电流的变化量之比，定义为共发射极交流电流放大系数 β，即 $\beta = \dfrac{\Delta I_C}{\Delta I_B}\Big|_{U_{CE}=常数}$。显然 β 与 $\bar{\beta}$、α 与 $\bar{\alpha}$ 的意义是不同的，但是在多数情况下 $\beta \approx \bar{\beta}, \alpha \approx \bar{\alpha}$。

I_C 比 I_B 大数十至数百倍。I_B 虽然很小，但对 I_C 有控制作用，I_C 随 I_B 的改变而改变，即基极电流较小的变化可以引起集电极电流 I_C 较大的变化，表明基极电流对集电极具有小量控制大量的作用，这就是三极管的电流放大作用。

10.3.3　三极管的特性曲线（内部载流子运动的外部表现）

三极管的特性曲线表示各电极电压与各电极电流之间的关系曲线，它描述三极管的

外特性。可以用专用的图示仪进行显示，也可通过实验测量得到。

由三极管在具体电路中的接法构建出的二端口网络可知三极管有两组特性曲线，即输入回路特性曲线，体现 u_{BE}—i_B 的关系；输出回路特性曲线体现 u_{CE}—i_C 的关系。

1. 输入特性曲线

输入特性曲线是指一定集电极和发射极电压 U_{CE} 下，三极管的基极电流 i_B 与发射结电压 u_{BE} 之间的关系曲线，如图 10.3.7 及图 10.3.8 所示，即

$$i_B = f(u_{BE})\big|_{u_{CE}=常数}$$

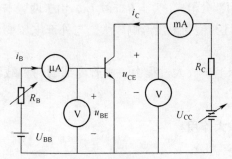
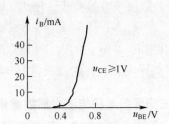

图 10.3.7　测量三极管特性的实验电路　　图 10.3.8　三极管的输入特性曲线

分析曲线规律，可知：

（1）与二极管类似，硅管的死区电压约 0.5V，锗管的死区电压约 0.3V，三极管处于放大状态时，硅管的 $u_{BE} \approx 0.7V$，锗管的 $u_{BE} \approx 0.3V$。

（2）在相同的 u_{BE} 下，当 u_{CE} 变化到 $u_{CE} \geq 1$ 后，各输入特性曲线基本上重合并稳定。原因如下：

① $u_{CE} = 0$ 时：b、e 间加正向电压，发射结和集电结都正偏，集电结没有吸引电子的能力，在相同的 u_{BE} 下，i_B 大，i_C 小，所以，其特性相当于两个二极管 PN 结并联的特性。

② u_{CE} 介于 $0 \sim 1V$ 之间时，集电结反偏不够，吸引电子的能力不够强。随着 u_{CE} 的增加，吸引电子的能力逐渐增强，i_B 逐渐减小，i_C 逐渐增大，曲线向右移动。

③ $u_{CE} > 1V$ 时，b、e 间加正向电压，这时发射结正偏，集电结反偏。发射区注入到基区的载流子绝大部分被集电结收集，只有小部分与基区多子形成电流 i_B。所以，在相同的 u_{BE} 下，i_B 要比 $u_{CE} = 0V$ 时小。$u_{CE} > 1V$ 以后工作情况都相同，各输入特性曲线基本上重合并稳定。

2. 输出特性曲线

输出特性曲线是指一定基极电流 i_B 下，三极管的集电极电流 i_C 与集电结电压 u_{CE} 之间的关系曲线，如图 10.3.9 所示，即

$$i_C = f(u_{CE})\big|_{i_B=常数}$$

其中每一条曲线规律：

（1）$0 < u_{CE} < 1V$：三极管的发射结正向偏置，集电结也正向偏置，集电区无收集电子的能力。随着 u_{CE} 的增大，收集电子的能力增强。

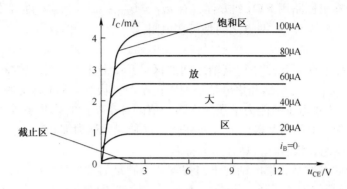

图 10.3.9　三极管的输出特性曲线

（2）$u_{CE} \geq 1V$：三极管的发射结正向偏置，集电结反向偏置，集电区收集电子的能力正常，而在一定的 u_{BE} 下，发射区发射电子数一定。随着 u_{CE} 的增大，i_C 具有恒流特性。

（3）曲线略向上倾斜。

总体曲线规律：$i_C = \beta i_B$，给 i_B 一定值，相对应有一条 i_C 曲线。这充分体现了 i_B 对 i_C 的控制作用，即体现晶体三极管的放大作用。

一般把三极管的输出特性分为 3 个工作区域。

1）截止区

一般将 $u_{BE} <$ 死区电压，$i_B \leq 0$ 的区域称为截止区，图 10.3.9 中为 $i_B = 0$ 的一条曲线的以下部分。此时 $i_B = 0$，$i_C \neq 0$，而是等于穿透电流 I_{CEO}。一般硅三极管的穿透电流小于 $1\mu A$，在特性曲线上无法表示出来。锗三极管的穿透电流约几十至几百微安，值很小，近似 $i_C \approx 0$。

三极管工作在截止状态时，具有以下特点：

（1）为使三极管可靠截止，须使三极管的发射结和集电结均处于反向偏置状态，不满足放大条件。而当发射结反向偏置时，发射区不再向基区注入电子。

（2）若不计穿透电流 I_{CEO}，则有 $i_B = 0$，i_C 近似为 0；不符合 $i_C = \beta i_B$ 关系，因而此时三极管没有电流放大作用。

（3）三极管输出回路用 KVL 列方程，有 $u_{CE} = U_{CC} - i_C R_C$，因 $i_C \approx 0$，$u_{CE} \approx U_{CC}$，说明三极管集电极和发射极之间呈高阻状态，即 $R_{CE} \approx \infty$。三极管相当于开关断开状态。

2）放大区（线性区）

输出特性曲线在饱和区和截止区之间近似平坦的区域称为放大区。当 i_B 一定时，i_C 的值基本上不随 u_{CE} 而变化。即当基极电流发生微小的变化量 Δi_B 时，相应的集电极电流将产生较大的变化量 Δi_C，此时二者的关系为 $\Delta i_C = \beta \Delta i_B$。

三极管工作在放大状态时，具有以下特点：

（1）三极管的发射结正向偏置，集电结反向偏置，满足放大条件。对 NPN 型的三极管，有电位关系：$U_C > U_B > U_E$；对 NPN 型硅三极管，有发射结电压 $u_{BE} \approx 0.7V$；对 NPN 型锗三极管，有 $u_{BE} \approx 0.2V$。

（2）基极电流 i_B 微小的变化会引起集电极电流 i_C 较大的变化，有电流关系式：$i_C = \beta i_B$；$\Delta i_C = \beta \Delta i_B$，体现了三极管的电流放大作用。$i_C = \beta i_B$。

（3）三极管输出回路用 KVL 列方程，有 $u_{CE} = U_{CC} - i_C R_C$，因 i_C 随 i_B 变化，得出 R_{CE} 是变化的，说明三极管 C、E 两点之间是可变电阻。

3）饱和区

输出特性曲线垂直上升部分与纵轴之间的区域称为饱和区。出现饱和区的原因：当 u_{CE} 较小时，$u_{CE} < u_{BE}$，发射结和集电结都处于正向偏置状态，集电区无收集电子的能力。随着 u_{CE} 的增大，收集电子的能力增强。不同 i_B 值的各条特性曲线几乎重叠在一起，管子的集电极电流 i_C 基本上不随基极电流 i_B 而变化，这种现象称为饱和。

三极管工作在饱和状态时，具有如下特点：

（1）三极管的发射结和集电结均正向偏置，不满足放大条件；u_{CE} 的值很小，称此时的电压 u_{CE} 为三极管的饱和压降，用 U_{CES} 表示。一般硅三极管的 U_{CES} 约为 0.3V，锗三极管的 U_{CES} 约为 0.1V；

（2）$i_C = \beta i_B$ 或 $\Delta i_C = \beta \Delta i_B$ 关系不成立，通常有 $i_C < \beta i_B$；三极管失去电流放大作用。

（3）$u_{CE} \approx 0$，远小于 U_{CC}，说明 $R_{CE} \approx 0$，三极管的集电极和发射极近似短接，C、E 两点之间呈低阻状态，相当于开关导通状态。

总结：三极管的放大作用应用于模拟技术中。作为放大元件使用时，一般要工作在放大状态。三极管 C、E 两点之间 R_{CE} 从 $0 \rightarrow \infty$ 变化，是可变电阻，体现了三极管的开关作用，可应用于数字技术中。三极管作为开关使用时，通常工作在截止和饱和导通状态。

10.3.4 三极管的主要参数

三极管的参数有很多，如电流放大系数、反向电流、耗散功率、集电极最大电流、最大反向电压等，这些参数可以通过查阅半导体手册得到。

1. 优劣参数

（1）共发射极电流放大系数 β 是指共发射极接法中从基极输入信号，从集电极输出信号，三极管的电流放大系数。

（2）极间反向电流：

①I_{CBO}：集电极与基极间的反向饱和电流。

②I_{CEO}：集电极与发射极间的穿透电流，有

$$I_{CEO} = (1 + \beta) I_{CBO}$$

2. 极限参数

（1）I_{CM}：β 下降到额定值的 2/3 时集电极允许的最大电流。

（2）P_{CM}：集电极最大允许功率损耗。

（3）反向击穿电压 $U_{(BR)CEO}$：基极开路时，集电极、发射极间的最大允许电压。

10.3.5 温度对三极管参数的影响

1. 温度对 U_{BE} 的影响

$$\frac{\Delta U_{BE}}{\Delta T} = -2.5 \text{mV/℃}$$

2. 温度对 I_{CBO} 的影响

I_{CBO} 是由少数载流子形成的。当温度上升时，少数载流子增加，故 I_{CBO} 也上升。其变化规律是，温度每上升 $10℃$，I_{CBO} 约上升 1 倍。I_{CEO} 随温度变化规律大致与 I_{CBO} 相同。在输出特性曲线上，温度上升，曲线上移。

3. 温度对 β 的影响

β 随温度升高而增大，变化规律是：温度每升高 $1℃$，β 值增大 $0.5\% \sim 1\%$。在输出特性曲线上，曲线间的距离随温度升高而增大。

综上所述，温度对 U_{BE}、I_{CBO}、β 的影响，均将使 I_C 随温度上升而增加，这将严重影响三极管的工作状态。

10.4　场效应管

场效应管是一种电压控制器件，它是利用电场效应来控制其电流的大小，从而实现放大作用。场效应管工作时，内部参与导电的只有多子一种载流子，因此又称为单极性器件。

根据结构不同，场效应管分为两大类，即结型场效应管和绝缘栅场效应管。

10.4.1　结型场效应管

结型场效应管分为 N 沟道结型管和 P 沟道结型管，它们都有 3 个电极——栅极、源极和漏极，分别与三极管的基极、发射极和集电极相对应。

1. 结型场效应管的结构与符号

图 10.4.1 所示为 N 沟道结型场效应管的结构与符号，结型场效应管符号中的箭头，表示由 P 区指向 N 区。

P 沟道结型场效应管的构成与 N 沟道类似，只是所用杂质半导体的类型要反过来。图 10.4.2 所示为 P 沟道结型场效应管的结构与符号。

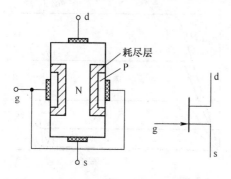

图 10.4.1　N 沟道结型管的结构与符号

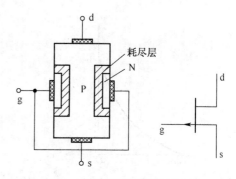

图 10.4.2　P 沟道结型管的结构与符号

2. 结型场效应管的工作原理

以 N 沟道结型场效应管为例分析。

（1）当栅源电压 $u_{GS} = 0$ 时，两个 PN 结的耗尽层比较窄，中间的 N 型导电沟道比较宽，沟道电阻小。

（2）当 $u_{GS} < 0$ 时，两个 PN 结反向偏置，PN 结的耗尽层变宽，中间的 N 型导电沟道相应变窄，沟道导通电阻增大。

（3）当 $U_P < u_{GS} \leq 0$ 且 $u_{DS} > 0$ 时，可产生漏极电流 i_D。i_D 的大小将随栅源电压 u_{GS} 的变化而变化，从而实现电压对漏极电流的控制作用。

u_{DS} 的存在，使得漏极附近的电位高，而源极附近的电位低，即沿 N 型导电沟道从漏极到源极形成一定的电位梯度，这样靠近漏极附近的 PN 结所加的反向偏置电压大，耗尽层宽；靠近源极附近的 PN 结反偏电压小，耗尽层窄，导电沟道成为一个楔形。

注意： 为实现场效应管栅源电压对漏极电流的控制作用，结型场效应管在工作时，栅极和源极之间的 PN 结必须反向偏置。

3. 结型场效应管的特性曲线

1）转移特性曲线

在场效应管的 u_{DS} 一定时，i_D 与 u_{GS} 之间的关系曲线称为场效应管的转移特性曲线，如图 10.4.3 所示。它反映了场效应管栅源电压对漏极电流的控制作用。

当 $u_{GS} = 0$ 时，导电沟道电阻最小，i_D 最大，称此电流为场效应管的饱和漏极电流 I_{DSS}。

当 $u_{GS} = U_P$ 时，导电沟道被完全夹断，沟道电阻最大，此时 $i_D = 0$，称 U_P 为夹断电压。

2）输出特性曲线

输出特性曲线是指栅源电压 u_{GS} 一定时，漏极电流 i_D 与漏源电压 u_{DS} 之间的关系曲线。如图 10.4.4 所示，场效应管的输出特性曲线可分为四个区域：可变电阻区、恒流区、截止区（夹断区）、击穿区。

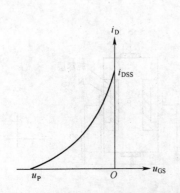

图 10.4.3　N 沟道结型场效应管的转移特性曲线

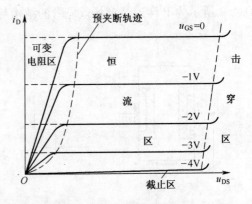

图 10.4.4　N 沟道结型场效应管的输出特性曲线

10.4.2　绝缘栅场效应管

绝缘栅场效应管是由金属（Metal）、氧化物（Oxide）和半导体（Semiconductor）材料构成的，因此又叫 MOS 管。

绝缘栅场效应管分为增强型和耗尽型两种，每一种又包括 N 沟道和 P 沟道两种类型。

注意：①耗尽型：$u_{GS} = 0$ 时漏、源极之间已经存在原始导电沟道。②增强型：$u_{GS} = 0$ 时漏、源极之间才能形成导电沟道。

无论是 N 沟道 MOS 管还是 P 沟道 MOS 管，都只有一种载流子导电，均为单极型电压控制器件。MOS 管的栅极电流几乎为零，输入电阻 R_{GS} 很高。

1. 结构与符号

以 N 沟道增强型 MOS 管为例（图 10.4.5），它是以 P 型半导体作为衬底，用半导体工艺技术制作两个高浓度的 N 型区，两个 N 型区分别引出一个金属电极，作为 MOS 管的源极 S 和漏极 D；在 P 型衬底的表面生长一层很薄的 SiO_2 绝缘层，绝缘层上引出一个金属电极，称为 MOS 管的栅极 G。B 为从衬底引出的金属电极，一般工作时衬底与源极相连。

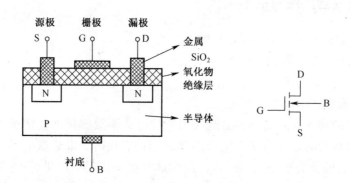

图 10.4.5　N 沟道增强型 MOS 管的结构与符号

符号中的箭头表示从 P 区（衬底）指向 N 区（N 沟道），虚线表示增强型。

2. N 沟道增强型 MOS 管的工作原理

在栅极 G 和源极 S 之间加电压 u_{GS}，漏极 D 和源极 S 之间加电压 u_{DS}，衬底 B 与源极 S 相连。形成导电沟道所需要的最小栅源电压 u_{GS}，称为开启电压 U_T。

3. 特性曲线

（1）转移特性曲线，如图 10.4.6 所示。

（2）输出特性（漏极特性）曲线，如图 10.4.7 所示。

10.4.3　场效应管的主要参数

（1）夹断电压（U_P）；

（2）开启电压（U_T）；

（3）饱和漏极电流 I_DSS；

（4）最大漏源击穿电压（$U_{(\mathrm{BR})\mathrm{DS}}$）；

（5）跨导（g_m）。

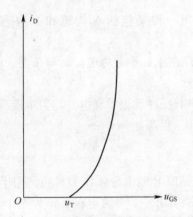 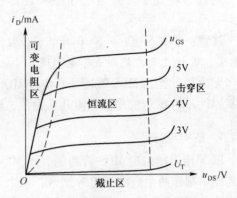

图 10.4.6　N 沟道增强型 MOS 管的转移特性曲线　　图 10.4.7　N 沟道增强型 MOS 管的输出特性曲线

10.4.4　场效应管应注意的事项

（1）选用场效应管时，不能超过其极限参数。

（2）结型场效应管的源极和漏极可以互换。

（3）MOS 管有 3 个引脚时，表明衬底已经与源极连在一起，漏极和源极不能互换；有 4 个引脚时，源极和漏极可以互换。

（4）MOS 管的输入电阻高，容易造成因感应电荷泄放不掉而使栅极击穿永久失效。因此，在存放 MOS 管时，要将 3 个电极引线短接；焊接时，电烙铁的外壳要良好接地，并按漏极、源极、栅极的顺序进行焊接，而拆卸时则按相反顺序进行；测试时，测量仪器和电路本身都要良好接地，要先接好电路再去除电极之间的短接。测试结束后，要先短接电极再撤除仪器。

（5）电源没有关时，绝对不能把场效应管直接插入到电路板中或从电路板中拔出来。

（6）相同沟道的结型场效应管和耗尽型 MOS 场效应管，在相同电路中可以通用。

习题

10-1　半导体区别于导体的导电特点是什么？

10-2　杂质半导体中多数载流子和少数载流子的浓度分别取决于什么？

10-3　提高半导体导电能力的方法是什么？

10-4　PN 节的形成过程及其特性是怎样的？

10-5　PN 结的正向电流与反向电流是如何形成的？各自与什么因素有关？

10－6 二极管的参数中表现单向导电性能好坏的参数值是什么？

10－7 一般手册上给出的最高反向工作电压 $U_{(BR)}$ 与实际的 $U_{(BR)}$ 比较，数值关系是怎样的？目的是什么？

10－8 三极管放大的两个条件是什么？如何理解三极管的电流放大作用及开关作用？

10－9 三极管输出特性 3 个区域的特点是什么？

10－10 如图所示的电路中，$E=5V$，$u_i=10\sin\omega t\,V$，二极管的正向压降可忽略不计，试画出输出电压 u_o 的波形。

10－11 如图所示的电路图中，$E=5V$，$u_i=10\sin\omega t\,V$，二极管的正向压降可忽略不计，试画出输出电压 u_o 的波形。

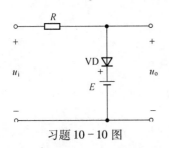

习题 10－10 图

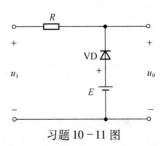

习题 10－11 图

10－12 如图所示的电路中，试求下列两种情况下输出端 Y 的电位 V_Y 及各元件（R，VD_A，VD_B）中通过的电流：

（1）$V_A=V_B=0V$；

（2）$V_A=+3V$，$V_B=0V$。

10－13 如图所示电路中，试求下列几种情况下输出端电位 V_Y 及各元件中通过的电流：

（1）$V_A=+10V$，$V_B=0V$；

（2）$V_A=+6V$，$V_B=+5.8V$；

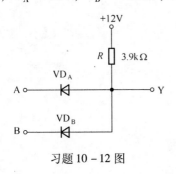

习题 10－12 图

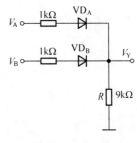

习题 10－13 图

10－14 电路如图所示，其中二极管为理想元件。试判断各二极管是导通还是截止，并求出 A、B 两点之间的电压 U_{AB} 值。

10－15 如图所示电路中，$E=20V$，$R_1=900\Omega$，$R_2=1100\Omega$。稳压管 VD_Z 的稳定电压 $U_Z=10V$，最大稳定电流 $I_{ZM}=8mA$。试求稳压管中通过的电流 I_Z；I_Z 是否超过 I_{ZM}？如果超过，则如何处理？

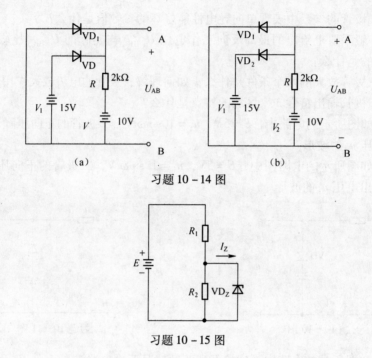

习题 10 – 14 图

习题 10 – 15 图

第 11 章

常用放大电路

11.1 基本共射极放大电路

基本放大电路：由一个放大元件（T 或 FET）构成的简单放大电路。本章先学习双极型晶体三极管 VT 构成的常用放大电路。

由前文可知，三极管在构建放大电路时有 3 种连接方式，如图 11.1.1 所示。图（a）从基极输入信号，从集电极输出信号，发射极作为输入信号和输出信号的公共端，即共发射极（简称共射极）放大电路；图（b）从基极输入信号，从发射极输出信号，集电极作为输入信号和输出信号的公共端，即共集电极放大电路；图（c）从发射极输入信号，从集电极输出信号，基极作为输入信号和输出信号的公共端，即共基极放大电路。

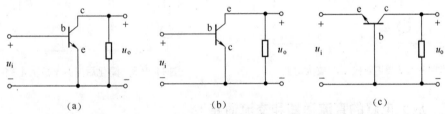

图 11.1.1　三极管在放大电路中的 3 种连接方式

(a) 共射极组态；(b) 共集电极组态；(c) 共基极组成。

在这 3 种组态放大电路中，共发射极电路用得比较普遍。这里就以 NPN 共射极放大电路为例，讨论放大电路的组成、工作原理以及分析方法。

11.1.1　基本放大电路的组成及元件作用

1. 共射极放大电路组成

共射极基本放大电路如图 11.1.2 所示。

2. 电路中各元件的作用

（1）晶体三极管 VT：放大元件、控制元件（控制能量转换），用基极电流 i_B 控制集电极电流 i_C。

（2）电源 U_{CC} 和 U_{BB}：使晶体管的发射结正偏，集电结反偏，晶体管处在放大状态，同时也是放大电路的能量来源，提供电流 i_B 和 i_C。U_{CC} 一般在几伏到十几伏之间。

（3）偏置电阻 R_B：用来调节基极偏置电流 I_B，使晶体管有一个合适的静态工作点，一般为几十千欧到几百千欧。

（4）集电极负载电阻 R_C：将集电极电流 i_C 的变化转换为电压的变化，以获得电压放大，一般为几千欧。

（5）耦合电容 C_1、C_2：通交隔直，交流耦合。用来传递交流动态小信号顺利输入、放大及输出，起到交流耦合的作用。同时，又使放大电路和信号源及负载间的直流电量相隔离，起隔直作用。C_1 使信号源与放大器无直流联系，C_2 使放大器与负载之间无直流联系。为了减小传递信号的电压损失，C_1、C_2 应选得足够大，一般为几微法至几十微法，通常采用极性电解电容器，不能接反。

（6）信号源：U_s 为信号源电压，R_s 为内阻；U_i 为放大器输入信号。

在电路分析中可以将电路进行简化，省去直流供电电源 E_B 或 U_{BB}，运用 E_C 或 U_{CC} 单电源进行供电，当然为保证晶体三极管 V 的放大条件，需要 $V_C > V_B$，即 $U_{RB} > U_{RC}$，则选择偏置电阻时要保证 $R_B \gg R_C$。图 10.1.2 简化后，如图 11.1.3 所示。

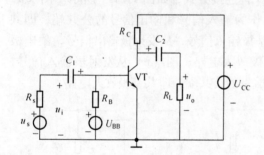

图 11.1.2　共射极基本放大电路

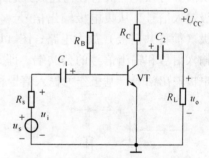

图 11.1.3　简化后的基本放大电路

11.1.2　放大电路的直流通路和交流通路

1. 直流通路

相对于直流电量，耦合电容的隔直作用可视其为开路，如图 11.1.4（a）所示。

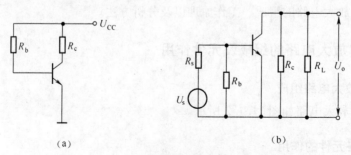

（a）

（b）

图 11.1.4　基本共射极电路的交、直流通路
（a）直流通路；（b）交流通路。

2. 交流通路

相对于交流动态小信号 u_i 单独作用时，电容 C_1、C_2 足够大，以及直流电源 E_C 或 U_{CC} 相当于短接，如图 11.1.4（b）所示。

11.2 共射极放大电路的静态分析

放大电路的分析主要包含两部分：

（1）静态分析（直流分析）：用于求出电路的直流工作状态，即基极直流电流 I_B；集电极直流电流 I_C；集电极与发射极间直流电压 U_{CE}，从而确定合适的静态工作点 Q。目的是使三极管工作在线性区，以保证被放大的信号不失真。

（2）动态分析（交流分析）：用来求出电路的电压放大倍数、输入电阻和输出电阻等主要的性能指标。

一般通过放大电路的直流通路进行静态分析，是放大电路分析的基础；通过放大电路的交流通路进行动态分析，这是放大电路分析的目的。

静态是指放大电路中无交流信号输入时，即 $U_i = 0$ 时的状态。此时由于直流供电电源的存在，电路中的电流、电压都为不变的直流值，三极管各极电流和电压值称为静态值（主要指 I_{BQ}、I_{CQ} 和 U_{CEQ}），电路对应的工作点称为静态工作点 Q。静态分析主要是确定放大电路中的静态值 I_{BQ}、I_{CQ} 和 U_{CEQ}（图 11.2.1）。

下面利用直流通路进行分析，由于晶体管是非线性元件，具体的分析方法有如下两种：方便、简单的估算法（解析式法）；直观的图解法。

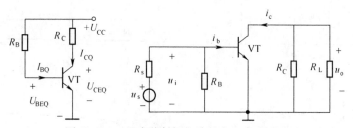

图 11.2.1 基本共射极电路的交、直流通路

11.2.1 计算法（近似估算法）

具体步骤：

（1）依偏置电路（输入电路），据 KVL 列方程求偏流 I_{BQ}，有

$$I_{BQ} = \frac{U_{CC} - U_{BEQ}}{R_B}$$

硅管 $U_{BE} = 0.6V \sim 0.8V$，取 0.7V；锗管 $U_{BE} = 0.1V \sim 0.3V$，取 0.2V。

$$I_B = \frac{V_{CC} - U_{BE}}{R_B} \approx \frac{V_{CC} - 0.7}{R_B} \approx \frac{V_{CC}}{R_B}$$

R_B 称为基极偏置电阻，此电路为固定偏置电路。

（2）估算集电极电流 $I_{CQ} = \beta I_{BQ}$。

（3）估算 $U_{CEQ} = U_{CC} - I_{CQ}R_C$。

【**例 11.2.1**】 估算图 11.2.1 放大电路的静态工作点 Q。设 $U_{CC} = 12V$，$R_C = 3k\Omega$，$R_B = 280k\Omega$，$\beta = 50$。

解：注意各单位量级，有

$$I_{BQ} = \frac{12 - 0.7}{280} \approx 0.040(mA) = 40(\mu A)$$

$$I_{CQ} = 50 \times 0.04 = 2(mA)$$

$$U_{CEQ} = 12 - 2 \times 3 = 6(V)$$

11.2.2 图解法

通过三极管的输出特性曲线图求解静态工作点 Q。

由于待求量 I_C 和 U_{CE} 同在直流通路的输出回路中，由三极管的输出特性曲线确定 $i_C - u_{CE}$ 关系，重点分析输出回路，将直流通路改画成图 11.2.2（a）。由图中 a、b 两端向左看是晶体管 VT，为非线性部分。其特性曲线如图 11.2.2（b）所示。由图中 a、b 两端向右看是线性部分，其 $i_C - u_{CE}$ 关系由回路的 KVL 方程表示，即 $U_{CE} = U_{CC} - I_C R_C$，只需确定两点即可作出该直线。对于在同一电路中两组特性曲线相交的点中必有正解。

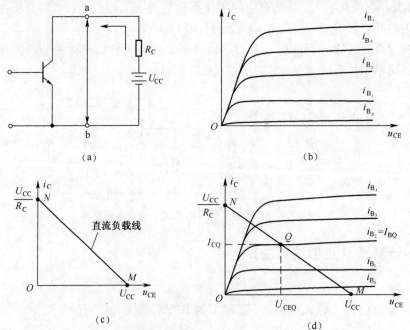

图 11.2.2 静态工作点的图解法

因此，用图解法求 Q 点的步骤如下：

（1）将电路分成线性和非线性两部分，作出 VT 的输出特性曲线。

（2）在输出特性曲线所在坐标中作直流负载线。根据集电极电流 I_C 与集、射间电压 U_{CE} 的关系式 $U_{CE} = U_{CC} - I_C R_C$ 可画出一条直线，该直线在纵轴上的截距为 U_{CC}/R_C，在横

轴上的截距为 U_{CC}，其斜率为 $-1/R_C$，由于只与集电极负载电阻 R_C 有关，因此称为直流负载线。

（3）由于两特性曲线交点并不唯一，由基极回路用估算法求出基极电流 I_{BQ}。根据 I_{BQ} 在输出特性曲线中找到对应的曲线，与直流负载线的交点即为 Q 点。读出 Q 点坐标的电流 I_{CQ}、电压值 U_{CEQ} 即为所求。

[**例 11.2.2**] 如图 11.2.1（a）所示电路，已知 $R_b = 280\text{k}\Omega$，$R_c = 3\text{k}\Omega$，$U_{CC} = 12\text{V}$，三极管的输出特性曲线如图 11.2.3 所示，试用图解法确定静态工作点。

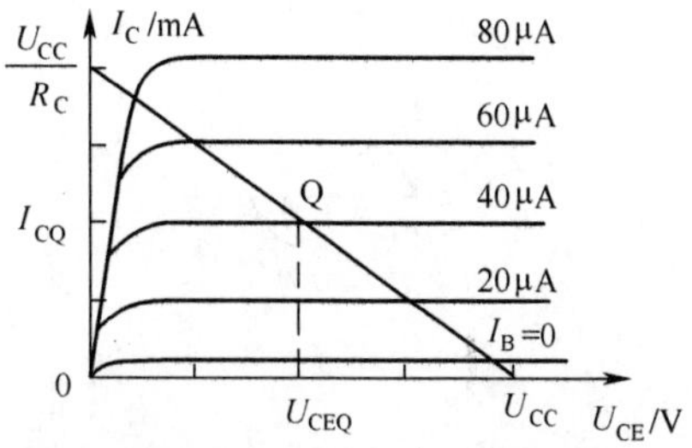

解：首先写出直流负载线方程，并作出直流负载线。

图 11.2.3 静态工作点的图解法

$$U_{CE} = U_{CC} - I_C R_C$$

$I_C = 0$，$U_{CE} = U_{CC} = 12\text{V}$，得 M 点；$U_{CE} = 0$，

$I_C = \dfrac{U_{CC}}{R_c} = \dfrac{12}{3} = 4$（mA），得 N 点；连接 M、N 两点，即得直流负载线。

然后，由基极输入回路计算 I_{BQ}：

$$I_{BQ} = \frac{U_{CC} - U_{BE}}{R_b} = \frac{12 - 0.7}{280 \times 10^3} \approx 0.04(\text{mA}) = 40(\mu\text{A})$$

直流负载线与 $I_B = I_{BQ} = 40\mu\text{A}$ 这条特性曲线的交点即为 Q 点。从图上查出 $I_{BQ} = 40\mu\text{A}$，$I_{CQ} = 2\text{mA}$，$U_{CEQ} = 6\text{V}$。

11.3 共射极基本放大电路的动态分析

动态是指有交流信号输入时，电路中的电流、电压随输入信号作相应变化的状态。由于动态时放大电路是在直流电源 U_{CC} 和交流输入信号 u_i 共同作用下工作，电路中的电压 u_{CE}、电流 i_B 和 i_C 均包含两个分量（图 11.3.1）。其中动态交变小信号叠加在前面静态分析确定的各直流分量上被放大了，即

总变化量 = 直流分量 + 交变分量

其中：$u_{BE} = U_{BE} + u_{be}$；$i_B = I_B + i_b$；$i_C = I_C + i_c$；$u_{CE} = U_{CE} + u_{ce}$。

为了避免混淆符号，规定如下：

（1）U_A：大写字母、大写下标，表示直流分量（静态值）。

（2）u_a：小写字母、小写下标，表示交流分量（动态值）。

（3）u_A：小写字母、大写下标，表示全量。

（4）U_i：大写字母、小写下标，表示交流分量的有效值。

放大电路的动态分析方法也有两种：图解法、小信号模型分析法（微变等效电路法）。先介绍图解法：在静态分析的基础上，利用晶体管的输入、输出特性曲线，用作图的方法来分析各个电压和电流分量之间的相互关系和各量的传输情况，适用于动态信号频率低、幅度较大的情况；可对非线性电路作定性分析，讨论各种问题。

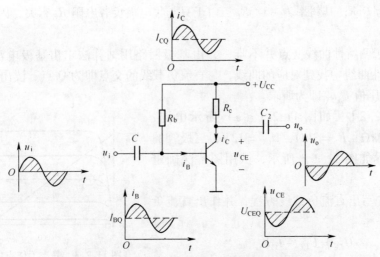

图 11.3.1　放大电路中信号的传输原理图

11.3.1　图解法分析放大电路的动态情况

针对例 11.2.2，已知 $R_b = 280\text{k}\Omega$，$R_c = 3\text{k}\Omega$，$R_L = 3\text{k}\Omega$，$U_{CC} = 12\text{V}$，此电路已用图解法确定了合适的静态工作点，$I_{BQ} = 40\mu\text{A}$，$I_{CQ} = 2\text{mA}$，$U_{CEQ} = 6\text{V}$。设现有一交流动态小信号 $u_i = 0.02\sin\omega t(\text{V})$ 进入电路，进行动态分析。

（1）在静态分析的基础上，依据交流通路的输入回路，从输入特性曲线组上分析 i_B、u_{BE} 的变化情况。

作出放大电路的交流通路如图 11.3.2 所示，并作出输入特性曲线组，如图 11.3.3（a）所示。交变动态小信号 u_i 输入后，u_i 会叠加在 U_{BEQ} 上周期变化，导致 u_{BE} 变化，进而使静态工作点 Q 在 Q′Q″之

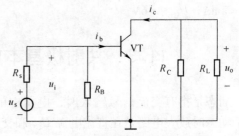

图 11.3.2　放大电路的交流通路

间滑动。变化的 Q 将引起 i_B 变化，经计算 i_B 从 $40\mu\text{A}$ 到 $60\mu\text{A}$ 到 $20\mu\text{A}$ 再回到 $40\mu\text{A}$ 进行周期变化。而由于三极管的放大作用，$i_C = \beta i_B$，又导致 i_C 在 I_{CQ} 的基础上变化。用数学知识验证电路的激励是正弦量，相应引起的响应也是同频率的正弦交变量。其变化过程如图 11.3.3 所示。

（2）依交流通路的输出回路在输出特性曲线组上分析 i_C、u_{CE} 的变化情况。

作出输出特性曲线组，如图 11.3.3（b）所示，以已知的静态工作点 Q 为核心点，作交流通路下输出回路对应的交流负载线。随着信号 u_i 变化引起 u_{BE} 变化，使 Q 滑动引起 i_B 变化，又引起 i_C 变化，同时直接引起 Q 点在输出特性曲线的交流负载线上滑动。由曲线关系知，变化范围依然是 Q′Q″，由此在输出特性曲线和交流负载线可求出 i_C 和 u_{CE} 的变化量，如图所示，至此可以看出输入小信号 u_i 后在输出端口可以得到被放大了的信号 u_o，即 u_{CE}。

在此需要利用曲线图很好地理解小信号的放大传输过程，这对后续很多问题的理解都可起到很大的帮助。关于作交流负载线的方法有几种，常用点斜式法。

交流负载线的作法：

①交流负载线的斜率为 $-\dfrac{1}{R'_{L}}$，其中 $R'_{L} = R_{L} /\!/ R_{C}$；

②交流负载线经过 Q 点。因为当输入信号 u_{i} 的瞬时值为零时，如忽略电容 C_{1} 和 C_{2} 的影响，则电路状态和静态时相同。

注意： ①交流负载线是有交流输入信号时工作点的运动轨迹。

②交流通路输出端接入负载 R_{L} 时，交流负载线的斜率为 $-\dfrac{1}{R'_{L}}$，其中 $R'_{L} = R_{L} /\!/$ R_{c}；当空载时，交流负载线与直流负载线重合。

（3）从图解分析过程，可得出如下重要结论：

①放大器中的各个量 u_{BE}、i_{B}、i_{C} 和 u_{CE} 都由直流分量和交流分量两部分组成。

②由于 C_{2} 的隔直作用，u_{CE} 中的直流分量 U_{CEQ} 被隔开，放大器的输出电压 u_{o} 等于 u_{CE} 中的交流分量 u_{CE}，且与输入电压 u_{i} 反相。即有 $u_{i} \uparrow \to u_{BE} \uparrow \to i_{B} \uparrow \to i_{C} \uparrow \to u_{CE} \downarrow \to |-u_{o}| \uparrow$。

③可求出放大电路的电压放大倍数：放大器的电压放大倍数可由 u_{o} 与 u_{i} 的幅值之比或有效值之比求出。负载电阻 R_{L} 越小，交流负载电阻 R'_{L} 也越小，交流负载线就越陡，使 U_{on} 减小，电压放大倍数下降。

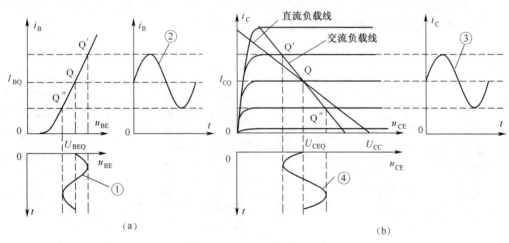

图 11.3.3　放大电路的动态分析

（a）输入特性曲线组；（b）输出特性曲线组。

（4）图解法中非线性失真情况。在合适的静态工作点时，信号进入线性放大区会被正常放大，可输出最大的不失真信号，但信号进入非线性区时，会出现失真情况。产生失真的原因具体如下：

①静态工作点 Q 不合适，Q 点设置过高出现饱和失真，Q 点设置过低出现截止失真。

静态工作点 Q 设置得不合适，会对放大电路的性能造成影响。若 Q 点偏高，当 i_{b} 按正弦规律变化时，Q'进入饱和区，造成 i_{c} 和 u_{ce} 的波形与 i_{b}（或 u_{i}）的波形不一致，输出

电压 u_o（即 u_{ce}）的负半周出现平顶畸变，称为饱和失真；改善措施是降低 Q 点，为此减小 I_B，即通过增大 R_B 可以做到。

若 Q 点偏低，则 Q″进入截止区，输出电压 u_o 的正半周出现平顶畸变，称为截止失真。饱和失真和截止失真统称为非线性失真。改善措施是抬高 Q 点，为此增大 I_B，即通过减小 R_B 可以做到，如图 11.3.4 所示。

②当输入动态小信号过大时，会同时发生饱和与截止失真。

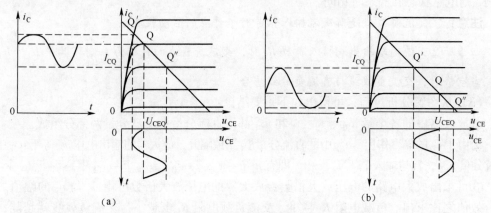

(a)   (b)

图 11.3.4   静态工作点不合适产生的非线性失真

(a) 饱和失真；(b) 截止失真。

③由三极管特性曲线非线性引起的失真，如图 11.3.5 所示。

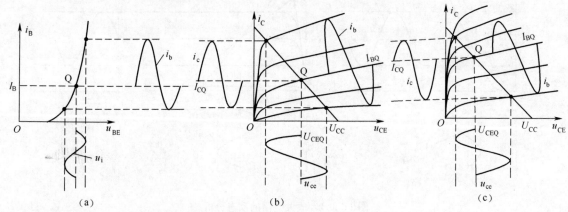

(a)   (b)   (c)

图 11.3.5   三极管特性曲线非线性引起的的非线性失真

(a) 因输入特性弯曲引起的失真；(b) 输出曲线簇上疏下密引起的失真；(c) 输出曲线簇上密下疏引起的失真。

应用中为避免发生非线性失真，可以确定最大不失真输出幅度。最大不失真输出电压是指当工作状态已定的前提下，逐渐增大输入信号，三极管尚未进入截止或饱和区时，输出所能获得的最大不失真输出电压。如 u_i 增大首先进入饱和区，则最大不失真输出电压受饱和区限制，$U_{cem} = U_{CEQ} - U_{ces}$；如首先进入截止区，则最大不失真输出电压受截止区限制，$U_{cem} = I_{CQ} \cdot R'_L$；最大不失真输出电压值，选取其中小的一个，如图 11.3.6 所示。

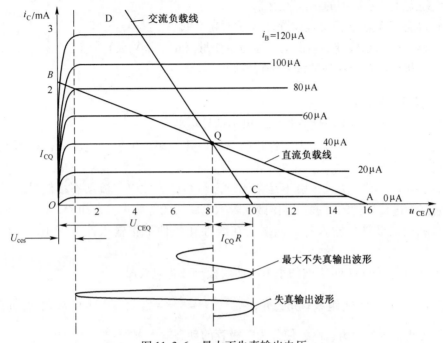

图 11.3.6 最大不失真输出电压

$$I_{CQ}R'_L < (U_{CEQ} - U_{ces})，所以 U_{cem} = I_{CQ} \cdot R'_L$$

11.3.2 放大电路的微变等效电路分析法（小信号模型分析法）

建立小信号模型（微变等效）的思路意义：由于三极管是非线性器件，它构成的放大电路也是非线性的，这样就使得放大电路的分析非常困难。但在工程上为使复杂的计算得以简化，常将三极管的输入输出特性在一定条件下作局部的线性化处理，得到三极管的线性化模型，从而可以将三极管所组成的放大电路线性化处理，进而可方便地进行放大电路的分析、计算和设计。

对三极管建立小信号模型（微变等效），就是在一定的条件下，当放大电路的输入信号电压很小时，在合适的 Q 点附近的小范围内就可以把三极管的输入输出特性曲线近似地用直线来代替，即线性化，使三极管的各电压、电流变化量之间的关系是线性关系，从而使三极管这个非线性器件所组成的电路当作线性电路来处理（图 11.3.7）。

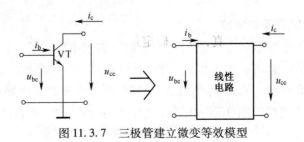

图 11.3.7 三极管建立微变等效模型

相应建立小信号模型的线性化条件：

（1）静态工作点 Q 稳定且设置合适（不高不低）；

（2）输入的动态信号必须很小，称为微变量（μV、mV 级）；

（3）三极管的输出特性曲线须平行等距，即 β 不变。

1. 三极管的线性化

方法一：依输入输出特性方程推导出小信号模型。

方法二：据 BJT 三极管物理特性进行分析，用电阻、电容等电路元件模拟工作过程得出微变等效电路。

本书中重点学习方法二，由于是交流动态分析，因此以交流动态小信号流经的通路即交流通路为进行分析的对象。具体微变等效电路法的等效步骤，如图 11.3.8 所示。

（1）利用三极管的输入特性曲线，在线性化条件下将输入部分即 B、E 结部分线性化。

①在 Q 点附近的 $Q_1 Q_2$ 之间的小范围曲线段等效为直线段。

②Δu_{BE}、Δi_B、$Q_1 Q_2$ 组成直角三角形，$\dfrac{\Delta u_{BE}}{\Delta i_B} = \dfrac{u_{be}}{i_b} = $ 常数，由于此常数为瞬时电压与瞬时电流之比，应为欧姆量纲，便称为三极管的动态输入电阻 r_{be}，有

$$r_{be} = \frac{\Delta u_{BE}}{\Delta i_B} = \frac{u_{be}}{i_b}$$

对于低频小功率管，经测定，有

$$r_{be} \approx 200\Omega + (1 + \beta)\frac{26(\mathrm{mV})}{I_{EQ}(\mathrm{mA})}$$

（2）利用三极管的输出特性曲线，在线性化条件下将输出部分即 C、E 结部分线性化。

动态交变小信号输入后，随着信号 u_i 变化引起 u_{BE} 变化，使 Q 滑动引起 i_B 变化，又引起 i_C 变化。由图 11.3.8 知，输出特性曲线在放大区域内可认为是水平线，集电极电流的微小变化 Δi_C 仅与基极电流的微小变化 Δi_B 有关，而与电压 u_{CE} 无关，因此三极管在输出回路中，集电极和发射极之间可等效为一个受 i_B 控制的电流源，即 i_C 受 i_B 的控制，于是称其为受控电流源。r_{ce} 是受控电流源的并联内阻，$r_{ce} = \dfrac{\Delta u_{ce}}{\Delta i_c}$，由条件知其值极大，可认为开路。由此可得三极管线性化模型，如图 11.3.9 所示。

2. 放大电路的微变等效电路

通过前面阐述的微变等效电路法的基本思路，如果电路中输入信号很小，可把三极管在小范围内线性化，就可将放大电路当作线性电路处理，这就是放大电路的微变等效电路，如图 11.3.10 所示。从而可用线性电路的分析方法对放大电路进行交流动态分析。分析的目的是要求出电路的电压放大倍数、输入电阻和输出电阻等主要的性能指标。在此说明因输入动态小信号为正弦交变量，为方便起见，用相量法表示及分析计算；对于低频模型，可以不考虑结电容的影响。

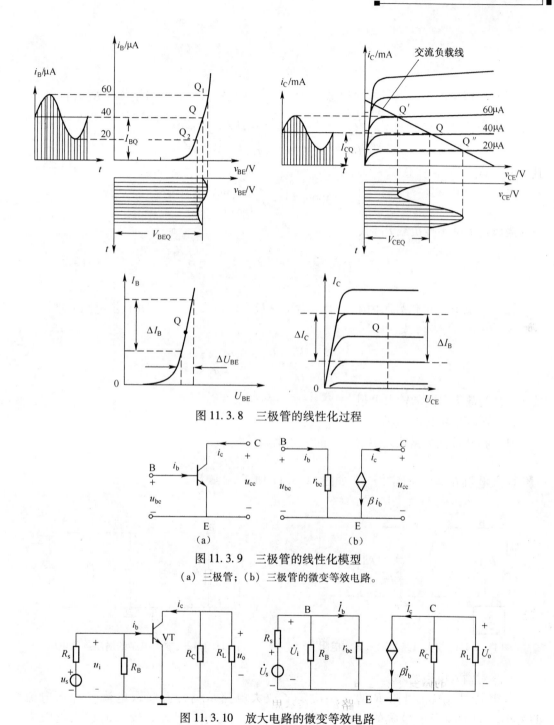

图 11.3.8　三极管的线性化过程

图 11.3.9　三极管的线性化模型

（a）三极管；（b）三极管的微变等效电路。

图 11.3.10　放大电路的微变等效电路

3. 交流动态分析

1）电压放大倍数 A_u

依据定义，有

$$\dot{A}_u = \frac{\dot{U}_o}{\dot{U}_i}$$

（1）一般情况下，当不考虑动态信号源的内阻 R_s，且放大电路接负载 R_L 时：

$$\dot{A}_u = \frac{\dot{U}_o}{\dot{U}_i} = \frac{-R'_L \dot{I}_c}{r_{be} \dot{I}_b} = \frac{-R'_L \beta \dot{I}_b}{r_{be} \dot{I}_b} = -\frac{\beta R'_L}{r_{be}}$$

其中 $R'_L = R_C /\!/ R_L$，注意 "－" 的理解。

$$r_{be} = 300 + (1 + \beta)\frac{26(\mathrm{mA})}{I_{EQ}(\mathrm{mA})}$$

当放大电路不接负载 R_L 时：

$$\dot{U}_o = -\beta \dot{I}_b R_C; \dot{U}_i = \dot{I}_b r_{be}; A_u = -\beta \frac{R_C}{r_{be}}$$

（2）当必须考虑信号源内阻 R_s 时：源电压放大倍数 $\dot{A}_{us} = \frac{\dot{U}_o}{\dot{U}_s}$，并且由电路原理知

$$\dot{A}_{us} = \frac{\dot{U}_o}{\dot{U}_s} = \frac{\dot{U}_i}{\dot{U}_s} \times \frac{\dot{U}_o}{\dot{U}_i} = \frac{R_i}{R_s + R_i}\dot{A}_u$$

式中：R_i 为放大电路的输入电阻。

2）放大电路的输入电阻

其是指从放大电路输入端看进去的等效电阻。

输入电阻 $R_i = \frac{\dot{U}_i}{\dot{I}_i} = R_B /\!/ r_{be}$，如图 11.3.11 所示。

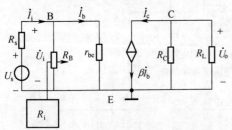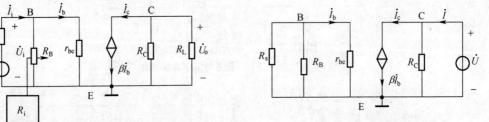

图 11.3.11 放大电路的输入等效电阻　　　图 11.3.12 放大电路的输出等效电阻

电路对输入电阻的要求：

由定义知，输入电阻 R_i 的大小决定了放大电路从信号源吸取电流（输入电流）的大小。为了减轻信号源的负担，总希望 R_i 越大越好。另外，较大的输入电阻 R_i，也可以降低信号源内阻 R_s 的影响，使放大电路获得较高的输入电压。在上式中由于 R_B 比 r_{be} 大得多，因此 R_i 近似等于 r_{be}，在几百欧到几千欧，一般认为是较低的，并不理想。

3）放大电路的输出电阻

对负载而言，放大电路相当于信号源，可以将它等效为戴维南电路（图 11.3.12），

而此戴维南等效电路的内阻就是输出电阻 $R_o = \dfrac{\dot{U}_o}{\dot{I}_o}\Big|_{R_L = \infty,\; U_s = 0}$。

R_o 的计算方法一般有两种：

（1）当已知放大电路的微变等效电路时，利用戴维南定理法求解：将信号源 $\dot{U}_s$ 短路，断开负载 R_L，从开路端口往里看；或加压求流得出，在输出端加电压 $\dot{U}$，求出由 $\dot{U}$ 产生的电流 $\dot{I}$，则输出电阻为 $R_o = \dfrac{\dot{U}}{\dot{I}} = R_C$。

（2）当不知放大电路的微变等效电路时，采用实验法测出（加压求流法）。即开路电压除以短路电流法（详见实验指导书）。

电路对输出电阻的要求：

对于负载而言，放大器的输出电阻 R_o 越小，负载电阻 R_L 的变化对输出电压的影响就越小，表明放大器带负载能力越强，因此总希望 R_o 越小越好。上式中 R_o 在几千欧到几十千欧，一般认为是较大的，也不理想。

[**例 11.3.1**]　电路如图 11.1.3 所示，已知 $U_{CC} = 12V$，$R_B = 300k\Omega$，$R_C = 3k\Omega$，$R_L = 3k\Omega$，$R_s = 3k\Omega$，$\beta = 50$，试求：

（1）R_L 接入和断开两种情况下电路的电压放大倍数 $\dot{A}_u$；

（2）输入电阻 R_i 和输出电阻 R_o；

（3）输出端开路时的源电压放大倍数 $\dot{A}_{us} = \dfrac{\dot{U}_o}{\dot{U}_s}$。

解： 先求静态工作点，有

$$I_{BQ} = \frac{U_{CC} - U_{BEQ}}{R_B} \approx \frac{U_{CC}}{R_B} = \frac{12}{300}(A) = 40(\mu A)$$

$$I_{CQ} = \beta I_{BQ} = 50 \times 0.04 = 2(mA)$$

$$U_{CEQ} = U_{CC} - I_{CQ}R_C = 12 - 2 \times 3 = 6(V)$$

再求三极管的动态输入电阻，有

$$r_{be} = 300 + (1+\beta)\frac{26(mV)}{I_{EQ}(mA)} = 300 + (1+50)\frac{26(mV)}{2(mA)} = 963(\Omega) \approx 0.963(k\Omega)$$

进行动态分析：

（1）R_L 接入时的电压放大倍数 $\dot{A}_u$ 为

$$\dot{A}_u = -\frac{\beta R_L'}{r_{be}} = -\frac{50 \times \dfrac{3 \times 3}{3+3}}{0.963} = -78$$

R_L 断开时的电压放大倍数 $\dot{A}_u$ 为

$$\dot{A}_u = -\frac{\beta R_C}{r_{be}} = -\frac{50 \times 3}{0.963} = -156$$

（2）输入电阻 R_i 为

$$R_i = R_B // r_{be} = 300 // 0.963 \approx 0.96(k\Omega)$$

输出电阻 R_o 为

$$R_o = R_C = 3(k\Omega)$$

（3）$\dot{A}_{us} = \dfrac{\dot{U}_o}{\dot{U}_s} = \dfrac{\dot{U}_i}{\dot{U}_s} \times \dfrac{\dot{U}_o}{\dot{U}_i} = \dfrac{R_i}{R_s + R_i}\dot{A}_u = \dfrac{1}{3+1} \times (-156) = -39$

11.4　静态工作点的稳定

回顾共射极基本交流放大电路中，通过直流通路进行静态分析后设置合适的静态工作点 Q 过程，可知 Q 的确定受偏置电流 I_B 控制，而 $I_B = U_{CC}/R_B$，说明 Q 的确定受 R_B 控制，于是习惯将此放大电路称为**固定偏置电路**。但是如果工作条件发生变化，会使原本合适的 Q 点偏离原来的位置，即发生**静态工作点漂移**，导致电路的放大效果、放大倍数等变化甚至发生失真等。因此，要进行 Q 点的稳定。

静态工作点 Q 的稳定措施的提出是要了解 Q 点为什么会发生漂移？漂移的原因有：

（1）放大电路的核心元件三极管在环境温度变化以及发生老化时，各种参数均会变化，导致 Q 变化。

（2）三极管之外的其他元件均会由于温度变化及老化问题受影响：如电阻 R_B、R_C，电容 C_1、C_2，电源等。但是它们受温度影响变化要比三极管小得多。

具体研究后可知，温度改变如上升，会使三极管的电流放大倍数 β 增大，使特性曲线间距增大；同时反向饱和电流 I_{CBO} 增加；导致穿透电流 $I_{CEO} = (1 + \beta)I_{CBO}$ 也增加。发射结电压 U_{BE} 下降，在外加电压和电阻不变的情况下，使基极电流 I_B 增大，最终导致 I_C 上升，反映在输出特性曲线上是使其上移，造成 Q 点上移，如图 11.4.1 所示。

为此，需要针对三极管改进偏置电路，当温度升高时，能够自动降低 I_B，I_C 相应降低，从而抑制 Q 点的变化，保持 Q 点基本稳定。

稳定静态工作点的途径：

（1）元件：选择温度性能好的元件，如选择硅管，并进行老练等处理。

（2）环境：采用恒温措施。

（3）电路：**采用负反馈技术**。

从根本上，实际中常采用分压偏置式放大电路来稳定静态工作点。电路如图 11.4.2 所示。

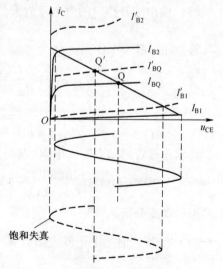

图 11.4.1　温度对 Q 点和输出波形的影响
实线—20℃时的特性曲线；
虚线—50℃时的特性曲线。

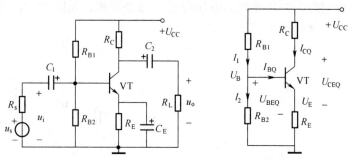

图 11.4.2　分压式偏置放大电路及其直流通路

11.4.1　静态工作点稳定的放大电路

相比固定偏置电路，该电路多 3 个元件，即基极分压偏置电阻 R_{B2}、射极直流负反馈电阻 R_E、交流旁路电容 C_E。

1. 通过 R_{B1}、R_{B2} 分压使 U_B 电位稳定

由电路条件 $I_2 \gg I_B$，设 $I_2 = (5 \sim 10)I_B$，$I_1 \approx I_2$，根据分压公式 B 点电位，有 $U_B = \dfrac{R_{B2}}{R_{B1} + R_{B2}}U_{CC}$，由此知 U_B 与晶体管无关，不随温度变化而改变，故可认为 U_B 与温度基本无关，保持恒定不变。

2. 静态分析（工作点 Q 估算）

电容开路，作出电路的等效直流通道，求解静态工作点 Q。

$$U_B = \frac{R_{B2}}{R_{B1} + R_{B2}}U_{CC}; \quad I_{CQ} \approx I_{EQ} = \frac{U_E}{R_E} = \frac{U_B - U_{BEQ}}{R_E}; \quad I_{BQ} = \frac{I_{CQ}}{\beta};$$

$$U_{CEQ} \cong U_{CC} - I_{CQ}(R_C + R_E)$$

3. 静态工作点的稳定过程

调节过程：$$温度\ t\uparrow \rightarrow I_C\uparrow \rightarrow I_E\uparrow \rightarrow U_E(=I_E R_E)\uparrow \rightarrow U_{BE}(=U_E - I_E R_E)\downarrow \rightarrow I_B\downarrow$$
$$I_C\downarrow$$

电路稳压的过程实际是由于引入了直流电流负反馈，即通过 R_E 形成了负反馈过程。

4. 发射极交流旁路电容 C_E 的作用

通过对此放大电路进行电容 C_E 有与无两种情况的分析，C_E 的接入将电路的交流通路中电阻 R_E 短接，R_E 对交流动态信号不起作用，使直流电量和交流动态信号分开传送，这样交流动态信号在放大器内部损失小，放大倍数不受影响，效率高。

下面对此放大电路进行分析，先静态分析，再动态分析。

11.4.2　放大电路的静态分析

在此，对应估算法，介绍戴维南定理的精确计算法。由于直流通路中输入电路是多

回路，利用戴维南定理先将其等效为电压源的单回路形式，如图 11.4.3 的（a）、（b）、（c）所示，再求解基极电流 I_B。

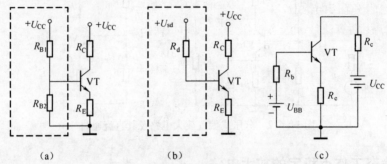

（a）   （b）   （c）

图 11.4.3　利用戴维南定理后的等效电路

由戴维南定理知

$$U_{BB} = \frac{R_{B2}}{R_{B2} + R_{B1}} U_{CC}$$

其中 $R_b = R_{B1} /\!/ R_{B2}$。

对此等效电路，利用 KVL 分析，有

$$I_B = \frac{U_{BB} - U_{BE}}{R_b + (1 + \beta) R_e}, I_C = \beta I_B$$

$$U_{CE} \approx U_{CC} - I_C(R_C + R_E)$$

11.4.3　放大电路的动态分析

利用交流通路进行动态分析，求解 A_u、R_i、R_o。电容、直流电源短路，画出交流通道及微变等效电路，如图 11.4.4 所示。

电压放大倍数为

$$\dot{A}_u = -\frac{\beta R_L'}{r_{be}}; r_{be} = 300(\Omega) + (1 + \beta)\frac{26(\mathrm{mV})}{I_E(\mathrm{mA})}$$

输入电阻为

$$R_i = R_{B1} /\!/ R_{B2} /\!/ r_{be}$$

输出电阻　$R_o = R_C$

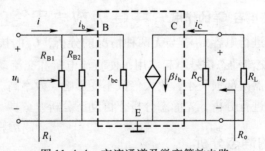

图 11.4.4　交流通道及微变等效电路

[**例 11.4.1**]　电路如图 11.4.2 所示（接电容 C_E）。已知 $U_{CC} = 12V$，$R_{B1} = 20k\Omega$，$R_{B2} = 10k\Omega$，$R_C = 3k\Omega$，$R_E = 2k\Omega$，$R_L = 3k\Omega$，$\beta = 50$。试估算静态工作点，并求电压放大倍数、输入电阻和输出电阻。

解：（1）用估算法计算静态工作点：

$$U_B = \frac{R_{B2}}{R_{B1} + R_{B2}} U_{CC} = \frac{10}{20 + 10} \times 12 = 4(\text{V})$$

$$I_{CQ} \approx I_{EQ} = \frac{U_B - U_{BEQ}}{R_E} = \frac{4 - 0.7}{2} = 1.65(\text{mA}) \; ; \; I_{BQ} = \frac{I_{CQ}}{\beta} = \frac{1.65}{50}(\text{mA}) = 33(\mu\text{A})$$

$$U_{CEQ} = U_{CC} - I_{CQ}(R_C + R_E) = 12 - 1.65 \times (3 + 2) = 3.75(\text{V})$$

（2）求电压放大倍数：

$$r_{be} = 300 + (1 + \beta)\frac{26}{I_{EQ}} = 300 + (1 + 50)\frac{26}{1.65} = 1100\Omega = 1.1(\text{k}\Omega)$$

$$\dot{A}_u = -\frac{\beta R'_L}{r_{be}} = -\frac{50 \times \dfrac{3 \times 3}{3 + 3}}{1.1} = -68$$

（3）求输入电阻和输出电阻：

$$R_i = R_{B1} /\!/ R_{B2} /\!/ r_{be} = 20 /\!/ 10 /\!/ 1.1 = 0.994(\text{k}\Omega)$$

$$R_o = R_C = 3(\text{k}\Omega)$$

[**例 11.4.2**]　例 11.4.1 中如果电容忘记接入（图 11.4.5），电路其他条件均不变，请自行分析后，比较各结果有何变化，并总结电容 C_E 的作用。

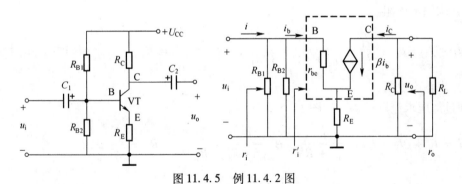

图 11.4.5　例 11.4.2 图

11.5　共集电极与共基极放大电路的分析

11.5.1　共集电极放大电路

电路如图 11.5.1 所示，对交流动态小信号而言，集电极 C 即是地，实质上输入信号从基极—集电极 BC 间进入；输出信号从发射极—集电极 EC 间取出。集电极 C 是电路公共端，构成了放大电路的第二种组态即共集电极电路，习惯称为射极输出器。下面进行电路分析。微变等效电路如图 11.5.2 所示。

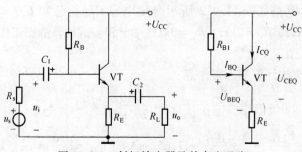

图 11.5.1 射极输出器及其直流通路

1. 静态分析

$$U_{CC} = I_{BQ}R_B + U_{BEQ} + I_{EQ}R_E = I_{BQ}R_B + U_{BEQ} + (1 + \beta)I_{BQ}R_E$$

$$I_{BQ} = \frac{U_{CC} - U_{BEQ}}{R_B + (1 + \beta)R_E} ; \quad I_{CQ} = \beta I_{BQ} ; \quad U_{CEQ} = U_{CC} - I_{EQ}R_E \approx U_{CC} - I_{CQ}R_E$$

2. 动态分析

1）求电压放大倍数

$$\dot{U}_o = \dot{I}_e R'_L = (1 + \beta)\dot{I}_b R'_L ; \quad \dot{U}_i = \dot{I}_b r_{be} + \dot{U}_o = \dot{I}_b r_{be} + (1 + \beta)\dot{I}_b R'_L$$

$$\dot{A}_u = \frac{\dot{U}_o}{\dot{U}_i} = \frac{(1 + \beta)R'_L}{r_{be} + (1 + \beta)R'_L}$$

2）求输入电阻

$$\dot{I}_i = \dot{I}_1 + \dot{I}_b = \frac{\dot{U}_i}{R_B} + \frac{\dot{U}_i}{r_{be} + (1 + \beta)R'_L} ; \quad R_i = \frac{\dot{U}_i}{\dot{I}_i} = R_B /\!/ \left[r_{be} + (1 + \beta)R'_L \right]$$

3）求输出电阻

通过加压求流发求解，如图 11.5.3 所示。

$$\dot{I} = \dot{I}_b + \beta \dot{I}_b + \dot{I}_e = \frac{\dot{U}}{r_{be} + R'_s} + \beta \frac{\dot{U}}{r_{be} + R'_s} + \frac{\dot{U}}{R_E} ; \quad R_o = \frac{\dot{U}}{\dot{I}} = R_E /\!/ \frac{r_{be} + R'_s}{1 + \beta}$$

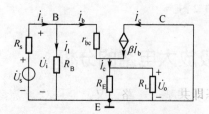

图 11.5.2 射极输出器的微变等效电路

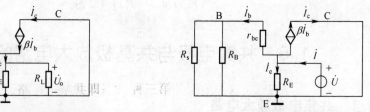

图 11.5.3 计算输出电阻的等效电路

3. 射极输出器的特点

（1）电压放大倍数小于 1，但约等于 1，即称为电压跟随器。

（2）输入电阻较高。

（3）输出电阻较低。

4. 射极输出器的用途

射极跟随器具有较高的输入电阻和较低的输出电阻，这是射极跟随器最突出的优点。射极跟随器常用作多级放大器的第一级或最末级，也可用于中间隔离级。用作输入级时，其高的输入电阻可以减轻信号源的负担，提高放大器的输入电压。用作输出级时，其低的输出电阻可以减小负载变化对输出电压的影响，并易于与低阻负载相匹配，向负载传送尽可能大的功率；也可作缓冲级，用来隔离它前后两级之间的相互影响，因此应用极广。

[例 11.5.1]　电路如图 11.5.1 所示。已知 $U_{CC} = 12V$，$R_B = 200k\Omega$，$R_E = 2k\Omega$，$R_L = 3k\Omega$，$R_s = 100\Omega$，$\beta = 50$。试估算静态工作点，并求电压放大倍数、输入电阻和输出电阻。

解：（1）用估算法计算静态工作点：

$$I_{BQ} = \frac{U_{CC} - U_{BEQ}}{R_B + (1 + \beta)R_E} = \frac{12 - 0.7}{200 + (1 + 50) \times 2} = 0.0374(mA) = 37.4(\mu A)$$

$$I_{CQ} = \beta I_{BQ} = 50 \times 0.0374 = 1.87(mA)$$

$$U_{CEQ} \approx U_{CC} - I_{CQ}R_E = 12 - 1.87 \times 2 = 8.26(V)$$

（2）求电压放大倍数 $\dot{A}_u$、输入电阻 R_i 和输出电阻 R_o。

$$r_{be} = 300 + (1 + \beta)\frac{26}{I_{EQ}} = 300 + (1 + 50)\frac{26}{1.87} = 1009(\Omega) \approx 1(k\Omega)$$

$$\dot{A}_u = \frac{\dot{U}_o}{\dot{U}_i} = \frac{(1 + \beta)R'_L}{r_{be} + (1 + \beta)R'_L} = \frac{(1 + 50) \times 1.2}{1 + (1 + 50) \times 1.2} = 0.98$$

$$R'_L = R_E /\!/ R_L = 2 /\!/ 3 = 1.2(k\Omega)$$

$$R_i = R_B /\!/ [r_{be} + (1 + \beta)R'_L] = 200 /\!/ [1 + (1 + 50) \times 1.2] = 47.4(k\Omega)$$

$$R_o \approx \frac{r_{be} + R'_s}{\beta} = \frac{1000 + 100}{50} = 22(\Omega)\ ;\ R'_s = R_B /\!/ R_s = 200 \times 10^3 /\!/ 100 \approx 100(\Omega)$$

11.5.2　共基极放大电路

电路如图 11.5.4 所示，分析电路结构知对交流动态小信号而言 B 即是地，实质上输入信号从发射极—基极（EB）间进入；输出信号从集电极 C—基极地（CB）间取出。基极 B 是电路公共端，构成了放大电路的第三种组态即共基极电路，又习惯称为电流跟随器。下面进行电路分析。

1. 直流通路及静态分析

将电容断开后作出直流通路，可知与射极偏置电路相同。因此用计算法分析如下：

$$V_B \approx \frac{R_{b2}}{R_{b1} + R_{b2}} \cdot V_{CC}\ ;\ I_C \approx I_E = \frac{V_B - V_{BE}}{R_e}$$

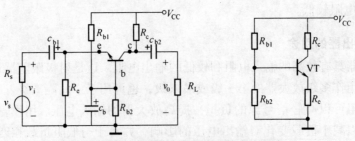

图 11.5.4　共基极放大电路及其直流通路

$$V_{CE} = V_{CC} - I_C R_c - I_E R_e \approx V_{CC} - I_C(R_c + R) ; I_B = \frac{I_C}{\beta}$$

2. 交流通路及动态分析

分析电路后作出交流通路，并进行等效后如图 11.5.5 所示。

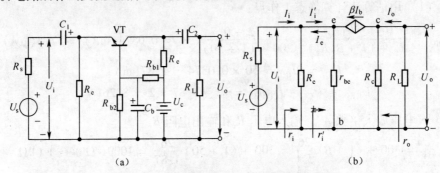

图 11.5.5　共基极放大电路及其微变等效电路
（a）放大电路；（b）等效电路。

1）电压增益

输入回路电压：

$$\dot{V}_i = -\dot{I}_b r_{be}$$

输出回路电压：

$$\dot{V}_o = -\dot{I}_c R'_L = -\beta \dot{I}_b R'_L$$

式中 $R'_L = R_c /\!/ R_L$

因此，电压增益

$$\dot{A}_u = \frac{\dot{V}_o}{\dot{V}_i} = \frac{-\beta \dot{I}_b R'_L}{-\dot{I}_b r_{be}} = \frac{\beta R'_L}{r_{be}}$$

电压增益 $A_u \gg 1$，电压放大效果好，并且 U_i、U_o 同相位。

2）输入电阻

$$R'_i = r_{eb} = \frac{\dot{V}_i}{-\dot{I}_e} = \frac{-\dot{I}_b r_{be}}{-(1+\beta)\dot{I}_b} = \frac{r_{be}}{1+\beta}$$

$$R_i = \frac{\dot{V_i}}{\dot{I_i}} = R_e \mathbin{/\mkern-5mu/} r_{eb} = R_e \mathbin{/\mkern-5mu/} \frac{r_{be}}{1+\beta} \approx \frac{r_{be}}{1+\beta}$$

可知，输入电阻较小。

3）输出电阻

$$R_o \approx R_c$$

下面将 3 种组态放大电路进行综合分析与比较。

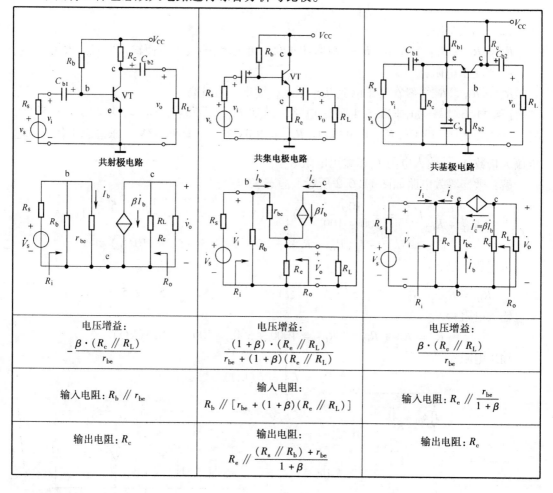

电压增益：$-\dfrac{\beta \cdot (R_c \mathbin{/\mkern-5mu/} R_L)}{r_{be}}$	电压增益：$\dfrac{(1+\beta)\cdot(R_e \mathbin{/\mkern-5mu/} R_L)}{r_{be}+(1+\beta)(R_e \mathbin{/\mkern-5mu/} R_L)}$	电压增益：$\dfrac{\beta \cdot (R_c \mathbin{/\mkern-5mu/} R_L)}{r_{be}}$
输入电阻：$R_b \mathbin{/\mkern-5mu/} r_{be}$	输入电阻：$R_b \mathbin{/\mkern-5mu/} [\, r_{be}+(1+\beta)(R_e \mathbin{/\mkern-5mu/} R_L)\,]$	输入电阻：$R_e \mathbin{/\mkern-5mu/} \dfrac{r_{be}}{1+\beta}$
输出电阻：R_c	输出电阻：$R_e \mathbin{/\mkern-5mu/} \dfrac{(R_s \mathbin{/\mkern-5mu/} R_b)+r_{be}}{1+\beta}$	输出电阻：R_c

11.6 场效应晶体管放大电路

由场效应晶体管组成的放大电路完全与三极管构成的 3 种组态放大电路的分析方法一样，由电路画出对应的直流通路进行静态分析；之后按照交流动态小信号的路径作出交流通路并进行微变等效后，进行动态分析，最终求解出放大电路的各种性能指标。

1. 静态分析

设 $U_{GS}=0$，则

$$U_S = U_G = \frac{R_{G2}}{R_{G1} + R_{G2}}U_{DD} \;; \quad I_D = \frac{U_S}{R_S} = \frac{U_G}{R_S} \;; \quad U_{DS} = U_{DD} - I_D(R_D + R_S)$$

2. 动态分析

（1）电压放大倍数：

$$\dot{A}_u = \frac{\dot{U}_o}{\dot{U}_i} = \frac{-\dot{I}_d R'_L}{\dot{U}_{gs}} = \frac{-g_m \dot{U}_{gs} R'_L}{\dot{U}_{gs}} = -g_m R'_L$$

（2）输入电阻：

$R_i = R_G + R_{G1} \mathbin{/\!/} R_{G2}$，$R_G$一般取几兆欧。可见$R_G$的接入可使输入电阻大大提高。

（3）输出电阻：

$R_o = R_D$，R_D一般在几千欧到几十千欧，输出电阻较高。

[例 11.6.1]　如图 11.6.1 所示电路，已知$U_{DD} = 20V$，$R_D = 5k\Omega$，$R_S = 5k\Omega$，$R_L = 5k\Omega$，$R_G = 1M\Omega$，$R_{G1} = 300k\Omega$，$R_{G2} = 100k\Omega$，$g_m = 5mA/V$。求静态工作点及电压放大倍数$\dot{A}_u$、输入电阻R_i和输出电阻R_o。

解：微变等效电路如图 11.6.2 所示。静态工作点：

$$U_G = \frac{R_{G2}}{R_{G1} + R_{G2}}U_{DD} = \frac{100}{300 + 100} \times 20 = 5(V) \;; \quad I_D = \frac{U_S}{R_S} = \frac{U_G}{R_S} = \frac{5}{5} = 1(mA) \;;$$

$$U_{DS} = U_{DD} - I_D(R_D + R_S) = 20 - 1 \times (5 + 5) = 10(V)$$

电压放大倍数：

$$R'_L = R_D \mathbin{/\!/} R_L = 5 \mathbin{/\!/} 5 = 2.5(k\Omega) \;; \dot{A}_u = -g_m R'_L = -5 \times 2.5 = -12.5$$

输入电阻：

$$R_i = R_G + R_{G1} \mathbin{/\!/} R_{G2} = 1000 + 300 \mathbin{/\!/} 100 = 1075(k\Omega)$$

输出电阻：

$$R_o = R_D = 5(k\Omega)$$

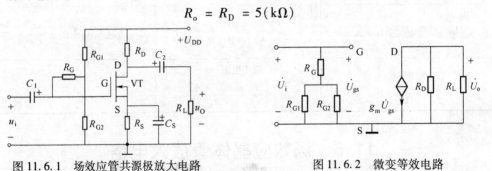

图 11.6.1　场效应管共源极放大电路　　　　图 11.6.2　微变等效电路

11.7　多级放大电路

通常实际应用中需要放大及处理的电信号都很微弱，一般只有毫伏或微伏级，输入功率也很小，约毫瓦级。为了能够推动负载正常工作，单级放大电路是无法实现的，必须按照实际的要求采用多级放大电路对微弱的电信号进行连续的放大，才能在输出端获得必要的电压幅度以及足够大的功率。多级放大电路是指由两个或两个以上的单级放大电路所组成的电路。其原理框图如图 11.7.1 所示。通常称第一级为输入级，一般采用输入阻抗较高的放大电路，以便从信号源获得较大的电压输入信号并对信号进行放大。中间级主要实现电压信号的放大，一般要用几级放大电路才能完成信号的放大。最末级称为输出级，主要用于功率放大，以驱动负载工作。并且为了保证多级放大电路中各级都能高效地正常工作，使信号不失真地被逐级放大和传输，必须在每两个单级放大电路之间采用合理有效的连接方式，即耦合。

多级放大电路的具体耦合方式有 3 种，即阻容耦合、直接耦合和变压器耦合。由于目前集成电路中已经很少采用变压器耦合，在此不考虑。下面对常用的耦合方式进行了解，这将为后续章节——集成运算放大器的理解做好知识的承接。

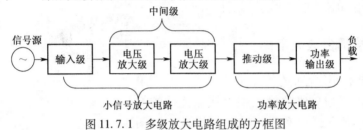

图 11.7.1　多级放大电路组成的方框图

11.7.1　阻容耦合放大电路

如图 11.7.2 所示，电路结构中各级放大电路之间是通过输入输出耦合电容及下级电路的等效输入电阻相耦合连接。

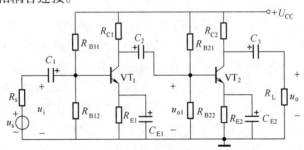

图 11.7.2　两级阻容耦合放大电路

1. 阻容耦合放大电路的分析

（1）静态分析：由于耦合电容的作用，各级的直流电量互不影响，因此利用所学的方法各级单独计算。

（2）动态分析：目的依然是求解放大电路的总的性能指标。

①电压放大倍数等于各级电压放大倍数的乘积。

$$\dot{A}_{u} = \frac{\dot{U}_{o}}{\dot{U}_{i}} = \frac{\dot{U}_{o1}}{\dot{U}_{i}} \cdot \frac{\dot{U}_{o}}{\dot{U}_{o1}} = \dot{A}_{u1} \cdot \dot{A}_{u2}$$

注意：计算前级的电压放大倍数时必须把后级的输入电阻考虑到前级的负载电阻之

中。如计算第一级的电压放大倍数时，其负载电阻就是第二级的输入电阻。

②输入电阻就是第一级的输入电阻。

③输出电阻就是最后一级的输出电阻。

2. 阻容耦合放大电路的特点

由放大电路的分析可知：

（1）优点：各级静态工作点互不影响，可以单独调整到合适位置，且不存在零点漂移问题。

（2）缺点：由于耦合电容的通交流阻直流、通高频阻低频信号的作用，不能放大变化缓慢的信号和直流信号；且由于需要大容量的耦合电容，因此不能在集成电路中采用。只适合分立电路，应用有很大的局限性。

11.7.2 直接耦合放大电路

为了放大变化很缓慢的信号和直流信号，只能采用将前级的输出端与后级的输入端直接相连接的方式，称为直接耦合，也称为直流放大器，如图11.7.3所示。可以看出：

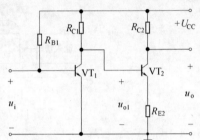

图 11.7.3 直接耦合放大电路

（1）**优点**：能放大变化缓慢的信号和直流信号；由于没有耦合电容，故非常适宜大规模集成电路。

（2）**缺点**：各级静态工作点互相影响；存在零点漂移问题。如果第一级电路因为温度或其他干扰等原因产生静态工作点及零点漂移，那么这个漂移变化量会被放大电路逐级放大，使结果中出现很大的假信号，严重影响整个电路甚至系统的正常工作。

零点漂移：对于一个理想的直接耦合多级放大电路，在无输入信号的情况下 u_i 为零，电路处于静态，输出端的电压信号 u_o 应保持静态值不变，变化量 Δu_o 也应等于零。但由于某些原因的影响，放大电路输出端的 Δu_o 并不等于零，却出现缓慢、不规则波动的电压 u_o 的现象。如图11.7.4所示，这种现象称为**零点漂移**。由前面分析可知，产生零点漂移的原因很多，如其他原因导致电子线路或系统的供电电压的波动，电路元件由于老化问题、环境温度变化等会使元器件的各种参数变化等。其中最主要的是温度影响，因此"零漂"也称为"温漂"。

实际在阻容耦合多级放大电路中也会发生**温漂**，但耦合电容的作用，使前一级的温漂很难传到下一级电路，不会被逐级放大，因此可忽略。但在直接耦合电路中，前一级的温漂作为后一级的输入信号被逐级放大，级数越多，放大倍数越高，电路输出端漂移越严重，直接影响对输入信号测量的准确程度和分辨能力；有时真正要放大处理的信号将会被温漂的假信号淹没，无法分辨是有效信号还是漂移；同时，给放大电路或整个电子系统带来极大的负担。输入级的温漂影响最大，如果在电路的第一级就将温漂的假信号或其他干扰抑制掉，便能避免造成危害。

实际电路中抑制零漂的方法有多种，如采用温度补偿电路、稳压电源以及精选电路元件等方法。当然，最有效且广泛采用的方法是输入级采用差动放大电路。

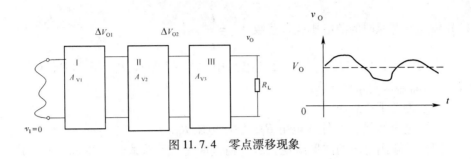

图 11.7.4　零点漂移现象

习题

11－1　简述双极型晶体三极管 BJT 构成的常用放大电路的组态，基本共射极放大电路的组成及各元件作用。

11－2　放大电路静态分析和动态分析的意义与方法是什么？

11－3　静态工作点漂移的原因有哪些？稳定静态工作点的途径有什么方法？最根本的解决方法是什么？

11－4　分压偏置式放大电路中静态工作点稳定的过程及其中主要元件 R_{B2}、R_E、C_E 的作用是什么？

11－5　射极输出器在多级放大电路中可以作输入级、中间级以及输出级的电路特点是怎样的？

11－6　从电压增益、输入电阻、输出电阻等方面对 BJT 构成的 3 种组态的放大电路进行比较，各自优缺点及其应用场合是什么？

11－7　如图（a）所示电路，已知 $R_b = 280\text{k}\Omega$，$R_c = 3\text{k}\Omega$，$U_{CC} = 12\text{V}$，三极管的输出特性曲线如图（b）所示，试用图解法确定静态工作点。

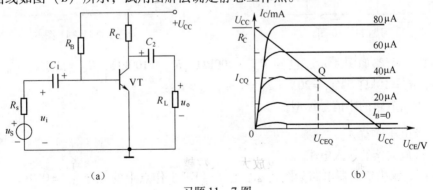

习题 11－7 图

11－8　习题 11－7 图（a）所示电路中，已知 $U_{CC} = 12\text{V}$，$R_B = 300\text{k}\Omega$，$R_C = 3\text{k}\Omega$，$R_L = 3\text{k}\Omega$，$R_s = 3\text{k}\Omega$，$\beta = 50$，试求：

（1）R_L 接入和断开两种情况下电路的电压放大倍数 $\dot{A}_u$；

（2）输入电阻 R_i 和输出电阻 R_o；

（3）输出端开路时的源电压放大倍数 $\dot{A}_{us} = \dfrac{\dot{U}_o}{\dot{U}_s}$。

11-9 电路同习题 11-7 图，已知电路中 $R_b = 470\text{k}\Omega$，$R_c = 6.2\text{k}\Omega$，$R_L = 3.9\text{k}\Omega$，$U_{CC} = 20\text{V}$，$U_{BE} = 0.7\text{V}$，$\beta = 43$。

求：（1）静态工作点。

（2）电压增益 A_u、输入电阻 R_i、输出电阻 R_0。

（3）若输出电压的波形出现失真，请判断是截止失真还是饱和失真？应调节哪个元件？如何调节？

11-10 电路如图所示（接电容 C_E），已知 $U_{CC} = 12\text{V}$，$R_{B1} = 60\text{k}\Omega$，$R_{B2} = 30\text{k}\Omega$，$R_C = 2\text{k}\Omega$，$R_E = 2\text{k}\Omega$，$R_L = 2\text{k}\Omega$，$U_{BE} = 0.7\text{V}$，$\beta = 100$。

（1）试估算静态工作点。

（2）求电压放大倍数、输入电阻和输出电阻。

（3）如果电容没有接入，电路其他条件均不变，请分析比较结果有何变化，以及电容 C_E 的作用。

11-11 如图所示的射极输出器，已知：$U_{CC} = 12\text{V}$，$R_B = 240\text{k}\Omega$，$R_E = 3\text{k}\Omega$，$R_L = 6\text{k}\Omega$，$R_s = 150\Omega$，$\beta = 50$。试求：

（1）静态工作点；

（2）A_u、R_i 和 R_o。

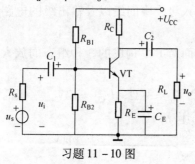

习题 11-10 图

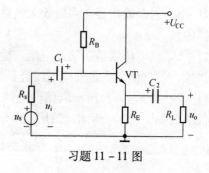

习题 11-11 图

11-12 电路如图所示，已知 $R_{g1} = 300\text{k}\Omega$，$R_{g2} = 100\text{k}\Omega$，$R_{g3} = 2\text{M}\Omega$，$R_d = 10\text{k}\Omega$，$R_1 = 2\text{k}\Omega$，$R_2 = 10\text{k}\Omega$，$V_{DD} = 20\text{V}$，$g_m = 1\text{ms}$，$r_d \gg R_d$。

（1）画出电路的小信号模型；

（2）求电压增益 $\dot{A}_V$；

（3）求放大器的输入电阻。

11-13 源极输出器电路如图所示，已知 FET 工作点上的互导 $g_m = 0.9\text{s}$，其他参数如图所示。求电压增益 $\dot{A}_V$、输入电阻 R_i、输出电阻 R_o。

11-14 多级放大电路的重要作用是什么？其结构组成及各部分电路的特点与作用是什么？

11-15 多级放大电路常用的耦合方式是怎样的？总结每种耦合方式的优缺点。

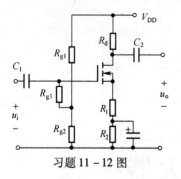

习题 11 - 12 图

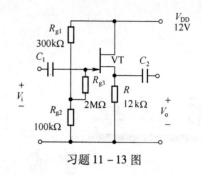

习题 11 - 13 图

第 12 章

集成运算放大器

12.1 集成电路相关知识

12.1.1 集成电路的特点与分类

对应于分立元件电路，集成电路是利用半导体集成工艺，把整个电路中的各种元器件制作在一块硅基片上，构成具有某种特定功能的电子电路。引出若干个端子供信号的输入、输出、电源的引入等，再加以封装作为一个独立的元器件使用。它的体积小，质量轻，成本低，可靠性高，组装和调试的难度小。

1. 集成电路中元器件的特点

（1）相邻元器件的特性一致性好；

（2）用有源器件代替无源器件；

（3）二极管大多由三极管构成；

（4）只能制作小容量的电容，不能制造电感；

（5）电路采用直接耦合的方式。

2. 集成电路的分类

按集成度，分为小规模集成电路（SSIC）、中规模集成电路（MSIC）、大规模集成电路（LSIC）、超大规模集成电路（VLSIC）。目前的集成电路仍在高速发展，出现系统级芯片（SOC）后，逐步向集成系统（integrated system）的方向发展。

按功能，分为模拟集成电路和数字集成电路，分别用于放大变换模拟信号和处理离散的、断续的数字信号。本章主要介绍模拟集成电路中最重要、应用最广泛的集成运算放大器。

3. 集成运算放大器

集成运算放大器实质上是一个具有高电压放大倍数、高输入电阻、低输出电阻的多级直接耦合放大电路，简称集成运放。级间采用直接耦合方式，电路简单，利于集成，而且能够正常放大变化很缓慢的低频信号和直流信号，高频响应也很好，实际应用无局限性。由前文可知，直接耦合方式最大的问题是无法抑制零漂问题。并且，第一级电路的零漂最严重，为此最有效且广泛采用的方法是在输入级采用差动（差分）放大电路。那么，差分式放大电路有怎样的特殊结构？又如何抑制零漂？

12.1.2　差动放大电路

如图 12.1.1 所示，差动放大电路是由两只特性参数完全相同的三极管（双极性或单极性均可）VT_1、VT_2 构成的两半完全对称的电路对接而成。两路信号 u_{i1}、u_{i2} 对称输入后，电路对两输入信号之差 $u_i = u_{i1} - u_{i2}$ 进行放大，进而从两管集电极输出 $u_o = u_{o1} - u_{o2}$。

差动放大电路的形式和种类很多，不同类型的电路具体的性能是有差别的，但目的均是更好地抑制零点漂移。

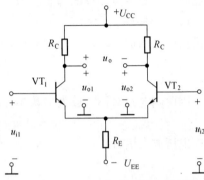

图 12.1.1　典型差动放大电路图

由差动放大电路的结构可知两管共用发射极，两边电路完全对称，电路具有两个信号输入端。

1. 抑制零点漂移的原理

1）静态

$u_{i1} = u_{i2} = 0$，此时由负电源 U_{EE} 通过电阻 R_E 和两管发射极提供两管的基极电流。由于电路的对称性，两管的集电极电流相等，集电极电位也相等，即

$$I_{C1} = I_{C2}；\quad U_{C1} = U_{C2}$$

输出电压：

$$u_o = u_{o1} - u_{o2} = U_{C1} - U_{C2} = 0$$

温度变化时，两管的集电极电流都会增大，集电极电位都会下降。由于电路是对称的，所以两管的变化量相等。即

$$\Delta I_{C1} = \Delta I_{C2}；\qquad \Delta U_{C1} = \Delta U_{C2}$$

输出电压：

$$u_o = (U_{C1} + \Delta U_{C1}) - (U_{C2} + \Delta U_{C2}) = 0$$

即消除了零点漂移。

2）动态

按照两输入端加的信号 u_{i1}、u_{i2} 的大小、极性的关系，电路可有 3 种工作情况。

（1）共模输入。

共模信号：两输入端加的信号 u_{i1}、u_{i2} 大小相等、极性相同，即

$$u_{i1} = u_{i2} = u_i$$

经分析知：

$$u_{o1} = u_{o2} = A_u u_i；\qquad u_o = u_{o1} - u_{o2} = 0$$

共模电压放大倍数：

$$A_c = \frac{u_o}{u_i} = 0$$

这说明差动电路对共模信号无放大作用，可以完全抑制共模信号。实际上，无论是零漂还是其他干扰，对于差动放大电路都是共模信号。因此，对零点漂移的抑制就是该电路抑制共模信号的一个特例。所以，差动放大电路对共模信号抑制能力的大小，也就是反映了它对零点漂移的抑制能力。

（2）差模输入。

差模信号：两输入端加的信号大小相等、极性相反，即

$$u_{i1} = -u_{i2} = \frac{1}{2}u_{id}$$

因两侧电路对称，放大倍数相等，电压放大倍数用 A_d 表示，则

$$u_{o1} = A_d u_{i1} ; \quad u_{o2} = A_d u_{i2} ; \quad u_o = u_{o1} - u_{o2} = A_d(u_{i1} - u_{i2}) = A_d u_i$$

差模电压放大倍数：

$$A_d = \frac{u_o}{u_i} = A_d$$

可见，差模电压放大倍数等于单管放大电路的电压放大倍数。差动放大电路用多一倍的元件为代价，换来了对零漂的抑制能力。

（3）比较输入。

比较输入：两个输入信号电压的大小和极性是任意的，既非共模，又非差模。

比较输入可以分解为一对共模信号和一对差模信号的组合，即

$$u_{i1} = u_{ic} + u_{id} ; \qquad u_{i2} = u_{ic} - u_{id}$$

式中：u_{ic} 为共模信号；u_{id} 为差模信号。由以上两式，可解得

$$u_{ic} = \frac{1}{2}(u_{i1} + u_{i2}) ; \qquad u_{id} = \frac{1}{2}(u_{i1} - u_{i2})$$

对于线性差动放大电路，可用叠加定理求得输出电压：

$$u_{o1} = A_c u_{ic} + A_d u_{id} ; \quad u_{o2} = A_c u_{ic} - A_d u_{id} ; \quad u_o = u_{o1} - u_{o2} = 2A_d u_{id} = A_d(u_{i1} - u_{i2})$$

上式表明，输出电压的大小仅与输入电压的差值有关，而与信号本身的大小无关，这就是差动放大电路的差值特性。对于差动放大电路来说，差模信号是有用信号，要求对差模信号有较大的放大倍数；而共模信号是干扰信号，因此对共模信号的放大倍数越小越好，抗共模干扰的能力越强。当用作差动放大时，就能准确、灵敏地反映出信号的偏差值。

2. 共模抑制比 K_{CMR}

在一般情况下，电路不可能绝对对称，$A_c \neq 0$。为了全面衡量差动放大电路放大差模信号和抑制共模信号的能力，引入共模抑制比，以 K_{CMR} 表示。

共模抑制比定义为 A_d 与 A_c 之比的绝对值，即

$$K_{CMR} = \left| \frac{A_d}{A_c} \right|$$

或用对数形式表示为

$$K_{\text{CMR}} = 20\lg\left|\frac{A_\text{d}}{A_\text{c}}\right|$$

共模抑制比越大，表示电路放大差模信号和抑制共模信号的能力越强。

12.1.3　功率放大电路

一般在多级放大电路以及集成运算放大器的典型结构中，末级或末前级必须要设置功率放大电路。因为经过各级电压放大电路处理后的信号，往往要送到负载端口驱动一定的装置。例如，收音机中扬声器的音圈、电动机控制绕组、计算机监视器或电视机的扫描偏转线圈等。这时我们要考虑的不仅是输出的电压或电流的大小，还要有一定的功率输出，才能使这些负载正常工作。这类主要用于向负载提供较大功率为目的，直接驱动负载，带负载能力强的放大电路常称为功率放大电路。

不同于电压放大电路，功率放大电路追求的主要指标是输出功率要尽可能大、能量转换效率要尽可能高、非线性失真要尽可能小。这 3 个指标往往是相互矛盾的。为尽可能解决矛盾，常用的功率放大电路有两种主要结构，如图 12.1.2 和图 12.1.3 所示。由于是两个互补对称的射级输出器对接而成，而射级输出器的输出等效电阻很低，因此集成运放的带负载能力很强。

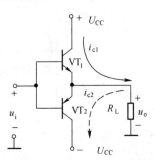
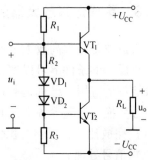

图 12.1.2　双电源互补对称功率放大电路及其工作波形图　　　图 12.1.3　OCL 电路的改进

12.2　集成运算放大器概述

12.2.1　集成运算放大器的典型结构

集成运算放大器的类型和品种相当丰富，但在结构上基本一致，其内部通常包含 4 个基本组成部分：输入级、中间级、输出级以及偏置电路，如图 12.2.1 所示。

图 12.2.1　集成运放的基本组成部分

输入级通常由差动放大电路构成，目的是减小放大电路的零点漂移、提高输入阻抗。

中间级通常由共射极放大电路放大电路构成，目的是获得较高的电压放大倍数。

输出级通常由互补对称功率放大电路构成，目的是减小输出电阻，提高电路的带负载能力。

偏置电路一般由各种恒流源电路构成，作用是为上述各级电路提供稳定、合适的偏置电流，确定各级的静态工作点。

12.2.2 集成运算放大器的电路符号

将差动放大电路、各级电压放大电路、互补对称功率放大电路直接耦合后，并采用金属圆壳式封装或塑料双列直插式封装，便成为元器件集成运放。图12.2.2所示为集成运算放大器的电路符号。由于差动放大电路具有两个输入端，导致集成运放具有两个输入端，其中

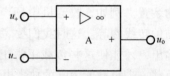

图 12.2.2 集成运放的电路符号图

标"＋"的输入端称为同相输入端，输入信号由此端输入时，输出信号与输入信号相位相同；标"－"的输入端称为反相输入端，输入信号由此端输入时，输出信号与输入信号相位相反。集成运放可以有同相输入、反相输入及差动输入3种输入方式。

12.2.3 集成运算放大器的主要功能

集成运放是一种高放大倍数、高输入电阻、低输出电阻的直接耦合放大电路。在引入深度负反馈的条件下可以实现电信号的数学运算，集成运算放大器因此而得名。但目前集成运算的应用，已远远超过了对模拟信号的数学运算范围，而在自动控制、测量技术、信号变换与处理等各个方面得到了广泛的应用。如：

（1）完成比例、求和、积分、微分、对数、反对数运算等。

（2）信号处理。

（3）波形产生。

12.2.4 集成运算放大器的主要性能指标（主要参数）

（1）差模开环电压放大倍数 A_{ud}。指集成运放本身（无外加反馈回路）的差模电压放大倍数，即 $A_{ud} = \dfrac{U_o}{U_{id}} = \dfrac{U_o}{u_+ - u_-}$。它体现了集成运放的电压放大能力，对于集成运放而言，希望 A_{ud} 越大且电路越稳定，运算精度也越高。目前高增益集成运放的 A_{ud} 可高达140dB（一般在 $10^4 \sim 10^7$ 之间），理想集成运放认为 A_{ud} 为无穷大。

（2）共模开环电压放大倍数 A_{uc}。指集成运放本身的共模电压放大倍数，它反映集成运放抗温漂、抗共模干扰的能力，高品质的集成运放 A_{uc} 应接近于零。

（3）差模输入电阻 r_{id}。指差模信号作用下集成运放的输入电阻。r_{id} 的大小反映了集成运放输入端向差模输入信号源索取电流的大小。要求 r_{id} 越大越好，一般集成运放 r_{id} 为几百千欧至几兆欧，故输入级常采用场效应管来提高输入电阻 r_{id}。F007 的 $r_{id} = 2M\Omega$。认

为理想集成运放的 r_{id} 为无穷大。

（4）差模输出电阻 r_{od}。指差模信号作用下集成运放的输入电阻。r_{od} 的大小反映了集成运放在小信号输出时的负载能力。有时只用最大输出电流 I_{omax} 表示它的极限负载能力。认为理想集成运放的 r_{od} 为零。

（5）共模抑制比 K_{CMR}。用来综合衡量集成运放的放大能力和对共模输入信号的抑制能力、抗温漂、抗干扰的能力，希望其值越大越好，一般应大于 80dB。理想集成运放的 K_{CMR} 为无穷大。

（6）最大差模输入电压 $U_{id\ max}$。从集成运放输入端看进去，一般都有两个或两个以上的发射结相串联，若输入端的差模电压过高，会使三极管击穿，因此 F007 的 $U_{id\ max}$ 为 $\pm30V$。

（7）最大共模输入电压 $U_{ic\ max}$。输入端共模信号超过一定数值后，集成运放工作不正常，失去差模放大能力。F007 的 $U_{ic\ max}$ 值为 $\pm13V$。

（8）输入失调电压 U_{IO}。该电压是指为了使输出电压为零而在输入端加的补偿电压（去掉外接调零电位器），它的大小反映了电路的不对称程度和调零的难易。对集成运放要求输入信号为零时，输出也为零，但实际中往往输出不为零，将此电压折合到集成运放的输入端的电压，常称为输入失调电压 U_{IO}。其值在 1mV～10mV 范围，要求越小越好。

（9）输入偏置电流 I_{IB} 和输入失调电流 I_{IO}。I_{IB} 是指输入差放管的基极（栅极）偏置电流，用 $I_{1B} = \frac{1}{2}(I_{B1} + I_{B2})$ 表示；而将 I_{B1}、I_{B2} 之差的绝对值称为输入失调电流 I_{IO}，即 $I_{IO} = |I_{B1} - I_{B2}|$，$I_{IB}$ 和 I_{IO} 越小，它们的影响也越小。I_{IB} 的数值通常为微安级，而 I_{IO} 更小。F007 的 $I_{IB} = 200nA$，I_{IO} 为 50nA～100nA。

（10）输入失调电压温漂 $\frac{dU_{io}}{dT}$ 和输入失调电流温漂 $\frac{dI_{io}}{dT}$。它们可以用来衡量集成运放的温漂特性。通过调零的办法可以补偿 U_{IO}、I_{IB}、I_{IO} 的影响，使直流输出电压调至零伏，但却很难补偿其温度漂移。低温漂型集成运放 $\frac{dU_{io}}{dT}$ 可做到 $0.9\mu V/℃$ 以下，$\frac{dI_{io}}{dT}$ 可做到 $0.009\mu A/℃$ 以下。F007 的 $\frac{dU_{io}}{dT} = 20\mu V/℃～30\mu V/℃$，$\frac{dI_{io}}{dT} = 1nA/℃$。

（11）$-3dB$ 带宽 f_h。随着输入信号频率上升，放大电路的电压放大倍数将下降，当 A_{ud} 下降到中频时的 0.707 倍时为截止频率，用分贝表示正好下降了 3dB，故对应此时的频率 f_h 称为上限截止频率，又常称为 $-3dB$ 带宽。

当输入信号频率继续增大时，A_{ud} 继续下降；当 $A_{ud} = 1$ 时，与此对应的频率 f_c 称为单位增益带宽。F007 的 $f_c = 1MHz$。

（12）转换速率 SR。频带宽度是在小信号的条件下测量的。在实际应用中，有时需要集成运放工作在大信号情况（输出电压峰值接近集成运放的最大输出电压 U_{op-p}），此时用转换速率表示其特性，$SR = \left| \frac{dU_o}{dt} \right|$。衡量集成运放对高速变化信号的适应能力，一

般为几伏/微秒，若输入信号变化速率大于此值，输出波形会严重失真。

以上各种指标可分为三类：

（1）直流指标：U_{IO}、I_{IO}、I_{IB}、$\dfrac{dU_{IO}}{dT}$、$\dfrac{dI_{IO}}{dT}$。

（2）小信号指标：A_{ud}、r_{id}、r_o、K_{CMRR}、f_h、f_c。

（3）大信号指标：U_{op-p}、$I_{o\,max}$、$U_{id\,max}$、$U_{ic\,max}$、SR。

12.2.5　集成运放的种类

（1）通用型。性能指标适合一般性使用，其特点是电源电压适应范围广，允许有较大的输入电压等，如 CF741 等。

（2）低功耗型。静态功耗$\leqslant 2mW$，如 XF253 等。

（3）高精度型。失调电压温度系数在$1\mu V/℃$左右，能保证组成的电路对微弱信号检测的准确性，如 CF75、CF7650 等。

（4）高阻型。输入电阻可达$10^{12}\Omega$，如 F55 系列等。

此外，还有宽带型、高压型等。使用时须查阅集成运放手册，详细了解它们的各种参数，作为使用和选择的依据。

12.2.6　集成运算放大器使用中的几个具体问题

1. 集成运放的选择

通常是根据实际要求来选用运算放大器。如测量放大器的输入信号微弱，它的第一级应选用高输入电阻、高共模抑制比、高开环电压放大倍数、低失调电压及低温度漂移的运算放大器。选好后，根据管脚图和符号图连接外部电路，包括电源、外接偏置电阻、消振电路及调零电路等。即一般要考虑以下方面的问题：

（1）信号源的性质；

（2）负载的性质；

（3）精度要求；

（4）环境条件。

2. 集成运放在使用前必做的工作

1）集成运放的消振

通常是外接 RC 消振电路或消振电容，用它来破坏产生自激振荡的条件。是否已消振，可将输入端接地，用示波器观察输出端有无自激振荡。目前由于集成工艺水平的提高，运算放大器内部已有消振元件，无须外部消振。

2）调零或调整偏置电压

调零时应将电路接成闭环。调零分两种，一种是在无输入时调零，即将两个输入端接地，调节调零电位器，使输出电压为零。另一种是在有输入时调零，即按已知输入信号电压计算输出电压，而后将实际值调整到计算值。

3. 集成运放的保护

集成运放在使用中常因以下 3 种原因被损坏：输入信号过大，使 PN 结击穿；电源电压极性接反或过高；输出端直接接"地"或接电源，此时，运放将因输出级功耗过大而损坏。因此，为使运放安全工作，也需要从这 3 个方面进行保护。

1）输入保护

图 12.2.3（a）所示是防止差模电压过大的保护电路，限制集成运放两个输入端之间的差模输入电压不超过二极管 VD_1、VD_2 的正向导通电压。图 12.2.3（b）所示是防止共模电压过大的保护电路，限制集成运放的共模输入电压不超过 $+U \sim -U$ 的范围。

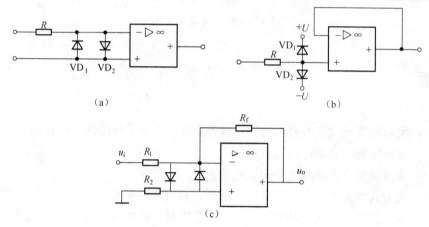

图 12.2.3　输入保护电路

（a）防止输入差模信号幅值过大；（b）防止输入共模信号幅值过大；（c）电路图。

2）输出保护

图 12.2.4 所示为输出端保护电路，限流电阻 R 与稳压管 V_Z 构成限幅电路，它一方面将负载与集成运放输出端隔离开来，限制了运放的输出电流，另一方面也限制了输出电压的幅值。当然，任何保护措施都是有限度的，若将输出端直接接电源，则稳压管会损坏，使电路的输出电阻大大提高，影响了电路的性能。

3）电源端保护

为防止电源极性接反，可利用二极管的单向导电性，在电源端串接二极管来实现保护，如图 12.2.5 所示。由图可见，若电源极性接错，则二极管 VD_1、VD_2 不能导通，使电源被断开。

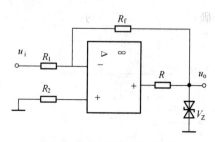

图 12.2.4　输出保护电路

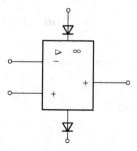

图 12.2.5　电源端保护电路

4）扩大输出电流

如图 12.2.6 所示。

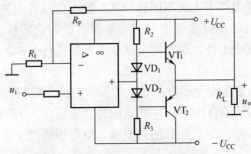

图 12.2.6　扩大输出电流电路

 习题

12-1　集成运算放大器的典型结构以及各组成部分的具体电路和作用是什么？

12-2　集成电路中元器件的特点是什么？

12-3　集成运算放大器的主要功能是什么？

12-4　差分式放大电路有怎样的特殊结构，如何抑制零漂？

12-5　零点漂移及其现象是什么？零漂的危害是什么？共模抑制比 K_{CMR} 的实际意义是什么？

12-6　功率放大电路的主要性能指标（特点）是什么？

12-7　为使集成运放在使用中安全工作，需要从哪些方面进行保护？

12-8　集成运算放大器在应用中的主要性能指标（主要参数）有哪些？如何理解？

12-9　反馈的基本概念及反馈电路方框图是怎样的？各信号量的含义是什么？

12-10　如何理解正反馈、负反馈，负反馈的类型及判断反馈类型的方法。

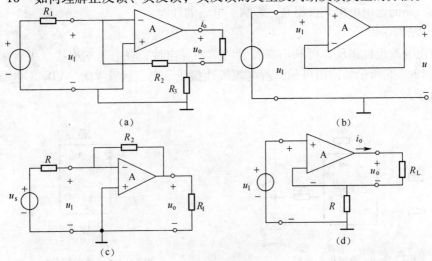

习题 12-10 图

12－11 判断图示电路的反馈类型。

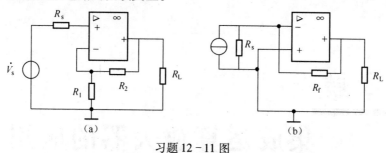

习题 12－11 图

12－12 负反馈对放大电路性能的影响是怎样的?

第 13 章

集成运算放大器的应用

13.1　集成运算放大器的分析

前面介绍了集成运放的电路构成及特点，本章介绍集成运放的基本应用电路。

13.1.1　理想集成运算放大器

理想集成运算放大器的理想化参数：

（1）开环放大倍数趋于无穷大，即 $A_{ud} = \infty$；

（2）开环输入电阻趋于无穷大，即 $r_{id} = \infty$；

（3）开环输出电阻趋于无穷小，即 $r_o = 0$；

（4）共模抑制比趋于无穷大，即 $K_{CMR} = \infty$。

对应的符号及电压传输特性如图 13.1.1 所示。可知集成运放的工作区分为线性区和非线性区，集成运放的 A_{ud} 非常大，运放的线性范围很小，实际中无法使用，必须在输出与输入之间加深度负反馈才能扩大输入信号的线性范围。下面介绍负反馈的相关知识。

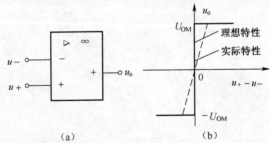

图 13.1.1　理想集成运放的符号及电压传输特性

（a）理想运放符号；（b）运放电压传输特性。

13.1.2　集成运放中的负反馈

在实际的电子系统中，存在着各种类型的反馈，反馈理论和反馈技术在自动控制、信号处理、电子电路及设备等系统中有着十分重要的作用。在放大电路以及集成运算放大器中，负反馈作为改善性能的重要手段而倍受重视，并且随着理论的更加成熟，应用也更加广泛，早已超越了工程领域。因此，学习反馈理论和技术是非常重要的。

1. 反馈的基本概念及反馈电路方框图

反馈：将放大电路或系统的输出信号（电压或电流）的一部分或全部取样，通过某种电路（反馈电路）反送回到输入回路，同输入信号一起比较后参与放大电路的输入控制作用，从而使放大电路的某些性能获得有效改善的过程。依此作出反馈电路方框图，如图 13.1.2 所示。

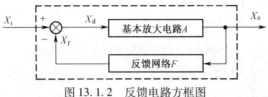

图 13.1.2　反馈电路方框图

图中：X 为电压或电流信号；X_i 为输入信号；$\dot{X}_o$ 为输出信号；X_f 为反馈信号；$X_d = X_i - X_f$ 为净输入信号；$F = \dfrac{X_f}{X_o}$ 为反馈系数；$A = \dfrac{X_o}{X_d}$ 为开环即没有引入反馈网络时电路的放大倍数；$A_f = \dfrac{X_o}{X_i}$ 为闭环即引入反馈网络时电路的放大倍数。

推出反馈方程为

$$A_f = \frac{X_o}{X_i} = \frac{A}{1 + FA}$$

2. 反馈的主要分类

根据反馈信号对输入信号作用的不同，反馈可分为正反馈和负反馈两大类型。

正反馈：反馈信号加强输入信号的作用，使净输入信号大于原输入信号的反馈。正反馈往往把放大器转变为振荡器。

负反馈：反馈信号削弱输入信号的作用，使净输入信号小于原输入信号。$X_d = X_i - X_f$，若 X_i、X_f 和 X_d 三者同相，则 $X_d < X_i$。

此外，还有在交流通路中作用的交流反馈和仅在直流通路中起作用的直流反馈等。反馈的应用很常见，在分压偏置式放大电路中电阻 R_E 引入的直流电流负反馈，使静态工作点稳定的过程就是很典型的实例。尤其在集成运算放大器的线性应用中，负反馈能很好地改善各方面的动态性能而广泛应用于电子技术、自控等领域之中，在此，交流负反馈是本章讨论的类型。

3. 集成电路中负反馈的类型及作用

根据反馈过程，由于反馈网络与基本放大电路在输出端的连接方式不同，取样可分为电压或电流信号；通过反馈网络的处理反送回输入回路，在输入端的连接方式不同，反馈信号与输入信号可分为串联比较和并联比较。针对交流信号，可构成电压串联负反馈、电电压并联负反馈、电流串联负反馈和电流并联负反馈 4 种不同类型的负反馈放大电路。

1）电压串联负反馈（图 13.1.3）

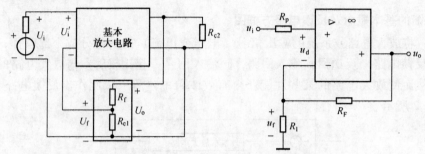

图 13.1.3　电压串联负反馈方框图及电路

2）电压并联负反馈（图 13.1.4）

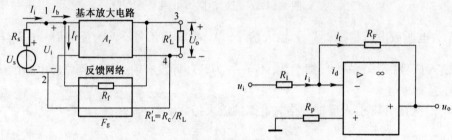

图 13.1.4　电压并联负反馈方框图及电路

3）电流串联负反馈（图 13.1.5）

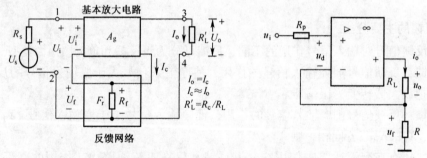

图 13.1.5　电流串联负反馈方框图及电路

4）电流并联负反馈（图 13.1.6）

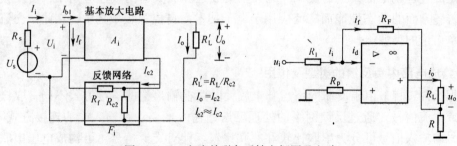

图 13.1.6　电流并联负反馈方框图及电路

4. 集成电路中负反馈的作用

（1）负反馈的引入可以直接稳定被取样的输出信号，电压负反馈电路中反馈信号与输出电压直接成正比，反馈的作用是使输出电压 U_o 趋于稳定、变化量减小；由于使 U_o 受负载变动的影响减小，说明集成运放的输出特性接近理想电压源特性，故而使等效输出电阻 r_{of} 减小，如图 13.1.7 所示。

电流负反馈中，反馈信号的来源是输出电流，即与输出电流直接成正比，因此必然能稳定输出电流，使其受负载变动的影响减小，说明集成运放的输出特性接近理想电流源特性，故而使输出电阻 r_{of} 增大，如图 13.1.8 所示。

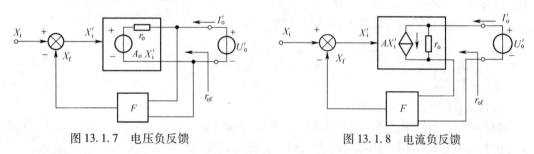

图 13.1.7　电压负反馈　　　　　　　　　图 13.1.8　电流负反馈

（2）同时，通过反馈信号和输入信号的串、并联比较方式的不同，可以改变集成运放的输入电阻。对于串联负反馈，由于反馈网络和输入回路串联，总输入电阻 r_{if} 为集成运放本身的输入电阻与反馈网络的等效电阻的串联相加，故可使输入电阻 r_{if} 增大。

对于并联负反馈，由于反馈网络和输入回路并联，总输入电阻 r_{if} 为集成运放本身的输入电阻与反馈网络等效电阻的并联，故可使输入电阻 r_{if} 减小。

（3）引入负反馈后，使集成运放的放大倍数下降，同时提高了放大倍数的稳定性。

对开环放大倍数 A 和闭环放大倍数 A_f 进行分析，得负反馈方程 $A_f = \dfrac{A}{1+AF}$，说明闭环放大倍数 A_f 下降到开环放大倍数 A 的 $1/(1+AF)$，其中 $D = 1+AF$ 称为反馈深度。

放大电路的稳定性与放大倍数的相对变化率有关。通过分析可知 $\dfrac{\mathrm{d}A_f}{A_f} = \dfrac{1}{1+AF} \cdot \dfrac{\mathrm{d}A}{A}$，引入负反馈后，$\dfrac{\mathrm{d}A_f}{A_f} < \dfrac{\mathrm{d}A}{A}$，说明闭环电路的稳定性优于开环电路。而且负反馈越深，电路越稳定。在深度负反馈条件下，即 $1+AF \gg 1$ 时，有 $A_f = \dfrac{A}{1+AF} \approx \dfrac{1}{F}$。表明深度负反馈时的闭环放大倍数仅取决于反馈系数 F，而与开环放大倍数 A 无关。通常反馈网络仅由电阻构成，反馈系数 F 十分稳定。所以，闭环放大电路必然是相当稳定的，诸如温度变化、参数改变、电源电压波动等明显影响开环放大倍数的因素，都不会对闭环放大倍数产生太大影响。

集成运放中选择反馈类型时要尽可能减小信号源的负载，尽可能提高等效输入电阻的大小；同时要尽可能提高输出端的带负载能力，即降低等效输出电阻的大小。因此，深度的电压串联负反馈广泛应用于集成运放电路中。

13.1.3　集成运放的工作区与分析依据

1. 线性区

在线性区，集成运放的输出信号和输入信号满足如下的关系：

$$U_o = A_{ud}(U_+ - U_-)$$

通常集成运放的 A_{ud} 很大，导致运放的线性工作范围极小，而为使其工作在线性区，必须在输出与输入之间引入深度负反馈，以减小运放的净输入，扩大输入信号的线性范围，保证输出电压不超出线性范围。

引入深度负反馈后线性放大区的特点为

$$A_f = \frac{A}{1+AF} \approx \frac{1}{F} \; ; \; A_f = \frac{X_o}{X_i} \; ; \; F = \frac{X_f}{X_o}$$

得出 $X_i \approx X_f$; $X_{i_d} \approx 0$ 。

可得线性放大区分析依据：

（1）如 X_{id} 为电压信号，即当电路引入串联负反馈时，$U_{id} \approx 0$，理想运放的同相输入端与反相输入端的电位约相等，即 $U_- \approx U_+$，称为虚短。

（2）如 X_{id} 为电流信号，即当电路引入并联负反馈时，$I_{id} \approx 0$，理想运放的输入电流等于零，称为虚断。

2. 非线性区

在非线性区，输出电压与输入电压之间 $U_o \neq A_{ud}(U_+ - U_-)$，可知非线性放大区分析依据：

（1）输出电压只有两种可能的状态：$+U_{om}$ 或 $-U_{om}$，而 $+U_{om}$ 不等于 $-U_{om}$（虚短不存在）。

当 $U_+ > U_-$ 时，$U_o = +U_{om}$；

当 $U_+ < U_-$ 时，$U_o = -U_{om}$。

（2）集成运放的输入电流等于零（虚断存在）。

13.2　集成运算放大器的线性应用

13.2.1　比例运算电路

1. 反相输入比例运算电路

如图 13.2.1 所示，根据运放工作在线性区的分析依据可知

$$i_1 = i_f , u_- = u_+ = 0$$

而

$$i_1 = \frac{u_i - u_-}{R_1} = \frac{u_i}{R_1}$$

$$i_f = \frac{u_- - u_o}{R_F} = -\frac{u_o}{R_F}$$

由此可得

$$u_o = -\frac{R_F}{R_1}u_i$$

式中的负号表示输出电压与输入电压的相位相反。

闭环电压放大倍数为

$$A_{uf} = \frac{u_o}{u_i} = -\frac{R_F}{R_1}$$

当 $R_F = R_1$ 时，$u_o = -u_i$，即 $A_{uf} = -1$，该电路就成了反相器。

图中电阻 R_p 称为平衡电阻，通常取 $R_p = R_1 /\!/ R_F$，以保证其输入端的电阻平衡，从而提高差动电路的对称性，由此提高共模抑制比。

[例 13.2.1] 在图 13.2.1 所示电路中，已知 $R_1 = 100\text{k}\Omega$，$R_{f1} = 200\text{k}\Omega$，$R_{f2} = 200\text{k}\Omega$，$R_{f3} = 1\text{k}\Omega$，求：

（1）闭环电压放大倍数 A_{uf}、输入电阻 r_i 及平衡电阻 R_2；

（2）如改用图 13.2.2 的电路，要想保持闭环电压放大倍数和输入电阻不变，反馈电阻 R_f 应为多大？

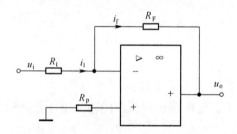

图 13.2.1 反相输入比例运算电路

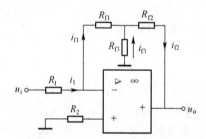

图 13.2.2 反相输入比例运算电路

解：（1）闭环电压放大倍数为

$$A_{uf} = -\frac{1}{R_1}\left(R_{f1} + R_{f2} + \frac{R_{f1}R_{f2}}{R_{f3}}\right) = -\frac{1}{100}\left(200 + 50 + \frac{200 \times 50}{1}\right) = -102.5$$

输入电阻为

$$r_i = \frac{u_i}{i_1} = \frac{R_1 i_1}{i_1} = R_1 = 100(\text{k}\Omega)$$

平衡电阻为

$$R_2 = R_1 /\!/ (R_{f1} + R_{f2} /\!/ R_{f3}) = 100 /\!/ (200 + 50 /\!/ 1) = 66.8(\text{k}\Omega)$$

（2）如果改用图 13.2.2 的电路，由 $A_{uf} = -102.5$，$R_1 = r_i = 100\text{k}\Omega$ 及闭环电压放大倍数的公式 $A_{uf} = -\frac{R_f}{R_1}$，可求得反馈电阻为

$$R_f = -A_{uf}R_1 = -(-102.5) \times 100 = 10250(\text{k}\Omega) \approx 10(\text{M}\Omega)$$

此值过大，不切实际。

但此电路既能提高输入电阻，也能满足一定放大倍数的要求。根据运放工作在线性

区的虚短和虚断分析依据，可以推导出该电路的闭环电压放大倍数为

$$A_{uf} = \frac{u_o}{u_i} = -\frac{1}{R_1}\left(R_{f1} + R_{f2} + \frac{R_{f1}R_{f2}}{R_{f3}}\right)$$

2. 同相输入比例运算电路

如图 13.2.3 所示，根据运放工作在线性区的两条分析依据可知

$$i_1 = i_f \ ; \ u_- = u_+ = u_i$$

而

$$i_1 = \frac{0 - u_-}{R_1} = -\frac{u_i}{R_1},$$

$$i_f = \frac{u_- - u_o}{R_F} = \frac{u_i - u_o}{R_F}$$

由此可得

$$u_o = \left(1 + \frac{R_F}{R_1}\right)u_i$$

输出电压与输入电压的相位相同。

同反相输入比例运算电路一样，为了提高差动电路的对称性，平衡电阻 $R_p = R_1 \ // \ R_F$。

闭环电压放大倍数为

$$A_{uf} = \frac{u_o}{u_i} = 1 + \frac{R_F}{R_1}$$

可见，同相比例运算电路的闭环电压放大倍数必定大于或等于 1。

当 $R_f = 0$ 或 $R_1 = \infty$ 时，$u_o = u_i$，即 $A_{uf} = 1$，这时输出电压跟随输入电压作相同的变化，称为电压跟随器，如图 13.2.4 所示。

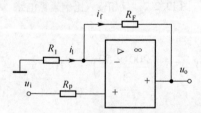

图 13.2.3　同相输入比例运算电路

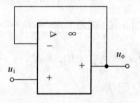

图 13.2.4　电压跟随器

[**例 13.2.2**]　在图 13.2.5 所示电路中，已知 $R_1 = 100\text{k}\Omega$，$R_f = 200\text{k}\Omega$，$u_i = 1\text{V}$，求输出电压 u_o，并说明输入级的作用。

解：分析电路可知，输入级为电压跟随器，由于是电压串联负反馈，因而具有极高的输入电阻，起到减轻信号源负担的作用。$u_{o1} = u_i = 1\text{ V}$，作为第二级的输入。

第二级为反相输入比例运算电路，因而其输出电压为

$$u_o = -\frac{R_f}{R_1}u_{o1} = -\frac{200}{100} \times 1 = -2 \ (\text{V})$$

[**例 13.2.3**]　在图 13.2.6 所示电路中，已知 $R_1 = 100\text{k}\Omega$，$R_f = 200\text{k}\Omega$，$R_2 =$

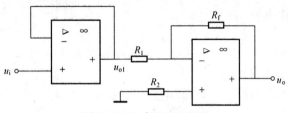

图 13.2.5　例 13.2.2 图

$100\mathrm{k}\Omega$，$R_3 = 200\mathrm{k}\Omega$，$u_i = 1\mathrm{V}$，求输出电压 u_o。

解：根据虚断，由图可得

$$u_- = \frac{R_1}{R_1 + R_f}u_o$$

$$u_+ = \frac{R_3}{R_2 + R_3}u_i$$

又根据虚短，有 $u_- = u_+$，所以

$$\frac{R_1}{R_1 + R_f}u_o = \frac{R_3}{R_2 + R_3}u_i\ ;\qquad u_o = \left(1 + \frac{R_f}{R_1}\right)\frac{R_3}{R_2 + R_3}u_i$$

可见，图 13.2.6 所示电路也是一种同相输入比例运算电路。代入数据，得

$$u_o = \left(1 + \frac{200}{100}\right) \times \frac{200}{100 + 200} \times 1 = 2\ (\mathrm{V})$$

13.2.2　加法运算电路

电路如图 13.2.7 所示，根据运放工作在线性区的两条分析依据，可知

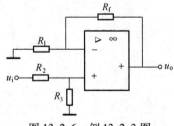

图 13.2.6　例 13.2.3 图

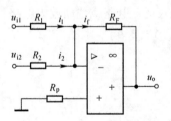

图 13.2.7　加法运算电路

$$i_f = i_1 + i_2\ ;\ i_1 = \frac{u_{i1}}{R_1},\ i_2 = \frac{u_{i2}}{R_2},\ i_f = -\frac{u_o}{R_F}$$

由此可得

$$u_o = -\left(\frac{R_F}{R_1}u_{i1} + \frac{R_F}{R_2}u_{i2}\right)$$

若 $R_1 = R_2 = R_F$，则

$$u_o = -\left(u_{i1} + u_{i2}\right)$$

可见，输出电压与两个输入电压之间是一种反相输入加法运算关系。这一运算关系可推广到有更多个信号输入的情况。平衡电阻 $R_p = R_1 \parallel R_2 \parallel R_F$。

13.2.3 减法运算电路

电路如图 13.2.8 所示，经分析判别，集成运算放大器引入深度负反馈，因此工作在线性区，可由叠加定理分析。

u_{i1} 单独作用时为反相输入比例运算电路，其输出电压为

$$u_o' = -\frac{R_F}{R_1}u_{i1}$$

u_{i2} 单独作用时为同相输入比例运算，其输出电压为

$$u_o'' = \left(1 + \frac{R_F}{R_1}\right)\frac{R_3}{R_2 + R_3}u_{i2}$$

u_{i1} 和 u_{i2} 共同作用时，输出电压为

$$u_o = u_o' + u_o'' = -\frac{R_F}{R_1}u_{i1} + \left(1 + \frac{R_F}{R_1}\right)\frac{R_3}{R_2 + R_3}u_{i2}$$

若 $R_3 = \infty$（断开），则

$$u_o = -\frac{R_F}{R_1}u_{i1} + \left(1 + \frac{R_F}{R_1}\right)u_{i2}$$

若 $R_1 = R_2$，且 $R_3 = R_F$，则

$$u_o = \frac{R_F}{R_1}(u_{i2} - u_{i1})$$

若 $R_1 = R_2 = R_3 = R_F$，则

$$u_o = u_{i2} - u_{i1}$$

由此可见，输出电压与两个输入电压之差成正比，实现了减法运算。该电路又称为差动输入运算电路或差动放大电路。

[例 13.2.4]　求图 13.2.9 所示电路中 u_o 与 u_{i1}、u_{i2} 的关系。

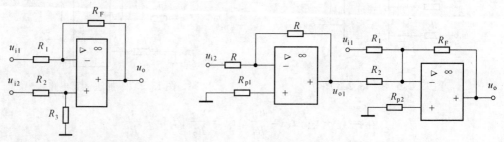

图 13.2.8　减法运算电路　　　　图 13.2.9　例 13.2.4 图

解：电路由第一级的反相器和第二级的加法运算电路级联而成。

$$u_{o1} = -u_{i2}\,;\quad u_o = -\left(\frac{R_F}{R_1}u_{i1} + \frac{R_F}{R_2}u_{o1}\right) = \frac{R_F}{R_2}u_{i2} - \frac{R_F}{R_1}u_{i1}$$

[例 13.2.5]　求图 13.2.10 所示电路中 u_o 与 u_{i1}、u_{i2} 的关系。

解：电路由第一级的同相比例运算电路和第二级的减法运算电路级联而成。

$$u_{o1} = \left(1 + \frac{R_2}{R_1}\right)u_{i1}$$

$$u_o = -\frac{R_1}{R_2}u_{o1} + \left(1 + \frac{R_1}{R_2}\right)u_{i2} = -\frac{R_1}{R_2}\left(1 + \frac{R_2}{R_1}\right)u_{i1} + \left(1 + \frac{R_1}{R_2}\right)u_{i2} = \left(1 + \frac{R_1}{R_2}\right)(u_{i2} - u_{i1})$$

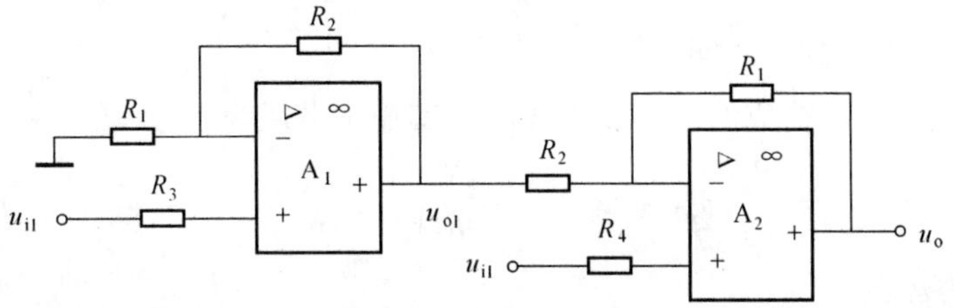

图 13.2.10　例 13.2.5 图

[**例 13.2.6**]　试用两级运算放大器设计一个加减运算电路，实现以下运算关系：
$$u_o = 10u_{i1} + 20u_{i2} - 8u_{i3}$$

解：由题中给出的运算关系可知 u_{i3} 与 u_o 反相，而 u_{i1} 和 u_{i2} 与 u_o 同相，故可用反相加法运算电路将 u_{i1} 和 u_{i2} 相加后，其和再与 u_{i3} 反相相加，从而可使 u_{i3} 反相一次，而 u_{i1} 和 u_{i2} 反相两次。根据以上分析，可画出实现加减运算的电路图，如图 13.2.11 所示。

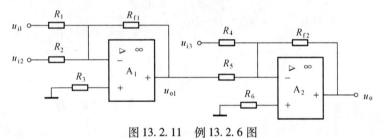

图 13.2.11　例 13.2.6 图

由图可得

$$u_{o1} = -\left(\frac{R_{f1}}{R_1}u_{i1} + \frac{R_{f2}}{R_2}u_{i2}\right); \quad u_o = -\left(\frac{R_{f2}}{R_4}u_{i3} + \frac{R_{f2}}{R_5}u_{o1}\right) = \frac{R_{f2}}{R_5}\left(\frac{R_{f1}}{R_1}u_{i1} + \frac{R_{f1}}{R_2}u_{i2}\right) - \frac{R_{f2}}{R_4}u_{i3}$$

根据题中的运算要求，设置各电阻值间的比例关系：

$$\frac{R_{f2}}{R_5} = 1，\frac{R_{f1}}{R_1} = 10，\frac{R_{f1}}{R_2} = 20，\frac{R_{f2}}{R_4} = 8$$

若选取 $R_{f1} = R_{f2} = 100\text{k}\Omega$，则可求得其余各电阻的阻值分别为

$$R_1 = 10\text{k}\Omega，R_2 = 5\text{k}\Omega，R_4 = 12.5\text{k}\Omega，R_5 = 100\text{k}\Omega$$

平衡电阻 R_3、R_6 的值分别为

$$R_3 = R_1 /\!/ R_2 /\!/ R_{f1} = 10 /\!/ 5 /\!/ 100 = 2.5(\text{k}\Omega)$$
$$R_6 = R_4 /\!/ R_5 /\!/ R_{f2} = 12.5 /\!/ 100 /\!/ 100 = 10(\text{k}\Omega)$$

[**例 13.2.7**]　求图 13.2.12 所示电路中 u_o 与 u_i 的关系。

解：电路由两级放大电路组成。第一级由运放 A_1、A_2 组成，它们都是同相输入，输入电阻很高，并且由于电路结构对称，可抑制零点漂移。根据运放在深度负反馈条件下，工作在线性区的两条分析依据可知

$$u_{1-} = u_{1+} = u_{i1}$$

$$u_{2-} = u_{2+} = u_{i2}$$

$$u_{i1} - u_{i2} = u_{1-} - u_{2-} = \frac{R_1}{R_1 + 2R_2}(u_{o1} - u_{o2})$$

故
$$u_{o1} - u_{o2} = \left(1 + \frac{2R_2}{R_1}\right)(u_{i1} - u_{i2})$$

第二级是由运放 A_3 构成的差动放大电路，其输出电压为

$$u_o = \frac{R_4}{R_3}(u_{o2} - u_{o1}) = -\frac{R_4}{R_3}\left(1 + \frac{2R_2}{R_1}\right)(u_{i1} - u_{i2})$$

电压放大倍数为

$$A_{uf} = \frac{u_o}{u_{i1} - u_{i2}} = -\frac{R_4}{R_3}\left(1 + \frac{2R_2}{R_1}\right)$$

13.2.4　积分运算电路

电路如图 13.2.13 所示，由于反相输入端虚地，且 $i_+ = i_-$，由图可得

$$i_R = i_C,\ i_R = \frac{u_i}{R},\ i_C = C\frac{\mathrm{d}u_C}{\mathrm{d}t} = -C\frac{\mathrm{d}u_o}{\mathrm{d}t}$$

由此可得

$$u_o = -\frac{1}{RC}\int u_i \mathrm{d}t$$

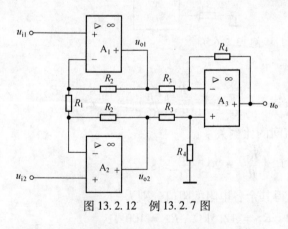

图 13.2.12　例 13.2.7 图

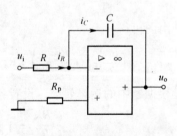

图 13.2.13　积分运算电路

说明输出电压与输入电压对时间的积分成正比。若 u_i 为恒定电压 U，则输出电压为

$$u_o = -\frac{U}{RC}t$$

通过分析可作出积分电路波形（图 13.2.14）。此积分电路可用于方波 – 三角波的转换，如图 13.2.15 所示。

[**例 13.2.8**]　对于图 13.2.16 所示的电路：

（1）写出输出电压 u_o 与输入电压 u_i 的运算关系。

（2）若输入电压 $u_i = 1V$，电容器两端的初始电压 $u_C = 0V$，求输出电压 u_o 变为 0V 所需要的时间。

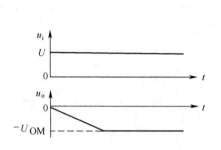

图 13. 2. 14　积分电路波形　　　　　　　　图 13. 2. 15　积分运算电路的应用

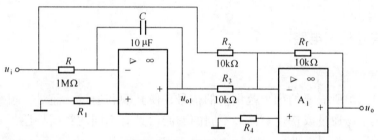

图 13. 2. 16　例 13. 2. 8 图

解：（1）由图 13. 2. 16 可知，运放 A_1 构成积分电路，A_2 构成加法电路，输入电压 u_i 经积分电路积分后再与 u_i 通过加法电路进行加法运算。由图可得

$$u_{o1} = -\frac{1}{RC}\int u_i dt \ ; \ u_o = -\frac{R_f}{R_2}u_{o1} - \frac{R_f}{R_3}u_i$$

将 $R_2 = R_3 = R_f = 10k\Omega$ 代入以上两式，得

$$u_o = -u_{o1} - u_i = \frac{1}{RC}\int u_i dt - u_i$$

（2）因 $u_C(0) = 0V$，$u_i = 1V$，当 u_o 变为 0V 时，有

$$u_o = \frac{u_i}{RC}t - u_i = 0$$

解得

$$t = RC = 1 \times 10^6 \times 10 \times 10^{-6} = 10(\text{s})$$

故需经过 $t = 10s$，输出电压 u_o 变为 0V。

13. 2. 5　微分运算电路

电路如图 13. 2. 17 所示，由于反相输入端虚地，且 $i_+ = i_-$，因此由图可得

$$i_R = i_C, \ i_R = -\frac{u_o}{R}, \ i_C = C\frac{du_C}{dt} = C\frac{du_i}{dt}$$

由此可得

$$u_o = -RC\frac{\mathrm{d}u_i}{\mathrm{d}t}$$

说明输出电压与输入电压对时间的微分成正比。若 u_i 为恒定电压 U，则在 u_i 作用于电路的瞬间，微分电路输出一个尖脉冲电压，波形如图 13.2.18 所示。

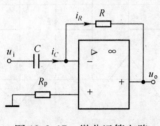

图 13.2.17 微分运算电路

图 13.2.18 微分运算电路波形图

13.2.6 信号处理电路

1. 有源滤波器

滤波器：选出所需要的频率范围内的信号，使其顺利通过；而对于频率超出此范围的信号，使其不易通过或快速衰减。不同的滤波器具有不同的频率特性，大致可分为低通、高通、带通和带阻 4 种。

无源滤波器：仅由无源元件 R、C 构成的滤波器。无源滤波器的带负载能力较差，这是因为无源滤波器与负载间没有隔离，当在输出端接上负载时，负载也将成为滤波器的一部分，这必然导致滤波器频率特性的改变。此外，由于无源滤波器仅由无源元件构成，无放大能力，所以对输入信号总是衰减的。

有源滤波器：由无源元件 R、C 和放大电路构成的滤波器。放大电路广泛采用带有深度负反馈的集成运算放大器。由于集成运算放大器具有高输入阻抗、低输出阻抗的特性，使滤波器输出和输入间有良好的隔离，便于级联，以构成滤波特性好或频率特性有特殊要求的滤波器。

1）有源一阶低通滤波器（图 13.2.19）

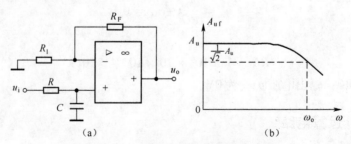

图 13.2.19 低通滤波器及其幅频特性图

(a) 电路；(b) 幅频特性。

有源一阶低通滤波器从结构上看由两部分组成，即无源元件 R、C 构成的一阶无源低通滤波器，以及同相比例集成运算放大器。具体分析：

$$\dot{U}_+ = \dot{U}_C = \frac{\dfrac{1}{j\omega C}}{R + \dfrac{1}{j\omega C}}\dot{U}_i = \frac{\dot{U}_i}{1 + j\omega RC}\;;\quad \dot{U}_o = \left(1 + \frac{R_F}{R_1}\right)\dot{U}_+ = \left(1 + \frac{R_F}{R_1}\right)\cdot\frac{\dot{U}_i}{1 + j\omega RC}$$

$$\dot{A}_{uf} = \frac{\dot{U}_o}{\dot{U}_i} = \left(1 + \frac{R_F}{R_1}\right)\cdot\frac{1}{1 + j\omega RC} = \frac{A_u}{1 + j\dfrac{\omega}{\omega_o}}$$

式中：$A_u = 1 + \dfrac{R_F}{R_1}$ 为通频带放大倍数；$\omega_o = \dfrac{1}{RC}$ 称为截止角频率。

电压放大倍数的幅频特性为

$$A_{uf} = \frac{A_u}{\sqrt{1 + \left(\dfrac{\omega}{\omega_o}\right)^2}}$$

截止角频率为

$$\omega_o = \frac{1}{RC}$$

　　一阶有源低通滤波器的幅频特性与理想特性相差较大，滤波效果不够理想，采用二阶或高阶有源滤波器可明显改善滤波效果。图 13.2.20 所示为用二级 RC 低通滤波电路串联后接入集成运算放大器构成的二阶低通有源滤波器及其幅频特性。

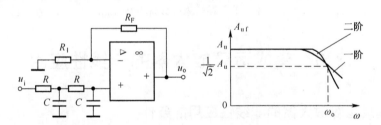

图 13.2.20　二阶低通有源滤波器及其幅频特性

2）高通滤波器（图 13.2.21）

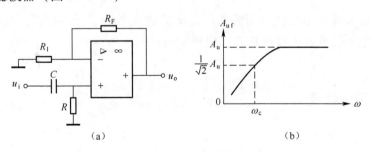

图 13.2.21　高通滤波器及其幅频特性图
(a) 电路；(b) 幅频特性。

　　有源一阶高通滤波器从结构上看也由两部分组成，即无源元件 R、C 构成的一阶无源高通滤波器，以及同相比例集成运算放大器。具体对电路分析：

$$\dot{A}_{uf} = \frac{\dot{U}_o}{\dot{U}_i} = \left(1 + \frac{R_F}{R_1}\right) \cdot \frac{1}{1 + \frac{1}{j\omega RC}} = \frac{A_u}{1 - j\frac{\omega_c}{\omega}}$$

截止角频率为

$$\omega_o = \frac{1}{RC}$$

2. 采样保持电路

采样阶段：控制信号 u_G 出现时，电子开关接通，输入模拟信号 u_i 经电子开关使保持电容 C 迅速充电，电容电压即输出电压 u_o 跟随输入模拟信号电压 u_i 的变化而变化，如图 13.2.22 所示。

保持阶段：$u_G = 0$，电子开关断开，保持电容 C 上的电压因为没有放电回路而得以保持。一直到下一次控制信号的到来，开始新的采样保持周期。

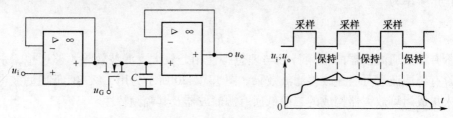

图 13.2.22　采样保持电路

13.3　集成运算放大器的非线性应用

13.3.1　集成运算放大器的非线性应用的条件

非线性应用：是指由运放组成的电路处于非线性状态，输出与输入的关系 $u_o = f(u_i)$ 是非线性函数。

集成运算放大器的非线性应用的条件是运算放大器处于开环或者正反馈工作状态，或者电路中的集成运放处于线性状态，但外围电路有非线性元件（二极管、三极管、稳压管等）。

13.3.2　电压比较器

1. 任意电压比较器

电路中运算放大器处在开环状态，由于电压放大倍数极高，因而输入端之间只要有微小电压输入量 u_{id}，运算放大器便进入非线性工作区域，输出电压 u_o 达到最大值 U_{OM}（图 13.3.1）。

$u_i < U_R$ 时，$u_o = U_{OM}$；$u_i > U_R$ 时，$u_o = -U_{OM}$。

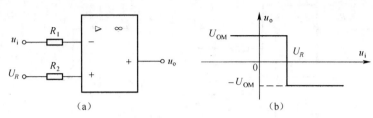

图 13.3.1　电压比较器

（a）电路；（b）电压传输特性。

2. 过零电压比较器

基准电压 $U_R = 0$ 时，输入电压 u_i 与零电位比较，称为过零比较器（图 13.3.2）。

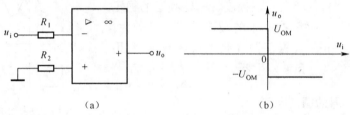

图 13.3.2　过零电压比较器

（a）电路；（b）电压传输特性。

3. 限幅电压比较器

输出端接稳压管限幅。设稳压管的稳定电压为 U_Z，忽略正向导通电压，则 $u_i > U_R$ 时，稳压管正向导通，$u_o = 0$；$u_i < U_R$ 时，稳压管反向击穿，$u_o = U_Z$（图 13.3.3）。

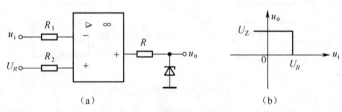

图 13.3.3　限幅电压比较器

（a）电路；（b）电压传输特性。

4. 双向限幅比较器

输出端接双向稳压管进行双向限幅。设稳压管的稳定电压为 U_Z，忽略正向导通电压，则 $u_i > U_R$ 时，稳压管正向导通，$u_o = -U_Z$；$u_i < U_R$ 时，稳压管反向击穿，$u_o = +U_Z$（图 13.3.4）。

电压比较器广泛应用在模 – 数接口、电平检测及波形变换等领域。如图 13.3.5 所示为用过零比较器把正弦波变换为矩形波的例子。

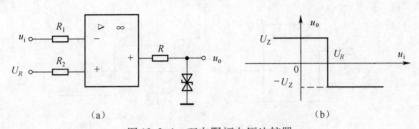

图 13.3.4　双向限幅电压比较器

(a) 双向限幅比较器；(b) 电压传输特性。

13.3.3　波形的产生与变换

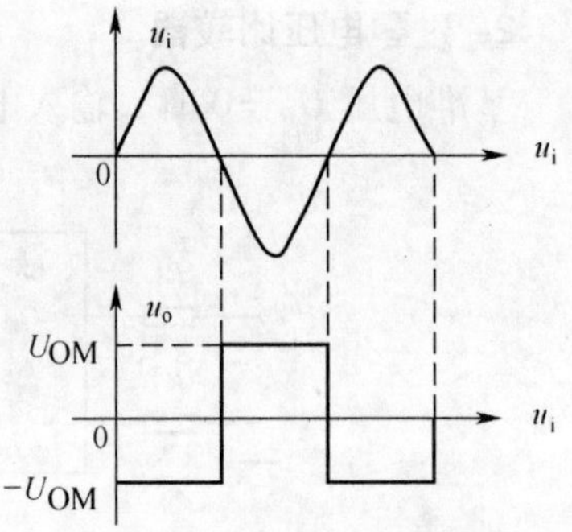

信号发生器常称为振荡器，是指在没有外接输入信号的条件下，能够自行产生一定幅度、一定频率的稳定的输出信号的电路。一般按产生的波形特点，可分为：正弦波振荡器；非正弦波振荡器（张弛振荡器），常用的经典电路为方波及三角波发生器。

图 13.3.5　波形变换电路

1. 正弦波信号的振荡电路

正弦波信号发生器是按照自激振荡原理构成的。注意区分自激振荡和零漂不同。

1）正弦波信号振荡电路的产生条件

正弦波振荡电路是一个没有输入信号的带选频环节的正反馈放大电路。

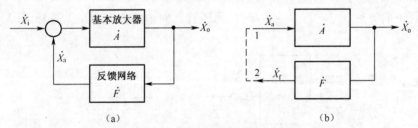

(a)　　　　　　　　　　　　(b)

图 13.3.6　正弦波信号振荡原理图

（1）正弦波振荡的平衡条件。作为一个稳态振荡电路，相位平衡条件和振幅平衡条件必须同时得到满足。

可见，产生自激振荡必须满足 $\dot{X}_f = \dot{X}_d$。由于 $\dot{X}_f = \dot{F}\dot{X}_o$，$\dot{X}_o = \dot{A}\dot{X}_d$，由此可得产生自激振荡的条件为

$$\dot{A}\dot{F} = 1$$

由于 $\dot{A} = A\angle\varphi_A$，$\dot{F} = F\angle\varphi_F$，所以 $\dot{A}\dot{F} = A\angle\varphi_A \cdot F\angle\varphi_F = AF\angle(\varphi_A + \varphi_F) = 1$。

自激振荡条件又可分为：幅值条件——$AF = 1$，表示反馈信号与输入信号的大小相等；相位条件——$\varphi_A + \varphi_F = \pm 2n\pi$，表示反馈信号与输入信号的相位相同，即必须是正反馈。

（2）正弦波振荡的起振条件：$|AF|>1$。实际中的起振过程是：在无外接输入信号（$x_i=0$）时，电路中的噪扰电压（如元件的热噪声、电路参数波动引起的电压、电流的变化、电源接通时引起的瞬变过程等）使放大器产生瞬间输出 x_o'，其中总有某个信号的频率步调与整体电路的自身频率相吻合，而被此反馈电路选中被反馈回电路的输入端，得到瞬间输入 x_d，被选中的信号再经基本放大器 A 放大，又在输出端产生新的输出信号 x_o'，如此反复。这说明在电路中除了放大器还应包含选频网络。在无反馈或负反馈情况下，输出 x_o' 会逐渐减小，直到消失。但在正反馈情况下，x_o' 会很快增大。但是输出幅值越来越大，如果不加以稳定限制，会出现非线性失真，甚至使振荡器崩溃，因此放大电路中还应包含稳幅环节，最后振荡器输出稳定在 x_o，并靠反馈保持下去。但考虑到系统的阻尼性，起振时要求 $|AF|>1$。

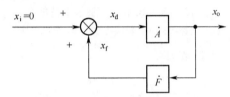

图 13.3.7　正弦波信号起振原理图

2）正弦波信号振荡电路的组成

通过上述起振过程可知，一个正弦波振荡器主要由以下几个部分组成：

（1）放大电路；

（2）正反馈网络；

（3）选频网络；

（4）稳幅环节。

3）正弦波信号振荡电路的分类

根据选频网络构成元件的不同，可把正弦信号振荡电路分为如下几类：选频网络若由 RC 元件组成，则称 RC 振荡电路；选频网络若由 LC 元件组成，则称 LC 振荡电路；选频网络若由石英晶体构成，则称为石英晶体振荡器。在此学习最常用的 RC 桥式正弦波振荡电路。

2. RC 桥式正弦波振荡电路

将 RC 串并联选频网络和放大器结合起来即可构成 RC 振荡电路，放大器件可采用集成运算放大器，也可采用分离元件构成。该电路一般用于产生 $1Hz \sim 1MHz$ 的低频信号。

如图 13.3.8 所示，由相同的 RC 元件组成了 RC 串并联选频网络，而实质它又是振荡器的正反馈网络。R_F 和 R_1 接在运算放大器的输出端和反相输入端之间，构成负反馈。正反馈电路与负反馈电路构成了文氏电桥振荡电路。运算放大器的输入端和输出端分别跨接在电桥的对角线上，形成四臂电桥。所以，把这种振荡电路称为 RC 桥式振荡电路。

负反馈支路中采用热敏电阻后不但使 RC 桥式振荡电路的起振容易，振幅波形改善，同时还具有很好的稳幅特性，所以，实用 RC 桥式振荡电路中热敏电阻的选择是很重要的。RC 桥式正弦波振荡电路输出电压稳定，波形失真小，频率调节方便。因此，在低频标准信号发生器中都有它构成的振荡电路。

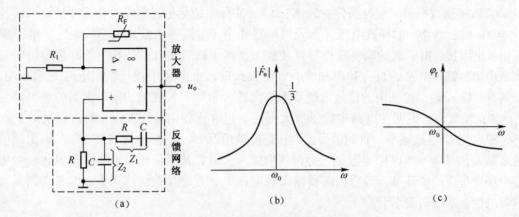

图 13.3.8 RC 桥式正弦波振荡电路
（a）电路图；（b）幅频特性；（c）相频特性。

具体分析：放大器的电压放大倍数为

$$\dot{A} = 1 + \frac{R_F}{R_1}$$

RC 反馈网络的反馈系数为

$$\dot{F} = \frac{Z_2}{Z_1 + Z_2} = \frac{1}{3 + j\left(\omega RC - \frac{1}{\omega RC}\right)}$$

$$\dot{A}\dot{F} = \left(1 + \frac{R_F}{R_1}\right) \cdot \frac{1}{3 + j\left(\omega RC - \frac{1}{\omega RC}\right)}$$

反馈网络具有选频作用。

为满足振荡的相位条件 $\varphi_A + \varphi_F = \pm 2n\pi$ ，上式的虚部必须为零，即

$$\omega_o = \frac{1}{RC}$$

可见，该电路只有在这一特定的频率下才能形成正反馈。同时，为满足振荡的幅值条件 $AF = 1$ ，因当 $\omega = \omega_o$ 时 $F = 1/3$ ，故还必须使

$$A = 1 + \frac{R_F}{R_1} = 3$$

为了顺利起振，应使 $AF > 1$ ，即 $A > 3$ 。接入一个具有负温度系数的热敏电阻 R_F ，且 $R_F > 2R_1$ ，以便顺利起振。当振荡器的输出幅值增大时，流过 R_F 的电流增加，产生较多的热量，使其阻值减小，负反馈作用增强，放大器的放大倍数 A 减小，从而限制了振幅的增长。直至 $AF = 1$ ，振荡器的输出幅值趋于稳定。这种振荡电路，由于放大器始终工作在线性区，输出波形的非线性失真较小。

利用双联同轴可变电容器，同时调节选频网络的两个电容，或者用双联同轴电位器，同时调节选频网络的两个电阻，都可方便地调节振荡频率。文氏电桥振荡器频率调节方便，波形失真小，是应用最广泛的 RC 正弦波振荡器。

对于非正弦信号如方波、三角波发生器，振荡条件比较简单，只要反馈信号能使比

较电路状态发生变化，即能产生周期性的振荡。电路的主要组成：

（1）具有开关特性的器件（如电压比较器、BJT 等）的主要作用是产生高、低电平。

（2）反馈网络：可将输出电压适当地反馈给开关器件，使之改变输出状态。

（3）延时环节：可以实现延时，以获得所需要的振荡频率。

3. 方波的产生（多谐振荡电路）

1）电路组成

通过对电路的分析可知，在以迟滞比较器为核心的基础上，输入输出端之间接有 RC 充放电支路，输出端有稳压管双向限幅电路，如图 13.3.9 所示。

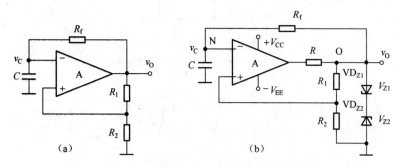

图 13.3.9　方波产生电路

2）工作原理

由于迟滞比较器中正反馈的作用，电源接通后瞬间，输出便进入饱和状态。假设为正向饱和状态，通过分析可画出波形，如图 13.3.10 所示。

3）占空比可变的方波产生电路

自行分析该电路的工作过程，如图 13.3.11 所示。

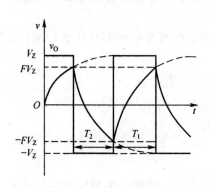

图 13.3.10　方波产生电路波形图

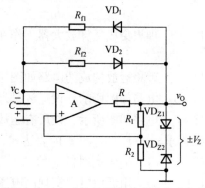

图 13.3.11　占空比可变的方波产生电路

4. 三角波的产生

电路如图 13.3.12 所示，其结构主要由同相输入迟滞比较器和充放电时间常数不同的积分电路组成。

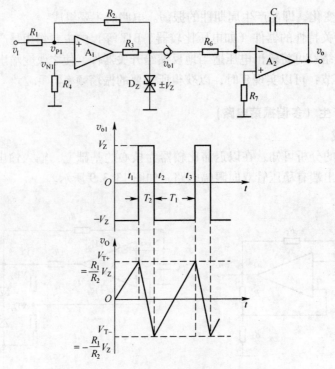

图 13.3.12　三角波产生电路及其波形图

习题

13-1　理想集成运算放大器的特点是什么？

13-2　理想集成运算放大器工作在线性区的条件及分析依据是什么？主要应用有哪些？

13-3　理想集成运算放大器工作在非线性区的条件及分析依据是什么？主要应用有哪些？

13-4　理想运放构成的电路如图所示，求 V_o 的表达式。

13-5　电路如图所示，设运放是理想的，试求 v_{o1}、v_{o2}、v_o 的值。

13-6　电路如图所示，设所有运放都是理想的。

（1）求 v_{o1}、v_{o2}、v_{o3}、v_o 的表达式；

（2）当 $R_1 = R_2 = R_3$ 时的 v_o 值。

13-7　为了用低值电阻实现高电压增益的比例运算，常用一 T 形网络以代替 R_f，如图所示，试证明

$$\frac{v_o}{v_s} = \frac{-R_2 + R_3 + R_2 R_3 / R_4}{R_1}$$

13-8　积分电路如图所示，设运放是理想的，已知初始状态时 $v_C(0) = 0$ 试回答下列问题：

（1）当 $R_1 = 100\text{k}\Omega$，$C = 2\mu\text{F}$，若突然加入 $v_s(t) = 1\text{V}$ 的阶跃电压，求 1s 后输出电压 v_o 的值；

（2）当 $R_1 = 100\text{k}\Omega$，$C = 0.47\mu\text{F}$，输入电压波形如图（b）所示，试画出 v_o 的波形，并标出 v_o 的幅值和回零时间。

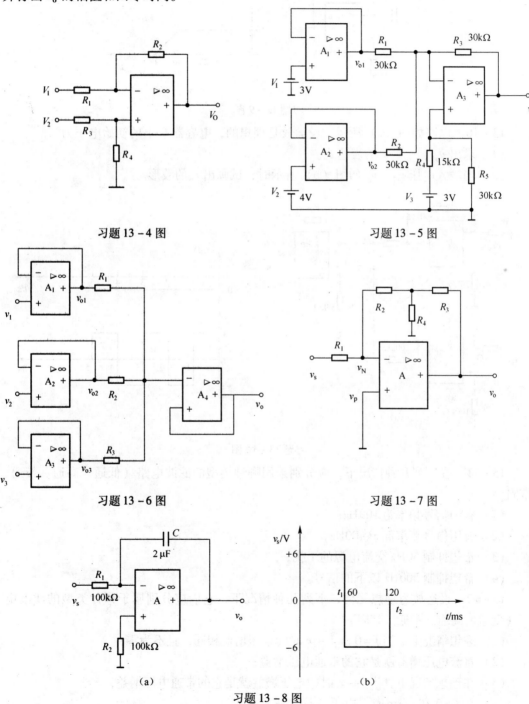

习题 13 - 4 图　　　　　　　　习题 13 - 5 图

习题 13 - 6 图　　　　　　　　习题 13 - 7 图

习题 13 - 8 图

13-9 微分电路如图（a）所示，输入电压 v_s 如图（b）所示，设电路 $R = 100\text{k}\Omega$，$C = 100\mu\text{F}$，运放是理想的，试画出输出电压 v_o 的波形，并标出 v_o 的幅值。

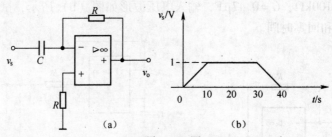

（a）　　　　　（b）

习题 13-9 图

13-10 电路如图（a）所示，设运放是理想的，电容器 C 上的初始电压为零。

（1）求出 v_{o1}、v_{o2}、v_o 的表达式。

（2）当输入电压 v_{s1}、v_{s2} 如图（b）所示时，试画出 v_o 的波形。

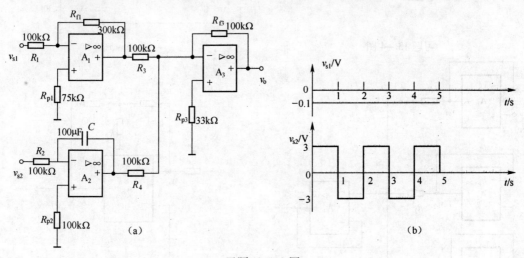

（a）　　　　　（b）

习题 13-10 图

13-11 在下列几种情况下，应分别采用哪种类型的滤波电路（低通、高通、带通、带阻）？

（1）有用信号频率为 100Hz；

（2）有用信号频率低于 400Hz；

（3）希望抑制 50Hz 交流电源的干扰；

（4）希望抑制 500Hz 以下的信号。

13-12 设运放为理想元件，下列几种情况下，它们应分别属于哪种类型的滤波电路（低通、高通、带通、带阻）？

（1）理想情况下，当 $f = 0$ 和 $f \to \infty$ 时的电压增益相同，且不为零；

（2）直流电压增益就是它的带通电压增益；

（3）在理想情况下，当 $f \to \infty$ 时的电压增益就是它的带通电压增益；

（4）在 $f = 0$ 和 $f \to \infty$ 时，电压增益都等于零。

13 – 13　电路如图所示。各集成运放的性能均理想。试求 U_{o2} 及 U_o 的表达式。

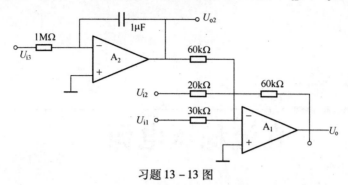

习题 13 – 13 图

13 – 14　设运放为理想器件，试求如图所示电压比较器的门限电压，并画出它们的输出特性（图中 $V_Z = 9V$）。

13 – 15　电路如图所示，设稳压管 VD_Z 的双向限幅值为 ±6V。

（1）画出电路的传输特性；

（2）画出幅值为 6V 正弦信号电压 v_I 所对应的输出电压波形。

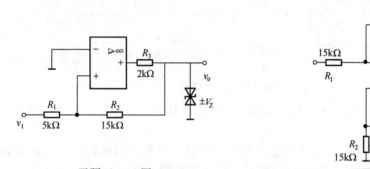

习题 13 – 14 图　　　　　习题 13 – 15 图

13 – 16　自激振荡和零漂有何不同点？正弦波振荡电路的产生条件是什么？

13 – 17　简述正弦波信号振荡电路的组成部分及作用。

13 – 18　通过所学的方波产生电路设计占空比可调的矩形波产生电路。

13 – 19　通过所学的三角波产生电路设计锯齿波产生电路。

第 14 章

直流稳压电源

一般，直流稳压电源由如下部分组成：

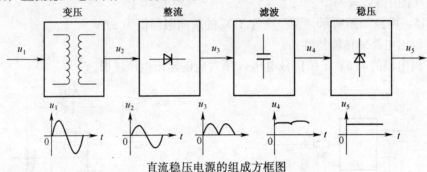

直流稳压电源的组成方框图

交流变压器：将输入的正弦工频交流电源（市电）电压变换为符合整流电路所需要的正弦工频交流电源。

整流电路：利用具有单向导电性的整流器件（整流二极管、晶闸管等）将正负交替变化的工频交流电转变为具有直流电成分的单向脉动直流电。

滤波电路：将脉动直流中的交流成分滤除，减少交流成分，保留直流成分，减少脉动程度，供给负载平滑的直流电压。

稳压电路：对整流后的直流电压采用负反馈技术，在交流供电电源电压或负载变化时通过自动调节使输出直流电压进一步稳定。

14.1　单相整流电路

利用具有单向导电性能的整流元件如二极管等，将交流电转换成单向脉动直流电的电路称为整流电路。整流电路按输入电源相数可分为单相整流电路和三相整流电路，按输出波形又可分为半波整流电路和全波整流电路。目前广泛使用的是桥式整流电路。

14.1.1　单相半波整流电路

单相半波整流电路如图 14.1.1 所示，图中 T 为电源变压器，用来将市电 220V 交流电压变换为整流电路所要求的交流低电压，同时保证直流电源与市电电源有良好的隔离。

314

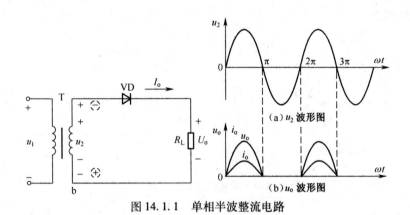

图 14.1.1 单相半波整流电路

14.1.2 单相桥式整流电路

为了克服单相半波整流的缺点，常采用单相桥式整流电路，它由 4 个二极管接成电桥形式构成。图 4.1.2 所示为桥式整流电路的几种画法。

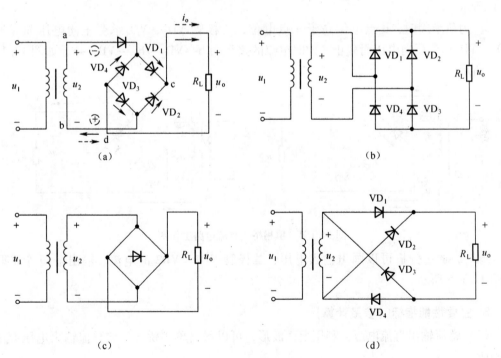

图 14.1.2 单相桥式整流电路

在分析整流电路时，为了突出重点，简化分析过程，一般均假设负载为纯电阻性。整流二极管具有理想的伏安特性，即导通时正向压降为零，截止时反向电流为零。变压器无损耗，内部压降为零。

1. 电路组成

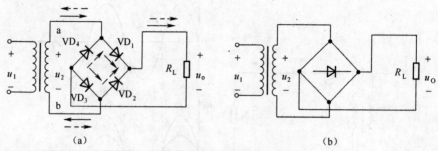

图 14.1.3　单相桥式整流电路原理图

(a) 原理电路；(b) 简化画法。

2. 工作原理

设 $u_2 = \sqrt{2}U_2\sin\omega t$ ，二极管 VD$_1$ ～ VD$_4$ 性能理想，管压降可忽略。

u_2 为正半周时，a 点电位高于 b 点电位，二极管 VD$_1$、VD$_3$ 承受正向电压而导通，VD$_2$、VD$_4$ 承受反向电压而截止。此时电流的路径为 a→VD$_1$→R$_L$→VD$_3$→b，如图 14.1.4 (a) 所示。

u_2 为负半周时，b 点电位高于 a 点电位，二极管 VD$_2$、VD$_4$ 承受正向电压而导通，VD$_1$、VD$_3$ 承受反向电压而截止。此时电流的路径为 b→VD$_2$→R$_L$→VD$_4$→a，如图 14.1.4 (b) 所示。

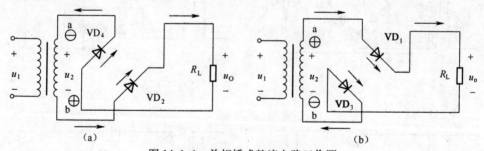

图 14.1.4　单相桥式整流电路工作图

同时，通过分析可以画出输入电压、二极管 VD1、VD2 的电流、输出电压等波形，如图 14.1.5 所示。

3. 主要性能指标（参量计算）

（1）整流输出直流电压：利用上面波形，可以得出单相桥式全波整流输出电压 U_o 的平均值。

输出电压为

$$u_o = \frac{2\sqrt{2}}{\pi}U_2\Big(1 - \frac{2}{3}\cos2\omega t - \frac{2}{15}\cos4\omega t - \frac{2}{35}\cos6\omega t - \cdots\Big)$$

输出直流电压为

$$U_{\text{o}} = \frac{1}{\pi} \int_0^\pi u_2 \mathrm{d}\omega t = \frac{2\sqrt{2}}{\pi} U_2 = 0.9 U_2$$

通常用它的平均值与直流电压等效。输出平均电压为

$$U_{\text{o}} = U_{\text{L}} = \frac{1}{\pi} \int_0^\pi \sqrt{2} U_2 \sin\omega t \mathrm{d}\omega t = \frac{2\sqrt{2}}{\pi} U_2$$
$$= 0.9 U_2$$

流过负载电阻 R_{L} 的电流平均值为

$$I_{\text{o}} = \frac{U_{\text{o}}}{R_{\text{L}}} = 0.9 \frac{U_2}{R_{\text{L}}}$$

（2）整流二极管的正向平均电流：流经每个二极管的电流平均值为负载电流的 1/2，即

$$I_{\text{D}} = \frac{1}{2} I_{\text{o}} = 0.45 \frac{U_2}{R_{\text{L}}}$$

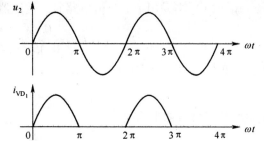
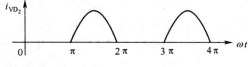
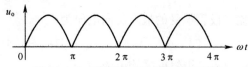

图 14.1.5　单相桥式整流电路波形图

（3）整流二极管的最高反向电压：每个二极管在截止时承受的最高反向电压为 u_2 的最大值，即

$$U_{\text{RM}} = U_{2\text{M}} = \sqrt{2} U_2$$

（4）输出电压纹波因数。定义：

$$\gamma = \frac{U_{\text{or}}}{U_{\text{o}}}$$

式中：U_{or} 为输出电压中各次谐波电压有效值的总和；U_{o} 为输出电压的平均值。对于全波整流电路，由于

$$u_{\text{o}} = \frac{2\sqrt{2}}{\pi} U_2 \left(1 - \frac{2}{3}\cos 2\omega t - \frac{2}{15}\cos 4\omega t - \frac{2}{35}\cos 6\omega t - \cdots\right)$$

$$U_{\text{or}} = \sqrt{U_{\text{o2}}^2 + U_{\text{o4}}^2 + U_{\text{o6}}^2 + \cdots} = \sqrt{U_2^2 - U_{\text{o}}^2}$$

故

$$\gamma = \frac{U_{\text{or}}}{U_{\text{o}}} = \frac{\sqrt{U_2^2 - U_{\text{o}}^2}}{U_{\text{o}}^2} = \sqrt{\left(\frac{U_2}{U_{\text{o}}}\right)^2 - 1} = 0.483$$

（5）整流变压器副边电压有效值为

$$U_2 = \frac{U_{\text{o}}}{0.9} = 1.11 U_{\text{o}}$$

（6）整流变压器副边电流有效值为

$$I_2 = \frac{U_2}{R_{\text{L}}} = 1.11 \frac{U_2}{R_{\text{L}}} = 1.11 I_{\text{o}}$$

由以上计算，可以选择整流二极管和整流变压器。

[例 14.1.1]　试设计一台输出电压为 24V，输出电流为 1A 的直流电源，电路形式可采用半波整流或全波整流，试确定两种电路形式的变压器副边绕组的电压有效值，并选定相应的整流二极管。

解：（1）当采用半波整流电路时，变压器副边绕组电压有效值为

$$U_2 = \frac{U_o}{0.45} = \frac{24}{0.45} = 53.3(V)$$

整流二极管承受的最高反向电压为

$$U_{RM} = \sqrt{2}U_2 = 1.41 \times 53.3 = 75.2(V)$$

流过整流二极管的平均电流为

$$I_D = I_o = I_A$$

因此，可选用 2CZ12B 整流二极管，其最大整流电流为 3A，最高反向工作电压为 200V。

（2）当采用桥式整流电路时，变压器副边绕组电压有效值为

$$U_2 = \frac{U_o}{0.9} = \frac{24}{0.9} = 26.7(V)$$

整流二极管承受的最高反向电压为

$$U_{RM} = \sqrt{2}U_2 = 1.41 \times 26.7 = 37.6(V)$$

流过整流二极管的平均电流为

$$I_D = \frac{1}{2}I_o = 0.5A$$

因此，可选用 4 只 2CZ11A 整流二极管，其最大整流电流为 1A，最高反向工作电压为 100V。

14.2 滤 波 电 路

整流电路将交流电变为脉动直流电，但其中含有大量的直流和交流成分（称为纹波电压）。这样的直流电压作为电镀、蓄电池充电的电源是允许的，但作为大多数电子设备的电源，将会产生不良影响，甚至不能正常工作。于是在整流电路之后，需要加接滤波电路，尽量减小输出电压中的交流分量，使之接近于理想的直流电压。滤波通常是利用电容或电感的能量存储功能来实现的。常用的几种滤波电路有：

（1）电容滤波电路；

（2）电感电容滤波电路（倒 L 形）；

（3）∏ 型滤波电路。

滤波电路的结构特点：电容与负载 R_L 并联，电感与负载 R_L 串联。

14.2.1 电容滤波电路

1. 电路组成

电容滤波电路如图 14.2.1 所示。

2. 工作原理

（1）当 $C = 0$ 时，电容滤波电路工作情况完全同单相桥式整流电路，在输入电压

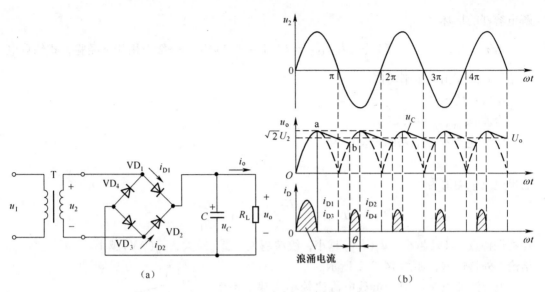

图 14.2.1 单相桥式整流电容滤波电路及波形

(a) 电路；(b) 电压、电流波形。

$u_2 = \sqrt{2}U_2\sin\omega t$ 时的输出电压波形亦同，可得输出电压 $U_o \approx 0.9U_2$。

(2) 当 $C\neq0$、$R_L = \infty$ 时，电容的充电时间常数 $\tau_1 = r_o C \approx 0$，输出电压 $U_o = \sqrt{2}U_2$。

(3) 当 $C\neq0$、$R_L\neq\infty$ 时，电容的充电时间常数 $\tau_1 = (r_o//R_L)C \approx r_o C \approx 0$。

假定在 $t=0$ 时接通电路，u_2 为正半周，当 u_2 由零上升时，VD_1、VD_3 导通，C 被充电，因此 $u_o = u_C \approx u_2$，在 u_2 达到最大值时，u_o 也达到最大值，见图 14.2.1 (b) 中 a 点，然后 u_2 下降，此时 $u_C > u_2$，VD_1、VD_3 截止，电容 C 向负载电阻 R_L 放电，由于放电时间常数 $\tau_2 = R_L C$ 一般较大，因而电容电压 u_C 按指数规律缓慢下降。当 u_o (u_C) 下降到图中 b 点后，$u_2 > u_C$，VD_2、VD_4 导通，电容 C 再次被充电，输出电压增大，以后重复上述充、放电过程。可画出输出电压波形。

3. 电容滤波电路的外特性及主要参数估计

(1) 输出电压 U_o 的脉动程度大为减小，负载两端电压比较平滑。

(2) 输出电压平均值：

当 $C=0$ 时，$U_o \approx 0.9U_2$。

当 $C\neq0$、$R_L = \infty$ 时，$U_o = \sqrt{2}U_2$。

当 $C\neq0$、$R_L\neq\infty$ 时，U_o 由放电时间常数决定，有 $\tau = R_L C$。

为了获得较平滑的输出电压，一般要求 $R_L \geq (10 \sim 15)\dfrac{1}{\omega C}$，即

$$\tau = R_L C \geq (3 \sim 5)\frac{T}{2} \quad \text{（全波整流）}$$

$$R_L C \geq (3 \sim 5)T \quad \text{（半波整流）}$$

式中：T 为交流电压的周期。滤波电容 C 一般选择体积小、容量大的电解电容器。应注意，普通电解电容器有正、负极性，使用时正极必须接高电位端，如果接反则会造成电

解电容器的损坏。

若 $\tau = CR_L \geqslant (3 \sim 5)\dfrac{T}{2}$，$U_{o(AV)} = (1.1 \sim 1.4)U_2$，一般常用如下经验公式估算电

容滤波时的输出电压平均值。

半波：$U_o = U_2$

全波：$U_{o(AV)} \approx 1.2U_2$

（3）电容滤波电路的外特性为

$$u_o = f(i_o)$$

输出电流平均值为

$$I_{o(AV)} = \frac{U_{o(AV)}}{R_L} \approx 1.2\frac{U_2}{R_L}$$

外特性特点：①C 越小，$u_o(AV)$ 越小，纹波越大。②i_o 越大，$u_o(AV)$ 越小。

结论：外特性差，如图 14.2.2 所示。

电容滤波电路适用于负载电流比较小或基本不变的场合。

（4）整流二极管的平均电流。二极管电流的特点：

①相比无滤波电容时的平均电流相等。

②二极管导电时间缩短了，导通时有冲击电流（$i_C + i_o$），为了保证二极管的安全，选管时应放宽裕量。

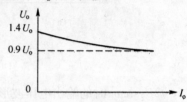

图 14.2.2　单相桥式整流电容滤波电路外特性

③冲击电流与二极管的导通角 θ（$\theta < \pi$）有关。

放电时间常数越大，θ 越小，冲击电流越大。

（5）整流二极管的最高反向电压：

$$U_{RM} = 2\sqrt{2}U_2$$

14.2.2　电感滤波电路

1. 电路结构

图 14.2.3 所示电路是电感滤波电路，它主要适用于负载功率较大即负载电流很大的情况。

2. 工作原理

当忽略电感线圈的直流电阻时，负载上的直流电压与不加滤波电感时负载上的直流电压相同。

$U_o = 0.9U_2$。

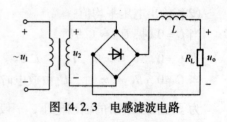

图 14.2.3　电感滤波电路

3. 特点

电感滤波电路的外特性是很平坦的，U_o 随 I_o 增大而略有下降的原因是输出电流增大时，整流电路的内阻和电感的整流电阻压降也略有增加。

导通角 $\theta = \pi$，因而避免了过大的冲击电流。输出电压没有电容滤波高。

电感滤波电路适用于负载所需的直流电压不高，输出电流较大及负载变化较大的场合。

电感体积大，成本高，输出电压稍低。它的缺点是制造复杂、体积大、笨重且存在电磁干扰。为了提高滤波效果，通常采用倒 L 形滤波电路。

14.2.3　其他形式滤波电路

1. LC 型滤波电路

电感滤波电路输出电压平均值 U_o 的大小一般按经验公式计算。$U_o = 0.9U_2$。如果要求输出电流较大，输出电压脉动很小时，可在电感滤波电路之后再加电容 C，组成 LC 滤波电路。

2. π 型滤波电路

为了进一步减小负载电压中的纹波，可采用图 14.2.5 所示 π 型 LC 滤波电路。一般 π 型滤波电路中有 LC-π 型滤波电路和 RC-π 型滤波电路。

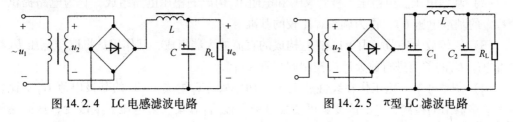

图 14.2.4　LC 电感滤波电路　　　　　图 14.2.5　π 型 LC 滤波电路

14.3　直流稳压电路

直流稳压电路的作用是将前述整流、滤波电路输出的不稳定的直流电压调整变换成稳定且可调的直流电压。直流稳压电路按调整器件的工作状态可分为线性稳压电路和开关稳压电路两大类。前者使用起来简单易行，但转换效率低，体积大；后者体积小，转换效率高，但控制电路较复杂。随着自关断电力电子器件和电力集成电路的迅速发展，开关电源已得到越来越广泛的应用。

14.3.1　并联型稳压电路

并联型稳压电路如图 14.3.1 所示，以下为其工作原理。

输入电压 U_i 波动时会引起输出电压 U_o 波动。U_i 升高将引起 U_o 随之升高，导致稳压管的电流 I_Z 急剧增加，使得电阻 R 上的电流 I 和电压 U_R 迅速增大，从而使 U_o 基本上保持不变。反之，当 U_i 减小时，U_R 相应减小，仍可保持 U_o 基本不变。

当负载电流 I_o 发生变化引起输出电压 U_o 发生变化时，同样会引起 I_Z 的相应变化，使得 U_o 保持基本稳定。如当 I_o 增大时，I 和 U_R 均会随之增大，使得 U_o 下降，这将导致 I_Z

急剧减小，使 I 仍维持原有数值 U_R 不变，使得 U_o 得到稳定。

14.3.2 串联型直流稳压电路

串联型晶体管稳压电路如图 14.3.2 所示。

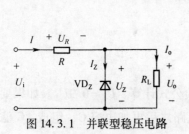

图 14.3.1 并联型稳压电路

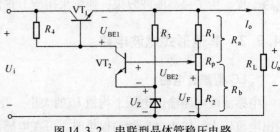

图 14.3.2 串联型晶体管稳压电路

1. 电路的组成部分及作用

（1）取样环节。由 R_1、R_p、R_2 组成的分压电路构成，它将输出电压 U_o 分出一部分作为取样电压 U_F，送到比较放大环节。

（2）基准电压。由稳压二极管 VD_Z 和电阻 R_3 构成的稳压电路组成，它为电路提供一个稳定的基准电压 U_Z，作为调整、比较的基准。

（3）比较放大环节。由 VT_2 和 R_4 构成的直流放大器组成，其作用是将取样电压 U_F 与基准电压 U_Z 的差值进行放大后去控制调整管 VT_1。

（4）调整环节。由工作在线性放大区的功率管 VT_1 组成，VT_1 的基极电流 I_{B1} 受比较放大电路输出的控制，它的改变又可使集电极电流 I_{C1} 和集、射电压 U_{CE1} 改变，从而达到自动调整稳定输出电压的目的。同时，可看出电路由于调整管与输出端口部分为串联关系而得名。

2. 电路工作原理

当输入电压 U_i 或输出电流 I_o 变化引起输出电压 U_o 增加时，取样电压 U_F 相应增大，使 VT_2 管的基极电流 I_{B2} 和集电极电流 I_{C2} 随之增加，VT_2 管的集电极电位 U_{C2} 下降，因此 VT_1 管的基极电流 I_{B1} 下降，使得 I_{C1} 下降，U_{CE1} 增加，U_o 下降，使 U_o 保持基本稳定。

$$U_o \uparrow \rightarrow U_F \uparrow \rightarrow I_{B2} \uparrow \rightarrow I_{C2} \uparrow \rightarrow U_{C2} \downarrow \rightarrow I_{B1} \downarrow \rightarrow U_{CE1} \uparrow$$
$$U_o \downarrow$$

同理，当 U_i 或 I_o 变化使 U_o 降低时，调整过程相反，U_{CE1} 将减小使 U_o 保持基本不变。从上述调整过程可以看出，该电路是依靠电压负反馈来稳定输出电压的。如果将放大环节的分立元件换成集成器件，便构成应用广泛的集成运算放大器的串联型稳压电路。

3. 采用集成运算放大器的串联型稳压电路

电路（图 14.3.3）的工作原理及调整过程同上。其中电路的采样电压大小为

$$U_F = \frac{R_2 + R_p''}{R_1 + R_2 + R_p} U_o$$

4. 电路的输出电压

$$U_o = \frac{R_1 + R_p + R_2}{R_2 + R_p''} U_{REF}$$

其中，基准电压为 $U_{REF} = U_Z$

$$U_{omin} = \frac{R_1 + R_p + R_2}{R_2 + R_p} U_{REF}$$

$$U_{omax} = \frac{R_1 + R_p + R_2}{R_2} U_{REF}$$

5. 电路的工作特点

（1）电路中引入了深度串联电压负反馈，因此稳压效果较好；

（2）电路的输出电压大小可通过 R_p 来调节。

[例 14.3.1]　电路如图 14.3.4 所示。已知：$R_1 = R_2 = R = R_W = 1\text{k}\Omega$，$VD_Z$ 提供的基准电压 $U_Z = 6\text{V}$，$U_i = 30\text{V}$。

试求 U_o、最大输出电压 U_{omax} 及最小输出电压 U_{omin}，并指出 U_o 等于 U_{omax} 或 U_{omin} 时，R_W 滑动端各应调在什么位置。

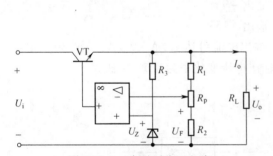

图 14.3.3　串联型稳压电路

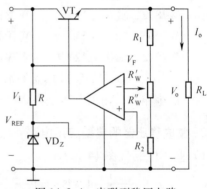

图 14.3.4　串联型稳压电路

分析可知，输出电压 U_o 在 $9\text{V} \sim 18\text{V}$ 范围内连续可调。

14.3.3　集成稳压电源

　　集成稳压电路是将稳压电路的主要或全部元件制作在同一块硅基片上的集成电路，因而具有体积小、使用灵活方便、工作可靠性高、技术性能指标好等特点。由前面所学知识可知，其内部结构一般是在取样电路、基准环节、比较放大电路、调整电路的基础上增加了启动及保护电路等。

　　集成稳压器的种类很多，对于小功率的直流稳压电源，按照制作工艺和结构，可分为单片式、混合式；按照工作原理，分为串联、并联、开关调整式、固定输出、可调输出等。但应用最为普遍的是三端式串联调整型集成稳压器，该稳压器仅有输入端、输出端和公共端 3 个接线端子。输出电压固定的三端集成稳压器有 W78×× 和 W79×× 系列。

323

1. 外形和管脚排列

图 14.3.5 为 W78××和 W79××的外形图。

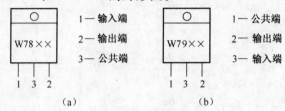

（a）　　　　　　　　（b）

图 14.3.5　外形图

因此，在具体接电路时应注意管脚顺序。

2. 固定式集成三端稳压器的型号

（1）78××（输出正电压）系列；

（2）79××（输出负电压）系列。

××——输出电压的标称值。

输出电压种类有 5V、6V、8V、9V、10V、12V、15V、18V 和 24V 等多种，即

W7805	输出 +5V	W7809	输出 +9V
W7812	输出 +12V	W7815	输出 +15V
W7905	输出 −5V	W7909	输出 −9V
W7912	输出 −12V	W7915	输出 −15V

这类三端稳压器在加装散热器的情况下，输出电流可达 1.5A～2.2A，最高输入电压为 35V，最小输入、输出电压差为 2V～3V，输出电压变化率为 0.1%～0.2%。

3. 集成稳压器的典型应用电路

1）基本电路（图 14.3.6）

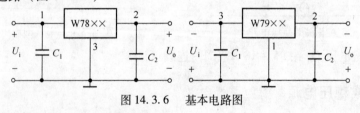

图 14.3.6　基本电路图

2）提高输出电压的电路（图 14.3.7）

输出电压为

$$U_o = U_{××} + U_Z$$

3）扩大输出电流的电路（图 14.3.8）

图中 I_3 为稳压器公共端电流，其值很小，可以忽略不计，所以 $I_1 \approx I_2$，则可得

$$I_o = I_2 + I_C = I_2 + \beta I_B = I_2 + \beta(I_1 - I_R) \approx (1 + \beta)I_2 + \beta \frac{U_{BE}}{R}$$

式中：β 为三极管的电流放大系数。设 $\beta = 10$，$U_{BE} = -0.3\,\mathrm{V}$，$R = 0.5\,\Omega$，$I_2 = 1\,\mathrm{A}$，则可计算出 $I_o = 5\,\mathrm{A}$，可见 I_o 比 I_2 扩大了。电阻 R 的作用是使功率管在输出电流较大时才能导通。

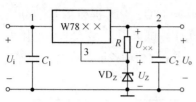

图 14.3.7 提高输出电压电路图

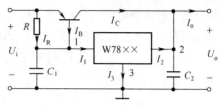

图 14.3.8 扩大输出电流电路图

4) 能同时输出正、负电压的电路（图 14.3.9）

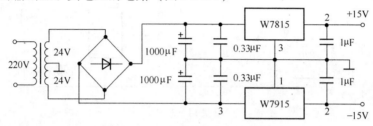

图 14.3.9 双路输出电压电路图

4. 稳压电路的主要性能指标

（1）稳压系数：

$$S_r = \frac{\Delta U_o / U_o}{\Delta U_i / U_i}\Big|_{\Delta I_o = 0 , \Delta T = 0}$$

（2）电压调整率：

$$S_U = \left\{\frac{1}{U_o}\frac{\Delta U_o}{\Delta U_i}\Big|_{\Delta I_o = 0 , \Delta T = 0}\right\}\times 100\%$$

（3）输出电阻：

$$R_o = \frac{\Delta U_o}{\Delta I_o}\Big|_{\Delta U_i = 0 , \Delta T = 0}$$

（4）电流调整率：

$$S_I = \left\{\frac{\Delta U_o}{U_o}\Big|_{\Delta U_i = 0 , \Delta T = 0}\right\}\times 100\%$$

（5）输出电压的温度系数：

$$S_T = \left\{\frac{1}{U_o}\frac{\Delta U_o}{\Delta T}\Big|_{\Delta I_o = 0 , \Delta U_i = 0}\right\}\times 100\%$$

（6）纹波电压：稳压电路输出端的交流分量（通常为 100Hz）的有效值或幅值。

（7）纹波电压抑制比：输入、输出电压中的纹波电压之比为

$$S_{rip} = 20\lg\frac{U_{ipp}}{U_{opp}}$$

习题

14-1 直流稳压电源的组成部分及各部分的作用是什么？

14-2 电路如图所示。已知：$R_1 = R_2 = R_3 = R_W = 1\text{k}\Omega$，$VD_Z$ 提供的基准电压 $U_Z = 6V$，变压器付边电压有效值（U_2）为 $25V$，$C = 1000\mu F$。试求 U_i、最大输出电压 U_{omax} 及最小输出电压 U_{omin}，并指出 U_o 等于 U_{omax} 或 U_{omin} 时，R_W 滑动端各应调在什么位置。并说明此稳压电路的各组成部分。

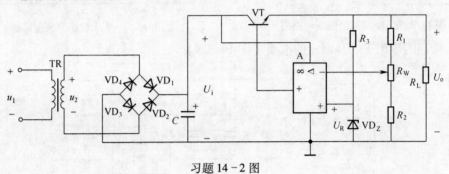

习题 14-2 图

第 15 章

数字逻辑基础

15.1 概　　述

从 20 世纪 50 年代开始，以信息技术为核心的第三次科技革命极大促进了人类社会的发展。进入 21 世纪以来，信息技术更是渗入到各行各业之中，成为当今社会发展、文明进步的重要动力，正在从根本上改变我们的社会经济生活。

电子技术作为信息技术的基础，是根据电子学的原理，运用电子器件设计和制造某种特定功能的电路以解决实际问题的科学，包括信息电子技术和电力电子技术两大分支。信息电子技术包括模拟（Analog）电子技术和数字（Digital）电子技术。其中模拟电子技术已经在前面的章节中介绍过了，本章开始介绍数字电子技术的基本概念、方法、元件以及应用。

15.1.1　数字信号和模拟信号

自然界中存在各种各样的物理量，人们正是通过研究、分析、改变各种物理量来改变自然，从而使社会经济不断向前发展。在这些物理量中有一类在变化的时间和数量上都是连续的，这样的物理量称为模拟信号，如图 15.1.1（a）所示，如温度、速度、压力等。而另一类物理量其变化在时间和数量上都是不连续的，是离散的，称为数字信号，如图 15.1.1（b）所示。也就是说，数字信号仅在若干不连续的时刻有值并且其值仅能在若干有限个值中选取。现实中，这类信号多表现为统计信号，如人口数/年、产品统计数量等。

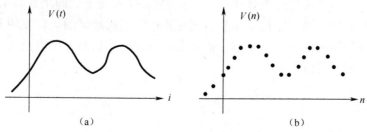

图 15.1.1　模拟信号与数字信号
（a）模拟信号；（b）数字信号。

15.1.2 数字电路

用以对数字信号进行加工和处理的电路称为数字电路，或数字系统。由于它具有逻辑运算和逻辑处理功能，所以又称数字逻辑电路。现代数字电路是由半导体工艺制成的若干数字集成器件构造而成。逻辑门是数字逻辑电路的基本单元。存储器是用来存储二值数据的数字电路。从整体上看，数字电路可以分为组合逻辑电路和时序逻辑电路两大类。此外，在传递和处理信息的过程中，模拟信号和数字信号可以转换，一般情况下也将处理模拟信号和数字信号相互转换的电路归属在数字电路领域中。

15.1.3 数字电路的特点

自然界大多数物理量的变化产生的都是模拟信号，在前面的章节中我们已经学习了处理模拟信号的电路。相对于模拟电路而言，数字电路中三极管工作在开关状态，并且处理的是逻辑电平信号，从信号处理的角度讲，数字电路具有更高的信号抗干扰能力，对电路中元件要求较低，便于实现。除此之外，数字电路还具有通用性强、功耗较低、便于长期保存信息和保密性好等特点。因此，近些年来数字电路得到了长足的发展，成为信息技术中不可或缺的重要一环。原来使用模拟系统的无线通信设备、调频收音机，有线电话系统均已被数字系统替代。

在这里必须说明的是，尽管目前数字电子技术的发展推动了很多领域的技术进步和革新，但是，并不能说数字信号就优于模拟信号，只是数字信号的处理技术发展较快，在一些方面具有优势，数字信号和模拟信号本身并无优劣之分，它们都反映了自然界中物理量的变化。为了利用数字电路处理信号的优点，在实际当中通常要将自然界产生的模拟信号转化为数字信号，经过处理后再转换回模拟信号，在这一过程中，是有信息丢失的。并且在一些高速信号处理方面，目前还无法使用数字电路，如光信号处理和射频信号处理。

15.2 数制与编码

在现实世界中，信号的种类非常繁杂，其形式和数量各不相同，要想快速高效的处理、传递这些信号，必须将这些信号统一表达在同一个基础上，即用数表示信号的数量，用编码来表示信号的类型、来源等信息。实际当中，不同地区的人们发明和使用了不同的计数方式，使用不同的符号、文字、语言来处理和传递信号，可以说数制和编码一直伴随着人类文明的发展而发展。

15.2.1 数制

数制（Number System）是进位计数制的简称，就是人们用来记录描述一个数大小的方法。日常使用的数制主要是十进制，而在描述时间时，人们也常用六十进制、二十四进制，在描述角度时常用三百六十进制，中国古代记录长度时采用三尺一米的三进制。可见，数制对于人们来说并不陌生，它实实在在地存在于我们的日常生活之中。而在以计算机为基础的数字系统中，由于采用二值逻辑，即只有高电平和低电平两种信号，采用二进制来描述数就变得非常方便和实用。下面简要介绍一下数字电路中常用的各种数制和各种数制间的转化。

1. 十进制

进位技术制是一种位置计数法，它将一个数划分为不同的数位，每一个数位被赋予一个固定的权值。而权值是由基数 R 和基数的指数 i 构成，R 表示每一位数中包含数码的多少，i 则表示该数位与小数点之间的距离，一般情况下，定义小数点左侧第一个位置与小数点的距离为 0。在日常生活中，最常用的数制是十进制（Decimal），其基数为 10，由 0、1、2、3、4、5、6、7、8、9 十个数码符号和小数点构成，用来组成不同的数。任意十进制数均可按其权值展开，例如

$$(333.33)_{10} = 3 \times 10^2 + 3 \times 10^1 + 3 \times 10^0 + 3 \times 10^{-1} + 3 \times 10^{-2}$$
$$\quad\ 百位 \qquad 十位 \qquad 个位 \qquad 十分位 \qquad 百分位$$

在十进制中，小数左侧第一个位置称为个位，该位的权值为基数 10 的 0 次方，即 10^0，依次可以得到十位、百位，在小数点右侧可得到十分位、百分位等。可见，任意十进制数的展开式为

$$(N)_{10} = (K_{n-1} \cdots K_1 K_0 K_{-1} \cdots K_{-m})_{10}$$
$$= K_{n-1} 10^{n-1} + \cdots + K_1 10^1 + K_0 10^0 + K_{-1} 10^{-1} + \cdots + K_{-m} 10^{-m}$$
$$= \sum_{i=-m}^{n-1} K_i 10^i$$

式中：系数 K_i 可取 0~9 十个数码中的任意一个，等式左边下标 10（有时写 D）表示十进制。由此可见，十进制的特点是基数为 10，逢十进一，即 $9+1=10$，有 0~9 十个数字符号和小数点，数码 K_i 从 0~9，不同数位上的数据有不同的权值 10^i。

同理，对于任意的 R 进制数来说，它的基数为 R，由 R 个数字符号和小数点组成，逢 R 进一。任意一个 R 进制数，都可按其权位展开成多项式的形式：

$$(N)_R = (K_{n-1} \cdots K_1 K_0 K_{-1} \cdots K_{-m})_R$$
$$= K_{n-1} R^{n-1} + \cdots + K_1 R^1 + K_0 R^0 + K_{-1} R^{-1} + \cdots + K_{-m} R^{-m}$$
$$= \sum_{i=-m}^{n-1} K_i 10^i$$

式中：系数 K_i 可取 $0 - (R-1)R$ 个数码中的任意一个。

2. 非十进制

基数 R 取不同的值就构成了不同的数制。在数字电路中，尤其是电子计算机出现以后，使用晶体管来表示 10 种状态过于复杂，所以所有的电子计算机中只有两种基本的状态——开和关。也就是说，晶体管的两种状态决定了以晶体管为基础的电子计算机采用二进制（Binary）来表示数字和数据。二进制数是逢 2 进位的进位制，基数 2，逢二进一，即 $1+1=10$，有 0~1 两个数字符号和小数点，数码 K_i 的取值为 0 或 1 两种，不同数位上

的数具有不同的权值2^i。

二进制是目前数字电路中数据的实际描述形式，但是二进制存在阅读困难、书写起来太长的缺点。在研究数字电路时，使用二进制描述并不方便，而将二进制转换为十进制相对比较繁琐，这就需要一种转换迅速、描述简便的数制。造成二进制描述不方便的主要原因是二进制的基数是2，只有0和1两个数字符号，一个数位能描述的数量太少。因此，需要一种每个位能描述较多的数，而又能和二进制数有简单对应关系的数制。此时，人们想到将n个二进制位合并为一位构成新的数制，这样一来，每位可以描述2^n个数字，并且每位都可以直接转换为n位二进制数。常用的数制是$n=3$的八进制（Octal）和$n=4$的十六进制（Hexadecimal）。

八进制就是以8（2^3）为基数，由0~7八个数字符号和小数点构成，计数规律是"逢八进一"，直接对应于3位二进制数。十六进制就是以16（2^4）为基数，由0~9加上A~F共16个数字符号和小数点构成，计数规律是"逢十六进一"，直接对应于4位二进制数。表15.2.1给出了以上几种数制部分数码的对应关系。

表15.2.1　几种数值的对照表

十进制	二进制	八进制	十六进制	十进制	二进制	八进制	十六进制
0	0000	0	0	8	1000	10	8
1	0001	1	1	9	1001	11	9
2	0010	2	2	10	1010	12	A
3	0011	3	3	11	1011	13	B
4	0100	4	4	12	1100	14	C
5	0101	5	5	13	1101	15	D
6	0110	6	6	14	1110	16	E
7	0111	7	7	15	1111	17	F

3. 各种进制数的转换

在计算机等数字系统中，数据都以二进制形式存储、运算和传输。而在日常生活中人们已经习惯使用十进制作为基本的计数方法。因此，十进制和二进制之间的相互转换就显得尤为重要。二进制转换为十进制比较简单，就是将二进制数按权展成多项式，按十进制求和。

[例15.2.1]　将二进制数110.011转换为十进制数。

$$(110.011)_2 = 1 \times 2^2 + 1 \times 2^1 + 0 \times 2^0 + 0 \times 2^{-1} + 1 \times 2^{-2} + 1 \times 2^{-3}$$
$$= (6.375)_{10}$$

其他进制也可按同样的方法，乘以相应的权值展开相加即可转换为十进制数。

十进制转换成二进制时，数的整数部分和小数部分分别进行转换，小数点位置不变。整数部分采取除基取余法，即用目标数制的基数（$R=2$）去除十进制数，第一次相除所得余数为目的数的最低位K_0，将所得商再除以基数，反复执行上述过程，直到商为"0"，所得余数为目的数的最高位K_{n-1}。

[例 15.2.2]　将十进制数 81 转换为二进制数。

	÷2	÷2	÷2	÷2	÷2	÷2	÷2
81	→ 40	→ 20	→ 10	→ 5	→ 2	→ 1	→ 0
	↓	↓	↓	↓	↓	↓	↓
余数	1	0	0	0	1	0	1
	K_0	K_1	K_2	K_3	K_4	K_5	K_6

得二进制数 $(K_6K_5K_4K_3K_2K_1K_0)_2 = (1010001)_2$。

　　小数部分采用乘基取整法，即小数乘以目标数制的基数（$R=2$），第一次相乘结果的整数部分为目的数的最高位 K_{-1}，将其小数部分再乘基数依次记下整数部分，反复进行下去，直到小数部分为"0"，或满足要求的精度为止（即根据设备字长限制，取有限位的近似值）。

[例 15.2.3]　将十进制数 0.65 转换为二进制数，要求转换精度为小数 6 位。

	×2	×2	×2	×2	×2	×2
0.65	→ 0.3	→ 0.6	→ 0.2	→ 0.4	→ 0.8	→ 0.6
	↓	↓	↓	↓	↓	↓
整数	1	0	1	0	0	1
	K_{-1}	K_{-2}	K_{-3}	K_{-4}	K_{-5}	K_{-6}

得二进制数 $(0.K_{-1}K_{-2}K_{-3}K_{-4}K_{-5}K_{-6})_2 = (0.101001)_2$。

　　要将十进制转换为八进制或十六进制可采用相同的方法，此时除数 R 等于 8 或者 16，但除 8 或者除 16 在运算上比较复杂，容易出错，由于 8 进制和十六进制都可以按位直接对应于二进制，在实际当中都是将十进制数先转换成二进制数，再将二进制数转换成八进制数或十六进制数。

　　由于八进制数每一位直接对应于三位二进制数，因此二进制和八进制之间的转换是从小数点开始，将二进制数的整数和小数部分每三位分为一组，不足三位的分别在整数的最高位前和小数的最低位后加"0"补足，然后每组用等值的八进制数码替代，即得目的数。而十六进制每位直接对应于 4 位二进制数，转换方法与八进制方法基本相同，只是整数和小数部分每四位分为一组，不足四位的分别在整数的最高位前和小数的最低位后加"0"补足，然后每组用等值的十六进制数码替代，即得目的数。

[例 15.2.4]　$(11010111.0100111)_2 = (????)_8 = (???)_{16}$。

二进制	011	010	111	.	010	011	100
	↓	↓	↓	↓	↓	↓	↓
八进制	3	2	7	.	2	3	4

$(11010111.0100111)_2 = (327.234)_8$

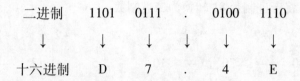

$$(11010111.0100111)_2 = (D7.4E)_{16}$$

综合可得，$(11010111.0100111)_2 = (327.234)_8 = (D7.4E)_{16}$，由此可以看出，二进制在八进制和十六进制，以及八进制、十六进制和十进制之间架起了一座桥梁，它们之间的相互转换通过二进制可以得到极大的简化。

15.2.2 编码

编码是信息从一种形式或格式转换为另一种形式的过程。自然界中存在各种各样的信息，而信息技术就是利用现代科技手段对信息进行获取、加工、转换和传递。前面我们已经讲过，数字电路以其快速高效、抗干扰能力强等优点成为信息技术中最为重要的一部分，然而，数字电路本身是以二进制为基础的，内部只能用"0"和"1"的组合来表示纷繁复杂的信息。这种用以描述各种信息的"0"和"1"的组合就称为编码，也就是说，我们使用"0"和"1"的特定组合描述各种各样的信息。每一种组合方式、规则就成为一种编码，编码的种类非常多，有些用来表示特定的数、文字等，另一些用来表示状态、位置，还用一些用来对已有信息进行加密。下面简要介绍几种常用编码。

1. 十进制数的二进制编码

使用若干位二进制数码表示一位十进制数码的方法，称为十进制数的二进制编码，简称二-十进制码，即 BCD 码（Binary Coded Decimal）。这种编码可以使数字设备用十进制进行运算和显示结果。

1 位十进制数有 0~9 十个不同的数字符号，至少需要 4 位二进制数才能表示。而 4 位二进制数共有 16 种不同的组合。从 16 种组合中选取 10 种来表示 0~9 十个不同数字符号的方式很多，最常用的是 8421BCD 码，简称 8421 码。这种编码的 4 位二进制数从高位到低位的权值分别为 8、4、2、1，因此 8421 码是一种有权码，其编码中每一位的权值恰巧等于二进制数位的权值，即 2^i。这使得将 8421 码看成二进制数时，其值等于编码所表示的十进制数。然而，编码和数是有本质区别的，在 8421 码中不存在 1010~1111 的代码，这跟通常的 4 位二进制数不同，8421 码只是 0~9 十个数字符号在计算机中的表示，它和十进制数可直接按位转换。

[例 15.2.5] 将十进制数 81.65 用 8421 码表示。

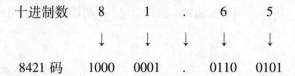

得 $(81.65)_{10} = (10000001.01100101)_{8421码}$。

综合［例 15.2.2］和［例 15.2.3］，$(81.65)_{10} = (1010001.101001)_2$，可以看出多位十进制数的 8421 码与其转换成的二进制数完全不同。根据每位权值的不同，常用的 BCD 码还有 5421BCD 码、2421BCD 码。此外，在 8421 码基础上加 3 得到的余 3 码（Excess – 3 Code）也经常使用。表 15.2.2 给出了 4 种二-十进制编码。

表 15.2.2　4 种二-十进制编码

十进制数	8421	2421	5421	余 3 码	十进制数	8421	2421	5421	余 3 码
0	0000	0000	0000	0011	5	0101	0101	1000	1000
1	0001	0001	0001	0100	6	0110	0110	1001	1001
2	0010	0010	0010	0101	7	0111	0111	1010	1010
3	0011	0011	0011	0110	8	1000	1110	1011	1011
4	0100	0100	0100	0111	9	1001	1111	1100	1100

2. 可靠性编码

可靠性编码的作用是为了提高系统的可靠性。代码在形成和传送过程中都可能发生错误。为了使代码本身具有某种特征或能力，尽可能减少错误的发生，或者出错后容易被发现，甚至查出错误的码位后能予以纠正，因而形成了各种编码方法。下面，介绍两种常用的可靠性编码——格雷码和奇偶校验码。

格雷码（Gray Code）又称为二进制循环码，是 1880 年法国工程师 Jean Maurice Emlle Baudot 曾用过的一种编码，因 Frank Gray 申请专利而得名。它是一种绝对编码方式，典型格雷码是一种具有反射特性和循环特性的单步自补码，它的循环、单步特性消除了随机取数时出现重大误差的可能，它的反射、自补特性使得求反非常方便。

格雷码是一种错误最小化的编码方式，因为，虽然自然二进制码可以直接由数/模转换器转换成模拟信号，但在某些情况，例如从十进制的 3 转换为 4 时二进制码的每一位都要变，能使数字电路产生很大的尖峰电流脉冲。而格雷码则没有这一缺点，它在相邻位间转换时，只有一位产生变化。它大大地减少了由一个状态到下一个状态时逻辑的混淆。但格雷码是一种变权码，每一位码没有固定的大小，很难直接进行比较大小和算术运算。表 15.2.3 给出了常用的 4 位格雷码，格雷码将在后面逻辑函数化简中得到应用。

表 15.2.3　四位格雷码表

十进制数	自然二进制数	格雷码	十进制数	自然二进制数	格雷码
0	0000	0000	8	1000	1100
1	0001	0001	9	1001	1101
2	0010	0011	10	1010	1111
3	0011	0010	11	1011	1110
4	0100	0110	12	1100	1010
5	0101	0111	13	1101	1011
6	0110	0101	14	1110	1001
7	0111	0100	15	1111	1000

奇偶校验码（Parity Check Code）是另一种常用的可靠性编码，是一种具有检错能力的简单编码。其校验原理是在原信息码后加入一位校验码，使得包含校验码在内的码子中 1 的个数为奇数或者偶数，当 1 的个数是奇数个时，称为奇校验，当 1 的个数为偶数个时，称为偶校验。例如，原是信息为 $(1101001)_2$，采用奇校验时，应在信息末尾加入 1 使得信息中含有奇数个 1，因此，采用奇校验时信息为 $(11010011)_2$；采用偶校验时，情况与采用奇校验时相反，此时信息为 $(11010010)_2$。当信息发送端与信息接收端采用相同的校验方法时，只需检查接受信息中 1 的个数就可以判断是否出现传送错误。这种简单有效的检验方法在很多低速通信场合得到了广泛的应用，如计算机串口通信。

3. 字符代码

在数字系统中，除了表示数以外，还需要表示 26 个英文字母、标点符号和一些特殊符号，表示这些符号的编码称为字符编码。目前计算机中用得最广泛的字符集及其编码，是由美国国家标准局（ANSI）制定的 ASCII 码（American Standard Code for Information Interchange），它已被国际标准化组织（ISO）定为国际标准，称为 ISO 646 标准。适用于所有拉丁文字字母。ASCII 码有 7 位码，我国广泛使用的字符编码与 ASCII 码基本一致。表 15.2.4 给出了 7 位 ASCII 字符编码。

表 15.2.4　美国信息交换标准编码 ASCII CODE

(1~4) 位 ＼ (5~7) 位	000	100	010	110	001	101	011	111
0000	NUL	DLE	SPACE	0	@	P	\	p
1000	SOH	DC1	!	1	A	Q	A	q
0100	STX	DC2	"	2	B	R	B	r
1100	ETX	DC3	#	3	C	S	C	s
0010	EOT	DC4	$	4	D	T	D	t
1010	ENQ	NAK	%	5	E	U	E	u
0110	ACK	SYN	&	6	F	V	F	v
1110	BEL	ETB	'	7	G	W	G	w
0001	BS	CAN	(	8	H	X	H	x
1001	HT	EM	)	9	I	Y	I	y
0101	LF	SUB	*	:	J	Z	J	z
1101	VT	ESC	+	;	K	[	K	|
0011	FF	FS	,	<	L	\	L	}
1011	CR	GS	−	=	M	]	M	¦
0111	SO	RS	.	>	N	↑	N	~
1111	SI	US	/	?	O	_	O	DEL

15.3　逻辑代数及其运算

逻辑代数（Logic Algebra）是描述和研究客观世界中事物间逻辑关系的数学，它把事物间的逻辑关系简化为符号间的数学运算，由英国数学家乔治·布尔创立于 1849 年。在当时，这种代数纯粹是一种数学游戏，没有物理意义，也没有现实意义。直到 1938 年，香农将逻辑代数用于开关电路，人们才意识到逻辑代数的重要作用。随后，逻辑代数被广泛应用于数字电路设计中，成为数字系统设计的数学基础。逻辑代数与我们已经学过的初等代数、高等代数一样，也是由变量、运算、规则、定理、函数、方程等元素构成。下面，我们将详细讨论逻辑代数中的各种元素以及逻辑代数在数字电路中的应用。

15.3.1　逻辑变量

变量是代数学中的基础元素，其他运算、规则等都是围绕变量展开的。逻辑代数中的变量称为逻辑变量。在代数学中，变量可取值的范围很广，可以是实数，也可以是复数，而逻辑变量的取值只有两种：逻辑 0 和逻辑 1。逻辑 0 和逻辑 1 并不表示具体的数值，而是表示相互矛盾、相互对立的两种逻辑状态。因此，逻辑 0 和逻辑 1 之间并不存在大小关系，没有数值意义，一般情况下使用大写英文字母来表示逻辑变量，如 A、B、C 等。

在数字电路中，逻辑 0 和逻辑 1 可以表示电平的高低、脉冲的有无、晶体管的饱和截至等。逻辑 0 和逻辑 1 具体表示的含义是由设计者定义的，也就是说逻辑 0 既可以表示有，也可以表示无，只要在定义时保证逻辑 0 和逻辑 1 所表示的事物是相互对立相互矛盾的即可，逻辑 0 和逻辑 1 本身并没有好坏、善恶之分。为了方便起见，以下使用 0 和 1 来表示逻辑 0 和逻辑 1。

15.3.2　3 种基本逻辑运算

逻辑代数中对逻辑变量的运算称为逻辑运算。由于逻辑变量本身没有数值意义，其运算并不是数值运算，而是反映出各逻辑变量之间的某种关系，因此逻辑运算也称为逻辑关系。人们在进行逻辑推理时，常使用与逻辑、或逻辑、非逻辑 3 种基本逻辑运算，此外还会使用到由这 3 种基本逻辑运算构成的复合逻辑运算。逻辑变量本身的取值只有两种，逻辑运算的复杂度远小于我们之前学过的代数学。

1. 与逻辑

与逻辑是指只有决定某一事件的所有条件全部具备，这一事件才能发生。图 15.3.1 给出了一个开关电路。电路中用串联的开关 A 和 B 来控制灯 F，可见每个开关有两种状态，即闭合和断开，只有当 A 和 B 全部闭合时，灯 F 点亮。将这一关系列在表 15.3.1 中，可以看出开关 A、B，灯 F 都具有两个对立的状态，可认为是逻辑变量。当定义开关闭合为 1，断开为 0，F 点亮为 1，熄灭为 0 时，该开关电路中灯 F 和开关 A、B 的状态构

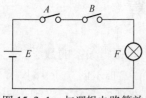

图 15.3.1　与逻辑电路等效

表 15.3.1　开关 A、B 和灯 F 的与逻辑关系

开关 A	开关 B	灯 F	A	B	F
断开	断开	灭	0	0	0
断开	闭合	灭	0	1	0
闭合	断开	灭	1	0	0
闭合	闭合	亮	1	1	1

成与逻辑关系。

当把开关 A 和 B 以及灯 F 的状态当作逻辑变量后，就以表格的形式得到了逻辑变量 F 和 A、B 之间的逻辑关系。表中列出了 A 和 B 能够取值的全部 2^2 种情况，只有 A 和 B 同时取 1 时 F 为 1，其他情况 F 为 0，这种描述全部逻辑变量取值情况以及对应结果的表格称为真值表（Truth Table）。使用真值表描述逻辑关系不便于数学推导和变换，因此，在逻辑代数中常采用逻辑代数式来描述逻辑关系。

与代数式相似，逻辑代数式就使用逻辑运算符和逻辑变量来描述逻辑关系的表达式。与逻辑运算的逻辑表达式为

$$F = A \cdot B = AB$$

式中："·" 表示与逻辑运算，它与代数中乘的运算符相同，因此与逻辑也称为逻辑乘。在与逻辑中允许省略 "·"，有些书上也有用 "×"、"∧"、"∩"、"&" 表示与逻辑运算符。

为了更直观地描述各种逻辑并且建立和实际电路实现的联系，常采用图形化的方式来描述逻辑运算，这种图形描述称为逻辑图或逻辑符号。国际标准与逻辑符号如图 15.3.2 所示。

2. 或逻辑

或逻辑是指只有决定某一事件的一个或一个以上条件具备，这一事件才能发生。同样对于图 15.3.1 给出的开关电路，定义开关闭合为 0，断开为 1，F 点亮为 0，熄灭为 1 时，该开关电路中灯 F 和开关 A、B 的状态构成或逻辑关系（表 15.3.2）。也就是说此时，我们认为灯熄灭是事件发生，而在前面与逻辑的分析中认为灯点亮是事件发生，可见随着观察事物的角度不同，逻辑关系也有所不同，这一点在后面的内容中还会反复遇到。

表 15.3.2　开关 A、B 和灯 F 的或逻辑关系

开关 A	开关 B	灯 F	A	B	F
断开	断开	灭	1	1	1
断开	闭合	灭	1	0	1
闭合	断开	灭	0	1	1
闭合	闭合	亮	0	0	0

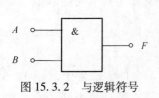

图 15.3.2　与逻辑符号

只有 A 和 B 同时取 0 时 F 为 0，只要 A 和 B 中有一个是 1，F 就为 1，这样的逻辑关系称为或逻辑。或逻辑运算的逻辑表达式为

$$F = A + B$$

式中："＋"表示或逻辑运算，它与代数中加的运算符相同，因此或逻辑也称为逻辑加。有些书上也有用"∨"、"∪"表示或逻辑运算符。国际标准或逻辑符号如图 15.3.3 所示。

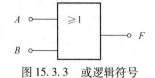

图 15.3.3　或逻辑符号

3. 非逻辑

与逻辑是指当决定某一事件的条件满足时，事件不发生；反之事件发生。图 15.3.4 给出了表示非逻辑的开关电路。电路中的开关 A 来控制灯 F，当 A 闭合时，灯 F 短路熄灭，当 A 断开时，灯 F 点亮。将这一关系列在表 15.3.3 中，定义开关闭合为 1，断开为 0，灯点亮为 1，熄灭为 0 时，该开关电路中灯 F 和开关 A 的状态构成非逻辑关系。

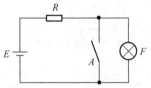

图 15.3.4　非逻辑电路等效

表 15.3.3　开关 A 和灯 F 的非逻辑关系

开关 A	灯 F	A	F
断开	亮	0	1
闭合	灭	1	0

此时 A 和 F 的取值相反，这样的逻辑关系称为非逻辑。非逻辑运算的逻辑表达式为

$$F = \overline{A}$$

式中：逻辑变量上方的"－"表示非逻辑运算，非逻辑也称为逻辑反。通常 A 称为原变量，而 $\overline{A}$ 称为反变量，两者共同称为互补变量。国际标准非逻辑符号如图 15.3.5 所示。

15.3.3　几种复合逻辑运算

将基本逻辑加以组合，可构成复合逻辑，常用的复合逻辑包括与非逻辑、或非逻辑、与或非逻辑以及异或和同或逻辑。

1. 与非逻辑

"与非"逻辑是"与"逻辑和"非"逻辑的组合，先"与"再"非"。其表达式为

$$F = \overline{A \cdot B} = \overline{AB}$$

在实际当中，与非逻辑非常常用，理论上任何逻辑关系都可以仅使用与非逻辑来实现。与非逻辑的逻辑符号是在与逻辑符号的基础上加上一个小圈表示，如图 15.3.6 所示。

图 15.3.5　非逻辑符号　　　　　　　图 15.3.6　与非逻辑符号

2. 或非逻辑

"或非"逻辑是"或"逻辑和"非"逻辑的组合，先"或"后"非"。其表达式为

$$F = \overline{A + B}$$

或非逻辑的逻辑符号是在或逻辑符号的基础上加上一个小圈表示，如图 15.3.7 所示。

3. 与或非逻辑

"与或非"逻辑是"与"、"或"、"非"3 种基本逻辑的组合,先"与"再"或"最后"非"。其表达式为

$$F = \overline{AB + CD}$$

与或非逻辑的逻辑符号是在与逻辑符号的后面加上或逻辑符号再加上一个小圈表示,如图 15.3.8 所示。

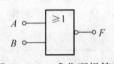

图 15.3.7 或非逻辑符号

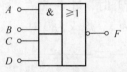

图 15.3.8 与或非逻辑符号

4. 异或和同或逻辑

若两个输入变量 A、B 的取值相异,则输出变量 F 为 1;若 A、B 的取值相同,则 F 为 0。这种逻辑关系叫"异或"逻辑,其真值表见表 15.3.4。

表 15.3.4 异或逻辑真值表

A	B	F	A	B	F
0	0	0	1	0	1
0	1	1	1	1	0

常用符号"⊕"表示异或逻辑,其逻辑表达式为

$$F = A \oplus B = \overline{A}B + A\overline{B}$$

由表达式可知,异或逻辑本质上也是 3 种基本逻辑组合而成,其逻辑符号如图 15.3.9 所示。

两个输入变量 A、B 的取值相同,则输出变量 F 为 1;若 A、B 取值相异,则 F 为 0。这种逻辑关系叫"同或"逻辑,也叫"符合"逻辑。其真值表见表 15.3.5。

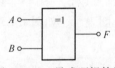

图 15.3.9 异或逻辑符号

表 15.3.5 同或逻辑真值表

A	B	F	A	B	F
0	0	1	1	0	0
0	1	0	1	1	1

对比表 15.3.4,可见同或逻辑和异或逻辑是互补逻辑,常用符号"⊙"表示同或逻辑,其逻辑表达式为

$$F = A \odot B = \overline{A \oplus B}$$

由表达式可知,同或逻辑是对变量先异或再非,因此其逻辑符号是在异或逻辑符号的基础上加小圈表示,如图 15.3.10 所示。

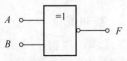

图 15.3.10 同或逻辑符号

15.3.4　逻辑函数

用有限个与、或、非逻辑运算符，按某种逻辑关系将逻辑变量 A、B、C、…连接起来，所得的表达式 $F = f(A, B, C, …)$ 称为逻辑函数，当自变量 A、B、C 等的取值确定后，因变量 F，即逻辑函数的结果也是确定的。与代数学中函数的定义类似，逻辑函数本身是由逻辑变量和逻辑运算组成的实现某一特定逻辑功能的表达式，它的定义域和值域都只有 0 和 1 两个逻辑值。在实际的数字电路当中，逻辑变量往往是输入的电平信号，逻辑函数就是电路本身，而逻辑函数的结果就是电路的输出，因此一般将逻辑函数中的自变量称为输入变量，而逻辑函数的结果称为输出变量。

1. 逻辑函数的表示方法

可以通过 4 种方式描述逻辑函数，分别是真值表、逻辑函数式、逻辑图和波形图。真值表是输入变量不同取值组合与函数值间的对应关系列成的表格，在前面的内容中已经出现过了。而逻辑函数式是由逻辑变量和逻辑运算符构成数学表达式也就是前面提到的逻辑表达式。逻辑图是采用逻辑符号来表示函数式的运算关系。波形图反映输入和输出波形变化的图形又叫时序图。

同一个逻辑函数的 4 种描述方式是等价的，真值表能够给出输入变量所有变化情况下输出变量的值，但是当输入变量较多时，表格可能很长，使用不方便，也无法使用真值表进行数学推导。逻辑函数式是对逻辑函数所体现逻辑关系的数学归纳，方便进行数学推导和变换，其缺点是不直观，无法直接看出结果和存在的问题。逻辑图是逻辑函数式的图形表示，可以很直观地观察逻辑关系中各变量的运算关系，逻辑图和数字电路图是直接对应的，因此逻辑图的拓扑结构直接决定了电路的结构和性能。波形图体现了输入变量动态变化时输出随之变化情况，多用来对设计进行检验和性能评估。

[**例 15.3.1**]　开关电路如图 15.3.11 所示，写出该电路对应的真值表、逻辑函数式、逻辑图和波形图。

将开关状态作为输入变量，定义开关闭合为 1，断开为 0，灯 F 点亮为 1，熄灭为 0，真值表如表 15.3.6 所列。

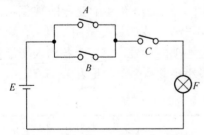

图 15.3.11　例 15.3.6 开关电路图

表 15.3.6　例 15.3.6 所示电路真值表

A	B	C	F	A	B	C	F
0	0	0	0	1	0	0	0
0	0	1	0	1	0	1	1
0	1	0	0	1	1	0	0
0	1	1	1	1	1	1	1

根据真值表中 F 为 1 的情况可写出逻辑函数式，如当 $A = 0$、$B = 1$、$C = 1$ 同时发生时，$F = 1$。可见，真值表每行中输入变量和输出变量的逻辑关系是与逻辑。而真值表中 F 为 1 的情况一共出现了 3 次，任何一种情况出现 F 都为 1，这说明各行之间是或逻辑关系。用原变量表示取 1，反变量表示取 0 可写出表 15.3.6 所表达的逻辑函数式：

$$F = \overline{A}BC + A\overline{B}C + ABC$$

根据逻辑函数式中的逻辑运算，选择相应的逻辑符号就得到逻辑图，如图 15.3.12 所示。图中 3 个三输入与逻辑分别对应于逻辑函数式中的 3 个与项，三输入的或逻辑对应于将 3 个与项逻辑加的或逻辑。改变输入的取值可计算得到输出 F 的变化波形，如图 15.3.13 所示。

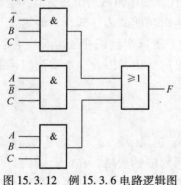

图 15.3.12　例 15.3.6 电路逻辑图

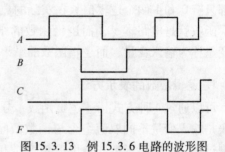

图 15.3.13　例 15.3.6 电路的波形图

2. 逻辑函数的标准形式

逻辑函数的 4 种表示方式中真值是固定不变的，而逻辑函数式可根据需要变换形式，根据不同的需要，同一个逻辑函数式有 5 种形式："与-或式"、"或-与式"、"与非-与非式"、"或非-或非式"和"与-或-非式"。如逻辑函数 $F = AB + \overline{A}C$ 是逻辑函数的"与-或式"，它等价于 $(A + C)(\overline{A} + B)$ 这就是 F 的"或-与式"，同样还可通过数学推导得到 F 的"与非-与非式"为 $\overline{\overline{AB} \cdot \overline{\overline{A}C}}$，"或非-或非式"为 $\overline{\overline{A + C} + \overline{\overline{A} + B}}$，"与-或-非式"为 $\overline{\overline{A \cdot \overline{C}} + \overline{A \cdot \overline{B}}}$。每一种形式都对应于不同的逻辑图，从而决定了实现时的电路结构。

逻辑函数式的多种形式给电路设计带来一定的灵活性，但同时也带来研究方法无法统一的缺点，使得逻辑函数的分析应用缺乏系统性、规范性。这就要求选出一种形式作为逻辑函数的标准表达式。这种形式称为标准积之和表达式，也就是标准与非式。标准表达式是由逻辑函数中所包含的标准积相或构成的。

通常标准积称为最小项：n 个变量的逻辑函数中，包括全部 n 个变量的乘积项，其中，每个变量必须而且只能以原变量或反变量的形式出现一次，原变量用 1 表示，反变量用 0 表示。n 个变量有 2^n 个最小项，记为 m_i，i 是最小项的标号，它等于各输入变量取值看成二进制数，对应的十进制数。例如，3 个变量最小项共有 8 项，见表 15.3.7。

表 15.3.7　三变量的最小项

最小项	$\overline{A}\,\overline{B}\,\overline{C}$	$\overline{A}\,\overline{B}C$	$\overline{A}B\overline{C}$	$\overline{A}BC$	$A\overline{B}\,\overline{C}$	$A\overline{B}C$	$AB\overline{C}$	ABC
二进制数	000	001	010	011	100	101	110	111
十进制数	0	1	2	3	4	5	6	7
编号	m_0	m_1	m_2	m_3	m_4	m_5	m_6	m_7

[**例 15.3.2**]　已知函数的真值表，写出该函数的标准积之和表达式，见表 15.3.8。

表 15.3.8　例 15.3.7 逻辑函数真值表

A	B	C	m_i	F	A	B	C	m_i	F
0	0	0	0	0	1	0	0	4	0
0	0	1	1	0	1	0	1	5	1
0	1	0	2	0	1	1	0	6	1
0	1	1	3	1	1	1	1	7	1

首先，找出 F 为 1 的行所对应的最小项，找出 F 为 1 的行所对应的最小项，即 m_3、m_5、m_6、m_7。然后写出最小项的标准积形式：$\overline{A}BC$、$A\,\overline{B}C$、$AB\,\overline{C}$ 和 ABC。最后对这些最小项进行或运算就得到 F 的标准积之和表达式：

$$F = \overline{A}BC + A\,\overline{B}C + AB\,\overline{C} + ABC = m_3 + m_5 + m_6 + m_7$$

一般可简写为

$$F = \sum m(3,5,6,7)$$

对比由真值表写出逻辑函数式的方法可以发现，前面讲的方法写出的就是标准表达式。每一个最小项对应于真值表中的一行，最小项的标号就是行号。如果一个逻辑函数真值表中某一行取值为 1，即说明该函数的表达式中包含该行号对应的最小项，理解这一点对今后的学习非常重要。

15.3.5　逻辑代数基本运算规则及定理

根据 3 种基本运算，可以推导出逻辑代数的公式，而这些反映了逻辑代数运算的基本规律。其正确性都可以用真值表验证。

1. 基本运算

1）公理

$0 \cdot 0 = 0$　　　　　　$0 + 0 = 0$

$0 \cdot 1 = 1 \cdot 0 = 0$　　　$0 + 1 = 1 + 0 = 1$

$1 \cdot 1 = 1$　　　　　　$1 + 1 = 1$

2）交换律

$A \cdot B = B \cdot A$　　　　$A + B = B + A$

3）结合律

$A \cdot (B \cdot C) = (A \cdot B) \cdot C$　　$A + (B + C) = (A + B) + C$

4）分配律

$A \cdot (B + C) = A \cdot B + A \cdot C$　　　$A + BC = (A + B) \cdot (A + C)$

5）0 - 1 律

$0 \cdot A = 0$　　　　　$1 + A = 1$

6）自等律

$A \cdot 1 = A$　　　　　$A + 0 = A$

7）互补律

$$A \cdot \bar{A} = 0 \qquad A + \bar{A} = 1$$

8）重叠律

$$A \cdot A = A \qquad A + A = A$$

9）反演律（摩根定律）

$$\overline{A \cdot B} = \bar{A} + \bar{B} \qquad \overline{A + B} = \bar{A} \cdot \bar{B}$$

10）还原律

$$\bar{\bar{A}} = A$$

11）吸收率

$$A \cdot (A + B) = A \qquad A \cdot (\bar{A} + B) = A \cdot B$$

$$A + A \cdot B = A \qquad A + \bar{A} \cdot B = A + B$$

$$(A + B) \cdot (A + \bar{B}) = A$$

12）包含律

$$A \cdot B + \bar{A} \cdot C + B \cdot C = A \cdot B + \bar{A} \cdot C$$

$$(A + B) \cdot (\bar{A} + C) \cdot (B + C) = (A + B) \cdot (\bar{A} + C)$$

[例 15.3.3]　证明包含律 $A \cdot B + \bar{A} \cdot C + B \cdot C = A \cdot B + \bar{A} \cdot C$ 成立。

$$A \cdot B + \bar{A} \cdot C + B \cdot C = A \cdot B + \bar{A} \cdot C + (A + \bar{A}) \cdot B \cdot C$$

$$= A \cdot B + \bar{A} \cdot C + A \cdot B \cdot C + \bar{A} \cdot B \cdot C$$

$$= A \cdot B \cdot (1 + C) + \bar{A} \cdot (1 + B) \cdot C$$

$$= A \cdot B + \bar{A} \cdot C$$

由此可以看出：与或表达式中，两个乘积项分别包含同一因子的原变量和反变量，而两项的剩余因子包含在第 3 个乘积项中，则第 3 项是多余的。公式可推广为

$$A \cdot B + \bar{A} \cdot C + B \cdot C \cdot D \cdot E \cdot F = A \cdot B + \bar{A} \cdot C$$

2. 运算规则

1）代入规则

任何一个含有某变量的等式，如果等式中所有出现此变量的位置均代之以一个逻辑函数式，则此等式依然成立。

例如，对于 $\overline{A \cdot B} = \bar{A} + \bar{B}$，将 $B = B \cdot C$ 代入，可得 $\overline{A \cdot B \cdot C} = \bar{A} + \overline{B \cdot C}$，从而得到三变量反演律：

$$\overline{A \cdot B \cdot C} = \bar{A} + \bar{B} + \bar{C}$$

2）反演规则

对于任意一个逻辑函数式 F，若把式中的运算符 "$\cdot$" 换成 "$+$"，"$+$" 换成 "$\cdot$"，常量 "0" 换成 "1"，"1" 换成 "0" 原变量换成反变量，反变量换成原变量，那么得到的新函数式称为原函数式 F 的反函数式。

3）对偶规则

对于任意一个逻辑函数式 F，若把式中的运算符 "$\cdot$" 换成 "$+$"，"$+$" 换成 "$\cdot$"，

常量"0"换成"1","1"换成"0",得到新函数式为原函数式 F 的对偶式 F',也称对偶函数。如果两个函数式相等,则它们对应的对偶式也相等。即若 $F_1 = F_2$,则 $F_1' = F_2'$。

在计算反函数和对偶函数时,应注意运算顺序不变,函数式中有"$\oplus$"和"$\odot$"运算符,要将运算符"$\oplus$"换成"$\odot$","$\odot$"换成"$\oplus$"。

[例 15.3.4] 求逻辑函数 $F = A\bar{B} + \overline{(A+C)B} + \bar{A} \cdot \bar{B} \cdot \bar{C}$ 的反函数和对偶函数。

反函数为

$$\bar{F} = (\bar{A}+B) \cdot \overline{\overline{\bar{A} \cdot \bar{C}}} + \bar{B} \cdot (A+B+C) = (\bar{A}+B) \cdot (A+C) \cdot B \cdot (A+B+C)$$

对偶函数为

$$F' = (A+\bar{B}) \cdot \overline{(A \cdot C) + B} \cdot (\bar{A}+\bar{B}+\bar{C})$$

15.4 逻辑函数的化简

同一逻辑函数的多种不同表达式,每一种表示形式都对应于不同的逻辑结构,从而决定了最终的电路形式。逻辑表达式越简单,实现时所需的硬件就越少,成本就越低。可见,逻辑函数的表达式需要化简。所谓化简,如无特别说明一般就是指化为最简的与或表达式。化简逻辑函数的方法,最常用的有公式法和卡诺图法。

15.4.1 公式法化简

逻辑函数的公式化简法,就是利用逻辑代数的基本公式、基本定理和常用公式,将复杂的逻辑函数进行化简的方法。采用的方法主要有并项法、消项法、消元法和配项法。

并项法是利用 $AB + A\bar{B} = A$ 将两项并作一项,消去一个变量。

消项法是利用 $A + AB = A$ 消去多余项 AB。

消元法是利用 $A + \bar{A} \cdot B = A + B$ 消去多余变量 $\bar{A}$。

配项法又称为添项法,是利用包含律互补律和重叠律先添加项,然后再消去多余项。

判断与或表达式是否最简的条件是:

(1) 逻辑乘积项最少;

(2) 每个乘积项中变量最少。

[例 15.4.1] 试化简逻辑函数 $F = AC + \bar{A}D + \bar{B}D + B\bar{C}$

$$\begin{aligned}
F &= AC + (\bar{A}D + \bar{B}D) + B\bar{C} \\
&= AC + D(\bar{A}+\bar{B}) + B\bar{C} \qquad \text{提出公因式 } D \\
&= AC + D\overline{AB} + B\bar{C} \qquad \text{反演律} \\
&= (AC + B\bar{C} + AB) + D\overline{AB} \qquad \text{根据包含律添加 } AB \text{ 项} \\
&= AC + B\bar{C} + (AB + D\overline{AB}) \qquad \text{吸收律消元} \\
&= AC + B\bar{C} + AB + D \qquad \text{包含律消去添加 } AB \text{ 项} \\
&= AC + B\bar{C} + D
\end{aligned}$$

15.4.2 卡诺图法化简

在实际化简过程中，公式法化简往往很难判断是否已得到最简结果，化简依靠个人的经验和技巧，不适合计算机编程，因此，在实际中多使用卡诺图法进行化简。

1. 卡诺图

卡诺图是逻辑函数的一种图形表示。图中的一小格对应真值表中的一行，即对应一个最小项，各最小项相应地表示一个方格。由于卡诺图和真值表是一一对应的，因此卡诺图又称真值图。一个逻辑函数的卡诺图就是将此函数真值表中输出变量的取值填入对应最小项的方格中。对于 n 个变量存在 2^n 个最小项，因此 n 变量卡诺图有 2^n 个方格，1 - 5 变量卡诺图如图 15.4.1 所示。

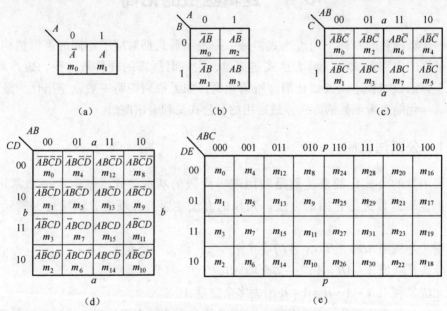

图 15.4.1   1 - 5 变量卡诺图

卡诺图的结构特点是需保证逻辑函数取值在图中的几何相邻关系等价于逻辑相邻关系。为保证上述相邻关系，每相邻方格的变量组合之间只允许一个变量取值不同。为此，卡诺图的变量标注均采用格雷码，0 表示反变量，1 表示原变量。若将逻辑函数式化成最小项表达式，则可在相应变量的卡诺图中，表示出这函数。例如逻辑函数 $F = m_1 + m_5 + m_6 + m_7$，在卡诺图相应的最小项方格中填上 1，其余填 0，上述函数可用卡诺图表示成图 15.4.2。如逻辑函数式是一般式，则应首先展开成最小项标准式。实际中，一般函数式可直接用卡诺图表示。

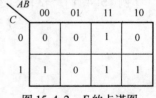

图 15.4.2 F 的卡诺图

2. 卡诺图化简的原理

卡诺图法化简的基本原理是几何相邻的 2^i（$i = 1$、2、3、$\cdots$、n）个小格可合并在一起构成正方形或矩形圈，消去 i 个变量，而用含 $(n-i)$ 个变量的积项标注该圈。这是由其几何相邻性等价于逻辑相邻性决定的，任何相邻的 2 个最小项可提取公因式将唯一不同变量化为 $A+\bar{A}=1$ 的形式而消去。4 个相邻的方格可依此办法消去 2 个变量，依此类推。下面通过 4 变量卡诺图进一步说明这一原理。

4 变量卡诺图如图 15.4.1 (d) 所示，当逻辑函数中存在 m_5 和 m_{13} 时，从图中观察发现它们是相邻的，因此可消去一个变量。写出 $F=\bar{A}B\bar{C}D+AB\bar{C}D$，提取公因式 $B\bar{C}D$ 后 $F=(A+\bar{A})B\bar{C}D$，这样就消去了变量 A。如果逻辑函数中还包含 m_7 和 m_{15}，那么 F 写为 $\bar{A}B\bar{C}D+AB\bar{C}D+\bar{A}BCD+ABCD$，按照 2 项相邻消去 1 个变量的方法，$F$ 中前两项和后两项分别消去变量 A 后，得 $B\bar{C}D+BCD$；继续提取公因式 BD，得 $(\bar{C}+C)BD$，此时可消去变量 C。通过 2 项相邻和 4 项相邻的分析，可以看出卡诺图化简的实质就是不断寻找相邻项，然后应用并项法消去多余项，被消去的变量是在一组相邻项中同时存在原变量和反变量的项。

3. 卡诺图化简的步骤

卡诺图化简具体步骤如下：

（1）先将函数填入相应的卡诺图中，存在的最小项对应的方格填 1，其他填 0。

（2）按作圈原则将图上填 1 的方格圈起来，要求圈的数量少、范围大，圈可重复包围但每个圈内必须有新的最小项。

（3）每个圈按取同去异原则写出一个乘积项。

（4）最后将全部积项逻辑加，即得最简与或表达式。

在填写卡诺图时应注意已知函数为最小项表达式时，存在的最小项对应的格填 1，其余格均填 0。若已知函数的真值表，将真值表中使函数值为 1 的那些最小项对应的方格填 1，其余格均填 0。函数为一个复杂的运算式时，则先将其变成与式，再填写。

作圈时步骤为：

（1）孤立的单格单独画圈。

（2）圈的数量少、范围大，圈可重复包围但每个圈内必须有新的最小项。

（3）含 1 的格都应被圈入，以防止遗漏积项。

下面通过 3 个例子说明卡诺图法化简的具体过程。

1. 直接给出函数的真值表求函数的最简与或式

[例 15.4.2]　图 15.4.3 中给出输入变量 A、B、C 的真值表，填写函数的卡诺图，并化简得到函数最简表达式。

表 15.4.1　例 15.4.2 中逻辑函数真值表

A	B	C	F	A	B	C	F
0	0	0	0	1	0	0	1
0	0	1	0	1	0	1	0
0	1	0	1	1	1	0	0
0	1	1	1	1	1	1	0

首先，画出三变量卡诺图，然后找出真值表中 F 的值为 1 的行，在卡诺图中对应的最小项方框中填 1，其他方格填 0，如图 15.4.3 所示。

接下来就要寻找相邻项进行合并，合并结果如图 15.4.4 所示。

最终得到

$$F = \overline{A}B + A\overline{B}\,\overline{C}$$

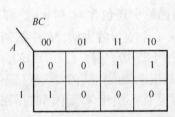

图 15.4.3　例 15.4.2 中逻辑函数卡诺图

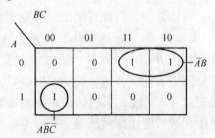

图 15.4.4　卡诺图化简结果

2. 直接给出函数的复杂的运算式

[例 15.4.3]　化简逻辑函数 $F = \overline{A}\,\overline{C}\,\overline{D} + AB + \overline{B}\,\overline{C}D + \overline{A}BC + AC$。

首先应填写卡诺图，一般应先将 F 转换为标准积之和表达式，但这一过程往往很繁琐，容易出错，实际当中常采用直接填图法。直接填图法就是直接按照逻辑函数表达式中的项判断可扩展的最小项然后进行填图。例如逻辑函数式中的第一项 $\overline{A}\,\overline{C}\,\overline{D}$，在直接填图时，反变量为 0，原变量为 1，$\overline{A}\,\overline{C}\,\overline{D}$ 就是将对应 A 等于 0 同时 C 和 D 也都等于 0 的方格都填上 1。按此方法，例 15.4.2 中逻辑函数对应的卡诺图如图 15.4.5 所示。

然后，寻找相邻项进行合并，须注意卡诺图中每一列中最上面一行和最下面一行以及每一行中最左边一列和最右边一列对应的最小项也只有一个变量不同，因此最上面一行和最下面一行，最左边一列和最右边一列以及 4 个角都是相邻的，在画圈时应特别注意，合并结果如图 15.4.6 所示。

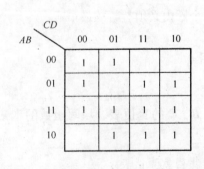

图 15.4.5　例 15.4.3 中逻辑函数的卡诺图

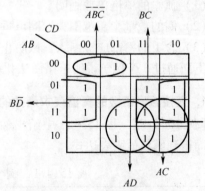

图 15.4.6　卡诺图化简结果

最终得到 $F = AC + AD + B\overline{D} + BC + \overline{A}\,\overline{B}\,\overline{C}$，在画圈的过程中有很多最小项被重复圈了很多次，这正是利用 $A + A = A$ 来进行添项。对比例 8 中要想化简逻辑函数就必须添加一项 AB，在实际化简过程中这一点是很难想到的，也没有好的方法可遵循。而在例 15.4.3 中 m_{15} 被圈了 3 次，也就是说在逻辑函数中添加了 3 个 $ABCD$，如果采用公式法化简，这一点是很难想到的。可见卡诺图法只要按照化简步骤一定能得到最终的结果，而不需要太多的个人经验和化简技巧。

3. 含有无关项的函数的化简

在实际的逻辑问题中，变量的某些取值组合不允许出现，或者是变量之间具有一定的制约关系。我们将这类问题称为非完全描述，通常约束项和任意项在逻辑函数中统称为无关项。填函数的卡诺图时只在无关项对应的格内填任意符号 "Φ"、"d" 或 "×"。由于这些无关项在实际当中是不会出现的，或者说我们必须保证其不会出现，因此化简时可根据需要视为 "1"，也可视为 "0"，使函数最简。

[例 15.4.4] 已知逻辑函数 $F(A, B, C, D) = \sum m(0, 2, 3, 4, 6, 8, 10)$，其约束条件是 $\sum \Phi(11, 12, 14, 15)$。求其最简逻辑表达式。

首先填写卡诺图，无关项用 Φ 表示，如图 15.4.7 所示。

在选取合并项时，无关项既可以是 0 也可以是 1，选取的原则是尽量消去更多的变量，也就是说 "可圈可不圈"。圈了的就表示将相应的无关项当作 1 使用，没有圈的就是 0。化简结果如图 15.4.8 所示。

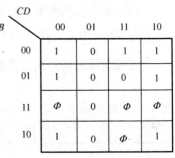

图 15.4.7 例 15.4.4 逻辑函数卡诺图

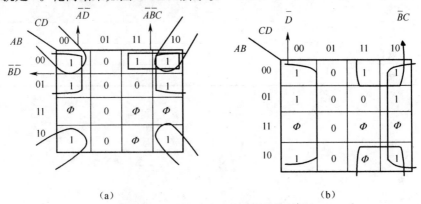

(a)　　　　　　　　　　(b)

图 15.4.8 例 15.4.4 卡诺图化简结果

图 15.4.8（a）给出了不考虑无关项的化简结果 $F = \overline{A}\,\overline{D} + \overline{B}\,\overline{D} + \overline{A}\,B\,\overline{C}$，图 15.4.8（b）给出了考虑无关项的化简结果 $F = \overline{B}\overline{C} + \overline{D}$。从表达式上看二者是不同的，可见考虑无关项得到的逻辑函数与不考虑无关项的逻辑函数不等价。这种不等价是由无关项引起的，也就是说在实际当中如果输入不出现无关项表示的情况，图 15.4.8（a）和（b）中得到的结果就是等价的。因此在使用无关项设计数字电路时，一定要注意必须保证无关项所表示的输入不会出现，否则电路将输出错误的结果。

15.5 正、负逻辑问题

在逻辑代数由数学理论应用到工程实际中的数字电路时，首先要解决的问题就是用什么样的物理量和方式来表示逻辑量。也就是说，逻辑 0 和逻辑 1 在具体的数字电路中表现为什么形式。实际中，逻辑量一般都用电平的高低来表示。这就引起了两个方面的问题：一方面，高低电平具体是多少伏，另一方面，到底逻辑 0 是用高电平表示还是用低电平表示。第一个问题称为数字电路的电平标准，将在下一章中介绍。第二个问题就是正负逻辑问题。

1. 正负逻辑的约定

规定"高电平表示逻辑 1，低电平表示逻辑 0"称为正逻辑（Positive Logic），规定"高电平表示逻辑 0，低电平表示逻辑 1"称为负逻辑（Negative Logic）。正逻辑和负逻辑是人为规定的，但这种规定非常重要，因为分析和设计数字电路与逻辑语言密切相关。若无特殊说明，本书一律采用正逻辑。

2. 正负逻辑之间的对应关系

同一电路，在正逻辑下是与逻辑电路，在负逻辑下就是或逻辑电路。同理，可以将几种常见的证逻辑下的逻辑电路转换为负逻辑下的逻辑电路，如表 15.5.1 所列。

表 15.5.1　正负逻辑下逻辑电路的对应关系

正逻辑		负逻辑
与	→	或
或	→	与
与非	→	或非
或非	→	与非
异或	→	同或

第 16 章

组合逻辑电路

16.1　概　　述

第 15 章介绍了数字逻辑电路的基本概念和数学基础。要将这些数学理论应用于实际的生产生活之中，就必须将它们以某种物理方式实现，否则，这些数学理论将永远停留在书本中，成为一种数字游戏。数字电路正是在逻辑代数的理论基础上，通过半导体技术、电路技术，理论联系实际而产生的推动人类文明进步的重要成果。

数字电路也是一种电路，在研究一个电路时，首先要研究的就是电路中的各种元件。目前，我们所熟知的基本电路元件有电源、导线、电阻、电容、电感、二极管、晶体管。而数字电路又是由哪些元件组成的呢?

数字电路的理论基础是逻辑代数，因此数字电路本身就是通过电路中电压电流的变化表示各种各样的逻辑关系。实现逻辑关系的电路元件称为逻辑器件，它是在一定的逻辑标准定义下，以输入输出间电压电流变化表示逻辑关系的电路，其本身仍然是由基本电路元件构成的。可见，逻辑器件也是有电阻、电容、晶体管等构成的，只不过此时研究的主要内容不再是输出值的大小、功率、波形是否失真等，更加关注的是输入输出之间状态的关系。

通过前面内容的学习，我们知道逻辑变量只有两个值，即逻辑 1 和逻辑 0。因此，数字电路中就是要通过电压电流的变化来明确地表示出这两个状态。在前面课程中，具有两个明确状态的元件主要有开关、继电器、二极管和晶体管。在数字电路发展的初期，继电器和开关是主要的实现手段，因此数字电路也叫做开关电路。但是随着社会的发展，继电器和开关所组成电路的工作速度、重量、成本越来越难以满足实际工程的需要。随后半导体器件的发明为数字电路的发展铺平了道路。目前，数字电路向着速度更快、功耗更低、抗干扰能力更强的方向发展，其核心仍然是半导体器件和集成电路技术。

1. 晶体管的开关特性

制作数字电路器件最常用的元件是晶体管，即双极型三极管。此外，还有金属氧化物半导体元件，即 MOS 管，也常用于制造数字电路器件。无论哪一种，其本质都是相同的，它们具有两个相互对立的状态。下面以晶体管为例介绍一下晶体管的开关特性。

在模拟电路的学习中我们知道，晶体管可工作在 3 个区：饱和区、放大区和截止区，如图 16.1.1 所示。

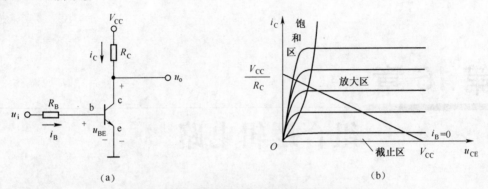

图 16.1.1　晶体管开关电路及输出特性曲线

(a) 电路；(b) 输出特性。

在模拟电路中，使用晶体管时要设置合理的静态工作点，使得晶体管工作在放大区，以保证输出波形不失真。而在数字电路中，并不考察输出波形是否失真，只要求输出电压满足相对大小关系。因此在数字电路中，晶体管工作在饱和区和截止区，此时集电极和发射极间在饱和区时相当于短路，在截至区相当于断开，从而实现两种相对立的状态，如图 16.1.2 所示。

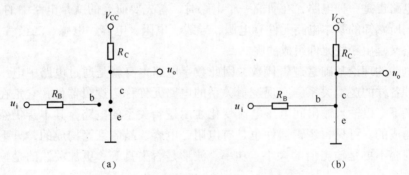

图 16.1.2　晶体管饱和与截止时的等效电路

(a) 三极管截止时；(b) 三极管饱和时。

从图 16.1.2 中可以看出，当晶体管饱和时输出电压约为 0V，而晶体管截止时输出电压约为 V_{CC}，这样就产生了一高一低两种电平，分别对应于逻辑 1 和逻辑 0。由于在饱和区和截止区中间还有一个放大区，因此电路的状态不可能瞬间由饱和区进入截止区。它必然要经过一定的时间，这个时间称为晶体管的开关时间。开关时间的大小直接决定了数字电路的工作速度。

2. 数字集成电路

集成电路（integrated circuit）是采用一定的工艺，把一个电路中所需的晶体管、二极管、电阻、电容和电感等元件及布线互连一起，制作在一小块或几小块半导体晶片或介质基片上，然后封装在一个管壳内，成为具有所需电路功能的微型结构；其中所有元件在结构上已组成一个整体，使电子元件向着微小型化、低功耗和高可靠性方面迈进了一大步。

数字集成电路是将元器件和连线集成于同一半导体芯片上而制成的数字逻辑电路或系统，也就是我们常说的数字芯片（chip）。根据数字集成电路中包含的门电路或元、器件数量，可将数字集成电路分为小规模集成（SSI）电路、中规模集成电路（MSI）、大规模集成（LSI）电路、超大规模集成（VLSI）电路和特大规模集成（ULSI）电路。小规模集成电路包含的门电路在 10 个以内，或元器件数不超过 10 个；中规模集成电路包含的门电路在 10 个 ~ 100 个之间，或元器件数在 100 个 ~ 1000 个之间；大规模集成电路包含的门电路在 100 个以上，或元器件数在 1000 个 ~ 10000 个之间；超大规模集成电路包含的门电路在 1 万个以上，或元器件数在 100000 个 ~ 1000000 个之间；特大规模集成电路的门电路在 10 万个以上，或元器件数在 1000000 个 ~ 10000000 个之间。

16.2　TTL 门电路

数字电路可分为组合逻辑电路和时序逻辑电路。组合逻辑电路是指电路中任一时刻的稳定输出仅仅取决于该时刻的输入，而与电路原来的状态无关，是实现时序逻辑电路的基础。最基本的组合逻辑电路就是门电路（Gate），也可以说门电路是最基本的数字电路，一切数字电路 都是由门电路构成的。

16.2.1　门电路的概念

用以实现基本逻辑关系的电子电路称为门电路，它构成数字电路的基本单元，直接对应于逻辑代数中的基本逻辑运算，例如与门就是实现与逻辑的数字电路。因此，门电路的主要类型有与门、或门、非门、与非门、或非门、异或门等。之所以称为"门"，是因为"门"具有两种状态，开门表示满足一定条件时，电路允许信号通过对应于开关接通，关门表示条件不满足时，信号通不过对应于开关断开。

门电路可由具有开关特性的元件来实现，比如继电器、二极管或晶体管。图 16.2.1 给出了由二极管和电阻构成的门电路。电路由两个二极管和一个电阻构成，当 A 或者 B 中有一个接地时，VD_1 和 VD_2 中有一个导通，此时输出 F 通过二极管接地，输出电压约为一个二极管的正向压降，约为 0.7V。只有 A 和 B 同时接足够高的电压使得 VD_1 和 VD_2 同时截止时，F 通过电阻接 5V，此时输出开路电压为 5V。在正逻辑下，高电平表示 1，低电平表示 0，此时只有 A 和 B 同时为 1 时，输出 F 为 1。可见，这个电路是一个实现与逻辑的电路，是一个与门。

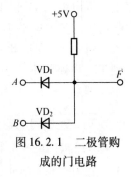

图 16.2.1　二极管购成的门电路

可见，仅通过 3 个简单的元件就能实现一个门电路，但是当研究数字电路问题时，考虑的重点是输入输出的关系，而不是门电路内各元件流过的电压或电流，因此在数字电路的分析与设计中多使用其实现逻辑关系的逻辑符号来代替其电路结构。可将每一个逻辑符号当作一个电路元件来使用。否则，数字电路的分析将非常复杂，并且大多数元件上的电压电流的实际值并不重要。因此，逻辑图就表示电路本身，一个与逻辑的逻辑图就表示一个与门电路。

图 16.2.1 所示的与门电路是通过独立的二极管和电阻连接而成，这一类电路称为分立元件电路。分立元件组成的电路体积大、焊点多、电路的可靠性差，在实际工程中很少使用。

与分立元件电路相比，集成电路具有体积小、可靠性高、速度快的特点，而且输入、输出电平匹配，所以早已广泛采用。根据电路内

图 16.2.2　74LS153 芯片实物图

部的结构，可分为 DTL、TTL、HTL、MOS 管集成电路等，本书中主要介绍 TTL 电路。图 16.2.2 给出了一个数字集成电路的实物图。

16.2.2　逻辑门电路

图 16.2.1 所示的分立元件电路，表示 0 的低电平为 0.7V，表示 1 的高电平为 5V。仔细分析该电路会发现，实际上只要 A 和 B 的输入电压小于 4.3V，二极管就会导通，输出的低电平在 0.7V ~5V 之间。如果该电路要与其数字电路一同工作，就要求其他电路也使用相同的电压表示逻辑值，而这时逻辑电平很难确定。要想多个数字电路能够一同工作，就要求它们要用大致相同的电压表示逻辑值，必须明确低电平和高电平的电压范围。而这一范围，往往是由电路结构和供电电压决定的，称为逻辑电平标准。

TTL 电路是指输入和输出端结构都采用了半导体晶体管，称之为：Transistor – Transistor Logic，是目前仍广泛使用的常用数字电路类型之一。TTL 电路的供电电压为 5V，输出高电平的典型值为 3.4V，低电平的典型值为 0.3V，一般只要输出高电平能达到 2.4V 以上、低电平 0.4V 以下的器件就认为其输出能够兼容 TTL 电平标准。TTL 电路对于输入电平的要求为低电平小于 1.4V，高电平大于 1.4V。也就是说，在使用 TTL 电路时，如果输入逻辑 0，要保证此时的电压小于 1.4V；如果输入逻辑 1，则要使输入电压大于 1.4V，否则 TTL 电路将不能按正常逻辑工作。下面简要介绍一下 TTL 逻辑门电路的内部结构和基本原理。

1. TTL 逻辑门电路的原理

TTL 逻辑门的种类很多，内部结构和原理相似，我们以与非门为例对 TTL 电路进行简单的介绍。TTL 与非门电路内部结构如图 16.2.3 所示。

TTL 与非门是由 5 个晶体管和电阻构成的，分为 3 个部分。由 VT_1 和 R_1 构成输入级，VT_1 是多发射极晶体管，就是在通过晶体管的发射区并列引出相同的 3 个电极而成。输入级通过多发射极晶体管实现"与"的功能。VT_2、R_2 和 R_3 构成中间极，结构上相当于是一个共射极电路，它实现"非"的功能。VT_3、VT_4、R_4 和 R_5 构成输出极，用以输出标准电平并提高电路的负载能力。

假设输入端中有一个接低电平（假设输入来自另一个 TTL 电路，典型值为 0.3V），

此时，VT_1 管的发射结导通将 b_1 点的电位限制在 1V。如果 VT_2 导通，那么 VT_5 导通，由于 VT_2 的基极连接在 VT_1 的集电极，因此 VT_2 要想导通，VT_1 的集电结必须导通。综合以上分析，VT_2 如果导通，需要 b_1 和 c_1 之间有 0.7V 压降，VT_2 的发射结产生 0.7V 压降，VT_5 的发射结产生 0.7V 压降，此时 b_1 点的电位为 2.1V。这与实际中 b_1 点的电位 1V 相矛盾，可见 VT_2 此时不可能导通。当 VT_2 截止后，VT_5 截止，VT_3 的基极通过 R_2 接 5V 足够

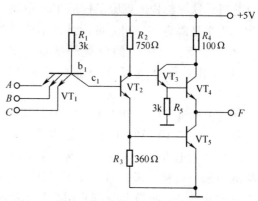

图 16.2.3　TTL 与非门内部结构

VT_3 和 VT_4 导通。F 通过 VT_4 和 R_4 接 5V，输出逻辑 1，当接负载（另一 TTL 电路）时，输出电压的典型值为 3.4V。

只有当所有输入都接高电平（假设输入来自另一个 TTL 电路，典型值为 3.4V），VT_1 的发射结导通，b_1 点的电位为 4.1V。由于电压大于使 VT_2 和 VT_5 导通所需的 2.1V，此时 VT_2 和 VT_5 导通，VT_2 和 VT_5 导通后将 b_1 点的电位限制在 2.1V，这样一来 VT_1 管的发射结截止，VT_2 和 VT_5 饱和导通。VT_2 导通后，VT_3 基极的电位等于 VT_2 的饱和压降加上 VT_5 发射结压降 1V。VT_3 和 VT_4 要想同时导通，需要两个发射结导通，因此需要至少 1.4V，可见 VT_3 基极电位不足以使 VT_3 和 VT_4 导通。VT_4 截止，F 通过 VT_5 接地，输出逻辑 0，电压为 VT_5 的饱和压降，典型值为 0.3V。

通过分析，可以看出只有全部输入为 1 时，输出为 1，实现 3 个输入变量的与非逻辑。需注意的是，当输入端悬空时，相当于通过无穷大电阻接地，此时 VT_1 截止，等效为输入高电平。其他功能的门电路具有类似的结构，分析时只需判断晶体管是否导通，回路中是否有足够的电压就可以了，分析方法远比模拟电路中分析晶体管电路简单。

2. TTL 集电极开路门和 TTL 三态门

在数字系统中，有时需要将两个或两个以上集成逻辑门的输出端相连，从而实现输出相与（线与）的功能，这样在使用门电路组合各种逻辑电路时，可以很大程度地简化电路。另外，在设计数字系统时，往往需要尽量减小电路板的面积和导线的数量，因此，很多芯片必须使用同一组导线（称为总线）传递信号，这就需要芯片具有断开与接通总线的能力。在芯片不需要发送或接收数据时，相对于总线来说芯片是不存在的，这样就不会影响到总线上其他芯片的正常工作。

由于推拉式输出结构的标准 TTL 门电路不允许将不同逻辑门的输出端直接并接使用，为此，人们设计了两种改进的 TTL 电路：集电极开路 TTL 门电路（Open Collector, OC）和三态门电路（Tri‒State Logic, TSL）。

1）集电极开路 TTL 门电路

集电极开路 TTL 门电路通过改变输出极的结构，使得 TTL 门电路具有"线与"功能，

除此之外，这一结构还克服了标准 TTL 电路输出高电平是固定的，缺乏灵活性，不能直接驱动大电流、高电压的负载的缺点。图 16.2.4 给出了集电极开路与非门的内部结构。

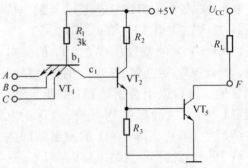

图 16.2.4　集电极开路与非门

相对于标准 TTL 与非门电路，OC 与非门电路中去掉了 VT_3 和 VT_4 两个晶体管，使得 VT_5 管的集电极开路，这也是这一类电路名称的由来。这样一来，当 VT_5 导通时，F 可以输出低电平，而当 VT_5 截止时，F 无法输出高电平。因此在实际使用时，输出端应通过一个电阻 R_L 接电源，如图 16.2.4 中的 R_L 和 U_{CC}。其中，R_L 称为上拉电阻，U_{CC} 称为外接电源，两者可根据所需的输出电压和电流来进行选择，与 OC 门本身无关。这就使得该电路能够输出不同的等级电压和电流，例如要直接控制一个 15V、100mA 的直流继电器工作，此时 U_{CC} 选择 15V 直流电源，R_L 为 150Ω 即可。OC 门电路的逻辑符号如图 16.2.5 所示。

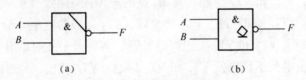

(a)　　　　　　　　　　　　(b)

图 16.2.5　OC 与非门逻辑符号

(a) 常用符号；(b) 国际标准符号。

2）三态 TTL 门电路

标准 TTL 电路的输出总是处于逻辑 0 或者逻辑 1，要想实现与输出导线间的断开功能，就必须使 TTL 电路进入一个特定的状态，在此状态下输出端既没有电压也没有电流。我们把这种状态称为高阻状态，一般用 H 表示。图 16.2.6 给出了具有三态输出的与非门的内部结构。

由图中可以看出，三态门就是在标准 TTL 与非门的基础上增加了一个非门和一个二极管。非门的输入称为使能端，用 E（Enable）表示。当使能端接高电平时，电路是一个标准的与非门，增加的非门和二极管不起作用。当使能端接低电平时，非门的输出一方面接 VT_1 使得 b_1 点电位限制在 1V，VT_2、VT_5 截止。另一方面通过二极管使 VT_3 的基极电位限制在 1V，VT_3 和 VT_4 截止。这样一来输出

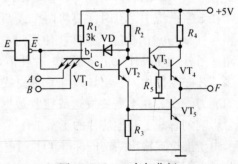

图 16.2.6　三态与非门

端 F 向上不能通过 VT_4 接高电平，向下不能通过 VT_5 接低电平，相当于悬空。输出端等效为通过无穷大电阻接地，因此称为高阻状态，此时输出端没有电压，也不会有电流流

进或流出，完全与输出端所连接的电路断开。使能信号 E 既可以是高电平有效也可以是低电平有效，具体情况要查阅所使用芯片的数据手册。三态与非门的逻辑符号如图 16.2.7 所示。

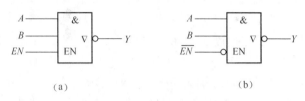

图 16.2.7　三态与非门逻辑符号
(a) 高电平有效；(b) 低电平有效。

3. 其他逻辑电平电路

除 TTL 电路以外，常见的数字逻辑电路还有 CMOS、I^2L、ECL 电路。

1）CMOS 电路

COMS 电路（Complementary Metal – Oxide – Semiconductor）是以金属氧化物半导体器件为基础制作而成，其制造工艺简单、集成度高，允许电源电压范围宽（3V～18V），抗噪声容限大。由于 MOS 管是压控器件，因此 CMOS 电路的静态功耗比较小，但其工作速度较慢。CMOS 电路是目前发展最快、应用最广泛的集成电路，经过制造工艺的不断改进，在应用的广度上已与 TTL 平分秋色，它的技术参数从总体上说，已经达到或接近 TTL 的水平，其中功耗、噪声容限、扇出系数等参数优于 TTL，大有取代 TTL 电路的趋势，主要型号有 4000 系列、54HC 系列和 54AC 系列。

2）I^2L 电路

I^2L 电路（Integrated Injector Logic）是为进一步提高集成度而研制的。每个逻辑单元的电路结构非常简单，且功耗低。高电平 0.7V，低电平 0.1V，传输延时大于 10ns。目前 I^2L 电路主要用于制作大规模集成电路的内部逻辑电路（为提高抗干扰能力，接口电路与 TTL 电平兼容），很少用来制作中、小规模集成电路。

3）ECL 电路

ECL 电路（Emitter Coupled Logic）是为进一步提高速度而研制的。是 TTL、CMOS、I^2L、ECL 电路中工作速度最快的一种。ECL 门电路中晶体管工作在非饱和和浅截止状态，电阻阻值小，且逻辑摆幅（高、低电平之差）低，其高电平为 – 0.8V、低电平为 – 1.6V。传输延时一般为 3ns～5ns，目前已能减小至 0.1ns 以内。ECL 电路的产品限于中、小规模集成电路（由于功耗大），主要用于高速、超高速的数字系统和设备当中。国产 ECL 电路分为 CE10K、CE100K 两个系列。

16.2.3　常用集成逻辑门电路

TTL 电路的类型很多，经过几十年的发展，TTL 电路的功能和名称逐渐形成一个国际公认的系列，称为 74 系列芯片。其他 TTL 电路还有 54 系列和 T1000 系列。其中，54 系列是由 CMOS 工艺制造的 TTL 电路，T1000 系列是 74 系列的国产型号。74 系列芯片主要以中规模集成电路为主，其逻辑功能的非常丰富，包括各种门电路以及各种中规模的组合逻辑电路和时序逻辑电路。74 系列芯片又分为 74、74LS、74S、74ALS、74AS 和 74F 等几个子类。其中 74 为标准型，74LS 表示低功耗肖特基型，74S 表示肖特基型，74ALS 表示先进低功耗肖特基型，74AS 表示先进肖特基型，74F 表示高速肖特基型。每一个子类在输入输出电流能力、工作速度、功耗等方面具有所区别，在使用时应根据实际情况查阅相关芯片手册来选去合适的芯片。此外，近年来随着 CMOS 电路的发展，出现了 CMOS 电平标准的 74 系列芯片，分别为 74HC 系列表示高速 CMOS 电平型，74HCT 系列表示兼容 TTL 的 HC 型。但无论哪一个类型只要芯片型号一样，其逻辑功能和芯片引脚定义就相同，如 7400 与 74LS00、74F00、74HC00 都是 2 输入与非门。下面详细介绍一下常用的集成门电路。

1. 与门

常用的集成 TTL 与门有 74LS08、74LS09、74LS11 和 74LS21。其中 74LS08 是 14 脚芯片，每个芯片内部有 4 个两输入与门，经常用来实现两个变量的与逻辑，其引脚排列和外形如图 16.2.8 所示。引脚 7 为接地端，14 为电源端，电源电压典型值为 5V。1、2，4、5，9、10，12、13 引脚分别为 4 个与门的输入端，3、6、8、11 为 4 个与门的输出端。74LS09 与 74LS08 引脚定义一样，区别在于 74LS09 是集电极开路与门，使用时应接上拉电阻。

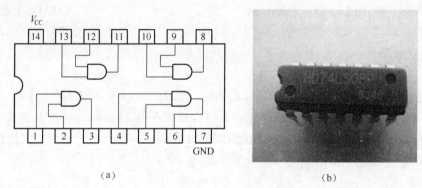

（a）　　　　　　　　　　　　　（b）

图 16.2.8　74LS08 与门

（a）74LS08 引脚排列；（b）74LS08 DIP 封装外形。

74LS11 每个芯片内部有 3 个三输入与门，经常用来实现 3 个变量的与逻辑。其外形与引脚排列如图 16.2.9 所示。引脚 7 为接地端，14 为电源端，电源电压典型值为 5V。1、2、13，3、4、5，9、10、11 引脚分别为 3 个与门的输入端，12、6、8 为 3 个与门的输出端。

74LS21 每个芯片内部有 2 个四输入与门，经常用来实现 4 个变量的与逻辑。其外形与引脚排列如图 16.2.10 所示。引脚 7 为接地端，14 为电源端，电源电压典型值为 5V。1、2、4、5，9、10、12、13 引脚分别为 2 个与门的输入端，6、8 为 2 个与门的输出端，4 和 11 引脚没有使用。

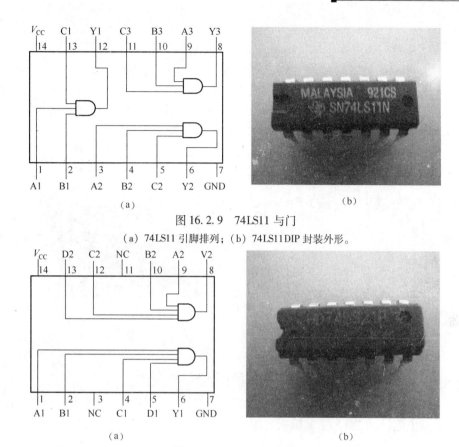

图 16.2.9　74LS11 与门

（a）74LS11 引脚排列；（b）74LS11DIP 封装外形。

图 16.2.10　74LS21 与门

（a）74LS21 引脚排列；（b）74LS21 DIP 封装外形。

2. 或门

常用的集成 TTL 或门只有 74LS32。74LS32 是 14 脚芯片，每个芯片内部有 4 个两输入或门，经常用来实现两个变量的或逻辑，其引脚排列和外形如图 16.2.11 所示。引脚 7 为接地端，14 为电源端，电源电压典型值为 5V。1、2，4、5，9、10，12、13 引脚分别为 4 个或门的输入端，3、6、8、11 为 4 个或门的输出端。

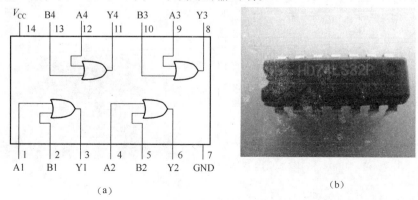

图 16.2.11　74LS32 或门

（a）74LS32 引脚排列；（b）74LS32 DIP 封装外形。

3. 非门

常用的集成 TTL 非门只有 74LS04、74LS05、74LS14。74LS04 是 14 脚芯片，每个芯片内部有 6 个非门，其引脚排列和外形如图 16.2.12 所示。引脚 7 为接地端，14 为电源端，电源电压典型值为 5V。1、3、5、9、11、13 引脚分别为 6 个非门的输入端，2、4、6、8、10、12 为 6 个非门的输出端。

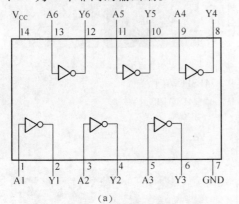

(a)　　　　　　　　　　　　　　(b)

图 16.2.12　74LS04 非门

(a) 74LS04 引脚排列；(b) 74LS04 DIP 封装外形。

74LS05、74LS14 与 74LS04 引脚定义一样，区别在于 74LS05 是集电极开路非门，使用时应接上拉电阻，而 74LS14 是施密特输出的非门。

4. 与非门

74 系列 TTL 电路中的与非门很多，常用的有 74LS00、74LS01、74LS10、74LS20、74LS30。其中 74LS00 是 14 脚芯片，每个芯片内部有 4 个两输入与非门，经常用来实现两个变量的与非逻辑，其引脚排列和外形如图 16.2.13 所示。引脚 7 为接地端，14 为电源端，电源电压典型值为 5V。1、2、4、5，9、10、12、13 引脚分别为 4 个与非门的输入端，3、6、8、11 为 4 个与非门的输出端。74LS01 与 74LS00 引脚定义一样，区别在于 74LS01 是集电极开路与非门，使用时应接上拉电阻。

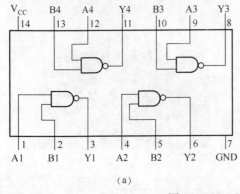

(a)　　　　　　　　　　　　　　(b)

图 16.2.13　74LS08 与非门

(a) 74LS00 引脚排列；(b) 74LS00 DIP 封装外形。

74LS10 每个芯片内部有 3 个三输入与非门，经常用来实现 3 个变量的与非逻辑。其外形与引脚排列如图 16.2.14 所示。引脚 7 为接地端，14 为电源端，电源电压典型值为 5V。1、2、13，3、4、5，9、10、11 引脚分别为 3 个与非门的输入端，12、6、8 为 3 个与非门的输出端。

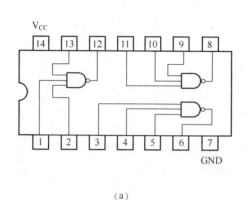
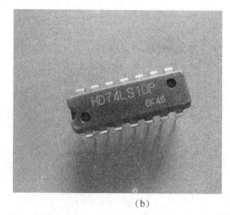

（a）

（b）

图 16.2.14　74LS10 与非门

（a）74LS10 引脚排列；（b）74LS10 DIP 封装外形。

74LS20 每个芯片内部有 2 个四输入与非门，经常用来实现 4 个变量的与非逻辑。其外形与引脚排列如图 16.2.15 所示。引脚 7 为接地端，14 为电源端，电源电压典型值为 5V。1、2、4、5，9、10、12、13 引脚分别为 2 个与非门的输入端，6、8 为 2 个与非门的输出端，4 和 11 引脚没有使用。

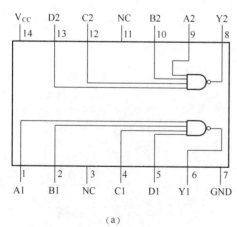

（a）

（b）

图 16.2.15　74LS20 与非门

（a）74LS20 引脚排列；（b）74LS20 DIP 封装外形。

74LS30 每个芯片内部有 1 个八输入与非门，经常用来实现 8 个变量的与非逻辑。其外形与引脚排列如图 16.2.16 所示。引脚 7 为接地端，14 为电源端，电源电压典型值为 5V。1、2、3、4、5、6、11、12 引脚分别为与非门的输入端，8 为与非门的输出端，9、10 和 13 引脚没有使用。

除以上几种常用的与非门外，74 系列的与非门还有 74LS12、74LS13、74LS22、

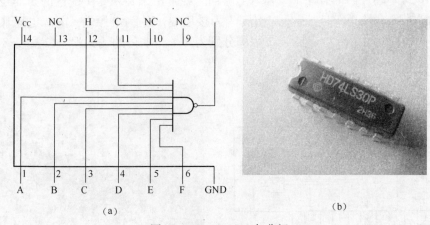

图 16.2.16　74LS30 与非门

（a）74LS30 引脚排列；（b）74LS30 DIP 封装外形。

74LS38、74LS40、74LS132、74LS133 等。其中 74LS133 是一个 13 输入的与非门，详细资料可查阅各芯片的数据手册。

5. 或非门

74 系列 TTL 电路中常用的或非门有 74LS02、74LS03、74LS27。其中 74LS02 是 14 脚芯片，每个芯片内部有 4 个两输入或非门，经常用来实现两个变量的或非逻辑，其引脚排列和外形如图 16.2.17 所示。引脚 7 为接地端，14 为电源端，电源电压典型值为 5V。2、3，5，6，8，9，11、12 引脚分别为 4 个或非门的输入端，1、4、10、13 为 4 个或非门的输出端。74LS03 与 74LS02 引脚定义一样，区别在于 74LS03 是集电极开路或非门，使用时应接上拉电阻。

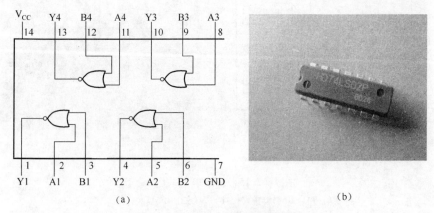

图 16.2.17　74LS02 或非门

（a）74LS02 引脚排列；（b）74LS02 DIP 封装外形。

74LS27 每个芯片内部有 3 个三输入或非门，经常用来实现 3 个变量的或非逻辑。其外形与引脚排列如图 16.2.18 所示。引脚 7 为接地端，14 为电源端，电源电压典型值为 5V。1、2、13，3、4、5，9、10、11 引脚分别为 3 个或非门的输入端，12、6、8 为 3 个或非门的输出端。

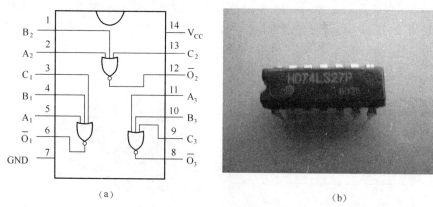

(a)　　　　　　　　　　　　　　(b)

图 16.2.18　74LS27 或非门

(a) 74LS27 引脚排列；(b) 74LS27 DIP 封装外形。

6. 与或非门

74 系列 TTL 电路中常用的与或非门有 74LS54。74LS54 是 14 脚芯片，每个芯片内部有 1 个与或非门，其引脚排列和外形如图 16.2.19 所示。引脚 7 为接地端，14 为电源端，电源电压典型值为 5V。1、2，12、13 是内部 2 个两输入与门的输入端，3、4、5、9、10、11 引脚是内部 2 个三输入与门的输入端，6 引脚为与或非门的输出端，8 引脚没有使用。这样的输入结构称为 4 路 2 - 3 - 3 - 2 与或非门。

此外，与或非门还有 74LS50、74LS51、74LS53、74LS55 和 74LS64。74LS50 是双 2 路 2 - 2 与或非门，74LS51 是 2 路 2 - 2 和 2 路 3 - 3 与或非门，74LS53 是 4 路 2 - 2 - 2 - 2 与或非门，74LS55 是 2 路 4 - 4 与或非门，74LS64 是 4 路 4 - 2 - 3 - 2 与或非门，使用时应先查阅芯片数据手册，以便选择合适的器件。

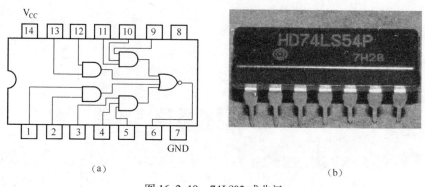

(a)　　　　　　　　　　　　　　(b)

图 16.2.19　74LS02 或非门

(a) 74LS54 引脚排列；(b) 74LS54 DIP 封装外形。

7. 异或门

由于异或逻辑可以从卡诺图中直接圈得，因此异或逻辑在数字电路中的应用非常广泛。常用的 TTL 异或门有 74LS86 和 74LS266。其中 74LS86 是 14 脚芯片，每个芯片内部有 4 个两输入异或门，经常用来实现两个变量的异或逻辑，其引脚排列和外形如图 16.2.20 所示。引脚 7 为接地端，14 为电源端，电源电压典型值为 5V。1、2，4、5，9、10，12、13 引脚分别为 4 个异或门的输入端，3、6、8、11 为 4 个异或门的输出端。

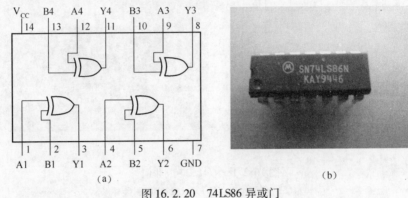

图 16.2.20　74LS86 异或门

(a) 74LS86 引脚排列；(b) 74LS86 DIP 封装外形。

74LS266 是集电极开路的异或非门，也就是同或门。74LS86 是 14 脚芯片，每个芯片内部有 4 个两输入同或门，经常用来实现两个变量的同或逻辑，其引脚排列和外形如图 16.2.21 所示。引脚 7 为接地端，14 为电源端，电源电压典型值为 5V。1、2，5、6，8、9，12、13 引脚分别为 4 个同或门的输入端，3、4、10、11 为 4 个同或门的输出端。

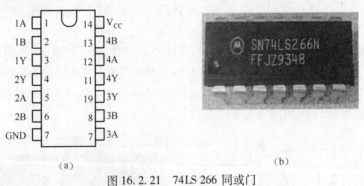

图 16.2.21　74LS 266 同或门

(a) 74LS266 引脚排列；(b) 74LS266 DIP 封装外形。

16.3　加法器和数值比较器

在数字系统中，经常需要进行数字的算术运算和数字大小的比较。实现这些运算功能的电路是加法器和数值比较器，这两类电路也称为数字运算电路。下面分别介绍两种电路的基本原理和常用中规模集成器件及其应用。

16.3.1　加法器

1. 半加器和全加器

当计算多位二进制数加法时，按照从左到右的逐位相加运算规则，首先计算最低位，产生最低位的和数和进位数；然后将第二位两个数值与最低位进位数相加，产生第二位的和数和进位数；再次将第三位的两个数值与第二位的进位数相加，产生第三位的和数和进位数；依此类推，直到所有数位都完成运算。4 位二进制数加法过程如图 16.3.1 所示。

$$
\begin{array}{r}
1\ 1\ 0\ 1 \\
1\ 0\ 0\ 1 \\
+\ 1\ 0\ 0\ 1 \\
\hline
1\ 0\ 1\ 1\ 0
\end{array}
$$

图 16.3.1　4 位二进制数加法过程

可见不论二进制数有多少位，按常规运算规则逐位计算时，重复进行 1 位二进制数加法直到最高位。因此，只要设计 1 位二进制数加法器就可以满足计算要求。

两个 1 位二进制数相加，称为半加。实现半加的逻辑电路称为半加器（Half Adder，HA）。之所以称为半加，是因为此时进行的 1 为二进制加法运算，并没有考虑低位的进位，只是对本位求和数并产生进位数。表 16.3.1 给出了半加器的真值表。

表 16.3.1　半加器真值表

输　　入		输　　出	
A_i	B_i	S_i	C_i
0	0	0	0
0	1	1	0
1	0	1	0
1	1	0	1

表中 A_i、B_i 表示两个 1 位二进制数，S_i 表示和数，C_i 表示进位数。根据真值表可写出 S_i 和 C_i 的逻辑表达式：

$$S_i = \overline{A}_i B_i + A_i \overline{B}_i = A_i \oplus B_i$$
$$C_i = A_i B_i$$

由逻辑表达式可得半加器的逻辑图和逻辑符号，如图 16.3.2 所示。其中，图 16.3.2（a）是半加器的逻辑图，图 16.3.2（b）是半加器的国际标准逻辑符号，图 16.3.2（c）是半加器的常用符号。这里要特别注意，与前一节介绍的门电路相比，中规模集成电路的逻辑图和逻辑符号不同。逻辑图表述的是该器件如何实现相应的逻辑关系，它包含哪些逻辑运算。但这种逻辑图往往比较复杂，在进行设计时，我们并不需要了解每一个器件的内部结构，而是需要把握每个器件的总体功能和连接方式，因此给与每个中规模集成电路一个简化逻辑符号能够提高电路设计的效率。在实际中，通常用逻辑符号代替逻辑图进行电路设计，逻辑符号可认为是一个功能框图。

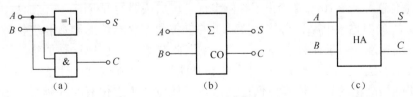

图 16.3.2　半加器

（a）逻辑图；（b）国际标准逻辑符号；（c）常用符号。

当两个 1 位二进制数和来自低位的进位数三者相加称为全加，实现全加的逻辑电路称为全加器（Full Adder，FA）。表 16.3.2 给出了全加器的真值表。

表 16.3.2 全加器真值表

输入			输出	
A_i	B_i	C_{i-1}	S_i	C_i
0	0	0	0	0
0	0	1	1	0
0	1	0	1	0
0	1	1	0	1
1	0	0	1	0
1	0	1	0	1
1	1	0	0	1
1	1	1	1	1

表中 A_i、B_i 表示两个 1 位二进制数，C_{i-1} 表示低位的进位数，S_i 表示和数，C_i 表示本位向高位的进位数。根据真值表可写出 S_i 和 C_i 的逻辑表达式：

$$S_i = \bar{A}_i \bar{B}_i C_{i-1} + \bar{A}_i B_i \bar{C}_{i-1} + A_i \bar{B}_i \bar{C}_{i-1} + A_i B_i C_{i-1}$$
$$C_i = A_i B_i + A_i C_{i-1} + B_i C_{i-1}$$

由逻辑表达式可得全加器的逻辑图和逻辑符号，如图 16.3.3 所示。其中，图 16.3.3（a）是半加器的逻辑图，图 16.3.3（b）是半加器的国际标准逻辑符号，图 16.3.3（c）是半加器的常用符号。

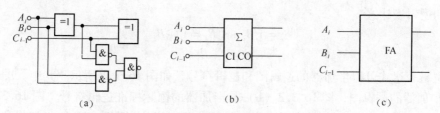

图 16.3.3 全加器
（a）逻辑图；（b）国际标准逻辑符号；（c）常用符号。

2. 串行进位加法器

在 1 位二进制加法器的基础上，如何实现 n 位二进制数的加法呢？最简便的方法就是按照常规计算规则将 n 个 1 位全加器串联起来，低位全加器的进位输出连接到相邻的高位全加器的进位输入。图 16.3.4 给出了 4 位串行进位加法器的方框图，4 位加数 $A_3 A_2 A_1 A_0$ 和 $B_3 B_2 B_1 B_0$ 同时输入电路，高位等待低位的进位数产生本位的和数和进位数，最低位的进位输入应接地。由于加数是并行输入的，因此有些书上也把这种加法器称为并行加法器。在使用 1 位全加器构成的 n 为串行进位加法器时，要注意当加数输入后立即得到的和数并不正确，高位的结果须等待低位的进位，低位产生进位有时间延时。因此，和会随着时间变化而变化，并最终稳定下来。

3. 超前进位加法器

串行进位加法器的结构简单，易于扩展，但其缺点也十分明显，即速度慢。而且，

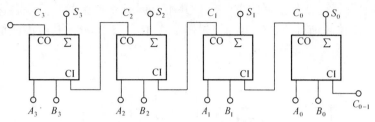

图 16.3.4　串行进位加法器框图

随着位数的增加，延时越来越不适合高速数据运算的需求。提高运算速度的基本思想是设计进位信号产生电路，在输入每位的加数和被加数时，同时获得该位全加的进位信号，而无需等待最低位的进位信号，以此思想设计的加法器称为超前进位加法器。计算不再按照常规运算规则进行，而是把加法器看成输出与输入的逻辑关系。以 4 位二进制加法为例，输入信号有加数 $A_3 A_2 A_1 A_0$、$B_3 B_2 B_1 B_0$ 和低位的进位信号 C_{i-1}，输出为和数 $S_3 S_2$ $S_1 S_0$ 和本位的进位信号 C_i。只需要列出真值表，写出输出信号以输入信号为变量表示的逻辑表达式，然后根据逻辑表达式进行化简，这样输出信号的表达式中只与输入信号有关，而与各级的进位信号无关，不再依赖各级产生的进位信号。由于输入变量较多，列真值表需要 512 行，因此采用公式推导法求超前进位加法器的输出逻辑表达式。

为方便推导，定义两个中间变量 G_i 和 P_i：
$$G_i = A_i B_i;\ P_i = A_i \oplus B_i$$

1 位二进制加法器输出逻辑表达式可写为
$$S_i = A_i \oplus B_i \oplus C_{i-1} = P_i \oplus C_{i-1}$$
$$C_i = A_i B_i + (A_i \oplus B_i) C_{i-1} = G_i + P_i C_{i-1}$$

可得第一位 S_0 和 C_0 的表达式为
$$\begin{cases} S_0 = P_0 \oplus C_{0-1} \\ C_0 = G_0 + P_0 C_{0-1} \end{cases}$$

可见 S_0 和 C_0 仅由输入确定，同理可得 S_1 和 C_1 的表达式为
$$\begin{cases} S_1 = P_1 \oplus C_0 \\ C_1 = G_1 + P_1 C_0 \end{cases}$$

式中：C_0 不是输入信号，而是前一级的进位，这样一来 S_1 和 C_1 就不能直接得到。而 C_0 本身也是由输入得到的，因此将 C_0 的表达式代入 S_1 和 C_1 的表达式，得
$$\begin{cases} S_1 = P_1 \oplus C_0 \\ C_1 = G_1 + P_1 G_0 + P_1 P_0 C_{0-1} \end{cases}$$

这样一来 S_1 和 C_1 也可由输入直接得到，依此类推，可得到其他输出的表达式为
$$\begin{cases} S_2 = P_2 \oplus C_1 \\ C_2 = G_2 + P_2 G_1 + P_2 P_1 G_0 + P_2 P_1 P_0 C_{0-1} \end{cases}$$
$$\begin{cases} S_3 = P_3 \oplus C_2 \\ C_3 = G_3 + P_3 G_2 + P_3 P_2 G_1 + P_3 P_2 P_1 G_0 + P_3 P_2 P_1 P_0 C_{0-1} \end{cases}$$

可见，当输入信号的值确定后，各级进位信号并行产生而不需要相互等待，产生超前进位信号的电路称为超前进位信号发生器。须注意，从表达式可以看到，各级进位信

号的表达式越向高位越复杂，因此进位信号并不是同时刻产生的，只是各进位信号相互之间没有联系。4 位超前进位加法器的逻辑图如图 16.3.5 所示，其中虚线框中是超前进位发生器。

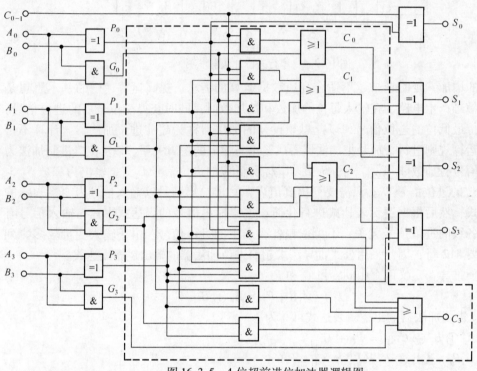

图 16.3.5　4 位超前进位加法器逻辑图

4. 常用集成加法器及其应用

TTL 集成电路中 1 位全加器的型号为 7480，由于全加器可有 3 个与非门和 2 个异或门来实现，因此实际中很少使用 7480，使用 3 片 74LS00 和 2 片 74LS86 可构成 4 个 1 位全加器。常用超前进位加法器有 74LS83 和 74LS283，两者的逻辑功能和运算速度都相同，区别在于芯片引脚的排列不同。74LS83 是用来替代早期的 7483，而 74LS283 是为适应新的引脚排列规范而重新设计的，如图 16.3.6 所示。

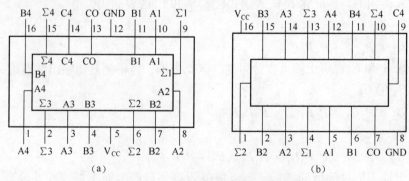

图 16.3.6　74LS83 和 74LS283 引脚排列
（a）74LS83；（b）74LS283。

无论是74LS83还是74LS283，其内部都是由外围电路和超前进位发生器74LS182构成。图16.3.7给出了74LS283和74LS182的逻辑图。

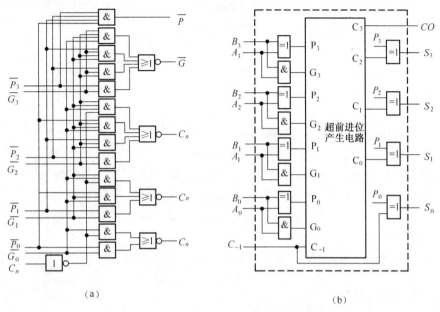

图 16.3.7　74LS182 和 74LS283 的逻辑图

(a) 74LS182；(b) 74LS283。

一般情况下，计算4位二进制数的加法并不能满足当今数字系统的需求，因此当需要进行多位二进制数加法时就需要对74LS283进行扩展，扩展电路图如图16.3.8所示。

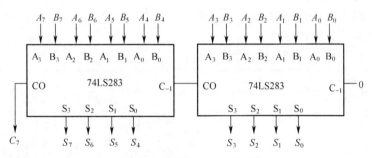

图 16.3.8　74LS283 的扩展

扩展的基本思想就是将加数每4位分成一组，每组用一片74LS283求和，各片74LS283之间采用串联方式连接，即前一片的CO接至后一片的C_{-1}。每组的4位二进制数是采用超前进位方式并行产生和数的，而组与组之间是串行进位的，因此后一片需要等待前一片产生进位，74LS283计算两个8位二进制数加法需要25ns，而计算两个16位二进制数加法时需要45ns。一般不会使用74LS283进行16位以上数值的加法运算。

加、减运算是最基本的数学运算，加法运算可以用加法器来实现，而减法运算同样是使用加法器来实现。在数字电路中没有减法器，数字系统中减法是采用加一个负数的补码来实现的。采用74LS283和少量门电路就可以构成两个正数的减法电路，得到差的绝对值，减法电路如图16.3.9所示。

电路分为两个部分，一部分是对减数取反加1后加上被减数的电路，采用非门对减数 $B_3 B_2 B_1 B_0$ 取反，在 C_{-1} 输入1。这样再与被减数 $A_3 A_2 A_1 A_0$ 相加就完成了对减数取反加1的求补码运算。

另一部分是对结果求原码的电路，即差是正数不变，负数取反加1。电路通过4个异或门、1个非门和一片74LS283来实现。前一片74LS283的CO经非门后接在4个异或门的输入端，同时接在第二片74LS283的 C_{-1} 上。在 $A - B < 0$ 时，加补的进位信号为0，所得的差是差绝对值的补码。CO = 0，将 $D'_0 D'_1 D'_2 D'_3$ 求补后输出（求反加1）。在 $A - B > 0$ 时，加补进位信号为1，所得的差就是差绝对值的原码。CO = 1，将 $D'_0 D'_1 D'_2 D'_3$ 加0000后输出。

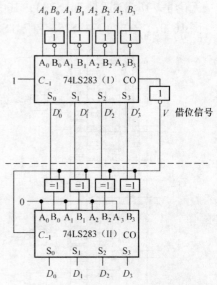

图 16.3.9　由 74LS283 构成减法电路

16.3.2　数值比较器

在计算机和其他数字系统中，常常要对两个二进制数或者二－十进制数进行比较。用来实现两个正数比较大小的逻辑电路称为数值比较器，简称为比较器（Compatator）。

1. 1 位数值比较器

1位二进制数 A 和 B 比较的结果有3种：$A = B$，$A > B$，$A < B$。由此可列出1位数值比较器的真值表，见表16.3.3。

表 16.3.3　1 位数值比较器真值表

输　入		输　出		
A	B	$F_{A > B}$	$F_{A < B}$	$F_{A = B}$
0	0	0	0	1
0	1	0	1	0
1	0	1	0	0
1	1	0	0	1

由真值表可以写出输出的逻辑表达式：

$$P_{A > B} = A\bar{B}$$
$$F_{A < B} = \bar{A}B$$
$$F_{A = B} = A \odot B$$

由表达式可得到1位数值比较器的逻辑图，如图16.3.10所示。

2. n 位数值比较器

多位二进制数的比较规则与二进制加法的规则相反，首先比较最高位，如果两数的

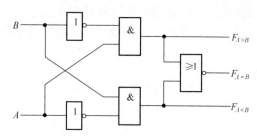

图 16.3.10　1 位数值比较器逻辑图

最高位不等，即可决定两组数值的大小。如果两数的最高位相等，那么要比较次高位，看是否相等，依此类推。可见，与加法器相似，无论需比较的二进制数有多少位，每次参与比较的只有 1 位。因此，可通过多个 1 位数值比较器和门电路来实现多位二进制数的比较。以 2 位二进制数为例，表 16.3.4 给出了 2 位数值比较器的真值表。

表 16.3.4　2 位数值比较器真值表

输　　入		输　　出		
A_1　B_1	A_0　B_0	$F_{A>B}$	$F_{A<B}$	$F_{A=B}$
$A_1 > B_1$	×	1	0	1
$A_1 < B_1$	×	0	1	0
$A_1 = B_1$	$A_0 > B_0$	1	0	0
$A_1 = B_1$	$A_0 < B_0$	0	1	0
$A_1 = B_1$	$A_0 = B_0$	0	0	1

由真值表可得出输出逻辑表达式：

$$F_{A>B} = （A_1 > B_1）+（A_1 = B_1）（A_0 > B_0）$$
$$F_{A<B} = （A_1 < B_1）+（A_1 = B_1）（A_0 < B_0）$$
$$F_{A=B} = （A_1 = B_1）（A_0 = B_0）$$

这三个表达式与之前看到的所有表达式都不同，我们讲过在逻辑代数中没有数值关系，因此逻辑表达式中不会有 "＞"、"＝" 和 "＜"。而在这 3 个表达式中却出现了比较运算符，这是为什么呢？

这一点要特别注意，在这里 $（A_1 > B_1）$、$（A_1 = B_1）$ 等括号中带有比较运算符的项实际上表示一个逻辑表量，是一个整体。具体而言，它们代表了一个中规模逻辑器件某一个输出引脚的功能，也就是该中规模器件的某引脚名称。这样一来，在分析设计问题时，不必再考虑中规模器件内部的逻辑关系如何，直接使用外部功能进行分析和设计。2 位数值比较器逻辑图如图 16.3.11

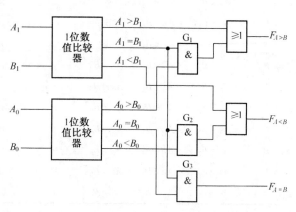

图 16.3.11　2 位数值比较器逻辑图

所示，图中有 2 个 1 位数值比较器，它们的输出就是刚才表达式中带括号的项，每一个输出是一个逻辑变量，掌握这一点对今后应用中规模器件设计数字电路尤为重要。

3. 常用集成数值比较器及其应用

74LS85 是 TTL 集成电路中常用的 4 位数值比较器，其工作原理和两位数值比较器相同，其引脚排列和逻辑符号如图 16.3.12 所示。

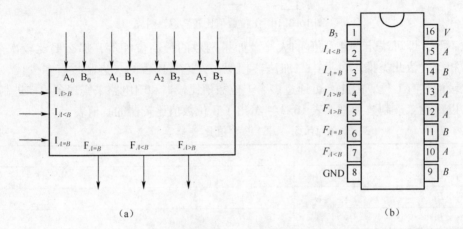

（a）   （b）

图 16.3.12　74LS85

（a）74LS85 逻辑符号；（b）74LS85 引脚排列。

$A_3\ A_2\ A_1\ A_0$ 和 $B_3\ B_2\ B_1\ B_0$ 是两个相比较的二进制数，$F_{A>B}$、$F_{A<B}$、$F_{A=B}$ 是比较结果，$I_{A>B}$、$I_{A<B}$、$I_{A=B}$ 是低位的比较结果，用于多片 74LS85 进行扩展，其功能表见表 16.3.5。

表 16.3.5　74LS85 功能表

输			入				输	出	
$A_3\ B_3$	$A_2\ B_2$	$A_1\ B_1$	$A_0\ B_0$	$I_{A>B}$	$I_{A<B}$	$I_{A=B}$	$F_{A>B}$	$F_{A<B}$	$F_{A=B}$
$A_3 > B_3$	×	×	×	×	×	×	H	L	L
$A_3 < B_3$	×	×	×	×	×	×	L	H	L
$A_3 = B_3$	$A_2 > B_2$	×	×	×	×	×	H	L	L
$A_3 = B_3$	$A_2 < B_2$	×	×	×	×	×	L	H	L
$A_3 = B_3$	$A_2 = B_2$	$A_1 > B_1$	×	×	×	×	H	L	L
$A_3 = B_3$	$A_2 = B_2$	$A_1 < B_1$	×	×	×	×	L	H	L
$A_3 = B_3$	$A_2 = B_2$	$A_1 = B_1$	$A_0 > B_0$	×	×	×	H	L	L
$A_3 = B_3$	$A_2 = B_2$	$A_1 = B_1$	$A_0 < B_0$	×	×	×	L	H	L
$A_3 = B_3$	$A_2 = B_2$	$A_1 = B_1$	$A_0 = B_0$	H	L	L	H	L	L
$A_3 = B_3$	$A_2 = B_2$	$A_1 = B_1$	$A_0 = B_0$	L	H	L	L	H	L
$A_3 = B_3$	$A_2 = B_2$	$A_1 = B_1$	$A_0 = B_0$	×	×	H	L	L	H
$A_3 = B_3$	$A_2 = B_2$	$A_1 = B_1$	$A_0 = B_0$	H	H	L	L	L	L
$A_3 = B_3$	$A_2 = B_2$	$A_1 = B_1$	$A_0 = B_0$	L	L	L	H	H	L

功能表反映了输出和输入间的逻辑关系，是真值表的一部分，实际上功能表示按照

电路各引脚的功能作用对真值表的重新整理。在比较两个 4 位二进制数时不存在低位，$I_{A>B}$ 和 $I_{A<B}$ 应接低电平而 $I_{A=B}$ 应接高电平，否则不能得到正确结果。利用 74LS85 的 $I_{A>B}$、$I_{A<B}$、$I_{A=B}$ 通过简单的设计就可以构成 5 位数值比较器，如图 16.3.13 所示。

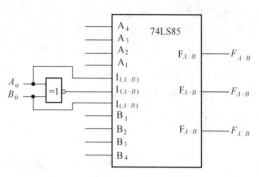

图 16.3.13　74LS85 构成 5 位数值比较器

当需要比较的位数较多时，可利用 $I_{A>B}$、$I_{A<B}$、$I_{A=B}$ 对 74LS85 进行串联扩展，以 16 位二进制数的比较为例，将 16 位二进制数分成 4 组，先比较最高 4 位，最后比较最低 4 位，最低 4 位的 $I_{A>B}$、$I_{A<B}$、$I_{A=B}$ 分别接 0、0 和 1，注意对比加法器的扩展。扩展电路如图 16.3.14 所示。

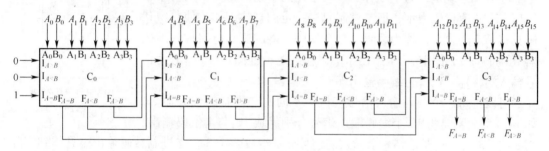

图 16.3.14　74LS85 串联扩展

串联扩展的优点是扩展方便，如果比较的位数增多，则可以在原电路的基础上再进行串联。其缺点是电路工作速度不稳定，高位相等时需等待低位比较结果，因而工作速度慢。为提高速度还可以采用并联扩展，扩展电路如图 16.3.15 所示。

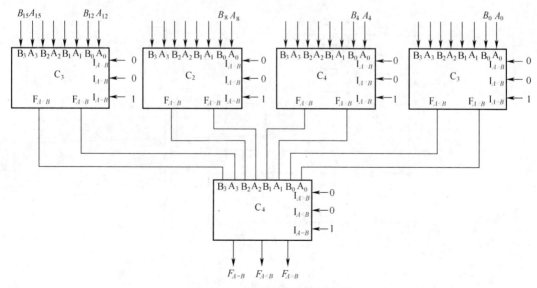

图 16.3.15　74LS85 的并联扩展

并联扩展不使用 $I_{A>B}$、$I_{A<B}$、$I_{A=B}$，因此，每片 74LS85 的 $I_{A>B}$、$I_{A<B}$、$I_{A=B}$ 分别接 0、0 和 1。并联扩展是通过将每个组的 4 位二进制数分别进行比较，将比较结果的 $F_{A>B}$ 和 $F_{A<B}$ 分别组成一个新的 4 位二进制数，然后再进行一次比较得出最终的结果。无论输入数据如何，比较器工作的速度是稳定的，不需要等待低位的比较结果，因而速度较快。但是也应看到，由于多使用一片 74LS85，因此成本和功耗提高了 25%。另外，这一结构比较固定，不宜进一步扩展。

16.4 编码器和译码器

16.4.1 编码器

在数字系统里，为了区分一系列不同的事物，将其中的每个事物用一个二值代码表示，把二进制码按一定的规律编排，使每组代码具有一定的含义，称为编码。具有编码功能的逻辑电路称为编码器（Encoder），图 16.4.1 给出了编码器的逻辑框图，$I_0 \sim I_{2^n-1}$ 为信号输入端，$Y_0 \sim Y_{n-1}$ 为编码输出端。

图 16.4.1 编码器
逻辑框图

可以将每一个编码输入信号变换为不同的二进制的代码输出。如 BCD 编码器是将 10 个编码输入信号分别编成 10 个 4 位码输出，而 8 线 −3 线编码器是将 8 个输入的信号分别编成 8 个 3 位二进制数码输出。具体到实际的数字电路，编码器就是赋予将得到有效信号的线路或端口一个二进制编号的逻辑电路。图 16.4.2 给出了一个十进制输入键盘电路，常用于输入 0～9 十个数字符号，是一个 8421BCD 编码器。

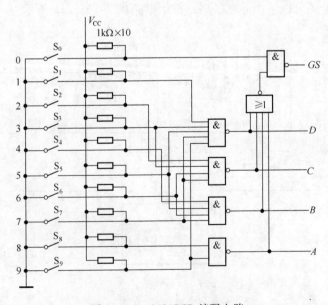

图 16.4.2 8421BCD 编码电路

电路中 0~9 十个数字符号分别用按下对应的按键 S_0 ~ S_9 来表示。当按键按下后，对应的线路接地线输入一个低电平，此时后面的门电路根据输入低电平的位置产生一个二进制数来表示相应的按键已被按下。在本例中产生的是对应按键编号的 8421BCD 码。这样后续电路就可以从输出端 *ABCD* 获得我们通过按键想要输入的十进制数了。在实际中，编码器多使用低电平代表有效信号。

对于输入十进制数的键盘编码电路来说，每一个按键都是平等的，任何时候只允许输入一个有效编码信号，否则输出就会发生混乱，这一类编码器称为普通编码器。如果输入信号具有优先权，则这一类编码器称为优先编码器。当同时输入几个有效编码信号时，优先编码器能按预先设定的优先级别，只对其中优先权最高的一个进行编码。

1. 普通编码器

普通编码器在使用时必须保证同时不能出现两个或两个以上的有效信号，否则会出现编码混乱。因此普通编码器适用于各输入平等，功能相对简单并且能够通过其他手段严格保证不出现编码混乱的场合。表 16.4.1 给出了 4 线－2 线二进制普通编码器的真值表，逻辑图如图 16.4.3 所示。

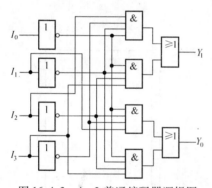

图 16.4.3　4－2 普通编码器逻辑图

表 16.4.1　4－2 普通编码器真值表

I_3	I_2	I_1	I_0	Y_1	Y_0
1	1	1	0	0	0
1	1	0	1	0	1
1	0	1	1	1	0
0	1	1	1	1	1

由表 16.4.1 可以看到，真值表中并未包含输入变量的全部组合情况，这是因为普通编码器在定义上决定了不会有两个或两个以上的有效信号同时出现，因此这些输入信号的组合构成无关项，没有写出。一旦输入违反了不能有两个或两个以上为 0 的约束条件，将无法输出有效编码。例如：当 $I_1 I_0$ 同时为 0 时，经分析输出 $Y_1 Y_0$ 为 00 与只有 I_0 有效时情况一样。为克服普通编码器的缺点，人们设计了优先编码器。

2. 优先编码器

实际应用中，经常有两个或更多输入编码信号同时有效。必须根据轻重缓急，规定好这些外设允许操作的先后次序，即优先级别。识别多个编码请求信号的优先级别，并进行相应编码的逻辑部件称为优先编码器。根据需求，表 16.4.2 给出了 4 线－2 线二进制优先编码器的真值表。

由真值表可得输出的逻辑表达式为

$$Y_1 = I_2 \bar{I}_3 + I_3$$

$$Y_0 = I_1 \bar{I}_2 \bar{I}_3 + I_3$$

表16.4.2 4-2优先编码器真值表

输 入				输 出	
I_0	I_1	I_2	I_3	Y_1	Y_0
1	0	0	0	0	0
×	1	0	0	0	1
×	×	1	0	1	0
×	×	×	1	1	1

由表达式可知电路只需要两个与门，两个非门和两个或门，并没有因为增加优先级而变得复杂。因此实际中使用的编码器大多是优先级编码器。

3. 常用集成编码器及其应用

常用的TTL集成优先级编码器有74LS147和74LS148。其中74LS147是10线-4线BCD码优先级编码器，其逻辑图和引脚排列图如图16.4.4所示。74LS147主要应用于键盘和区域选择编码。

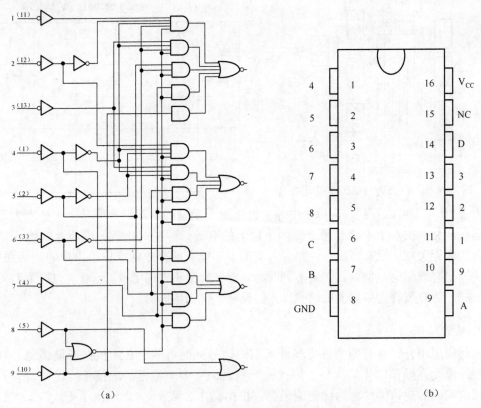

图16.4.4 74LS147逻辑图与引脚排列
(a) 逻辑图；(b) 引脚排列。

74LS147功能较为简单，1~9对应于9个输入信号，分别表示1~9共9个数字符号，其中9就有最高优先权。D、C、B、A为8421BCD码输出端，须注意74LS147采用低电平作为有效信号，因此输出的是当前 BCD 码的反码。当 1~9 都没有输入有效信号时，输出端 D、C、B、A 输出 1111 表示输入信号为数码 0，芯片没有使能端，表 16.4.3 给出了 74LS147 的详细功能表。

表 16.4.3 74LS147 功能表

输入									输出			
1	2	3	4	5	6	7	8	9	D	C	B	A
H	H	H	H	H	H	H	H	H	H	H	H	H
×	×	×	×	×	×	×	×	L	L	H	H	L
×	×	×	×	×	×	×	L	H	L	H	H	H
×	×	×	×	×	×	L	H	H	H	L	L	L
×	×	×	×	×	L	H	H	H	H	L	L	H
×	×	×	×	L	H	H	H	H	H	L	H	L
×	×	×	L	H	H	H	H	H	H	L	H	H
×	×	L	H	H	H	H	H	H	H	H	L	L
×	L	H	H	H	H	H	H	H	H	H	L	H
L	H	H	H	H	H	H	H	H	H	H	H	L

74LS148 是 8 线 −3 线二进制优先级编码器，其用途非常广泛，除应用于 n 位二进制编码外，还用于编码转换、发生等场合。74LS148 的逻辑图和引脚排列图如图 16.4.5 所示。

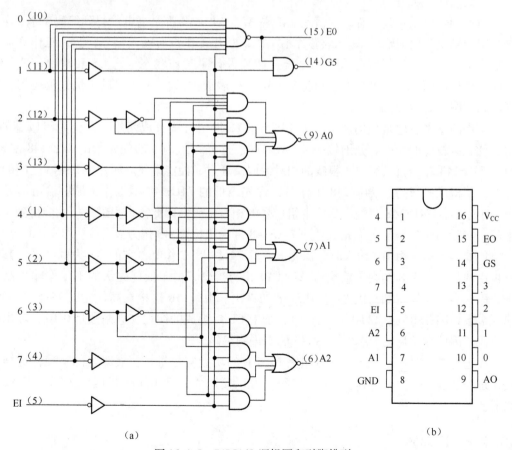

（a）

（b）

图 16.4.5 74LS148 逻辑图和引脚排列

（a）逻辑图；（b）引脚排列。

其中，EI 为输入使能端，A2、A1、A0 为编码输出，0 ~ 7 为输入，其中 7 具有最高优先权，EO 为输出使能端，GS 为工作状态标志，用于电路扩展。除 EO 外其余输入输出都是低电平有效，输出是对应二进制码的反码。74LS148 功能表见表 16.4.4。

表 16.4.4　74LS148 功能表

输入									输出				
EI	0	1	2	3	4	5	6	7	A2	A1	A0	GS	EO
H	×	×	×	×	×	×	×	×	H	H	H	H	H
L	H	H	H	H	H	H	H	H	H	H	H	H	L
L	×	×	×	×	×	×	×	L	L	L	L	L	H
L	×	×	×	×	×	×	L	H	L	L	H	L	H
L	×	×	×	×	×	L	H	H	L	H	L	L	H
L	×	×	×	×	L	H	H	H	L	H	H	L	H
L	×	×	×	L	H	H	H	H	H	L	L	L	H
L	×	×	L	H	H	H	H	H	H	L	H	L	H
L	×	L	H	H	H	H	H	H	H	H	L	L	H
L	L	H	H	H	H	H	H	H	H	H	H	L	H

由功能表可以看到，有 3 种情况输出端 A2、A1、A0 都是高电平得到编码 111。这三种情况分别是：使能输入 EI 无效芯片不工作，芯片工作没有输入信号，芯片工作 0 输入端输入有效信号。为了区分这 3 种情况，芯片设计了工作状态标志 GS 和输出使能 EO。同时，通过这两个引脚可以方便地将 74LS148 扩展成 16 线 - 4 线二进制优先编码器，扩展电路如图 16.4.6 所示。

扩展的基本思想是采用两片 74LS148，将 16 根信号线分成两组，即优先级较高的 8 根和优先级较低的 8 根，分别接一片 74LS148。这样每组内部的优先级由 74LS148 实现，每片 74LS148 输出自己组内 8 根线的相对编码。通过，使能端建立两片 74LS148 之间的优先级，使得优先级高的 74LS148 工作时，优先级低的 74LS148 不工作。最后输出信号编码。由于每片 74LS148 只输出 3 位本组信号的相对编码，因此需产生最高位才能得到 4 位编码。实际的做法是使用优先级高的 74LS148 的输出标志 GS 作为最高位。

例如，当信号由 I10 输入时，优先极高的 74LS148 工作时，它的 GS 为低电平，其他三位由两片 74LS148 的编码输出端 A2A1A0 相与得到，由于低优先级的不工作输出高电平，因此与的结果得到高优先级 74LS148 的输出。由于 I10 连接在高优先级 74LS148 的 2 输入端上，因此得到 A2A1A0 等于 101，加上 GS 后组成的四位二进制数是 0101，输出的是反码，因此取反后为 1010，正是 10 的二进制编码。

在进行扩展时应注意，对于原芯片所具有的功能应尽量在扩展时全部实现，这样有利于进一步扩展。采用相同的扩展思路，可以使用 4 片 74LS148 扩展成 32 线 - 5 线编码器。

16.4.2　译码器

译码是编码的逆过程，它能将二进制码或 BCD 码翻译成代表某一特定含义的信号。

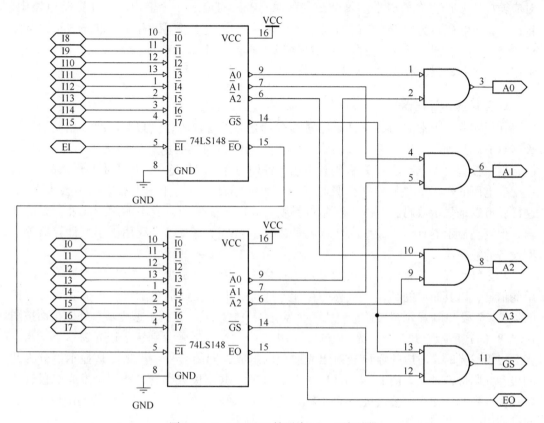

图 16.4.6　74LS148 扩展为 16 - 4 编码器

而实现这种功能的电路称为译码器（Decoder）。译码器分为代码变换器和唯一地址译码器，代码变换器用于将一种代码转换为另一种代码，而唯一地址译码器将二进制码转换成特定电子线路上的有效电平信号，从而控制其他数字电路工作。唯一地址译码器是本节的重点内容，如无特殊说明，以下所介绍的译码器都指唯一地址译码器。常见的唯一地址译码器分为二进制译码器和显示译码器，前者用于按输入二进制码产生有效的控制电平信号，而后者主要用于将二进制码代表的含义显示出来。

1. 二进制译码器

二进制译码器的输入是一组二进制代码，输出是一组与输入代码一一对应的高、低电平信号。二进制译码器框图如图 16.4.7 所示，A_0 - A_n 是译码器输入的二进制码，y_0 - y_{2^n-1} 是译码器的输出端，EI 是使能控制端。在使能端有效的情况下，译码器根据输入信号的值，在对应的输出端输出有效电平，有效电平一般为低电平，具体情况需根据芯片型号查阅芯片手册。在二进制译码中，输出端的序号与输入的二进制代码一一对应，即当输入二进制代码全部为 0 时，

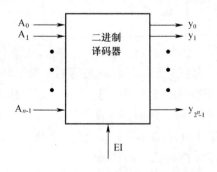

图 16.4.7　二进制译码器框图

对应输出端 y_0 产生有效电平。每个二进制代码唯一对应于一个输出端，在数字电路中，将这个二进制码称为对应输出端的地址（Address）。n 位二进制码有 2^n 个状态，可以分配给 2^n 个输出，因此一个 n 线输入的二进制译码器有 2^n 个输出，称为 n 线 -2^n 线译码器。常用的二进制译码器有 3 线 -8 线译码器和 2 线 -4 线译码器。

2. 7 段显示译码器

在数字系统中常见的数码显示器通常有发光二极管数码管（LED）和液晶显示数码管（LCD）两种。发光二极管数码管是用发光二极管构成显示数码的笔画来显示数字，由于发二极管会发光，故 LED 数码管适用于各种场合。液晶显示数码管是利用液晶材料，在交变电压的作用下晶体材料会吸收光线，而没有交变电场作用下有笔画不会听吸光，这样就可以来显示数码。但由于液晶材料须有光时才能使用，故不能用于无外界光的场合，但液晶显示器有一个最大的优点就是耗电量相当小，所以广泛用于小型计算器等小型设备的数码显示。

7 段 LED 显示器是最为常用的显示器件之一，用于显示数字、字母、符号等一些简单的信息，以其简单的结构、可靠的性能、低劣的价格在低端显示场合占据着无可替代的地位。7 段 LED 显示器实质上是由 7 个发光二极管组成，在其不透光塑料外壳正面按图 16.4.8（a）所示，开 7 个透光的窗口，并将 7 个发光二极管分别置于透光窗口下。当发光二极管发光时，对应的窗口透射出光线，以组成不同的符号。7 段 LED 显示器分为共阴极和共阳极两种，如图 16.4.8（b）、（c）所示，共阳极数码管是指 7 个发光二极管的阳极接在一起，使用时公共极应接电源，而共阴极数码管的 7 个发光二极管的阴极接在一起，使用时公共极应接地。

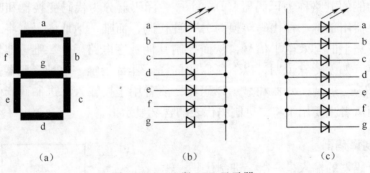

图 16.4.8　7 段 LED 显示器

可见，显示过程就是将需要显示的信息，转换成发光二极管的组合，每一种组合对应于唯一的二进制信息，实现二进制信息和发光二极管组合之间转换的电子元件就称为 7 段 LED 显示译码器。常见的 7 段 LED 显示译码器是 BCD 码显示译码器，用于通过 7 段 LED 显示器显示 0~9 十个数字及一些基本符号。表 16.4.5 给出了显示译码器输入输出以及显示内容之间的关系。

3. 常用集成译码器及其应用

常用的 TTL 集成二进制译码器有 74LS139 和 74LS138，常用的显示译码器有 74LS48。

74LS139 是 2 线 – 4 线译码器，在一片 74LS139 中有两个功能独立的 2 – 4 译码器。74LS139 逻辑图和引脚图如图 16.4.9 所示，G1 和 G2 分别为两个译码器的使能端，低电平有效，A、B 为地址输入端，B 为高位，Y0 ~ Y3 为输出端，低电平有效。例如当 G1 为低电平，B1、A1 都接高电平时，在 1Y3 输出低电平。

表 16.4.5　BCD – 7 段 LED 显示译码表

A3	A2	A1	A0	a	b	c	d	e	f	g	显示的数字
0	0	0	0	1	1	1	1	1	1	0	0
0	0	0	1	0	1	1	0	0	0	0	1
0	0	1	0	1	1	0	1	1	0	1	2
0	0	1	1	1	1	1	1	0	0	1	3
0	1	0	0	0	1	1	0	0	1	1	4
0	1	0	1	1	0	1	1	0	1	1	5
0	1	1	0	1	0	1	1	1	1	1	6
0	1	1	1	1	1	1	0	0	0	0	7
1	0	0	0	1	1	1	1	1	1	1	8
1	0	0	1	1	1	1	1	0	1	1	9

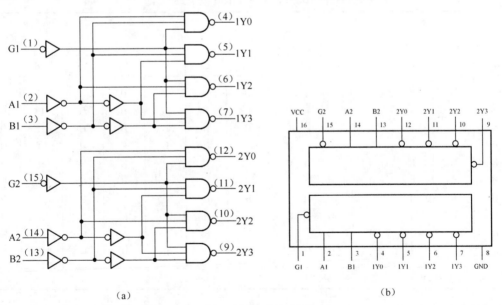

（a）

（b）

图 16.4.9　74LS139 逻辑图和引脚排列

（a）逻辑图；（b）引脚排列。

74LS138 是 3 线 – 8 线译码器，用以实现由 3 位二进制码转换成对应的输出信号，其引脚图如图 16.4.10 所示。其中 A、B、C 为二进制码输入端，C 是高位，Y0 ~ Y7 为分别对应于二进制码的输出端，G1、G2A、G2B 为使能端，G1 高电平有效，G2A、G2B 低电平有效。当 3 个使能端都满足使能要求时，芯片才能工作。74LS138 功能如表 16.4.6

所列。

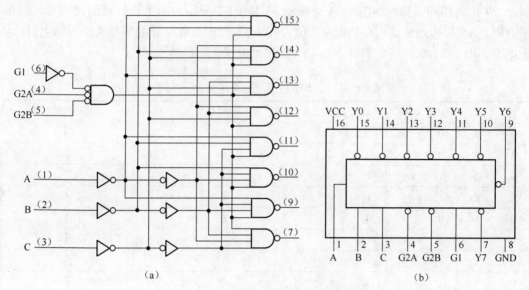

图 16.4.10　74LS138 逻辑图和引脚排列

（a）逻辑图；（b）引脚排列。

表 16.4.6　74LS138 功能表

输　入					输　出							
使能		选　择										
G1	G2(注1)	C	B	A	Y0	Y1	Y2	Y3	Y4	Y5	Y6	Y7
×	H	×	×	×	H	H	H	H	H	H	H	H
L	×	×	×	×	H	H	H	H	H	H	H	H
H	L	L	L	L	L	H	H	H	H	H	H	H
H	L	L	L	H	H	L	H	H	H	H	H	H
H	L	L	H	L	H	H	L	H	H	H	H	H
H	L	L	H	H	H	H	H	L	H	H	H	H
H	L	H	L	L	H	H	H	H	L	H	H	H
H	L	H	L	H	H	H	H	H	H	L	H	H
H	L	H	H	L	H	H	H	H	H	H	L	H
H	L	H	H	H	H	H	H	H	H	H	H	L

注：G2 = G2A + G2B

　　74LS139 和 74LS138 都具有使能端，并且 74LS138 中使能端非常丰富，既有低电平使能端，又有高电平使能端，并且内置了与门，便于实现扩展和工程设计。图 16.4.11 给出了使用一片 74LS139 扩展成 3 - 8 译码器的电路。

　　其扩展思想是使用使能端作为高位地址的输入端，通过一个非门使片内的两个 2 - 4 译码器轮流工作，实现 3 位二进制码到 8 个输出端的译码。74LS138 拥有更丰富的使能输入端，在使用其扩展为 4 - 16 译码器时，不需要任何辅助门电路。电路如图 16.4.12 所示，高位地址信号 A3 接在一片 74LS138 的低电平使能信号端，同时接在另一片 74LS138

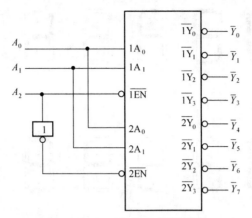

图 16.4.11　74LS139 扩展电路

的高电平使能信号端。这样，同一时刻只有一片74LS138 工作，将 A2 ~ A0 输入的二进制码映射到输出端。

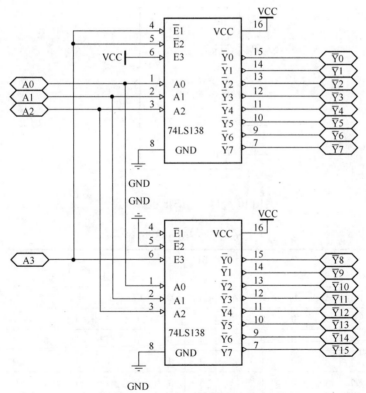

图 16.4.12　74LS138 扩展电路

　　74LS48 是常用的 BCD 码7 段显示译码器，用来在共阴极7 段 LED 显示器上显示0 ~ 9 共十个数字符号，还根据8421BCD 码的禁用码组显示6 个符号，显示图形如图 16.4.13 所示。

　　引脚排列如图 16.4.14 所示，其中 ABCD 为 BCD 码输入引脚，D 为高位，$\overline{Y}_0 \sim \overline{Y}_6$ 为译码器输出，分别对应图 16.4.8（b）中的 a ~ g 共 7 个发光二极管。$\overline{RBI}$、$\overline{LT}$、$\overline{BI/RBO}$ 用于实现灯测试、全灭、寄存等功能，功能表见表 16.4.7。

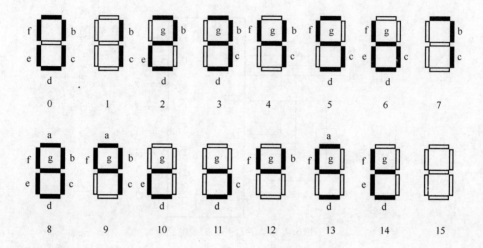

图 16.4.13　74LS48 显示符号

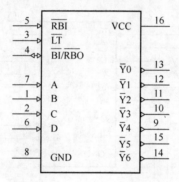

图 16.4.14　74LS48 引脚排列

表 16.4.7　74LS48 功能表

十进制数或功能	输入						BI/RBO	输出							说明
	$\overline{LT}$	$\overline{RBI}$	A_3	A_2	A_1	A_0	1	Y_a	Y_b	Y_c	Y_d	Y_e	Y_f	Y_g	
0	1	1	0	0	0	0	1	1	1	1	1	1	1	0	
1	1	$\varnothing$	0	0	0	1	1	0	1	1	0	0	0	0	
2	1	$\varnothing$	0	0	1	0	1	1	1	0	1	1	0	1	译
3	1	$\varnothing$	0	0	1	1	1	1	1	1	1	0	0	1	码
4	1	$\varnothing$	0	1	0	0	1	0	1	1	0	0	1	1	显
5	1	$\varnothing$	0	1	0	1	1	1	0	1	1	0	1	1	示
6	1	$\varnothing$	0	1	1	0	1	0	0	1	1	1	1	1	
7	1	$\varnothing$	0	1	1	1	1	1	1	1	0	0	0	0	
8	1	$\varnothing$	1	0	0	0	1	1	1	1	1	1	1	1	
9	1	$\varnothing$	1	0	0	1	1	1	1	1	0	0	1	1	

（续）

十进制数或功能	输　入					BI/RBO 1	输　出							说明
	$\overline{LT}$	$\overline{RBI}$	A_3	A_2	A_1	A_0		Y_a	Y_b	Y_c	Y_d	Y_e	Y_f	Y_g	
10	1	∅	1	0	1	0	1	0	0	0	1	1	0	1	译码显示
11	1	∅	1	0	1	1	1	0	0	1	1	0	0	1	
12	1	∅	1	1	0	0	1	0	1	0	0	0	1	1	
13	1	∅	1	1	0	1	1	1	0	0	1	0	1	1	
14	1	∅	1	1	1	0	1	0	0	0	1	1	1	1	
15	1	∅	1	1	1	1	1	0	0	0	0	0	0	0	
$\overline{BI}=0$	∅	∅	∅	∅	∅	∅	0	0	0	0	0	0	0	0	熄灭
$\overline{LT}=0$	0	∅	∅	∅	∅	∅	1	1	1	1	1	1	1	1	测试
$\overline{RBI}=0$	1	0	0	0	0	0	0	0	0	0	0	0	0	0	灭零

除显示 16 个数字和符号以外，74LS48 还提供熄灭、测试和灭零 3 种功能。熄灭功能是指数码管不显示任何内容，测试功能是指数码管各段全部点亮，一般用于上电时测试各段发光二极管是否正常。灭零功能是指不显示 0，其他符号正常显示。设置这个状态的目的是把不希望显示的零熄灭。例如，显示时间 8∶8∶25，有

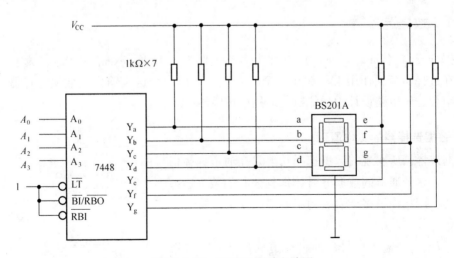

通常使用时，74LS48 驱动共阴极数码管 BS201A 电路如图 16.4.15 所示。

图 16.4.15　74LS48 驱动电路图

在实际工程当中往往显示的内容较多，如果每一个 LED 数码管都使用一个显示译码器，会使得成本增加，电路复杂度增加，维护困难。因此，常采用动态显示方式，这种

方式是动态的改变显示内容和显示位置，当更新的速度足够快时，人眼将看到连续的显示内容。动态显示电路如图 16.4.16 所示。

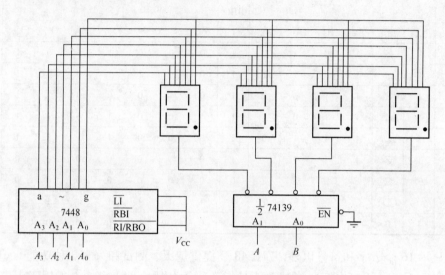

图 16.4.16　动态显示电路图

由图中可以看出，动态显示电路只使用一个 74LS48 作为显示内容的译码器。通过一片 74LS139 动态地改变显示的位置。74LS139 的地址输入端 AB 输入的二进制码实际上就是 4 个 LED 数码管的位置。如何产生连续的地址的同时产生所需显示的内容，将在时序逻辑电路中介绍。

16.5　数据选择器和数据分配器

16.5.1　数据选择器

数据选择器（Data Selector）也称为多路调制器（Multiplexer，MUX）、数字多路开关。它在选择信号的作用下，能从多个输入端中选择一个送至输出端数据选择器，已成为目前组合逻辑电路设计中最流行的通用中规模器件。

1. 数据选择器的工作原理

数据选择器所实现的数据选择功能是在通道选择信号的作用下，将多个通道的数据分时传送到公共的数据通道上去的，它的作用相当于多个输入的单刀多掷开关，如图 16.5.1 所示。

$D_0 \sim D_{2^n-1}$ 是输入信号，通过通道选择信号，将被选中的输入信号由输出端输出。通道选择信号与输入端一一对应，因此也常将通道选择信号称为地址信号。数据选择器选择并输出的是数字量，也就是逻辑变量，输出随输入信号逻

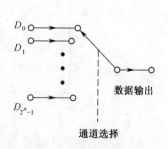

图 16.5.1　数据选择器原理图

辑的变化而变化，而不是输出与输入之间建立电气连接。这一点与模拟多路开关有本质区别，要特别注意。一般地，可以使用模拟多路开关代替数据选择器，而不能使用数据选择器代替模拟多路开关。常用的数据选择器有 4 选 1 和 8 选 1 两种，也有一些 2 选 1 和 16 选 1 中规模集成数据选择器产品。图 16.5.2 给出了 4 选 1 数据选择器的逻辑图和常用逻辑符号。

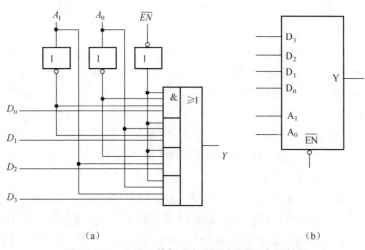

图 16.5.2　4 选 1 数据选择器逻辑图和常用符号

（a）逻辑图；（b）常用符号。

2. 常用集成数据选择器及其应用

常用的 TTL 集成 4 选 1 数据选择器有 74LS153，8 选 1 数据选择器有 74LS151。74LS153 为双 4 选 1 数据选择器，即在一片芯片中集成了两个 4 选 1 数据选择器，类似于74LS139。但是这两个 4 选 1 数据选择器公用一组地址输入信号，不能独立工作。74LS153的常用符号和引脚排列如图 16.5.3 所示。

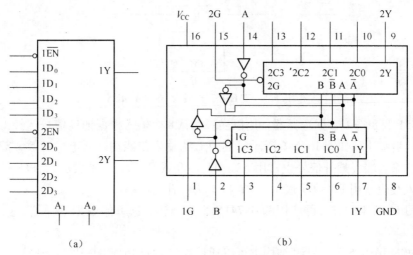

图 16.5.3　74LS153 常用符号和引脚排列

（a）常用符号；（b）引脚排列。

在实际工程设计中，常利用端口少的器件的使能端扩展成一个端口多的数据选择器。74LS153 可以方便地扩展为 8 选 1 和 16 选 1 数据选择器。图 16.5.4 给出了使用一片 74LS153 扩展为 8 选 1 数据选择器的电路。

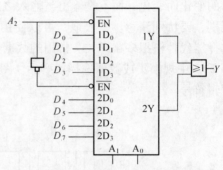

图 16.5.4　74LS153 扩展为 8 选 1 MUX

通过两个独立的使能信号输入端，使两个 4 选 1 MUX 轮流工作，由于 74LS153 使能信号无效时输出逻辑 0，因此利用 $A + 0 = A$，只需将两个输出端加一个或门就可以得到最终的选择结果。使用 3 片 74LS153 就可以得到 16 选 1 的数据选择器，电路如图 16.5.5 所示。

扩展的基本原理是使用两片 74LS153 的 4 个 MUX 在低位地址信号的作用下，从 16 个信号中选出 4 个，作为第三片 74LS153 中 1 个 MUX 的输入。在通过高位地址信号从这个 MUX 中选出 1 个作为输出，这样的扩展方式称为树状型。这样一来，第三片 74LS153 中有一个 MUX 没有使用，可在其他电路中继续使用。从扩展中可以看到，使能信号全部接地使芯片正常工作，没有用于扩展。如果使用第三片 74LS153 的另一个 MUX 和使能信号进行，如图 16.5.4 所示的方式扩展电路可以很方便地通过 5 片 74LS153 得到 32 选 1 的数据选择器。

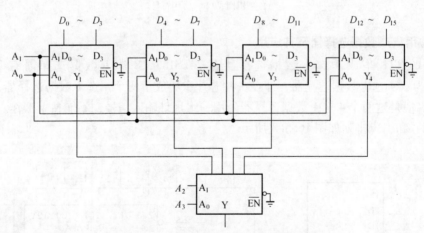

图 16.5.5　74LS153 扩展为 16 选 1 MUX

74LS151 为 8 选 1 数据选择器，用以实现对从 8 个输入根据地址信号选择 1 个从输出端输出，其引脚排列如图 16.5.6 所示。其中 E 为输入使能端，低电平有效，S2、S1、S0 为数据地址输入端（地址信号也常用 A2、A1、A0 或 C、B、A 来表示），I0 ~ I7 为数据输入端（输入端也常用 D0 ~ D7 表示），Y 和 $\overline{Y}$ 为互补输出端。

采用图 16.5.4 的方式可使用两片 74LS151 构成 16 选 1 的数据选择器，如图 16.5.7 所示。

采用如图 16.5.5 的树状型结构也可以通过 4 片 74LS151 和一片 74LS153 扩展为 32 选 1 MUX。这里再介绍一种扩展方式，采用译码器来产生地址信号。译码器的主要用途就是

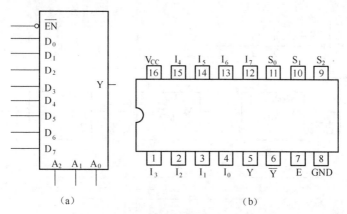

图 16.5.6 74LS151 的常用符号和引脚排列

(a) 常用符号；(b) 引脚排列。

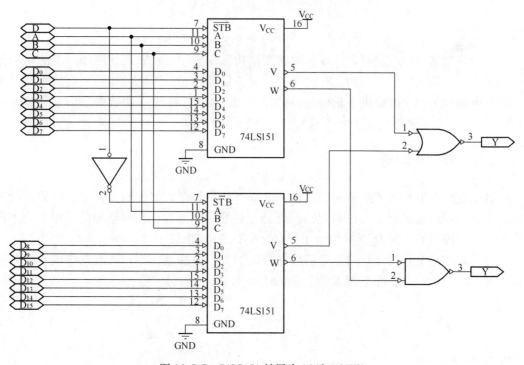

图 16.5.7 74LS151 扩展为 16 选 1 MUX

产生数字系统中所需的地址信号，因此这种方式使用得非常广泛。图 16.5.8 给出了采用译码器和 74LS151 构成的 32 选 1 MUX。

扩展电路中采用 74LS1392 – 4 译码器来产生 4 个地址信号，分别控制 4 片 74LS151 的使能端，地址信号的高 2 位作为译码器的输入，这样就将 32 个输入分成 4 组，每组 8 个。每组接一片 74LS151，4 片 74LS151 的地址信号接在一起就构成地址信号的低 3 位。同一时刻，只有一片 74LS151 工作，并将本组中 8 个输入信号中的一个由输出端输出。当 74LS151 使能信号无效时输出 Y 为 0。因此，跟据 $A + 0 = A$，使用或门将 4 片 74LS151 的输出进行或运算就可以得到最终的结果。

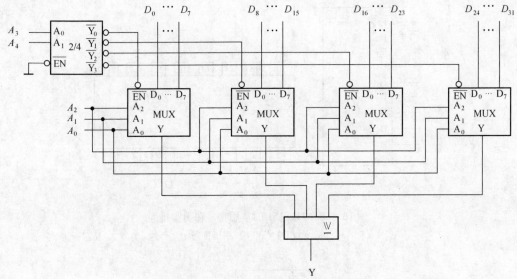

图 16.5.8　74LS151 扩展为 32 选 1 MUX

与树状型结构相对比可以发现，树状型结构采用分层结构，而使用译码器的结构是分组结构。无论采用什么结构，在进行扩展时一定要注意，不同功能输入端的延时是不等的，电路的工作速度取决于延时最长的输入端。例如 74LS153 中数据端信号的延时是14ns，而使能信号的延时是 19ns，选择信号的延时是 22ns。

16.5.2　数据分配器

数据分配器也称为多路解调器（Demultiplexer），是在数据传输过程中能将数据分时送到多个不同的通道上去的逻辑电路。可见，它的功能和数据选择器相反，相当于多输出的单刀多掷开关。图 16.5.9 给出了数据分配器的原理图。

在实际产品中并没有专门生产的数据分配器，一般都是使用译码器来构成数据分配器。图 16.5.10 给出了由 3－8 译码器 74LS138 构成的数据分配器。

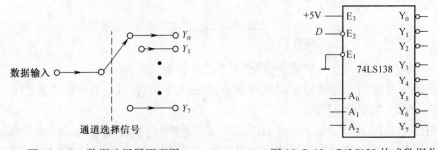

图 16.5.9　数据选择器原理图　　　　图 16.5.10　74LS138 构成数据分配器

可见，数据 D 实际是接在 74LS138 的使能端。当 D 等于 0 时，74LS138 工作，根据表16.4.6 可知，此时，在与 A2－A0 输入二进制码对应的输出端产生 0，其他输出为 1。这就相当于将 D 从所选输出端输出。当 D 等于 1，74LS138 不工作，根据表 16.4.6，所有输出端此时都输出 1，此时可以看成按地址将数据 1 分配至数据输出端。

在实际传输多路信号过程中，有时将数据选择器和数据分配器结合使用，以达到减少传输线数量的目的，实现分时多路复用（TDMA）和解复用。

16.6　组合逻辑电路的分析与设计

通过基本门电路和中规模组合逻辑电路的学习，我们已经认识到组合逻辑电路工作特点是在任何时刻，电路的输出状态只取决于同一时刻的输入状态而与电路原来的状态无关。输出、输入之间没有反馈延迟通路，不含记忆单元，可以用图 16.6.1 所示的框图表示。

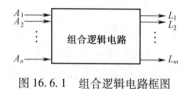

图 16.6.1　组合逻辑电路框图

A 表示输入，L 表示输出，每一个输出都可以用输入变量的逻辑函数来描述：

$$L_i = f(A_1, A_2, \cdots, A_n) \qquad (i = 1, 2, \cdots, m)$$

因此，组合逻辑电路的分析与设计就是要通过确定输出与输入的逻辑函数从而确定电路功能或者确定电路的实现方式。

16.6.1　组合逻辑电路的分析

根据已知组合逻辑电路，经分析确定电路的逻辑功能。已知的电路可能以多种形式给出，如电路图、电路实物、电路逻辑图、电路的 PCB 板等。如果需要分析的电路是一个实物或者一块 PCB 板，就要求我们首先根据电路的实际情况，将实物或者 PCB 板通过测试仪表，描绘成电路图，进而通过分析各连线画出电路的逻辑图。本节介绍的组合逻辑电路分析都是在已得到电路逻辑图的基础上进行的。

1. 组合逻辑电路分析的步骤

通过本章之前的内容，大家对组合逻辑电路及其功能应该已经比较熟悉，无论门电路还是中规模组合逻辑电路，都可以描述成由基本逻辑关系构成的逻辑图。组合逻辑电路的分析正是以此为起点，通过输出与输入逻辑函数得到电路的真值表从而确定电路的功能。具体步骤如下：

（1）由逻辑图写出各输出端的逻辑表达式。由于逻辑图与逻辑表达式是一一对应的，因此当逻辑图确定后，逻辑表达式也是确定的。在写出逻辑表达式时，首先应观察逻辑图确定有多少输入、输出；其次确定逻辑图由哪些逻辑门构成，每一个门输入是哪些，输出连接在什么地方；最后，只需根据逻辑图中各逻辑符号的输入、输出，逐级写出各门电路的输出表达式，最终必将得到所需的逻辑表达式。

（2）化简和变换逻辑表达式。化简逻辑表达式是为了方便计算真值表，这一步并不是必需的，如果能根据表达式直接看出电路功能，这一步和之后的步骤都可以省略。但在实际当中，直接由表达式看出电路功能是很困难的，因此化简逻辑函数求真值表示通常的做法。化简采用卡诺图法，尤其是对多输出电路进行分析时，卡诺图可以清晰地显示各输出变量之间的联系，有利于判断电路功能。此外，卡诺图就是真值表，得到卡诺图后就不需要再次计算真值表。

（3）列出真值表。

（4）根据真值表或逻辑表达式，经分析最后确定其功能。这一步是非常困难的，尤其是对初学者来说，对实际中可能出现的电路缺少了解，没有工程经验，往往很难确定电路的功能和名称。而且，这一步并没有很好的方法原则可遵循，完全依靠对理论知识的学习和个人经验。

2. 分析举例

[例 16.6.1] 分析图 16.6.2 所示电路的逻辑功能。

根据组合逻辑电路分析步骤，首先确定电路有三个输入 A、B 和 C，一个输出 Y。电路中包含一个三输入的与非门和一个 2 – 2 – 2 三路与或非门。与非门的输入是 A、B 和 C，输出连接在与或非门的输入端。与或非门的输入除来自与非门外，还来自 A、B 和 C 三个输入，输出就是电路的输出 Y。

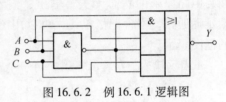

图 16.6.2　例 16.6.1 逻辑图

其次，根据上述分析写出与非门的逻辑表达式为 $\overline{ABC}$。再写出与或非门的输出，即电路的输出：

$$Y = \overline{\overline{ABC} \cdot A + \overline{ABC} \cdot B + \overline{ABC} \cdot C}$$

从这一表达式很难看出输出与输入之间的关系，因此对 Y 进行化简，得

$$Y = ABC + \overline{A}\,\overline{B}\,\overline{C}$$

根据最简式可以看出输出由 m_0 和 m_7 两个最小项组成，可得真值表，见表 16.6.1。

表 16.6.1　例 16.6.1 真值表

A	B	C	Y	A	B	C	Y
0	0	0	1	1	0	0	0
0	0	1	0	1	0	1	0
0	1	0	0	1	1	0	0
0	1	1	0	1	1	1	1

通过观察真值表，可以发现当 3 个输入变量一致时电路输出 1，因此这是一个三输入的判断一致电路。

[例 16.6.2] 一个双输入端、双输出端的组合逻辑电路如图 16.6.3 所示，分析该电路的功能。

根据组合逻辑电路分析步骤，首先确定电路有两个输入 A 和 B，两个输出 S 和 C。电路中包含四个 2 输入的与非门和一个非门。与非门 1 的输入是 A 和 B，输出连接在与非门 2 和与非门 3 的输入端。与非门 2 的另一个输入来自输入端 A，与非门 3 的输入来自输入端 B，与非门 2 和与非门 3 的输出连接到与非门 4 的输入端，与非门 4 输出就是电路的输

出 S。非门的输入来自与非门 1 的输出，非门的输出就是电路的输出 C。

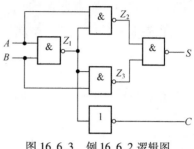

其次，根据上述分析写出与非门的逻辑表达式为

$$Z_1 = \overline{AB}$$
$$Z_2 = \overline{A\,\overline{AB}}$$
$$Z_3 = \overline{B\,\overline{AB}}$$
$$Z_4 = S = \overline{Z_2 Z_3} = A\,\overline{AB} + B\,\overline{AB}$$

经化简，得

图 16.6.3　例 16.6.2 逻辑图

$$S = A\overline{B} + \overline{A}B$$
$$C = \overline{Z_2} = AB$$

从表达式可以看出，S 是 A 和 B 的异或，C 是 A 和 B 的与。但很难看出电路的功能。根据逻辑表达式可得真值表，见表 16.6.2。

表 16.6.2　例 16.6.2 真值表

输　入		输　出	
A	B	S	C
0	0	0	0
0	1	1	0
1	0	1	0
1	1	0	1

通过观察真值表，可以发现这是一个半加器，S 为和数，C 为进位数。

能够判断出这个电路是因为我们之前已经学过了半加器，试想如果我们根本就不知道半加器，那么通过观察确定功能是非常困难的。

[例 16.6.3]　分析图 16.6.4 所示电路的逻辑功能，输入信号 A、B、C、D 是一组二进制代码。

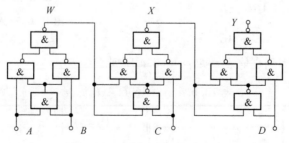

图 16.6.4　例 16.6.3 逻辑图

通过观察，图 16.6.4 中电路由 3 个相同的部分构成，每个部分由 4 个与非门组成。在分析时根据代入原则，可将这个相同的部分作为一个整体来分析，就像程序设计中的子函数。分别定义这 3 个部分的输出为 W、X 和 Y，其中 Y 就是电路的输出。

首先写出 W 的表达式：

$$W = \overline{\overline{A \cdot \overline{AB}} \cdot \overline{\overline{ABB}}}$$

经化简 $W = A \oplus B$，可见 X 就是 W 和 C 的异或，Y 就是 X 和 D 的异或，最终得到 Y 的表达式：

$$Y = A \oplus B \oplus C \oplus D$$

根据表达式可得真值表，如表 16.6.3 所列。

表 16.6.3 例 16.6.3 真值表

A	B	C	D	Y	A	B	C	D	Y
0	0	0	0	0	1	0	0	0	1
0	0	0	1	1	1	0	0	1	0
0	0	1	0	1	1	0	1	0	0
0	0	1	1	0	1	0	1	1	1
0	1	0	0	1	1	1	0	0	0
0	1	0	1	0	1	1	0	1	1
0	1	1	0	0	1	1	1	0	1
0	1	1	1	1	1	1	1	1	0

观察真值表可以看出，当输入四位代码中 1 的个数为奇数时输出为 1，为偶数时输出为 0，因此这是一个奇偶检验电路。

[例 16.6.4] 试分析图 16.6.5 所示组合逻辑电路的逻辑功能。

电路有 3 个输入 A、B 和 C，有 3 个输出 X、Y 和 Z。其中 X 等于 A。通过电路的分析可以写出 Y 和 Z 的表达式：

$$Y = \overline{\overline{A\overline{B}} \cdot \overline{\overline{A}B}}$$

$$Z = \overline{\overline{A\overline{C}} \cdot \overline{\overline{A}C}}$$

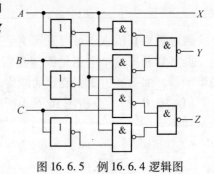

图 16.6.5 例 16.6.4 逻辑图

经表达式变换可将 Y 和 Z 写成最简的形式：

$$Y = A\overline{B} + \overline{A}B$$

$$Z = A\overline{C} + \overline{A}C$$

根据表达式可以得到真值表，如表 16.6.4 所列。

表 16.6.4 例 16.6.4 真值表

A	B	C	X	Y	Z	A	B	C	X	Y	Z
0	0	0	0	0	0	1	0	0	1	1	1
0	0	1	0	0	1	1	0	1	1	1	0
0	1	0	0	1	0	1	1	0	1	0	1
0	1	1	0	1	1	1	1	1	1	0	0

通过观察真值表可以得到，这个电路逻辑功能是对输入的二进制码求反码。最高位

为符号位，0 表示正数，1 表示负数，正数的反码与原码相同；负数的数值部分是在原码的基础上逐位求反。

16. 6. 2 组合逻辑电路的设计

数字电路的设计就是根据实际工程中面临的问题，提出解决方案并予以解决的过程。面对一个工程实际问题，首先要研究其解决所需的技术手段。工程中往往采用组合逻辑电路来解决一般逻辑问题，采用时序逻辑电路来解决复杂的逻辑问题。因此，组合逻辑电路的设计是数字电路设计的基础。

组合逻辑电路设计的目标是求出所要求逻辑功能的最简单逻辑电路。电路要最简是指所用器件数最少，器件种类最少，器件之间的连线也最少。常用的组合逻辑电路设计方法主要有采用门电路进行设计和采用中规模逻辑器件进行设计两种。

1. 用门电路进行组合逻辑电路设计

采用门电路进行组合逻辑电路设计时，要求所用门的数目最少，且门的输入端数目也最少。在实际设计过程中要特别注意，虽然逻辑表达式中并没有对项数和每一项中有多少逻辑变量进行限制，但是实际当中可以使用的门电路有着固定的输入端个数和驱动能力。必须根据所能使用的器件对表达式进行变换才能达到设计目标。虽然中大规模器件的应用日益普遍，但采用门电路进行逻辑电路的设计方法仍属基本设计方法。组合逻辑电路设计的过程与分析的过程相反，步骤如下：

（1）逻辑抽象，根据实际逻辑问题的因果关系确定输入、输出变量，并定义逻辑状态的含义；

（2）根据逻辑描述列出真值表；

（3）由真值表写出逻辑表达式；

（4）根据器件的类型，简化和变换逻辑表达式；

（5）画出逻辑图；

（6）仿真与实验验证。

下面通过几个例子进一步说明采用门电路进行组合逻辑电路设计的方法。

[例 16.6.5] 设计一个监视交通信号灯工作状态的逻辑电路。正常情况下，红、黄、绿灯只有一个亮，否则视为故障状态，发出报警信号，提醒有关人员修理。

根据设计步骤，首先要进行逻辑抽象，也就是说要从设计要求中确定哪些是输入、哪些是输出、分别用什么表示。从题中可以看到存在状态变化的有红、黄、绿 3 个灯以及报警信号。因此，可以得到输入变量是 3 个灯的状态，输出变量是报警信号的状态。接下来就需要用逻辑变量表示这些输入状态，而这些定义是根据工程需要以及设计使用的器件而确定的。在这里我们定义：

输入：R（红灯）、Y（黄灯）、G（绿灯），用逻辑 1 表示亮，用逻辑 0 表示灭；

输出：Z（报警信号），用逻辑 1 表示有报警，用逻辑 0 表示无报警。

当然，也可以将灯的亮定义为逻辑 0，那么最后得到的逻辑关系就不同，设计出的电路也不同，但都能实现相同功能。合理的逻辑抽象能够使电路简单可靠，不合理的逻辑抽象会使得电路复杂、成本增加。合理地进行逻辑定义往往需要依靠设计者自身的工程经验。

通过逻辑定义，写出真值表，按输入变化逐个情况分析输出的取值。根据分析，当交通灯正常工作时同一时间只有一个灯亮，那么当有两个以上的灯亮的情况都属于故障，此时 Z 等于 1，见表 16.6.5。

表 16.6.5　例 16.6.5 真值表

R	Y	G	Z	R	Y	G	Z
0	0	0	1	1	0	0	0
0	0	1	0	1	0	1	1
0	1	0	0	1	1	0	1
0	1	1	1	1	1	1	1

根据真值表画卡诺图，如图 16.6.6 所示。

化简得到最简表达式为

$$Z = \overline{R}\,\overline{YG} + RY + RG + YG$$

根据表达式可画出逻辑图，如图 16.6.7 所示。

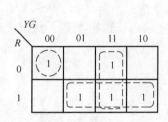

图 16.6.6　例 16.6.5 卡诺图

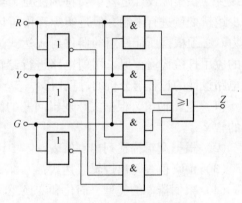

图 16.6.7　例 16.6.5 逻辑图

根据逻辑图可选用 74LS08 与门、74LS11 与门、74LS04 非门以及 74LS32 或门来实现例 16.6.5 中提出的设计要求。

[**例 16.6.6**]　有一火灾报警系统，设有烟感、温感和紫外光感 3 种不同类型的火灾探测器。为了防止误报警，只有当其中有两种或两种类型以上的探测器发出火灾探测信号时，报警系统发出报警信号。试设计产生报警信号的逻辑电路。

根据题目要求首先进行逻辑抽象：

输入变量（A、B、C）：烟感、温感和紫外光感 3 种探测器的探测信号。"1"：表示有火灾探测信号，"0"：表示没有火灾探测信号。

输出（F）：电路的报警信号。"1"：产生报警信号，"0"：不产生报警信号。

根据逻辑定义，可知这是一个典型的少数服从多数问题，即当多数条件成立时，事件成立。在这里当两个或两个以上输入为 1 时，输出为 1，真值表见表 16.6.6。

根据真值表画卡诺图，如图 16.6.8 所示。

表 16.6.6　例 16.6.6 真值表

A	B	C	F	A	B	C	F
0	0	0	0	1	0	0	0
0	0	1	0	1	0	1	1
0	1	0	0	1	1	0	1
0	1	1	1	1	1	1	1

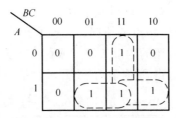

图 16.6.8　例 16.6.6 卡诺图

化简得到最简表达式：

$$Z = AB + AC + BC$$

此时如果仅使用与非门来实现电路，则需对表达式进行变换：

$$Z = \overline{\overline{AB} \cdot \overline{AC} \cdot \overline{BC}}$$

图 16.6.9 给出了使用 74LS00 和 74LS10 实现的逻辑图。

此时如果仅使用或非门来实现电路，则需对表达式进行变换：

$$Z = \overline{\overline{\bar{A} + \bar{B}} + \overline{\bar{A} + \bar{C}} + \overline{\bar{B} + \bar{C}}}$$

图 16.6.10 给出了使用 74LS02 和 74LS27 实现的逻辑图。

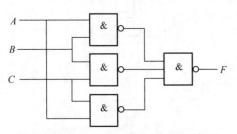

图 16.6.9　例 16.6.6 与非门实现逻辑图

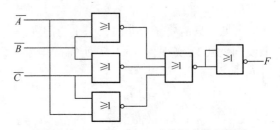

图 16.6.10　例 16.6.6 或非门实现逻辑图

[**例 16.6.7**]　如图 16.6.11 所示，水槽由两台水泵 L_1、L_2 供水。A、B、C 为 3 个水位检测仪，当水位低于水位检测仪时，它们输出高电平，当水位高于水位检测仪时，它们输出低电平。试用逻辑门设计一个控制两台水泵供水的电路，要求：

（1）当水位超过 C 点时，水泵 L_1、L_2 均停止工作；

（2）当水位超过 B 点，低于 C 点时，仅 L_1 工作；

（3）当水位超过 A 点，低于 B 点时，仅 L_2 工作；

（4）当水位低于 A 点时，水泵 L_1、L_2 同时工作。

首先根据题目进行逻辑抽象：

输入变量（A、B、C）：3 个检测仪的输出。

逻辑 1：水位低于水位检测仪；

逻辑 0：水位高于水位检测仪。

输出变量（L_1，L_2）：两个水泵。

逻辑 1：水泵工作；

逻辑 0：水泵不工作。

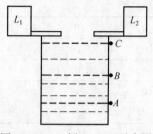

图 16.6.11　例 16.6.7 示意图

根据题目的 4 点要求，按输入变化逐个情况分析输出的取值。由于不存在水位同时高于 C 点低于 B 点、高于 C 点低于 A 点、高于 B 点低于 A 点的情况，因此真值表中有 4 项不存在，用×表示。这就是我们在学习卡诺图时，介绍的约束条件（或称为无关项），这些情况都是自然界中不可能发生，可以用来化简函数得到更简单的电路，真值表见表 16.6.7。

表 16.6.7　例 16.6.7 真值表

A	B	C	L_1	L_2	A	B	C	L_1	L_2
0	0	0	0	0	1	0	0	×	×
0	0	1	1	0	1	0	1	×	×
0	1	0	×	×	1	1	0	×	×
0	1	1	0	1	1	1	1	1	1

根据真值表画卡诺图，如图 16.6.12 所示。

通过卡诺图可得

$$L_1 = A + \overline{B}C$$

$$L_2 = B$$

可见，只需要一个非门、一个与门和一个或门就可以实现例 16.6.7 所需的电路。对 L_1 两次取反，可得

$$L_1 = \overline{\overline{A}\,\overline{\overline{B}C}}$$

这样一来，L_1 仅需要 2 个两输入的与非门，而 A 和 B 的反变量形式只需用与非门的两个输入端接在一起作非门就可以得到。这样一来可以用一片 74LS08 来实现例 16.6.7 的要求。

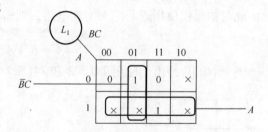

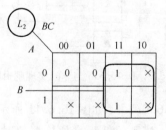

图 16.6.12　例 16.6.7 卡诺图

2. 用中规模集成电路进行组合逻辑电路设计

采用中规模集成器件进行组合逻辑电路设计时，要求使用中规模器件的数目最少、品种最少以及集成电路间的连线也最少。在实际设计当中，仅依靠中规模集成电路往往不能达到实际目的，经常会使用一些门电路辅助中规模器件完成设计功能。设计的好坏直接决定了所用门电路的数目以及电路的复杂性。在组合电路中常以译码器和数

据选择器作为通用核心器件实现组合逻辑函数，而一些特殊的功能（如数值运算等）则需要用到一些特殊中规模器件。以中规模集成电路为核心的组合逻辑电路设计步骤如下：

（1）逻辑抽象。根据实际逻辑问题的因果关系确定输入、输出变量，并定义逻辑状态的含义。

（2）根据逻辑描述列出真值表。

（3）由真值表写出逻辑表达式。

（4）根据器件的类型，将逻辑表达式变换为和拟选中规模器件的逻辑函数相同的形式。力求所选器件的逻辑函数与需要产生的逻辑函数在形式上完全一致，如果所选器件的逻辑函数比所需产生的逻辑函数更宽裕，则需对器件多于输入进行处理以达到要求。如果所选器件的逻辑函数仅为所需逻辑函数的一部分，那么应考虑增加片数和增加其他电路来实现。如果所需逻辑函数与所选器件逻辑函数相差较大，那么应考虑更换器件类型或采用门电路来进行设计。

（5）画出逻辑图。

（6）仿真与实验验证。

在用中规模逻辑器件设计组合逻辑逻辑电路中，常采用的方法有，以二进制译码器为核心的设计方法、以数据选择器为核心的设计方法、以静态存储器为核心的设计方法和以特殊功能器件为核心的设计方法。一般情况下，单输出逻辑函数可用数据选择器来实现，多输出逻辑函数可用二进制译码器来实现，以静态存储器为核心的设计方法在后续章节中介绍。

二进制译码器的基本原理和功能在 16.4.2 节中已经详细介绍过了，下面以常用的二进制译码器 74LS138 为例介绍如何使用二进制译码器实现多输出逻辑函数。74LS138 的功能表如表 16.6.8 所列。

表 16.6.8　74LS138 功能表

输入					输出							
使能		选择										
G1	G2(注1)	C	B	A	Y0	Y1	Y2	Y3	Y4	Y5	Y6	Y7
×	H	×	×	×	H	H	H	H	H	H	H	H
L	×	×	×	×	H	H	H	H	H	H	H	H
H	L	L	L	L	L	H	H	H	H	H	H	H
H	L	L	L	H	H	L	H	H	H	H	H	H
H	L	L	H	L	H	H	L	H	H	H	H	H
H	L	L	H	H	H	H	H	L	H	H	H	H
H	L	H	L	L	H	H	H	H	L	H	H	H
H	L	H	L	H	H	H	H	H	H	L	H	H
H	L	H	H	L	H	H	H	H	H	H	L	H
H	L	H	H	H	H	H	H	H	H	H	H	L
注：G2 = G2A + G2B												

根据 74LS138 的功能表首先写出各输出端的逻辑函数，由于 74LS138 输出低电平有效，按正逻辑可以认为输出的是反变量，由此可写出 $\overline{Y}_0 \sim \overline{Y}_7$ 的逻辑函数式：

$$\overline{Y}_0 = \overline{\overline{A}_2 \cdot \overline{A}_1 \cdot \overline{A}_0}, \ \overline{Y}_1 = \overline{\overline{A}_2 \cdot \overline{A}_1 \cdot A_0}, \ \overline{Y}_2 = \overline{\overline{A}_2 \cdot A_1 \cdot \overline{A}_0}, \ \overline{Y}_3 = \overline{\overline{A}_2 \cdot A_1 \cdot A_0}$$

$$\overline{Y}_4 = \overline{A_2 \cdot \overline{A}_1 \cdot \overline{A}_0}, \ \overline{Y}_5 = \overline{A_2 \cdot \overline{A}_1 \cdot A_0}, \ \overline{Y}_6 = \overline{A_2 \cdot A_1 \cdot \overline{A}_0}, \ \overline{Y}_7 = \overline{A_2 \cdot A_1 \cdot A_0}$$

由表达式可以看出，每一个输出对应于一个输入的组合，每一个组合都是一个最小项的非，因此，74LS138 输出逻辑函数的通式可写为

$$\overline{Y}_n = \overline{m_n}$$

可见，每一个输出对应于一个最小项，而任何组合逻辑函数都可以写为最小项和的形式，那么采用二进制译码器进行组合逻辑设计就是找出需设计的逻辑函数有哪些最小项，然后从二进制译码器的输出找到这些最小项然后进行或运算。对于 74LS138 输出的是反变量，对应于最小项的非，因此需要进行与非运算才能得到最小项的和。

[**例 16.6.8**] 用一片 74LS138 实现函数 $L = A\overline{C} + \overline{A}\overline{B}$。

首先将函数式变换为最小项之和的形式：

$L = \overline{A}\overline{B}\overline{C} + \overline{A}B\overline{C} + AB\overline{C} + ABC$

$= m_0 + m_2 + m_6 + m_7$

然后根据所选器件输出逻辑函数形式，将 L 进行变换：

$L = \overline{\overline{m_0 + m_2 + m_6 + m_7}}$

$= \overline{\overline{m_0} \cdot \overline{m_2} \cdot \overline{m_6} \cdot \overline{m_7}}$

$= \overline{\overline{Y}_0 \cdot \overline{Y}_2 \cdot \overline{Y}_6 \cdot \overline{Y}_7}$

可见当输入变量 ABC 由 74LS138 的地址输入端输入时，L 由 74LS138 的输出端 $\overline{Y}_0$、$\overline{Y}_2$、$\overline{Y}_6$ 和 $\overline{Y}_7$ 进行与非运算得到，逻辑电路如图 16.6.13 所示。

由于在计算最小项时，A 作为高位，所以在逻辑电路输入端 A 应接高位，即 A_2。由于只需添加与非门就能方便实现逻辑函数，因此二进制译码器能够方便地实现多输出逻辑函数。

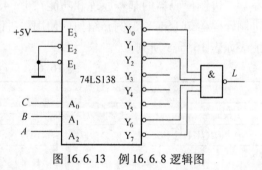

图 16.6.13 例 16.6.8 逻辑图

[**例 16.6.9**] 用 74LS138 实现多输出逻辑函数：

$$\begin{cases} L_1 = A\overline{C} + \overline{A}BC + \overline{A}B\overline{C} \\ L_2 = BC + \overline{A}\overline{B}C \\ L_3 = \overline{A}B + \overline{A}\overline{B}C \end{cases}$$

首先，计算每个输出的标准表达式，将函数表达式写成最小项之和的形式：

$$\begin{cases} L_1 = AB\overline{C} + A\overline{B}\overline{C} + \overline{A}BC + \overline{A}B\overline{C} = m_3 + m_4 + m_5 + m_6 \\ L_2 = ABC + \overline{A}BC + \overline{A}\overline{B}C = m_1 + m_3 + m_7 \\ L_3 = \overline{A}BC + \overline{A}B\overline{C} + \overline{A}\overline{B}C = m_2 + m_3 + m_5 \end{cases}$$

然后根据所选器件输出逻辑函数形式，将 L 进行变换：

$L_1 = \overline{\overline{Y_3} \cdot \overline{Y_4} \cdot \overline{Y_5} \cdot \overline{Y_6}}$

$L_2 = \overline{\overline{Y_1} \cdot \overline{Y_2} \cdot \overline{Y_7}}$

$L_3 = \overline{\overline{Y_2} \cdot \overline{Y_3} \cdot \overline{Y_5}}$

逻辑图如图 16.6.14 所示。

[例 16.6.10]　试用 74LS138 重新设计例 16.6.5 中的交通信号故障检测电路。

按例 16.6.5 中逻辑抽象和真值表可得输出逻辑表达式：

$$Z = m_0 + m_3 + m_5 + m_6 + m_7$$

将 Z 进行形式变换：

$$Z = \overline{\overline{Y_0} \cdot \overline{Y_3} \cdot \overline{Y_5} \cdot \overline{Y_6} \cdot \overline{Y_7}}$$

逻辑图如图 16.6.15 所示。

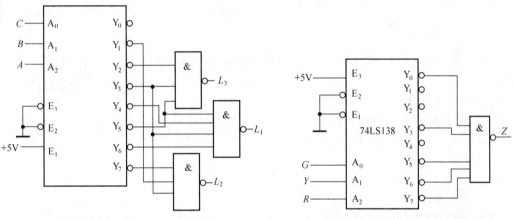

图 16.6.14　例 16.6.9 逻辑图　　　　图 16.6.15　例 16.6.10 逻辑图

由例 16.6.10 可见，采用中规模器件在设计上更为简单，所用芯片数目、种类较少，可靠性高。采用二进制译码器的优点是可以方便地实现多输出函数，但其输出函数是固定的，灵活性不足。而数据选择器能够更灵活地实现单输出的逻辑函数，下面以 74LS151 为例介绍使用数据选择器实现逻辑函数的方法。

74LS151 是 8 选 1 数据选择器，其基本功能在 16.5.1 节中已经介绍过了，表 16.6.9 给出了 74LS151 的功能表。

表 16.6.9　74LS151 功能表

$\overline{E}$	A_2	A_1	A_0	D_7	D_6	D_5	D_4	D_3	D_2	D_1	D_0	Y	$\overline{Y}$
H	×	×	×	×	×	×	×	×	×	×	×	L	H
L	L	L	L	L	×	×	×	×	×	×	×	L	H
L	L	L	L	H	×	×	×	×	×	×	×	H	L
L	L	L	H	×	L	×	×	×	×	×	×	L	H
L	L	L	H	×	H	×	×	×	×	×	×	H	L
L	L	H	L	×	×	L	×	×	×	×	×	L	H

（续）

$\bar{E}$	A_2	A_1	A_0	D_7	D_6	D_5	D_4	D_3	D_2	D_1	D_0	Y	$\bar{Y}$
L	L	H	L	×	×	×	×	×	H	×	×	H	L
L	L	H	H	×	×	×	×	L	×	×	×	L	H
L	L	H	H	×	×	×	×	H	×	×	×	H	L
L	H	L	L	×	×	×	L	×	×	×	×	L	H
L	H	L	L	×	×	×	H	×	×	×	×	H	L
L	H	L	H	×	×	L	×	×	×	×	×	L	H
L	H	L	H	×	×	H	×	×	×	×	×	H	L
L	H	H	L	×	L	×	×	×	×	×	×	L	H
L	H	H	H	L	×	×	×	×	×	×	×	L	H
L	H	H	H	H	×	×	×	×	×	×	×	H	L

Y 和 $\bar{Y}$ 是互补输出，根据 74LS151 的功能表可以写出输出 $\bar{E}$ 为低电平时，Y 的逻辑函数式：

$$Y = D_0\bar{A}_2\bar{A}_1\bar{A}_0 + D_1\bar{A}_2\bar{A}_1A_0 + D_2\bar{A}_2A_1\bar{A}_0 + D_3\bar{A}_2A_1A_0 + D_4A_2\bar{A}_1\bar{A}_0 + D_5A_2\bar{A}_1A_0$$
$$+ D_6A_2A_1\bar{A}_0 + D_7A_2A_1A_0$$

如果将 A_2、A_1 和 A_0 作为逻辑函数的输入，那么 Y 可以写为最小项的加权和形式：

$$Y = D_0m_0 + D_1m_1 + D_2m_2 + D_3m_3 + D_4m_4 + D_5m_5 + D_6m_6 + D_7m_7$$
$$= \sum_{i=0}^{7} D_im_i$$

输入 D_i 可以看作权值，由于 D_i 只有 0 和 1 两种取值，因此 D_i 实际上决定了 Y 有哪些最小项组成，改变 D_i 的值就改变了 Y 所包含的最小项，从而改变了 Y 的逻辑函数。采用数据选择器设计组合逻辑电路，实际上就是根据逻辑函数的标准式确定 D_i 的取值，将相应取 1 的数据输入端接高电平，取 0 的数据输入端接地。数据选择器的地址输入端作为电路的输入端即可完成所需设计。为了更直观确定到底哪些数据输入端应接高电平、哪些接地，常将数据选择器的逻辑函数表示为卡诺图形式，如图 16.6.16 所示。

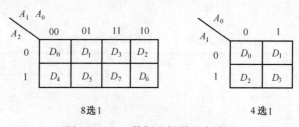

图 16.6.16　数据选择器的卡诺图

由图 16.6.16 可见，卡诺图中每个方格代表一个最小项，在这里也同时对应于数据选择器的一个数据输入端。每个方格中的值代表在该最小项输入情况下逻辑函数的值，而在这里，这个值对应于数据选择器数据输入端应输入的值。可见，只要得到卡诺图，就能很方便地得到设计结果。

[**例** 16.6.11]　试用 8 选 1 数据选择器 74LS151 产生逻辑函数 $L = \bar{X}YZ + X\bar{Y}Z + XY$。

首先写出 L 标准与或式：

$$L = \bar{X}YZ + X\bar{Y}Z + XYZ + XY\bar{Z}$$
$$= m_3 + m_5 + m_6 + m_7$$

74LS151 输出 Y 的表达式为

$$Y = D_0 m_0 + D_1 m_1 + D_2 m_2 + D_3 m_3 + D_4 m_4 + D_5 m_5 + D_6 m_6 + D_7 m_7$$

对比 L 和 Y，可以得到当 $D_3 = D_5 = D_6 = D_7 = 1$，$D_0 = D_1 = D_2 = D_4 = 0$ 时，$Y = L$。逻辑图如图 16.6.17 所示。

[**例** 16.6.12]　试用 74LS151 重新设计例 16.6.5 中的交通信号故障检测电路。

按例 16.6.5 中逻辑抽象和真值表可得输出逻辑表达式：

$$Z = m_0 + m_3 + m_5 + m_6 + m_7$$

74LS151 输出 Y 的表达式为

$$Y = D_0 m_0 + D_1 m_1 + D_2 m_2 + D_3 m_3 + D_4 m_4 + D_5 m_5 + D_6 m_6 + D_7 m_7$$

对比 Z 和 Y，可以得到当 $D_0 = D_3 = D_5 = D_6 = D_7 = 1$，$D_1 = D_2 = D_4 = 0$ 时，$Y = Z$。逻辑图如图 16.6.18 所示。

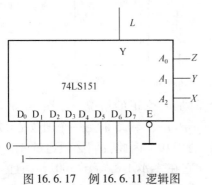

图 16.6.17　例 16.6.11 逻辑图

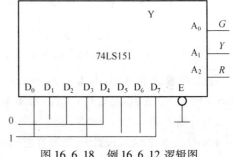

图 16.6.18　例 16.6.12 逻辑图

通过以上两个例子可以看出，数据选择器相对于译码器更为灵活，当动态改变数据输入端电平时，输出逻辑函数也随之改变，并且几乎不需要外加辅助门电路就能完成逻辑函数。但是，数据选择器的主要缺点是只能实现单输出逻辑函数，如果需要实现多输出逻辑函数就需要多片数据选择器。

除了译码器和数据选择器以外，还有很多功能各异的中规模组合逻辑器件，这些器件不宜作为通用逻辑设计的核心器件，但是对于一些特殊功能采用相应的组合逻辑器件可以达到事半功倍的效果。使用这些中规模器件进行组合逻辑设计并没有通用的方法可遵循，需要依靠多年的工程经验和芯片手册中的典型应用进行设计。下面仅举一个例子说明这一问题。

[**例** 16.6.13]　8421BCD 码 $A_3 A_2 A_1 A_0 \cdot a_3 a_2 a_1 a_0$，其中 $a_3 a_2 a_1 a_0$ 是小数部分，$A_3 A_2 A_1 A_0$ 是整数部分，试设计一个电路将该数四舍五入。

分析题目中的要求，四舍五入就是当 $a_3 a_2 a_1 a_0 > 4$ 时，$A_3 A_2 A_1 A_0 + 1$。要实现这个功能，可将设计分解为两步：比较和相加。由于 8421BCD 码进行加法运算当结果大于 9 时，有一位 8421BC 码变为两位，需进行加 6 运算，因此还需判断当 $A_3 A_2 A_1 A_0$ 加 1 后有没有溢出。

这里应用我们已经学过的数值比较器 74LS85 和加法器 74LS283 来进行设计。由 74LS85 进行比较，由 74LS283 进行加法运算。要求电路当 $a_3 a_2 a_1 a_0 > 4$ 时，对整数部分加 1。在该数 $A_3 A_2 A_1 A_0 . a_3 a_2 a_1 a_0 \geqslant 9.5$ 时，要对整数部分加 0110。

首先使用 74LS85 对 $a_3 a_2 a_1 a_0$ 和 0100 进行比较，由于只有 $a_3 a_2 a_1 a_0$ 大的时候才需进一步运算，因此只需要 74LS85 的输出端 $F(A>B)$ 作为比较的结果。相加部分实际上要进行 3 个数的加法，即 $A_3 A_2 A_1 A_0$、四舍五入后的进位 1 和如果 $A_3 A_2 A_1 A_0 \cdot a_3 a_2 a_1 a_0 \geqslant 9.5$ 时的修正 B（$B_3 B_2 B_1 B_0 = 0110$）。由于四舍五入后的进位只有一位，因此先将四舍五入后的进位接至 74LS283 的低位进位端 CI，如图 16.6.19 所示。

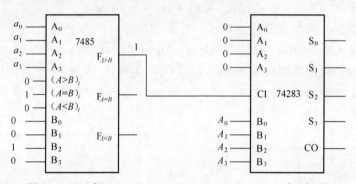

图 16.6.19　例 16.6.13 $A_3 A_2 A_1 A_0 \cdot a_3 a_2 a_1 a_0 < 9.5$ 时逻辑图

下面要解决在 $A_3 A_2 A_1 A_0 \cdot a_3 a_2 a_1 a_0 \geqslant 9.5$ 时加入修正的情况，由图 16.6.19 可见 74LS283 的一个加数是 $A_3 A_2 A_1 A_0$，当 $A_3 A_2 A_1 A_0 \cdot a_3 a_2 a_1 a_0 < 9.5$ 时另一个加数是 0000，而当 $A_3 A_2 A_1 A_0 \cdot a_3 a_2 a_1 a_0 \geqslant 9.5$ 时另一个加数应该是 0110。因此我们必须通过 $A_3 A_2 A_1 A_0$ 和 $F(A>B)$ 这 5 个输入设计一个组合逻辑函数，使它在 $A_3 A_2 A_1 A_0$ 等于 1001，并且 $F(A>B)$ 等于 1 时输出 0110 而其他时候都输出 0000。列出真值表，如表 15.6.10 所列。

表 16.6.10　例 16.6.13 修正数真值表

A_3	A_2	A_1	A_0	$F(A>B)$	B_3	B_2	B_1	B_0
1	0	0	1	1	0	1	1	0
×	×	×	×	×	0	0	0	0

由真值表可得

$$B_3 = 0$$
$$B_2 = A_3 A_0 F(A>B)$$
$$B_1 = A_3 A_0 F(A>B)$$
$$B_0 = 0$$

可见通过一个三输入与门就可以产生修正数 B，完整逻辑图如图 16.6.20 所示，输出为 74LS283 的输出 CO $S_3 S_2 S_1 S_0$。

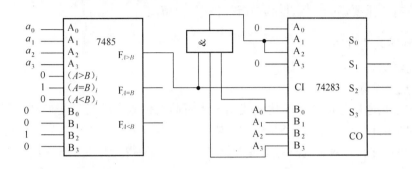

图 16.6.20　例 16.6.13 逻辑图

16.6.3　组合逻辑电路的冒险现象

前面讨论组合逻辑图电路时，只研究输入和输出之间的稳态关系，没有考虑传输延迟时间。实际上由于存在传输延迟，信号经不同路径，到达同一个门的时间有早有晚，这种时间 差别现象称为竞争。有些竞争不会产生输出错误，称为非临界竞争；有些竞争要产生输出错误，称为临界竞争，或称为逻辑冒险现象。

1. 竞争和冒险

有竞争现象不一定都会产生冒险，如果信号的传输途径不同，或各信号延时时间存在差异，信号变化存在互补性等原因都很容易产生冒险现象。电路输出端的逻辑函数表达式，在一定条件下可以简化成两个互补信号相乘或者相加，即 $L = A \cdot \bar{A}$ 或 $L = A + \bar{A}$，并且在互补信号的状态发生变化时可能出现冒险现象。图 16.6.21 给出了两种类型的冒险。

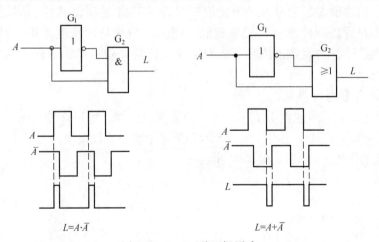

图 16.6.21　两种逻辑冒险

从图中可以看到当出现 $L = A \cdot \bar{A}$ 的情况时，将在输出中产生向上脉冲，也就是产生错误的逻辑 1，因此这种冒险称为 1 型冒险。在 $L = A + \bar{A}$ 中，产生错误的逻辑 0，称为 0 型冒险。而在设计过程中很容易就会引入冒险。如图 16.6.22 所示的逻辑图，当 $A = B = 1$

时，$L = C + \overline{C}$，为两个互补信号相加，该电路存在竞争冒险。在实际工程中，冒险对系统的可靠运行有着重要影响，因此必须在设计时加以解决。

2. 消除冒险的方法

常用的消除冒险方法有 3 种。

1）发现并消除互补变量

这种方法是通过分析逻辑表达式找出发生冒险的因素，并通过变换逻辑函数的形式达到消除冒险的目的。如图 16.6.23 所示逻辑图，$L = (A + B)(\overline{A} + C)$。当 $B = C = 1$ 时，$L = A \cdot \overline{A}$，显然存在冒险。这时对逻辑函数进行变换，使得 $L = AB + \overline{A}C + BC$，这样的结构就不会产生冒险了。

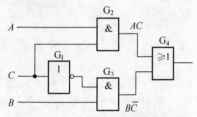

图 16.6.22 存在冒险的逻辑结构

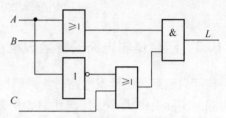

图 16.6.23 发现并消除互补变量逻辑图

2）增加乘积项，避免互补项相加

对于复杂的逻辑函数，一般很难分析、变换其逻辑表达式。通过卡诺图添加乘积项可以很直观地解决冒险问题。如图 16.6.22 所示逻辑图，$L = AC + B\overline{C}$，当 $A = B = 1$ 时，$L = C + \overline{C}$ 产生冒险。画出其卡诺图，如图 16.6.24 所示。可以发现在化简时，有两个相邻的圈，这两个相邻的圈没有公共的方格，这样的情况就表示在一定输入情况下会产生冒险。因此必须添加一项，使两个圈有相交的部分，如图 16.6.24 中虚线部分就是所需添加的项。在学习卡诺图化简时要求表达式越简单越好，那是因为表达式越简单就意味着所需硬件越少，成本越低。而从冒险现象的角度来讲，最简表达式并不意味着最优设计，在大多数情况下，为保证电路的可靠工作，不得不在成本、速度、性能方面做出让步。

3）输出端并联电容器

如果逻辑电路在较慢速度下工作，为了消去竞争冒险，可以在输出端并联一电容器，其容量为 4pF ~ 20pF。这使输出波形上升沿和下降沿变化比较缓慢，可对于很窄的负跳变脉冲起到平波的作用，如图 16.6.25 所示。

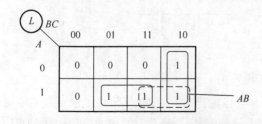

图 16.6.24 应用卡诺图消除冒险

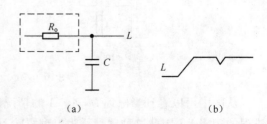

（a）   （b）

图 16.6.25 并联电容消除冒险

第17章

触发器和时序逻辑电路

17.1 锁存器

锁存器是对脉冲电平敏感的电路，它们在一定电平作用下改变状态。基本 SR 锁存器由输入信号电平直接控制其状态，传输门控或逻辑门控锁存器在使能电平作用下由输入信号决定其状态。在使能信号作用期间，门控锁存器输出跟随输入信号变化而变化。

17.1.1 基本 SR 锁存器

用两与非门构成的基本 SR 锁存器的逻辑符号如图 17.1.1 所示。

基本 SR 锁存器的 S 置 1 端和 R 置 0 端能随时直接改变 Q 和 $\overline{Q}$ 的状态。S 和 R 两输入端上的小圆圈表示它们是低电平有效，即 $S=0$，$R=1$ 时，$Q=1$，$\overline{Q}=0$；$S=1$，$R=0$ 时，$Q=0$，$\overline{Q}=1$；当 $S=R=0$ 时，$Q=\overline{Q}=1$，在两输入信号都同时回到 1 后，触发器的状态不能确定，因此要避免 $S=R=0$。

17.1.2 逻辑门控 SR 锁存器

逻辑符号如图 17.1.2 所示，逻辑门控 SR 锁存器在 $E=1$ 时，其功能与基本 SR 锁存器一致。此时，若输入信号 $S=R=1$，则 $Q=\overline{Q}=0$，锁存器处于不确定状态。当 $E=0$ 时，S、R 端的电平不影响锁存器的状态。

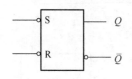

图 17.1.1　SR 锁存器逻辑符号

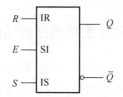

图 17.1.2　逻辑门控 SR 锁存器

17.1.3 D 锁存器

逻辑符号如图 17.1.3 所示，D 锁存器的功能如表 17.1.1 所列。

表 17.1.1 D 锁存器功能

E	D	Q	$\overline{Q}$	功能
0	×	不变	不变	保持
1	0	0	1	置0
1	1	1	0	置1

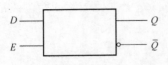

图 17.1.3　D 锁存器逻辑符号

17.2　时序逻辑电路

17.2.1　时序逻辑电路的结构及特点

时序电路由组合电路和存储电路两部分组成。前面的章节介绍了组合逻辑电路,存储电路具有记忆功能,通常由触发器组成。时序电路通常有 4 组信号——外部输入 X、外部输出 Z、激励信号 Y、内部状态 Q;有 3 组方程——激励方程、输出方程和状态方程。但是实际的时序电路不一定都具备完整的结构形式,有的时序电路可以没有外输入变量(比如计数器),有的输出仅取决于电路的内部状态,而与外输入没有直接关系(比如 Moore 型电路),还有的电路没有组合电路部分(比如环型计数器)等,但只要是时序电路,就必须包含存储电路,且输出必定与电路的状态有关。

17.2.2　时序逻辑电路的分类

按照时钟输入的方式不同,时序逻辑电路可分为同步时序电路和异步时序电路两类。在同步时序逻辑电路中,只有一个统一的时钟脉冲,所有触发器的状态变化都发生在该时钟脉冲到达时刻;而在异步时序逻辑电路中,各触发器没有统一的时钟信号,各触发器的状态变化不是同时发生的。

按照输出信号的不同特点,时序逻辑电路又可以分为米利(Mealy)型和穆尔(Moore)型两种。电路的现时输出不仅决定于存储电路的现态,而且还与现时输入有关,这种时序电路称为米利型电路;而输出只与存储电路的现态有关的时序电路称为穆尔型电路。

17.2.3　时序逻辑电路的功能描述方法

在图 17.2.1 所示的时序逻辑电路结构框图中,包括组合逻辑电路和具有记忆功能的存储电路。

输出变量 y_1, y_2, y_3, $\cdots$, y_b, 合称输出矢量 $Y(t)$。

输入变量 x_1, x_2, x_3, $\cdots$, x_a, 合称输入矢量 $X(t)$。

图 17.2.1　时序逻辑电路结构框图

同样，存储电路的输入、输出称为矢量 $\boldsymbol{P}(t)$ 和矢量 $\boldsymbol{Q}(t)$。

按照结构图，我们可以列出 3 组方程：设 $tn+1$、tn 分别为相邻的两个离散的时间瞬间。

矢量 $\boldsymbol{Y}(tn)$ 是 $\boldsymbol{X}(tn)$、$\boldsymbol{Q}(tn)$ 的函数，称输出方程（时序逻辑电路输出函数的表达式）。

矢量 $\boldsymbol{P}(tn)$ 是 $\boldsymbol{X}(tn)$、$\boldsymbol{Q}(tn)$ 的函数，称驱动方程（存储电路（触发器）输入函数的表达式）。

矢量 $\boldsymbol{Q}(tn+1)$ 是 $\boldsymbol{P}(tn)$、$\boldsymbol{Q}(tn)$ 的函数，称状态方程（反映触发器次态与现态及输入关系的表达式）。

17.3　触　发　器

触发器是时序逻辑电路的基本单元，它具有记忆功能，能存储一位二进制数，具有两个互补的输出端（Q 与 $\overline{Q}$），触发器是对时钟脉冲边缘敏感的电路，根据不同的电路结构，它们在时钟脉冲的上升沿或下降沿作用下改变状态。

触发器具有以下基本特点：

（1）具有两个稳定的状态（0 和 1），无外界信号作用时，触发器保持原状态。

（2）在适当的触发信号作用下，触发器会从一个稳态跃变到另一个稳态。

触发器按其结构形式和功能的不同，可分为以下几种类型：基本 RS 触发器、带时钟控制的 RS 触发器、JK 触发器、主从触发器、D 触发器和 T 触发器等。

17.3.1　基本 RS 触发器

1. 电路结构及逻辑符号

把两个反相器按照图 17.3.1 的形式连接起来，可以看出，A 点和 B 点信号是反相的，而 A 点和 C 点始终保持同一电平。这样，可以把 A、C 视为同一点（图（b）和（c））。在图（c）中，A、B 两点始终反相，而且电路状态稳定，在没有外界干扰或者触发的状态下，电路能够保持稳定的输出。图（d）是图（c）的习惯画法。将图（d）加上触发端，就构成了基本 RS 触发器。

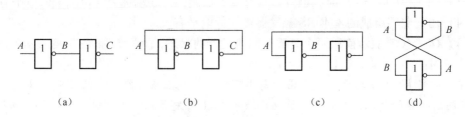

图 17.3.1　两个反相器件的连接

图 17.6 是基本 RS 触发器（以与非门组成为例）的逻辑图和符号。它由两个与非门交叉耦合组成，有两输入端 A 和 B。基本 RS 触发器有两个稳定的状态：一个是 $Q=1$、$\overline{Q}=0$

的 1 状态（Q、$\bar{Q}$ 分别表示触发器的同相和反相输出端，如果 Q 端输出为 1，则称触发器为 1 状态；如果 Q 端输出为 0，则称触发器为 0 状态），另一个是 $Q=0$、$\bar{Q}=1$ 的 0 状态。正常工作时，Q 和 $\bar{Q}$ 是一对互补的输出状态。两个输入端 A、B 中，使 $Q=1$ 的输入端称置位端（Set），使 $Q=0$ 的端称复位端（Reset），图 17.3.2 的 A 端和 $\bar{S}$ 称置位端，B 端和 $\bar{R}$ 称复位端。触发器输入端所有可能出现的信号和相应的输出端的状态列成一个表，称为触发器的特性表或功能表（表 17.3.1）。

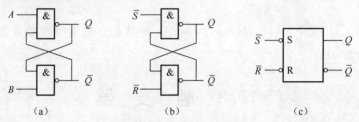

图 17.3.2　基本 RS 触发器

表 17.3.1 列出了与非门组成的基本 RS 触发器输入 $\bar{R}$、$\bar{S}$，现态 Q^n 和次态 Q^{n+1} 关系的功能表。

表 17.3.1　功能表

$\bar{R}$	$\bar{S}$	Q^n	Q^{n+1}	说　明
0	0	0	不允许	不满足约束条件
0	0	1	不允许	不满足约束条件
0	1	0	0	置0
0	1	1	0	置0
1	0	0	1	置1
1	0	1	1	置1
1	1	0	0	保持原态
1	1	1	1	保持原态

（1）基本 RS 触发器具有保持功能（$\bar{R}=1$，$\bar{S}=1$）；

（2）当 $\bar{R}=0$（$\bar{S}=1$）时，触发器具有置 0 功能，将 $\bar{R}$ 端称为复位端，低电平有效；

（3）当 $\bar{S}=0$（$\bar{R}=1$）时，触发器具有置 1 功能，将 $\bar{S}$ 端称为置位端，低电平有效；

（4）由与非门组成的基本 RS 触发器输入低电平有效；

（5）Q^n、Q^{n+1} 表示前后两个离散时间触发器的状态，上标 n 和 $n+1$ 均表示前后两个离散的时间。

注意：当 $\bar{R}$、$\bar{S}$ 端均为 0 时，由于基本 RS 触发器在触发器正常工作时，不允许出现 $\bar{R}$ 和 $\bar{S}$ 同时为 0 的情况，规定了约束方程 $\bar{S}+\bar{R}=1$ 触发器正常工作时，$\bar{S}$ 和 $\bar{R}$ 应满足这一约束方程，使其成立。

2. 状态表、状态图及特征方程

1）状态表（表 17.3.2）

2）状态图（图 17.3.3）

表 17.3.2 状态表

Q^n	$R_d S_d$	\multicolumn{4}{c}{Q^{n+1}}
		00	01	11	10
0		×	0	0	1
1		×	0	1	1

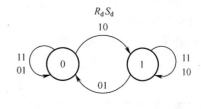

图 17.3.3 状态图

3）特征方程

$Q^{n+1} = \bar{S}_d + R_d Q^n$；特征方程又称为状态方程或次态方程。由于 R_d 和 S_d 不允许同时为零，因此输入必须满足：$\overline{R_d} \overline{S_d} = 0$（称该方程为约束方程，该方程规定了 R_d 和 S_d 不能同时为"0"）。

3. 基本 RS 触发器的动作特点及波形

在输入信号的全部作用时间内，都直接控制和改变输出端的状态。

[**例 17.3.1**] 对用与非门构成的基本 RS 触发器，试根据给定的输入信号波形对应画出输出波形。

在开始画波形图的时候，最好将输入波形的前后沿均用虚线描出，然后在虚线所分割的每一个区间内分析相对应的输出波形（图 17.3.4）。

基本 RS 触发器缺点：触发器的状态受输入信号的直接控制，缺乏统一协调，抗干扰能力差。

17.3.2 时钟控制的 RS 触发器

在数字电路系统中，往往会出现含有多个触发器组成的电路，为了使系统协调工作，需要引入一个控制信号，系统的这个控制信号通常叫做时钟信号。

1. 电路结构

如图 17.3.5 所示。

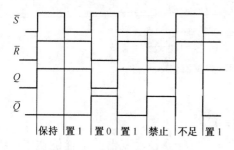

图 17.3.4 基本 RS 触发器波形

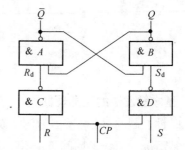

图 17.3.5 时钟控制的 RS 触发器

2. 功能描述

1）真值表

当 $CP=0$ 时，触发器不工作，此时 C、D 门输出均为 1，基本 RS 触发器处于保持态。此时无论 R、S 如何变化，均不会改变 C、D 门的输出，故对状态无影响。

当 $CP=1$ 时，触发器工作，其逻辑功能见表 17.3.3。

表 17.3.3　逻辑功能

$R\ S\ Q$	Q_{n+1}	说　明	$R\ S\ Q$	Q_{n+1}	说　明
0　0　0	0	保持	1　0　0	0	置0
0　0　1	1	$Q_{n+1}=Q_n$	1　0　1	0	$Q_{n+1}=0$
0　1　0	1	置1	1　1　0	×	禁止
0　1　1	1	$Q_{n+1}=1$	1　1　1	×	

2）状态图及特征方程（图 17.3.6）

$$\begin{cases} Q^{n+1}=S+\bar{R}Q^n \\ RS=0 \end{cases}$$

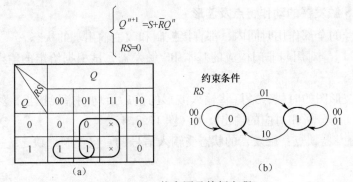

图 17.3.6　状态图及特征方程

3）波形图（图 17.3.7）

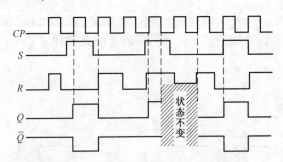

图 17.3.7　时钟控制的 RS 触发器波形图

3. 基本触发器的空翻现象

以时钟控制的 RS 触发器为例。设起始态 $Q=0$。

正常情况，$CP=1$ 期间，$R=0$，$S=1$，则 $C=1$，$D=0$ 使触发器产生置位动作，$Q=1$，$\bar{Q}=0$。当 S 和 R 均发生变化，即 $R=1$，$S=0$，如图 17.3.8 所示，对应时刻 t 使 D 从 0 回到 1，C 由 1 回到 0，触发器又回到 $Q=0$，$\bar{Q}=1$ 状态，这就称为空翻现象。

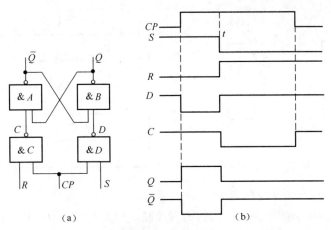

（a）　　　　　　　　（b）

图 17.3.8　空翻现象

[**例 17.3.2**]　画出图 17.3.9 所示由与非门组成的基本 RS 触发器输出端 Q、$\overline{Q}$ 的电压波形，输入端 $\overline{S}$、$\overline{R}$ 的电压波形如图 17.3.9 所示。

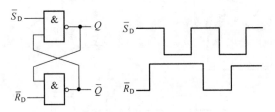

图 17.3.9　例 17.3.2 图

解：

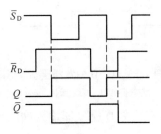

17.3.3　D 触发器

1. 电路结构及逻辑符号

从分析门控 RS 触发器功能表可以得知，RS 触发器正常工作时，其 R、S 输入端信号不允许出现 R、S 均为 1 的状态，为此在 R、S 之间接一个反相器，就可以避免这种现象出现，此时用一个输入信号就可以同时控制 R、S 两个输入端，这种改进的门控 RS 触发器称 D 触发器（也叫 D 锁存器，图 17.3.10）。

2. 功能描述

1）真值表

当 $CP=0$ 时，触发器不工作，触发器处于维持状态。

当 $CP=1$ 时，触发器功能见表 17.3.4。

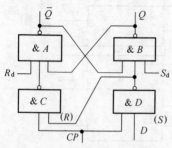

图 17.3.10 D 触发器电路结构

表 17.3.4 功能表

D	Q_n	Q_{n+1}
0	0	0
0	1	0
1	0	1
1	1	1

2）状态表、状态图及特征方程

触发器向何种状态翻转，仅由当前输入控制函数 D 确定：$D=0$，则 $Q_{n+1}=0$；$D=1$，则 $Q_{n+1}=1$。

如已知 CP、D 端波形，则 D 触发器状态波形如图 17.3.11（c）所示。

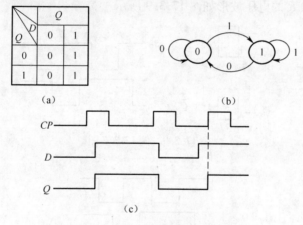

图 17.3.11 D 触发器状态波形图

（a）状态表；（b）状态图；（c）波形图。

[**例 17.3.3**] 已知维持阻塞结构 D 触发器输入端的电压波形如图 17.3.12 所示，试画出 Q、$\bar{Q}$ 端对应的电压波形。

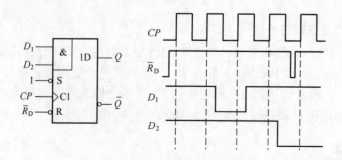

图 17.3.12 例 17.3.3 图

解：

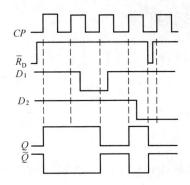

17.3.4 JK 触发器

1. 电路结构图

图 17.3.13 包含一个由与或非门 G_1 和 G_2 组成的基本 RS 触发器和两个输入控制 G_3 和 G_4。而且，门 G_3 和 G_4 的传输时间大于基本 RS 触发器的翻转时间。

2. 功能描述

1）真值表

设触发器的初始状态为 $Q = 0$、$Q = 1$。

$CP = 0$ 门 B、B'、G_3 和 G_4 同时被 CP 的低电平封锁。而由于 G_3 和 G_4 的输出 P、P' 两端为高电平，门 A、A' 是打开的，故基本 RS 触发器的状态通过 A、A' 得以保持。

CP 变为高电平以后，门 B、B' 首先解除封锁，基本 RS 触发器可以通过 B、B' 继续保持原状态不变。此时输入为 $J = 1$、$K = 0$，则通过门 G_3 和 G_4 的传输延迟时间后 $P = 0$、$P' = 1$，门 A、A' 均不导通，对基本 RS 触发器的状态没有影响。

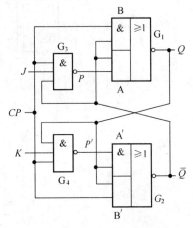

图 17.3.13 JK 触发器

当 CP 下降沿到达时，门 B、B' 立即被封锁，但由于门 G_3 和 G_4 存在传输延迟时间，所以 P、P' 的电平不会马上改变。因此，在瞬间出现 A、B 各有一个输入端为低电平的状态，使 $Q = 1$，并经过 A' 使 $Q = 0$。由于 G_3 的传输延迟时间足够长，可以保证在 P 点的低电平消失之前 Q 的低电平已反馈到了门 A，所以在 P 点的低电平消失以后触发器获得的 1 状态将保持下去。

经过 G_3 和 G_4 的传输延迟时间后，P 和 P' 都变为高电平，但对基本 RS 触发器的状态并无影响。同时，CP 的低电平已将门 G_3 和 G_4 封锁，J、K 状态即使再发生变化也不会影响触发器的状态了。

表 17.3.5 真值表

J	K	Q^{n+1}	说明	J	K	Q^{n+1}	说明
0	0	Q^n	保持	1	0	1	置1
0	1	0	置0	1	1	Q^n 非	翻转

2）状态表、状态图及特征方程（图 17.3.14）

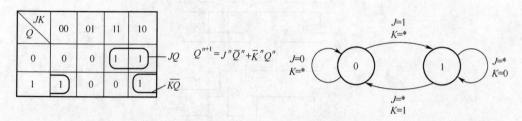

图 17.3.14　状态表、状态图及特征方程

$$Q^{n+1} = J^n \overline{Q}^n + \overline{K}^n Q^n$$

[**例 17.3.4**]　已知主从结构 JK 触发器输入端 J、K 和 CP 的电压波形如图 17.3.15 所示，试画出 Q、$\overline{Q}$ 端对应的电压波形。设触发器的初始状态为 $Q = 0$。

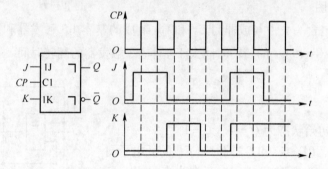

图 17.3.15　例 17.3.4 图

解：

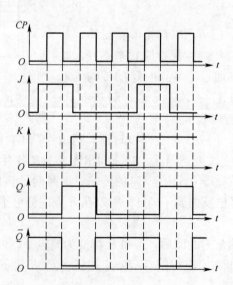

17.3.5　T 触发器

1. 电路结构图

如图 17.3.16 所示。

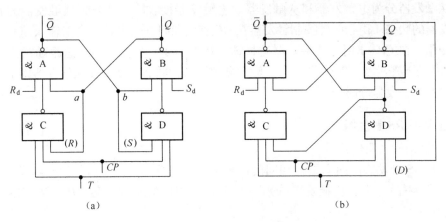

图 17.3.16　T 触发器
(a) 对称型；(b) 非对称型。

2. 功能描述

1）真值表

当 $CP=1$ 时，功能见表 17.3.6。设原态 $Q_n=0$，经反馈线 a 使 C 门封闭，反馈线 b 使 D 门开启。当计数脉冲 T 加进来（$T=1$），D 门输出为 0，C 门输出为 1，则 Q 由 "0" 态翻为 "1" 态，Q 翻为 "0" 态，翻转一次。如原态为 1，情况正好相反，反馈线使 C 门开启，D 门关闭，C 门输出为 0，D 门输出为 1。则当 $T=1$ 时，触发器 Q 端由 1 翻为 0，Q 端由 0 翻为 1，翻转一次。

表 17.3.6　真值表

T	Q^n	Q^{n+1}	T	Q^n	Q^{n+1}
0	0	0	1	0	1
0	1	1	1	1	0

2）振荡现象

如图 17.3.16（a）所示，设 $Q=0$，$Q=1$，当 $CP=1$ 时，经过 t_{pd} 时间使 D 门输出为 0，再经一个 t_{pd} 后，$Q=0$，新状态经反馈线又反馈到 C、D 门的输入端。如 CP 脉冲仍存在，将产生振荡；如 CP 脉冲消失，新状态反馈回来对触发器无影响，克服了振荡。因此，要求新状态反馈回来以前，CP 脉冲必须消失，即要求 CP 脉冲宽度应小于 $3t_{pd}$。是不是 CP 脉冲宽度越小越好呢？也不是，因为 CP 脉冲宽度一定要保证触发器可靠地翻转，故要求其脉冲宽度大于 $2t_{pd}$，也就是要求 CP 脉冲宽度满足 $2t_{pd} < T_W < 3t_{pd}$。

17.3.6　主从型触发器

门控 D 触发器在时钟脉冲有效期间，Q 输出有多次翻转。为了便于控制，希望每来一个控制信号，触发器的状态最多翻转一次。主从型触发器就具有这种特点，其控制信号称为时钟信号，用 CP 表示。

主从触发器分为主触发器和从触发器。主触发器接收输入信号,从触发器的状态为主从触发器的状态。由于时钟控制触发器在 CP 有效期间,输出状态会随输入信号的改变而多次变化,在 $CP=1$ 时,从触发器被封锁,状态不变,主触发器状态跟随输入信号变化;在 CP 的下降沿及 $CP=0$ 期间,主触发器被封锁,状态不变,而从触发器跟随主触发器状态。主从触发器分时交替工作。

1. 主从型 RS 触发器

1)电路结构及逻辑符号

主从型 RS 触发器由两个结构相同的门控 RS 触发器组成,分别称为主触发器(左)和从触发器(右)。主、从触发器分别由两个相位相反的时钟信号 CP,$\overline{CP}$ 控制,如图 17.3.17 所示。

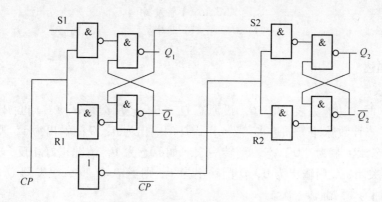

图 17.3.17 主从型 RS 触发器

2)工作原理

当 $CP=1$ 时,主触发器工作,接收输入信号,从触发器由于 $\overline{CP}=0$ 不工作而保持原态不变;当 CP 下降沿(由 1 变为 0)到来时,主触发器不工作,保持下降沿到来时那一刻的状态不变,从触发器工作,接收主触发器的信号,由于主触发器的输出状态保持不变,因而实现了在一个 CP 脉冲期间输出状态只变化一次。

如果在时钟 CP 的上升沿到来时,主触发器发生了一次翻转,那么,在 CP 的持续期内,即使 J、K 端状态发生了改变,主触发器也不再发生第二次翻转;如果 CP 的上升沿到来时,主触发器状态未发生变化,那么在时钟持续期内,当 J、K 端的状态发生变化时,主触发器仍可能发生翻转,但一旦主触发器状态发生了翻转,即使 J、K 端的状态进一步改变,主触发器也不会再发生第二次翻转。

由于输入是基本 RS 触发器,所以触发器的输入端 R 和 S 间仍存在约束。

2. 主从型 JK 触发器

1)电路结构及逻辑符号

主从型 JK 触发器是在主从型 RS 触发器的基础上加上适当连线构成,它将从触发器的输出 Q 和 $\overline{Q}$ 分别接回至主触发器接收门的输入端,输入信号 S1 改为 J,R1 改为 K,如图 17.3.18 所示。

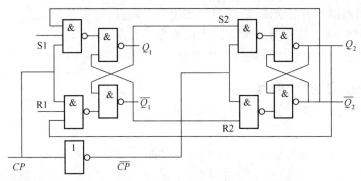

图 17.3.18　主从型 JK 触发器电路结构

2）工作原理

分析上述电路可知，当 J、K 分别为 0、0，0、1 和 1、0 时，其功能与 RS 触发器相同，分别是保持、置 0 和置 1，这里重点分析当 $J = K = 1$ 时的功能（RS 触发器此状态不允许，有约束方程 $SR = 0$），分别分析当 $Q = 0$ 和 $Q = 1$ 时的工作情况。

由分析可知，若 $Q^n = 0$，则 $Q^{n+1} = 1$，若 $Q^n = 1$，则 $Q^{n+1} = 0$，因此 JK 触发器当 J、K 均为 1 时，电路具有翻转功能，即 $Q^{n+1} = \overline{Q^n}$。

3）主从 JK 触发器功能表（表 17.3.7，CP 有效期间）

表 17.3.7　功能表

J	K	Q^n	Q^{n+1}	说明	J	K	Q^n	Q^{n+1}	说明
0	0	0	0	保持	1	0	0	1	置 1
0	0	1	1	保持	1	0	1	1	置 1
0	1	0	0	置 0	1	1	0	1	翻转
0	1	1	0	置 0	1	1	1	0	翻转

4）状态表、状态图及特征方程（图 17.3.19）

$$Q^{n+1} = J\overline{Q^n} + \overline{K}Q^n$$

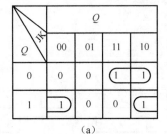

（a）

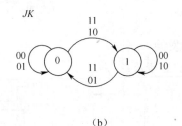

（b）

图 17.3.19　状态表和状态图

[**例 17.3.5**]　试根据给定的 CP、J、K 的波形图（图 17.3.20），画出主从型 JK 触发器输出 Q 的波形。

设触发器的初始状态 $Q = 0$。

主从 JK 触发器可以克服空翻现象，而且消除了 SR 触发器的约束条件，但要求在 $CP = 1$ 期间 J、K 信号不能变化，否则会出现一次变化现象。这就降低了触发器的抗干扰能力，限制了它的使用范围。边沿触发器只在 CP 的上升沿或下降沿时刻对输入信号做出反应，不仅克服了一次变化现象，也能有效地提高抗干扰能力。

图 17.3.20　波形图

3. 主从型触发器的动作特点

通过以上对主从型 RS、JK 触发器工作原理的分析，可以看出：

（1）触发器的动作分两步进行，在 $CP=1$ 期间，主触发器接收输入信号，从触发器即输出保持原状态不变；当 CP 下降沿到来时，主触发器保持，从触发器接收主触发器保持的 CP 下降沿到来时输出信号，从而实现了在一个 CP 期间输出 Q 只变化一次。

（2）主触发器本身是一个门控 RS 触发器，所以在 $CP=1$ 的整个期间，输入信号都将对主触发器起作用。对于主从 JK 触发器，若在 $CP=1$，输入信号的状态发生多次变化可能导致触发器输出逻辑错误。

17.3.7　集成触发器

1. 维持阻塞触发器

如图 17.3.21 所示。

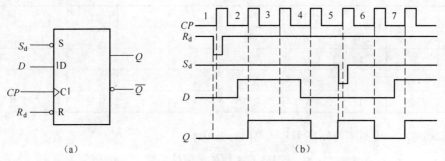

图 17.3.21　维持阻塞触发器
（a）逻辑符号；（b）波形图。

2. 边沿触发器

如图 17.3.22 所示。

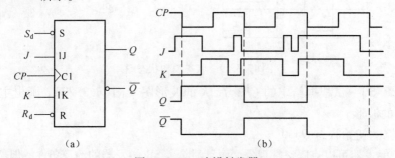

图 17.3.22　边沿触发器
（a）逻辑符号；（b）波形图。

17.3.8　触发器的转换

同一种电路结构形式可以构成不同功能的触发器，而同一种逻辑功能的触发器又可以用不同的电路结构来实现。

[例 17.3.6]　用 JK 触发器完成 D 触发器的功能。

解：D 触发器的特性方程为

$$Q^{n+1} = D$$

JK 触发器的特性方程为

$$Q^{n+1} = J^n \overline{Q^n} + \overline{K^n} Q^n$$

当 $K^n = \overline{J^n}$ 时，$Q^{n+1} = J^n \overline{Q^n} + \overline{K^n} Q^n = J^n \overline{Q^n} + \overline{\overline{J^n}} Q^n = J^n$，取 $J = D$ 即得到 D 触发器，电路如图 17.3.23 所示。

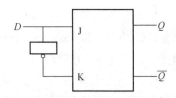

图 17.3.23　JK 触发器实现的 D 触发器

17.3.9　触发器的选择与应用

1. 触发器的选择

（1）基本 RS 触发器结构简单，搭接容易，在不需要时钟脉冲控制翻转的情况下，多用于电平锁存，如消除波形抖动电路、开关设定电路、整形电路，一位数据锁存电路等；

（2）门控触发器结构简单，价格便宜，存储信号由时钟控制，适用于多位数据锁存，但不能用于移位寄存器和计数器；

（3）主从结构的 JK 触发器要求在 $CP=1$ 期间，J、K 信号不要改变，适用于计数器，也可用作寄存器、移位寄存器等；

（4）边沿触发器的次态仅取决于 CP 触发沿到达瞬间输入信号的状态，信号仅要求在建立和保持时间稳定，故输入信号在高低电平期间不够稳定或易受干扰的情况下，选用边沿触发器较为合适，适用于寄存器、移位寄存器、计数器等。

2. 触发器应用举例

1）构成分频电路

所谓分频器就是通过该电路使得单位时间内脉冲次数减少，亦即脉冲频率降低，能够使频率降低为 1/2 的电路称为二分频器（图 17.3.24），能够使频率降低为 1/4 的电路称为四分频器，依此类推。

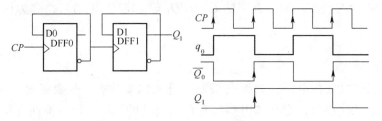

图 17.3.24　二分频器

2）构成顺序脉冲发生电路

[例17.3.7] 分析电路图17.3.25，判断其功能。设触发器的初始状态均为0。

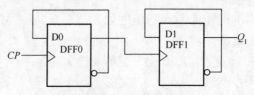

图17.3.25 四分频电路

解：D触发器的特性方程是$Q^{n+1}=D$，当把D和Q非连接起来，方程就变成了$Q^{n+1}=\overline{Q^n}$，具有翻转功能，即每输入一个脉冲，触发器翻转一次，每翻转两次，触发器的输出端可以得到一个完整的矩形波，而触发器翻转两次所用的前沿脉冲来自CP的两个矩形波。所以，一个T触发器完成了二分频电路，用其输出再去触发另一个T触发器（又是一个二分频），这样，就完成了信号的四分频。该触发器是前沿触发方式。

17.4 时序逻辑电路的一般分析方法

时序逻辑电路的分析就是从逻辑图求出给定时序逻辑电路的功能，一般用状态表（又称状态转换表）或状态图来表示。根据组成时序逻辑电路的各个触发器在CP信号作用下是否同时动作，将时序逻辑电路分为同步和异步两种类型。同步时序逻辑电路是指组成时序逻辑电路的各个触发器在同一CP信号作用下同时动作；而异步时序逻辑电路是指组成时序逻辑电路的各个触发器并不在同一个时钟信号下动作。

17.4.1 名词解释

1. 有效循环（或称为主循环）
在计数电路中，用于计数的状态构成的循环称为主循环，或称为有效循环。

2. 模值
主循环中电路状态的数目，称为计数器的模值，用M表示（注意：M也是计数器的进制数）。

3. 偏离状态
不在主循环中的状态，如本题中的$Q_3 Q_2 Q_1 = 101，110，111$，称为偏离状态（图17.4.1）。

4. 自启动
对于存在偏离状态的电路，如果电路万一进入偏离状态，只要经过一个或多个CP后，电路又能进入主循环，则称该电路具有自行启动的能力。显然前面介绍的电路是可以自启动的。

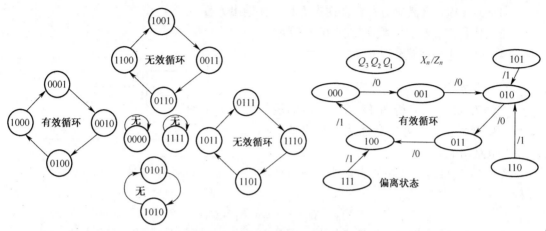

图 17.4.1　无效循环和有效循环

5. 无效循环（指不能自启动的电路）

对于不能自启动的电路，应该强制打破它的死循环，将它们纳入主循环。

17.4.2　同步时序逻辑电路的一般分析方法

1. 分析方法（图 17.4.2）

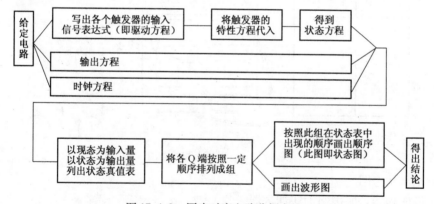

图 17.4.2　同步时序电路分析方法

因同步时序逻辑电路中，各个触发器的动作受同一个 CP 的控制，故分析过程中不必单独考虑每个触发器的时钟条件。分析同步时序逻辑电路的逻辑功能，一般按以下步骤进行：

（1）分析电路的结构：

①找出电路中哪些部分是组合电路。

②找出电路中哪些部分是存储电路。

③找出电路中的输入信号 X 和输出信号 Z。

④再根据各 FF 是否使用同一时钟，确定电路是同步还是异步时序电路。

（2）写出四组方程：

①时钟方程；②激励方程；③次态方程；④输出方程。

（3）作状态转移表？状态转移图或波形图。

（4）叙述电路的逻辑功能。

2. 分析举例

[**例 17.4.1**] 分析图 17.4.3 所示的逻辑电路，写出方程式，列出状态表，画出波形图并说明电路功能。

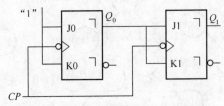

图 17.4.3 四进制加法计数器

解：（1）写出输入端的表达式（称为驱动方程）

$$J_0 = K_0 = 1, \quad J_1 = K_1 = Q_0$$

（2）写出 JK 触发器的特性方程并将驱动方程代入，化简后得到状态方程为

$$Q_0^{n+1} = J_0 \overline{Q_0^n} + \overline{K_0^n} Q_0^n = 1 \overline{Q_0^n} {}^* + 0 Q_0^n = \overline{Q_0^n}$$

$$Q_1^{n+1} = J_1 \overline{Q_1^n} + \overline{K_1^n} Q_1^n = Q_0^n \overline{Q_1^n} + \overline{Q_0^n} Q_1^n = Q_0^n \oplus Q_1^n$$

（3）状态方程是

$$Q_0^{n+1} = \overline{Q_0^n}, \quad Q_1^{n+1} = Q_0^n \oplus Q_1^n$$

（4）列出状态真值表（图 17.4.4）。

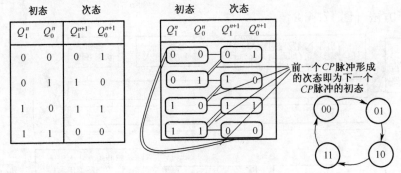

图 17.4.4 真值表和状态图

（5）画出状态图。

（6）说明功能：四进制加法计数器。

[**例 17.4.2**] 分析图 17.4.5 时序逻辑电路的逻辑功能，写出电路的驱动方程、状态方程和输出方程，画出电路的状态转换图，说明电路能否自启动。

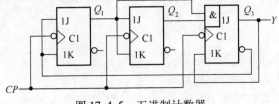

图 17.4.5 五进制计数器

解： 驱动方程为

$$J_1 = K_1 = \overline{Q_3}, J_2 = K_2 = Q_1, J_3 = Q_1 Q_2, K_3 = Q_3$$

状态方程为
$$Q_1^{n+1} = \overline{Q_3^n}\,\overline{Q_1^n} + Q_3^n Q_1^n = \overline{Q_3^n \oplus Q_1^n},\ Q_2^{n+1} = Q_1^n \overline{Q_2^n} + \overline{Q_1^n} Q_2^n = Q_2^n \oplus Q_1^n,\ Q_3^{n+1} = \overline{Q_3^n} Q_2^n Q_1^n$$
输出方程为
$$Y = Q_3$$

由状态方程可得状态转换表,如表 17.4.1 所列;由状态转换表可得状态转换图,如图 17.4.6 所示。电路可以自启动。

表 17.4.1　状态转换表

$Q_3^n Q_2^n Q_1^n$	$Q_3^{n+1} Q_2^{n+1} Q_1^{n+1} Y$	$Q_3^n Q_2^n Q_1^n$	$Q_3^{n+1} Q_2^{n+1} Q_1^{n+1} Y$
000	0010	100	0001
001	0100	101	0111
010	0110	110	0101
011	1000	111	0011

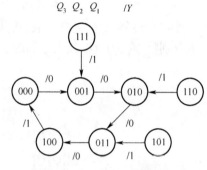

图 17.4.6　五进制计数器状态图

电路的逻辑功能:五进制计数器,计数顺序是从 0 到 4 循环。

[**例 17.4.3**]　分析图 17.4.7 所示时序电路的逻辑功能。

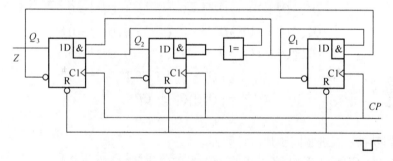

图 17.4.7　五进制同步加法计数器

解:

(1)结构分析。

组合电路:1 个异或门;

存储电路:3 个 DFF,构成同步的时序存储电路,$CP_1 = CP_2 = CP_3 = CP$;

没有外部输入逻辑变量;

外部输出为 Z。

由以上结构分析可知,这个时序电路为 Moore 型电路。

(2)写出四组方程。

①时钟方程为
$$CP = CP_1 = CP_2 = CP_3 (同步)$$

②激励方程为
$$D_3 = Q_1^n \cdot Q_2^n,\ D_2 = Q_1^n \oplus Q_2^n,\ D_1 = \overline{Q_1^n} \cdot \overline{Q_3^n}$$

③各触发器的次态方程为

$$Q_2^{n+1} = [Q_1^n \oplus Q_2^n] \cdot CP\uparrow$$

$$Q_2^{n+1} = [Q_1^n \oplus Q_2^n] \cdot CP\uparrow$$

$$Q_1^{n+1} = [Q_1^n \oplus Q_3^n] \cdot CP\uparrow$$

④电路的输出方程为

$$Z = Q_3^n$$

（3）作状态转移表、状态转移图或波形图。

作状态转移表时，先列草表，再从初态（预置状态或全零状态）按状态转移的顺序整理。

分别将 Q_3^n、Q_2^n、Q_1^n 代入它们的次态方程，求得 Q_3^{n+1}、Q_2^{n+1}、Q_1^{n+1}。

$$Q_3^{n+1} = [Q_1^n \cdot Q_2^n] \cdot CP\uparrow$$

$$Q_2^{n+1} = [Q_1^n \oplus Q_2^n] \cdot CP\uparrow$$

$$Q_1^{n+1} = [Q_1^n \cdot Q_3^n] \cdot CP\uparrow$$

$$Q_3^n Q_2^n Q_1^n = 000 \rightarrow Q_3^{n+1}=0, Q_2^{n+1}=0, Q_1^{n+1}=1$$

$$Q_3^n Q_2^n Q_1^n = 001 \rightarrow Q_3^{n+1}=0, Q_2^{n+1}=1, Q_1^{n+1}=0$$

$$Q_3^n Q_2^n Q_1^n = 010 \rightarrow Q_3^{n+1}=0, Q_2^{n+1}=1, Q_1^{n+1}=1$$

$$Q_3^n Q_2^n Q_1^n = 011 \rightarrow Q_3^{n+1}=1, Q_2^{n+1}=0, Q_1^{n+1}=0$$

$$Q_3^n Q_2^n Q_1^n = 100 \rightarrow Q_3^{n+1}=0, Q_2^{n+1}=0, Q_1^{n+1}=0$$

$$Q_3^n Q_2^n Q_1^n = 101 \rightarrow Q_3^{n+1}=0, Q_2^{n+1}=1, Q_1^{n+1}=0$$

$$Q_3^n Q_2^n Q_1^n = 110 \rightarrow Q_3^{n+1}=0, Q_2^{n+1}=0, Q_1^{n+1}=0$$

$$Q_3^n Q_2^n Q_1^n = 111 \rightarrow Q_3^{n+1}=1, Q_2^{n+1}=0, Q_1^{n+1}=0$$

$$Q_3^{n+1} = [Q_1^n \cdot Q_2^n] \cdot CP\uparrow$$

$$Q_2^{n+1} = [Q_1^n \oplus Q_2^n] \cdot CP\uparrow$$

$$Q_1^{n+1} = [\overline{Q_1^n} \cdot \overline{Q_3^n}] \cdot CP\uparrow$$

（4）逻辑功能：五进制同步加法计数器。

计数对象是 CP 的上升沿，Z 的下降沿作为进位信号。

　4　　当第 4 个 $CP\uparrow$ 到达后，电路状态由 011→100，$Z=1$。

$\underline{+1}$　　当第 5 个 $CP\uparrow$ 到达后，电路状态由 100→000，并送出 Z 的下

　10　降沿作为进位信号。

17.4.3　异步时序逻辑电路的一般分析方法

1. 分析方法

用触发器构成的异步时序逻辑电路其各个触发器的时钟信号不是同一个，因此在分析异步电路时，必须考虑各触发器更新时的触发条件，分析步骤如图 17.4.8 所示。

异步时序逻辑电路分析步骤与同步时序逻辑电路基本相同，只多了时钟方程。

2. 分析举例

[例 17.4.4]　分析图 17.4.9 所示逻辑电路，写出方程式，列出状态表，画出波形

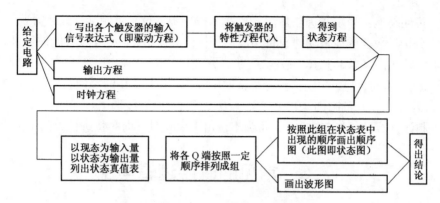

图 17.4.8　异步时序逻辑电路分析方法

图并说明电路功能。

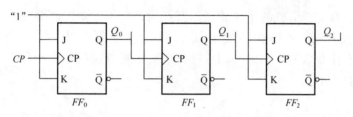

图 17.4.9　异步八进制加法计数器

解: 将接"1"端淡化后,可以看到,这是一个比较典型的异步触发的时序逻辑电路。下面按照步骤进行分析。

(1) 写出驱动方程、时钟方程:
$$J_0 = K_0 = 1 \quad J_1 = K_1 = 1 \quad J_2 = K_2 = 1 \quad CP_0 = CP \quad CP_1 = Q_0 \quad CP_2 = Q_1$$

(2) 写出 JK 触发器的特性方程并将驱动方程代入,化简后得到状态方程为
$$Q_0^{n+1} = J_0 \overline{Q_0^n} + \overline{K_0} Q_0^n = 1 \overline{Q_0^n} + 0 Q_0^n = \overline{Q_0^n}$$
$$Q_1^{n+1} = J_1 \overline{Q_1^n} + \overline{K_1} Q_1^n = 1 \overline{Q_1^n} + 0 Q_1^n = \overline{Q_1^n}$$
$$Q_2^{n+1} = J_2 \overline{Q_2^n} + \overline{K_2} Q_2^n = 1 \overline{Q_2^n} + 0 Q_1^n = \overline{Q_1^n}$$

(3) 状态方程是
$$Q_0^{n+1} = \overline{Q_0^n} \quad Q_1^{n+1} = \overline{Q_1^n} \quad Q_2^{n+1} = \overline{Q_2^n}$$

(4) 列出状态真值表(表 17.4.2)。

(5) 画出状态图(17.4.10)

表 17.4.2　真值表

CP_2	CP_1	CP_0	Q_2^n	Q_1^n	Q_0^n	Q_2^{n+1}	Q_1^{n+1}	Q_0^{n+1}
		↓	0	0	0	0	0	1
	↓	↓	0	0	1	0	1	0
		↓	0	1	0	0	1	1
↓	↓	↓	0	1	1	1	0	0
		↓	1	0	0	1	0	1
	↓	↓	1	0	1	1	1	0
		↓	1	1	0	1	1	1
↓	↓	↓	1	1	1	0	0	0

下降沿触发

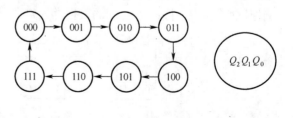

图 17.4.10　状态图

425

（6）说明功能：异步八进制加法计数器（或异步三位二进制加法计数器）。

（7）分析计数器的逻辑功能也可用波形分析法。在电路中，若 CP 的波形是频率固定的重复矩形脉冲，根据 3 个 JK 触发器的状态方程和 CP 条件，FF_0 触发器状态翻转发生在 CP 下降沿到来瞬间，FF_1 触发器状态翻转发生在 Q_0 由 1 变 0 的瞬间，FF_2 触发器状态翻转发生在 Q_1 由 1 变 0 的瞬间，可分别画出 Q_0，Q_1，Q_2 的波形图。

二进制计数器是"逢二进一"，每当本位由 1 变 0 时，向高位进位，高位也应翻转。

17.5 常见的时序逻辑电路

17.5.1 寄存器

存放二进制数据、信息的电路我们称寄存器，它的主要组成部分是触发器。一个触发器可以存储一位二进制代码，N 个触发器组成的寄存器可以存放 N 位二进制代码，每个触发器间没有什么联系，另外再加一些门电路来控制接收和发送数据。它常用于数字系统和数字计算机中。

1. 电路结构

图 17.5.1 是由 D 触发器组成的四位寄存器的逻辑图。它有 4 个数码输入端 D_3 D_2 D_1 D_0，一个异步复位端 R（高电平有效），一个送数控制端 CP。

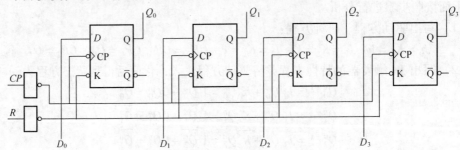

图 17.5.1 四位寄存器的逻辑图

2. 工作原理

控制端和复位端均接在一起，所以当 R 端出现高电平时，所有 D 触发器异步复位。除去 CP 和 R 的连线，可以看到 4 个 D 触发器是独立的（图 17.5.2），当 CP 脉冲前沿时，根据 $Q^{n+1} = D$，将各个 D 端的数据存入寄存器。

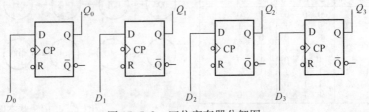

图 17.5.2 四位寄存器分解图

3. 简化等效电路

将所有电路集中在一个方框内，方框外标上各个输入、输出及控制电路，就构成了简化的方框图（图17.5.3）。

可以利用简化等效电路的方法，将一个复杂电路看作一个暗箱，在分析设计时，只注意它的输出和输入部分，这样，对深入了解电路的功能可以起到良好的作用。

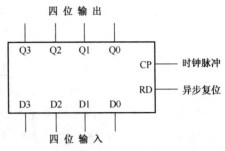

图 17.5.3 四位寄存器简化图

17.5.2 移位寄存器

移位寄存器不仅能存储代码，还能将数码移位。它是由多个触发器构成的，为了实现移位功能，在各触发器之间要有一些连线或其他逻辑门来联系。

按照数码移位的方式不同，移位寄存器可分为单向（右移或左移）及双向移位寄存器。

按照数码输入、输出的方式不同，寄存器可以有4种工作方式：串入—串出；串入—并出；并入—串出；并入—并出。

1. 单向移位寄存器

（1）电路结构：将寄存器中各个触发器的输出依次与后一级触发器的输入连接，就构成了移位寄存器，如图17.5.4所示。

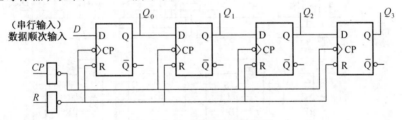

图 17.5.4 单向移位寄存器

（2）工作原理。初始异步复位后各个触发器输出为0。以后每一个 CP，数据右移一次，4个 CP 后，串行输入完毕。设有二进制数据1101，分析每一个 CP 下各 Q 的输出。"①"为输入数的个位数（表17.5.1）。

表 17.5.1　工作原理

CP 个数	Q_0	Q_1	Q_2	Q_3	CP 个数	Q_0	Q_1	Q_2	Q_3
1	①	0	0	0	3	1	0	①	0
2	0	①	0	0	4	1	1	0	①

（3）用JK触发器构成的右移寄存器。从下面的表达式中可以看到，将J、K端反相接在一起，就可以将JK触发器当作D触发器使用。所以，图17.5.5所示JK触发器构成的移位寄存器和D触发器功能是一样的。

$$Q_0^{3+1}=J\bar{Q}^n+\bar{K}Q^n=J(\bar{Q}^n+Q^n)=J \qquad Q_D^{n+1}=D$$

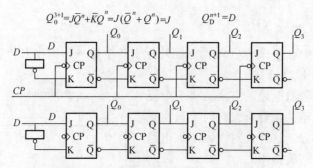

图 17.5.5　JK 触发器构成的移位寄存器

（4）问题：能否用 RS 触发器完成 D 触发器的功能，答案是肯定的。

RS 触发器的特性方程是 $Q_0^{n+1}=S+\bar{R}Q^n$，若 $S=\bar{R}$，则有 $Q_0^{n+1}=S+\bar{R}Q^n=\bar{R}+\bar{R}Q^n=\bar{R}$，比较 D 触发器的特性方程是 $Q_0^{n+1}=D$。

2. 双向移位寄存器

双向移位寄存器：在移位信号的作用下，寄存器不但可以使数据右移，而且可以使数据左移的寄存器。这种寄存器往往还具有数据并行输入功能。

（1）电路结构如图 17.5.6 所示。

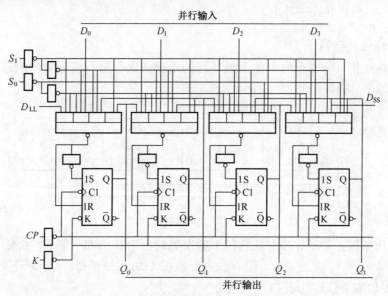

图 17.5.6　双向移位寄存器 73LS194 的逻辑图

该寄存器由 4 个 RS 触发器和各自的输入控制电路组成。CP 和 R 分别是控制脉冲及异步复位信号。功能选择信号 S_1、S_2 以及相应的 4 个反相器构成左移/右移/并行输入及保持功能选择。

（2）工作原理。该双向移位寄存器可以实现数据双向（左移或右移）移位和并行输入。因此，用它可达到数据串行输入—并行输出、并行输入—串行输出、串行输入—串行输出和并行输入—并行输出等各种目的。

①当功能选择信号 $S_1=0$、$S_0=0$ 时，简化图如图 17.5.7 所示。

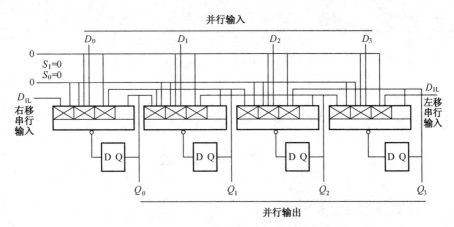

图 17.5.7 $S_1 = 0$、$S_0 = 0$ 时双向移位寄存器

图中标 " × " 的门表示该门被封，可以看到，左移输入，右移输入，并行输入端全被封，所以电路只能是保持状态。

②当功能选择信号 $S_1 = 1$、$S_0 = 0$ 时，简化图如图 17.5.8 所示。

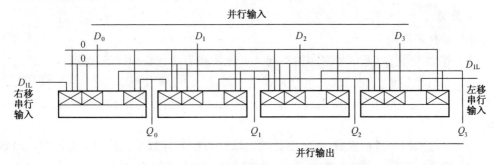

图 17.5.8 $S_1 = 1$、$S_0 = 0$ 时双向移位寄存器

可以看到，右移输入，并行输入，并行输出端全被封，所以电路是左移输入状态。

③当功能选择信号 $S_1 = 0$、$S = 1$ 时，简化图如图 17.5.9 所示。

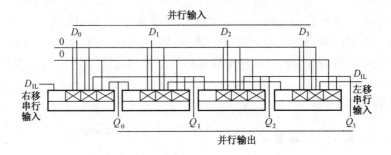

图 17.5.9 $S_1 = 0$、$S = 1$ 时双向移位寄存器

可以看到，左移输入，并行输入，并行输出端全被封，所以电路是右移输入状态。

④当功能选择信号 $S_1 = 1$、$S_0 = 1$ 时，请自行分析。

可以看到，左移输入，右移输入，并行输出端全被封，所以电路是并行输入状态。
74LS194 双向移位寄存器的功能表如表 17.5.2 所列。

表 17.5.2　功能表

CP	R_0	S_1	S_0	工作状态	CP	R_0	S_1	S_0	工作状态
×	0	×	×	置0	↑	1	1	0	左移
↑	1	0	0	保持	↑	1	1	1	并行输入
↑	1	0	1	右移					

17.6　计　数　器

17.6.1　计数器的特点和分类

1. 特点

计数，就是计算输入脉冲的个数，而计数器就是记录输入时钟脉冲个数的时序逻辑器件。它不仅可以用来计数，还可以用来定时、分频和进行数字运算等。

2. 分类

计数器有多种类型：

（1）按触发器的 CP 信号来源的不同，可分为同步计数器和异步计数器。

（2）按计数值的变化情况，可分为递增（加法）、递减（减法）和可逆计数器。

（3）按进位模数来分：所谓进位模数，就是计数器所经历的独立状态总数，即进位制的数。

①模 2 计数器：进位模数为 $2n$ 的计数器均称为模 2 计数器，其中 n 为触发器级数。

②非模 2 计数器：进位模数非 $2n$，用得较多的如十进制计数器。

（4）按电路集成度分：

①小规模集成计数器：由若干个集成触发器和门电路，经外部连线，构成具有计数功能的逻辑电路。

②中规模集成计数器：一般用 4 个集成触发器和若干个门电路，经内部连接集成在一块硅片上，它是计数功能比较完善并能进行功能扩展的逻辑部件。由于计数器是时序逻辑电路，故它的分析和设计与时序逻辑电路的分析和设计完全一样。

17.6.2　加法计数器

1. 同步二进制加法计数器

（1）2^n 进制同步加法计数器组成规律：

$J_0 = K_0 = 1$

$J_1 = K_1 = Q_0^n$

$J_2 = K_2 = Q_0^n Q_1^n$

$J_3 = K_3 = Q_0^n Q_1^n Q_2^n = J_2 Q_2^n$

$$J_4 = K_4 = Q_0^n Q_1^n Q_2^n Q_3^n = J_3 Q_3^n$$

$$\vdots$$

$$J_m = K_m = Q_0^n Q_1^n \cdots Q_{m-2}^n Q_{m-1}^n = J_{m-1} Q_{m-1}^n$$

（2）二进制加法计数器的特点：某一位翻转，其后面各位必须全部为 1，再来一个 CP 时翻转。

用 JK 触发器构成的四位同步二进制加法计数器电路如图 17.6.1 所示，4 个 JK 触发器均接成了 T 触发器。当 $T=0$ 时，触发器状态保持，当 $T=1$ 时，触发器状态翻转。

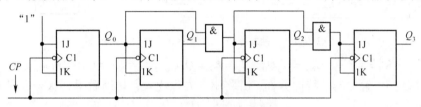

图 17.6.1　二进制加法计数器

从波形图 17.6.2 中可以看出，Q_0 为翻转触发器输出，所以每个 CP 下降沿翻转一次，

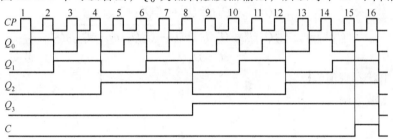

图 17.6.2　波形图

是一个二分频电路（也叫除二电路），第二个触发器也是除二电路，第三个触发器事实上也是除二电路，但它要在 Q_0、Q_1 同时从 1 到 0 时翻转（比如数字 0011 到 0100，第 1、2 两位从 1 变到 0，第三位从 0 变到 1）。依此类推，第四个触发器为除二电路，但它要在 Q_0、Q_1、Q_2 同时从 1 到 0 时翻转（从数字 0111 到 1000）。

所以，驱动方程为

$$T_0 = 1，T_1 = Q_0，T_2 = Q_1 Q_0，T_3 = Q_2 Q_1 Q_0$$

2. 同步十进制加法计数器

由 JK 触发器构成的同步十进制加法计数器如图 17.6.3 所示。

仿照上例将 JK 画成 T 触发器的形式（图 17.6.4）。

（1）写出驱动方程、时钟方程。

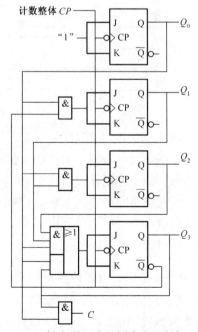

图 17.6.3　JK 触发器组成的同步十进制加法计数器

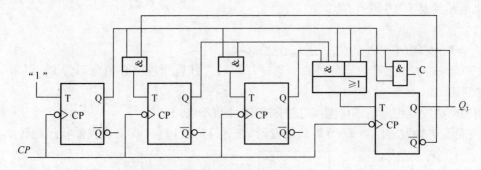

图 17.6.4　T 触发器组成的同步十进制加法计数器

$$J_0 = K_0 = 1, \quad J_1 = K_1 = \overline{Q_3} Q_0, \quad J_2 = K_2 = Q_1 Q_0, \quad J_3 = K_3 = Q_2 Q_1 Q_0 + Q_3 Q_0$$

（2）写出 JK 触发器的特性方程，并将驱动方程代入，化简后得到状态方程为

$$Q_0^{n+1} = \overline{Q_0^n}$$

$$Q_1^{n+1} = \overline{\overline{Q_3^n} Q_0^n} \; \overline{Q_1^n} + \overline{\overline{Q_3^n} Q_0^n} Q_1^n$$

$$Q_2^{n+1} = \overline{Q_1^n Q_0^n} \; \overline{Q_2^n} + \overline{Q_1^n Q_0^n} Q_2^0$$

$$Q_3^{n+1} = \left(Q_2^n Q_1^n Q_0^n + Q_3^n Q_0^n \right) \overline{Q_3^n} + \overline{Q_2^n Q_1^n Q_0^n + Q_3^n Q_0^n} Q_3^n$$

$$C = Q_3 Q_0$$

（3）列出状态真值表。

（4）画出波形图（17.6.5）。

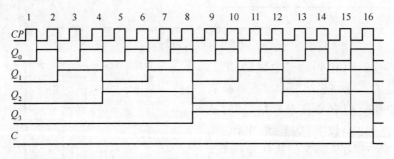

图 17.6.5　波形图

（5）画出状态图（图 17.6.6）

从状态图中可以看到，十进制计数器和二进制计数器的区别是：二进制计数器有 16 个有效状态；而十进制计数器只有 10 个有效状态，其余是无效状态。正常循环不包括无效状态，但在电路刚加电运行时，电路最初进入的状态是随机的，即有可能进入无效状态。在以后设计中，应该保证电路不进入无效状态或者假如进入无效状态后在很少的几个周期后即可进入有效循环。

3. 中规模集成二进制计数器简介

1）同步式集成计数器 74LS161

（1）置数控制端 $\overline{LD}$：当 $\overline{LD} = 0$ 且无复位信号时，可以从输入端输入一个任意数并保持在芯片中，以后计数将从此数开始，此数称为预置数。如输入数 1001，计数器将按图

17.6.7 方式循环。

（2）工作状态控制端 EP 和 ET：当无预置数且无异步复位时，若 $ET = 0$，则电路保持原态且无进位；当 $ET = 1$ 时，若 $EP = 0$，则电路保持原态且有进位；若 $EP = 1$，电路为计数状态。表 17.6.1 为 74LS161 的功能表。

2）异步集成计数器 74LS290

74LS290 是一个异步十计数器，它由 1 个 1 位二进制计数器和 1 个异步五进制计数器组成。因此，如果 CP 与 CP_A 相连，其输出 Q_A 与 CP_B 相连，则

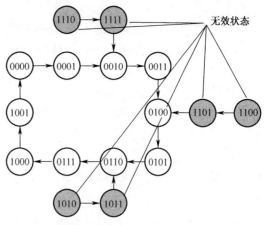

图 17.6.6 状态图

组成 8421BCD 码十进制计数器，其高低位顺序是 $Q_D Q_C Q_B Q_A$；若 CP 与 CP_B 相连，其输出 Q_D 与 CP_A 相连，实际是组成 5421BCD 码十进制计数器，其高低位顺序是 $Q_A Q_D Q_C Q_B$。

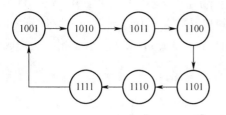

图 17.6.7 74LS161 计数方式

表 17.6.1 74LS161 功能表

CP	RD	LD	EP	WT	工作状态
*	0	*	*	*	置0
↑	1	0	*	*	预置数
*	1	1	0	1	保持
*	1	1	*	0	保持（$C = 0$）
↑	1	1	1	1	计数

74LS290 具有异步清零和异步置数功能。如果使用 74LS290 组成一个模小于 10 的计数器，只需简单利用反馈清零法。当然，检测门检测到的状态是一个暂态，不能当作有效状态。如果要组成模大于 10 的计数器，应先扩展其功能。先用 74LS290 扩展成 100 进制计数器（可以是 8421BCD 码，也可以是 5421BCD 码），再采用反馈清零法实现模小于 100 的计数。

3）任意进制计数器的构成方法

采用 SSI 触发器构成的计数器，其分析、设计方法与同步时序电路的分析、设计方法相同。

采用 MSI 计数器芯片构成任意模值计算器时，应在 2^N 个状态中选择 M 个状态，使之跳过（$2^N - M$）个状态去实现模 M 计数，通常可采用反馈清零或反馈置数两种方法，设计时要注意以下几点：

（1）选择好模 M 计数器的计数范围，确定初态和末态。

（2）确定产生清零信号或置数信号的译码状态，根据译码状态去设计译码反馈电路，然后再画出模 M 计数器的逻辑电路图。

（3）具有异步清零或异步置数的计数器，都是利用过渡状态 S_M 或 S_{i+M} 进行译码，过渡状态并不在计数器的 M 个状态中。而具有同步清零或同步置数的计数器则不存在过

渡状态。

（4）二进制单位计数器的最大计数值 $N = 2^4 = 16$，十进制单片计数器的最大计数值 $N = 10$，如果要求实现的模值 M 超过单片计数器的最大计数值时，应将多片计数器进行级联，使 $M \leqslant N$（$N = 16^i$ 或 $N = 10^i$，i 为芯片的片数），然后再采用整体清零或整体置数的方法构成模 M 计数器。级联方法有两种：

A 同步级联——所有芯片共用一个 CP；

B 异步级联——各芯片的 CP 不相同。

[例 17.6.1] 用 74LS161（图 17.6.8）实现六进制计数器的设计过程。

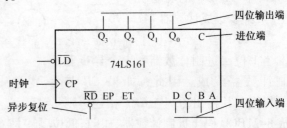

图 17.6.8　74LS161

解：

方法一：复位法。此方法是利用 74LS161 芯片的置 0 端 $\overline{RD}$，使电路能够循环计数。

方法二：利用置数端 $\overline{LD}$ 复位。首先假设预置数端 $ABCD = 0000$，并让电路从 0000 开始计数，当计数到 0101 时，使 $\overline{LD} = 0$，由于 $\overline{LD}$ 是同步置数端，所以当下一个脉冲到来时，计数器被复位，这样就实现了 0→5 的六进制循环计数。如图 17.6.9 所示，此方法构成的计数器不存在暂态。

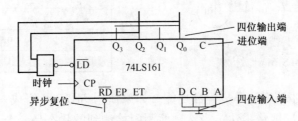

图 17.6.9　方法二

方法三：置小法。四位二进制计数器当计到第 16 个脉冲时，就会产生一个进位信号 C，利用此信号给计数器设定一个循环的最小值，这样计数器就可循环计数。六进制计数器预置的最小值应为 1010，计数的顺序为 1010→1011→1100→1101→1110→1111→1010…。如图 17.6.10 所示，$\overline{LD} = \overline{C}$，$Q_3 Q_2 Q_1 Q_0 = 1010$。

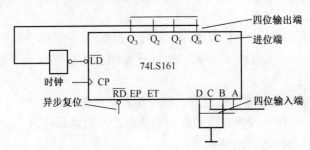

图 17.6.10　方法三

方法四：置大法。先预置 $ABCD=1111$，当第 5 个脉冲到来时，$\overline{LD}=0$，则 $Q_3Q_2Q_1Q_0=1111$，即计数器的循环顺序为 $0000{\rightarrow}0001{\rightarrow}0010{\rightarrow}0011{\rightarrow}0100{\rightarrow}1111{\rightarrow}0000\cdots$，如图 17.6.11 所示。

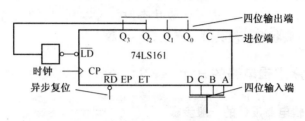

图 17.6.11 方法四

方法五：任意置数法。由于 74LS161 芯片可以任意置数，所以实现六进制计数，只要保证 6 个计数状态，计数值可以任意确定。例如，$ABCD=0011$，计数顺序为 $0011{\rightarrow}0100{\rightarrow}0101{\rightarrow}0110{\rightarrow}0111{\rightarrow}1000{\rightarrow}0011\cdots$，即计数到 1000 状态时，$\overline{LD}=0$，计数器被置数，如图 17.6.12 所示。

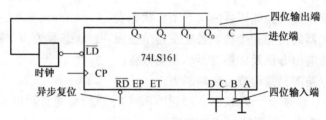

图 17.6.12 方法五

[例 17.6.2] 用 74LS161 及少量与非门组成由 $00000001\sim00011000$，$M=24$ 的计数器。

因为 $M=24>16$，所以必须用两片级联而成。运用反馈预置法可得电路如图 17.6.13 所示。

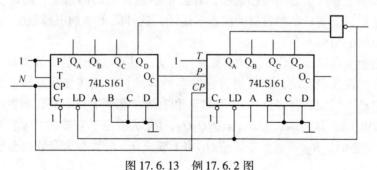

图 17.6.13 例 17.6.2 图

17.6.3 计数器的自启动问题

计数器由于某种原因可能进入无效状态，若经过一个或几个计数脉冲后，能自动进入有效循环的，称为能自启动的计数器；反之，如不能自动进入有效循环的，就称为不能自启动的计数器，这是设计者所不希望出现的。

在所有的计数器中，只要电路的状态没有被全部利用，即存在着无效状态时，电路都存在着自启动问题，否则计数器就可能进入死循环，而无法正常工作。为了把不能自启动的计数器变成能够自启动的计数器，通常采用两种方法：一是修改反馈逻辑，即修改触发器的驱动方程；二是电路进入无效状态时，可以利用触发器异步置位、复位端，把计数器电路置为有效状态，使其进入有效循环计数。

17.6.4 同步时序逻辑电路的设计

1. 同步时序逻辑电路设计的一般步骤

（1）建立原始状态图，这是时序逻辑电路设计最关键的一步。

（2）化简状态得到最简状态图。找出等价状态，去掉多余的重复状态，这样可以降低所设计电路的复杂程度。在原始状态图中，如果有两个或者两个以上的状态，在相同的输入下，不仅有相同的输出，而且次态也相同，则称这些状态为等价状态。凡是等价状态化简时均可合并。

（3）状态分配，并得到编码后的状态图和状态表。

（4）选择触发器的类型和个数。若触发器个数为 N，状态数为 M，则 $2^{N-1} < M \leqslant 2^N$。

（5）求电路的输出方程及各触发器的驱动方程。

（6）画逻辑电路图，并检查自启动能力。

在时序电路中，若所有无效状态在经过有限个时钟后都能自动进入有效循环，则称该电路具有自启动能力，否则需要修正电路。

2. 修正电路的方法

（1）在用状态图来描述时序逻辑电路时，直接将多余状态的次态加以确定。这种方法由于没有使用任意项，所以增加了电路的复杂度。

（2）将多余状态的次态当作任意项，若出现不能自启动的情况，则改变原来任意项的圈法。要尽量只改圈一个触发器的次态卡诺图，这样既不增加电路激励函数的复杂度，又能保持其他级的结构不变。

（3）利用触发器异步置位 S_D、R_D 实现自启动。对于电路中的无效循环，也可以不在同步时序电路的设计中解决，而是通过触发器的异步置位端实现状态转换，打破无效循环，实现自启动。例如，有多余状态"111"和有效状态"011"，可以设置一个多余状态"111"的检测电路，其表达式为 $R_{D1} = \overline{Q_1 Q_2 Q_3}$，$R_{D1}$ 为低电平有效的异步置 0 端。当电路处于"111"状态时，R_{D1} 有效，立即使 Q_1 由 1 变成 0，新状态为有效状态"011"，电路又进入有效循环。

[例 17.6.3] 设计一个串行数据检测器，该电路具有一个输入端 x 和一个输出端 z。输入为一连串随机信号，当出现"1111"序列时，检测器输出信号 $z = 1$，对其他任何输入序列，输出皆为 0。

解：

（1）建立原始状态表和状态图，参见表 17.6.2 和图 17.6.14。

表 17.6.2　状态表

现态　＼　输入	次态/输出	
	0	1
S_0	$S_0/0$	$S_1/0$
S_1	$S_0/0$	$S_2/0$
S_2	$S_0/0$	$S_3/0$
S_3	$S_0/0$	$S_4/0$
S_4	$S_0/0$	$S_4/0$

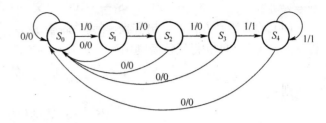

图 17.6.14　状态图

①起始状态 S_0，表示没接收到待检测的序列信号。当输入信号 $x=0$ 时，次态仍为 S_0，输出 z 为 0；如输入 $x=1$，表示已接收到第一个"1"，其次态应为 S_1，输出为 0。

②状态为 S_1，当输入 $x=0$ 时，返回状态 S_0，输出为 0；当输入 $x=1$ 时，表示已接收到第二个"1"，其次态应为 S_2，输出为 0。

③状态为 S_2，当输入 $x=0$ 时，返回状态 S_0，输出为 0；当输入 $x=1$ 时，表示已连续接收到第三个"1"，其次态应为 S_3，输出为 0。

④状态为 S_3，当输入 $x=0$ 时，返回状态 S_0，输出为 0；当输入 $x=1$ 时，表示已连续接收到第四个"1"，其次态为 S_4，输出为"1"。

⑤状态为 S_4，当输入 $x=0$ 时，返回状态 S_0，输出为 0；当输入 $x=1$ 时，则上述过程的后三个"1"与本次的"1"，仍为连续的四个"1"，故次态仍为 S_4，输出为"1"。

（2）状态化简。在做原始状态图时，为确保功能的正确性，遵循"宁多勿漏"的原则。因此，所得的原始状态图或状态表可能包含有多余的状态，使状态数增加，将导致下列结果：

①系统所需触发器级数增多；

②触发器的激励电路变得复杂；

③故障增多。

因此，状态化简后减少了状态数对降低系统成本和电路的复杂性及提高可靠性均有好处（图 17.6.15）。

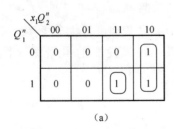
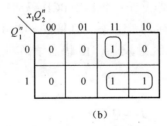
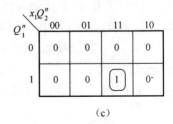

图 17.6.15　状态化简

（3）状态分配。状态分配是指将化简后的状态表中的各个状态用二进制代码来表示，因此，状态分配有时又称为状态编码。电路的状态通常是用触发器的状态来表示的。

由于 $2^2=4$，故该电路应选用两级触发器 Q_2 和 Q_1，它有 4 种状态："00"、"01"、

"10"、"11"，因此对 S_0、S_1、S_2、S_3 的状态分配方式有多种。对该例状态分配如下：

$$S_0\text{——}00 \quad S_1\text{——}10 \quad S_2\text{——}01 \quad S_3\text{——}11$$

（4）确定激励方程和输出方程。在求每一级触发器的次态方程时，应与标准的特征方程一致，这样才能获得最佳激励函数。如 JK 触发器标准特征方程为

$$Q^{n+1} = J\,\overline{Q^n} + \overline{K}Q^n$$

则

$$Q_2^{n+1} = \alpha\,\overline{Q_2^n} + \beta Q_2^n$$

两式相比，得

$$J = \alpha,\ K = \overline{\beta}$$

故

$$Q_2^{n+1} = x\,\overline{Q_2^n} + xQ_1^n Q_2^n$$
$$J_2 = x,\ K_2 = x\,\overline{Q_1^n}$$
$$Q_1^{n+1} = xQ_2^n\,\overline{Q_1^n} + xQ_1^n$$
$$J_1 = xQ_2^n,\ K_1 = \overline{x}$$

得

$$z = xQ_2^n Q_1^n$$

（5）画出逻辑图，如图 17.6.16 所示。

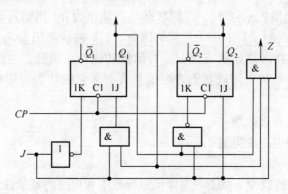

图 17.6.16　串行数据检测器

[例 17.6.4]　用 JK 触发器设计一个 8421BCD 码加法计数器。

解：该题的题意中即明确有 10 个状态，且是按 8421BCD 加法规律进行状态迁移，因为 $2^3 < 10 < 2^4$，所以需要四级触发器，由状态表作出每一级触发器的卡诺图（图 17.6.17）。

由卡诺图得到状态方程为

$$J_4 = Q_1^n Q_2^n Q_3^n,\ K_4 = Q_1^n$$
$$J_3 = Q_1^n Q_2^n,\ K_3 = Q_1^n Q_2^n$$
$$J_2 = Q_1^n\,\overline{Q_4^n},\ K_2 = Q_1^n$$
$$J_1 = K_1 = 1$$
$$Q_4^{n+1} = Q_1^n Q_2^n Q_3^n\,\overline{Q_4^n} + \overline{Q_1^n}Q_4^n$$

$$Q_3^{n+1} = Q_1^n Q_2^n \overline{Q_3^n} + \overline{Q_1^n} Q_3^n + \overline{Q_2^n} Q_3^n$$

$$= Q_1^n Q_2^n \overline{Q_3^n} + \overline{Q_1^n}\ \overline{Q_2^n} Q_3^n$$

$$Q_2^{n+1} = Q_1^n \overline{Q_4^n}\ \overline{Q_2^n} + \overline{Q_1^n} Q_2^n$$

$$Q_1^{n+1} = \overline{Q_1^n}$$

用 JK 触发器设计的加法计数器如图 17.6.18 所示。

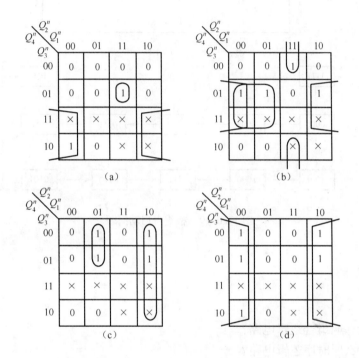

图 17.6.17　卡诺图

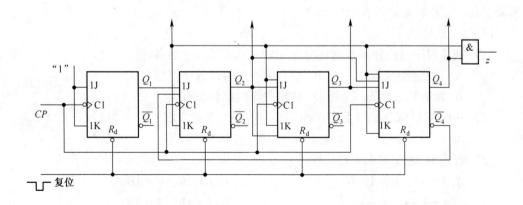

图 17.6.18　加法计数器

检查自启动问题，如图 17.6.19 所示。

Q_4^n	Q_3^n	Q_2^n	Q_1^n	Q_4^{n+1}	Q_3^{n+1}	Q_2^{n+1}	Q_1^{n+1}
1	0	1	0	1	0	1	1
1	0	1	1	0	1	0	0
1	1	0	0	1	1	0	1
1	1	0	1	0	1	0	0
1	1	1	0	1	1	1	1
1	1	1	1	0	0	0	0

（a）

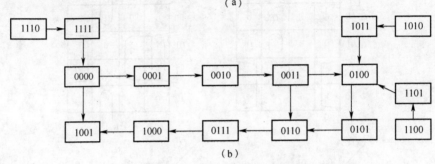

（b）

图 17.6.19　检查自启动问题

习题

17-1　什么叫组合逻辑电路？

17-2　什么叫时序逻辑电路？

17-3　组合逻辑电路和时序逻辑电路在逻辑功能和电路结构上各有什么特点？

17-4　在时序逻辑电路中，时间量 t_{n+1}、t_n 各是怎样定义的？描述时序逻辑电路功能需要几个方程？它们各表示什么含义？

17-5　选择题

（1）同步时序电路和异步时序电路比较，其差异在于后者_____。

　　A. 没有触发器　　　　　　B. 没有统一的时钟脉冲控制

　　B. 没有稳定状态　　　　　D. 输出只与内部状态有关

（2）一位 8421BCD 码计数器至少需要_____个触发器。

　　A. 3　　　　　　　　B. 4　　　　　　　　C. 5　　　　　　　　D. 10

（3）若用 JK 触发器来实现特性方程为 $Q^{n+1} = \overline{A}Q^n + AB$，则 JK 端的方程为_____。

　　A. $J = AB$，$K = \overline{A} + B$　　　　　　　　B. $J = AB$，$K = \overline{AB}$

　　C. $J = \overline{\overline{A} + B}$，$K = AB$　　　　　　　　D. $J = \overline{AB}$，$K = AB$

（4）若要设计一个脉冲序列为 1101001110 的序列脉冲发生器，应选用_____个触发器。

　　A. 2　　　　　　　　B. 3　　　　　　　　C. 4　　　　　　　　D. 10

（5）同步计数器和异步计数器比较，同步计数器的显著优点是_____。

    A. 工作速度高　　　　　　　　　　B. 触发器利用率高

    C. 电路简单　　　　　　　　　　　D. 不受时钟 CP 控制。

（6）把一个五进制计数器与一个四进制计数器串联可得到_____进制计数器。

    A. 4　　　　　　　B. 5　　　　　　　C. 9　　　　　　　D. 20

（7）N 个触发器可以构成最大计数长度（进制数）为_____的计数器。

    A. N　　　　　　B. $2N$　　　　　　C. N^2　　　　　　D. 2^N

（8）N 个触发器可以构成能寄存_____位二进制数码的寄存器。

    A. $N-1$　　　　　B. N　　　　　　C. $N+1$　　　　　D. $2N$

（9）5 个 D 触发器构成环形计数器，其计数长度为_____。

    A. 5　　　　　　　B. 10　　　　　　C. 25　　　　　　D. 32

（10）一位 8421BCD 码计数器至少需要_____个触发器。

    A. 3　　　　　　　B. 4　　　　　　　C. 5　　　　　　　D. 10

（11）欲设计 0、1、2、3、4、5、6、7 这几个数的计数器，如果设计合理，采用同步二进制计数器，最少应使用_____级触发器。

    A. 2　　　　　　　B. 3　　　　　　　C. 4　　　　　　　D. 8

（12）8 位移位寄存器，串行输入时经_____个脉冲后，8 位数码全部移入寄存器中。

    A. 1　　　　　　　B. 2　　　　　　　C. 4　　　　　　　D. 8

（13）用二进制异步计数器从 0 做加法，计到十进制数 178，则最少需要_____个触发器。

    A. 2　　　　　　　B. 6　　　　　　　C. 7

    D. 8　　　　　　　E. 10

（14）某移位寄存器的时钟脉冲频率为 100kHz，欲将存放在该寄存器中的数左移 8 位，完成该操作需要_____时间。

    A. 10μs　　　　　B. 80μs　　　　　C. 100μs　　　　　D. 800ms

（15）要产生 10 个顺序脉冲，若用四位双向移位寄存器 CT74LS194 来实现，需要_____片。

    A. 3　　　　　　　B. 4　　　　　　　C. 5　　　　　　　D. 10

17-6　判断题（正确的打√，错误的打×）

（1）同步时序电路由组合电路和存储器两部分组成。　　　　　　　　　（　　）

（2）组合电路不含有记忆功能的器件。　　　　　　　　　　　　　　（　　）

（3）时序电路不含有记忆功能的器件。　　　　　　　　　　　　　　（　　）

（4）同步时序电路具有统一的时钟 CP 控制。　　　　　　　　　　　（　　）

（5）异步时序电路的各级触发器类型不同。　　　　　　　　　　　　（　　）

（6）D 触发器的特征方程是 $Q^{n+1}=D$，而与 Q^n 无关，所以，D 触发器不是时序电路。　　　　　　　　　　　　　　　　　　　　　　　　　　　　　（　　）

（7）在同步时序电路的设计中，若最简状态表中的状态数为 $2N$，而又是用 N 级触发

器来实现其电路，则不需检查电路的自启动性。 （　　）

（8）环形计数器在每个时钟脉冲 CP 作用时，仅有一位触发器发生状态更新。

（　　）

（9）环形计数器如果不作自启动修改，则总有孤立状态存在。 （　　）

（10）计数器的模是指构成计数器的触发器的个数。 （　　）

（11）计数器的模是指对输入的计数脉冲的个数。 （　　）

（12）把一个五进制计数器与一个十进制计数器串联可得到十五进制计数。 （　　）

（13）同步二进制计数器的电路比异步二进制计数器复杂，所以实际应用中较少使用同步二进制计数器。 （　　）

（14）利用反馈归零法获得 N 进制计数器时，若为异步置零方式，则状态 S_N 只是短暂的过渡状态，不能稳定而是立刻变为 0 状态。 （　　）

17 - 7 填空题

（1）数字电路按照是否有记忆功能，通常可分为两类：_____、_____。

（2）时序逻辑电路按照其触发器是否有统一的时钟控制，分为_____时序电路和_____时序电路。

（3）寄存器按照功能不同可分为两类：_____寄存器和_____寄存器。

（4）由四位移位寄存器构成的顺序脉冲发生器可产生_____个顺序脉冲。

17 - 8 分析图示时序电路的逻辑功能，写出电路的驱动方程、状态方程和输出方程，画出电路的状态转换图，说明电路能否自启动。

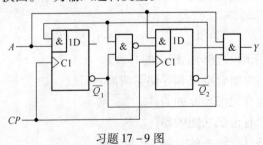

习题 17 - 8 图

17 - 9 试分析图示时序电路的逻辑功能，写出电路的驱动方程、状态方程和输出方程，画出电路的状态转换图。A 为输入逻辑变量。

习题 17 - 9 图

17 - 10 试分析图示时序电路的逻辑功能，写出电路的驱动方程、状态方程和输出方程，画出电路的状态转换图，检查电路能否自启动。

17 - 11 分析图中给出的时序电路，画出电路的状态转换图，检查电路能否自启动，说明电路实现的功能。A 为输入变量。

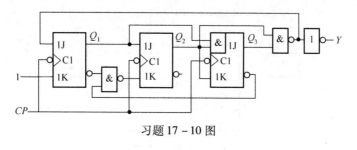

习题 17 – 10 图

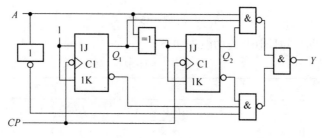

习题 17 – 11 图

17 – 12 已知异步时序电路的逻辑图，试分析它的逻辑功能，画出电路的状态转换图和时序图。触发器和门电路均为 TTL 电路。

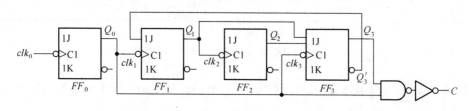

习题 17 – 12 图

17 – 13 试画出用 2 片 74LS194 组成 8 位双向移位寄存器的逻辑图。

17 – 14 图示电路中，若两个移位寄存器中的原始数据分别为 $A_3A_2A_1A_0 = 1001$，$B_3B_2B_1B_0 = 0011$，试问经过 4 个 CP 信号作用以后两个寄存器中的数据如何？这个电路完成什么功能？

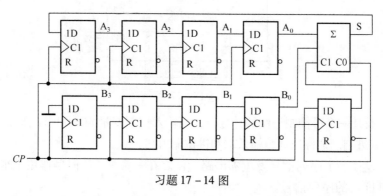

习题 17 – 14 图

17 – 15 画出图示电路的状态转换图，说明这是多少进制的计数器。

17 – 16 位同步二进制计数器 74LS161 接成十三进制计数器，标出输入、输出端。可

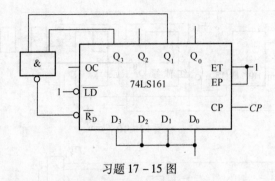

习题 17 – 15 图

以附加必要的门电路。74LS161 的功能表如下。

习题 17 – 16 表

输 入						输 出	说 明
$\overline{R}_D$	EP	ET	$\overline{LD}$	CP	$D_3 D_2 D_1 D_0$	$Q_3 Q_2 Q_1 Q_0$	高位在左
0	×	×	×	×	× × × ×	0 0 0 0	强迫清除
1	×	×	0	↑	$D\ C\ B\ A$	$D\ C\ B\ A$	置数在 CP↑完成
1	0	×	1	×	× × × ×	保持	不影响 OC 输出
1	×	0	1	×	× × × ×	保持	$ET=0$，$OC=0$
1	1	1	1	↑	× × × ×	计数	

注：(1) 只有当 $CP=1$ 时，EP、ET 才允许改变状态；

(2) OC 为进位输出，平时为 0，当 $Q_3Q_2Q_1Q_0=1111$ 时，$OC=1$（74LS160 是当 $Q_3Q_2Q_1Q_0=1001$ 时，$OC=1$）。

17 – 17　图示电路是可变进制计数器。试分析当控制变量 A 为 1 和 0 时电路各为几进制计数器。

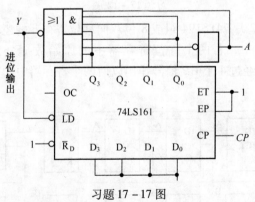

习题 17 – 17 图

17 – 18　设计一个可控制进制的计数器，当输入控制变量 $M=0$ 时工作在五进制，$M=1$ 时工作在十五进制。请标出计数输入端和进位输出端。

17 – 19　设计一个序列信号发生器电路，使之在一系列 CP 信号作用下能周期性地输出 "0010110111" 的序列信号。

17 – 20　设计一个灯光控制逻辑电路。要求红、绿、黄 3 种颜色的灯在时钟信号作用下按下表规定的顺序转换状态。表中的 1 表示 "亮"，0 表示 "灭"。要求电路能自启动，并尽可能采用中规模集成电路芯片。

习题 17 – 20 表

CP 顺序	红 黄 绿	CP 顺序	红 黄 绿	CP 顺序	红 黄 绿	CP 顺序	红 黄 绿
0	0 0 0	2	0 1 0	4	1 1 1	6	0 1 0
1	1 0 0	3	0 0 1	5	0 0 1	7	1 0 0

17 – 21 用 JK 触发器和门电路设计一个 4 位循环码计数器，它的状态转换表应如下表所示。

习题 17 – 21 表

计数顺序	电路状态 $Q_4Q_3Q_2Q_1$	进位输出 C	计数顺序	电路状态 $Q_4Q_3Q_2Q_1$	进位输出 C
0	0000	0	8	1100	0
1	0001	0	9	1101	0
2	0011	0	10	1111	0
3	0010	0	11	1110	0
4	0110	0	12	1010	0
5	0111	0	13	1011	0
6	0101	0	14	1001	0
7	0100	0	15	1000	1

17 – 22 试用 74LS161 和必要的门电路构成模 $M = 24$ 的"小时计数器"，要求个位数和十位数都必须采用 8421BCD 码。

17 – 23 用 D 触发器和门电路设计一个十一进制计数器，并检查设计的电路能否自启动。

参考文献

[1] 杜逸鸣，王平. 电气控制实训教程［M］. 南京：东南大学出版社，2006.

[2] 张莹. 工厂供配电技术［M］. 北京：电子工业出版社，2003.

[3] 黄净. 电器及 PLC 控制［M］. 北京：机械工业出版社，2003.

[4] JB/T 2930—2007，低压电器产品型号编制方法.

[5] 郑凤翼. 低压电器及其应用［M］. 北京：人民邮电出版社，1999.

[6] 于庆广. 可编程控制器原理及系统设计［M］. 北京：清华大学出版社，2004.

[7] 裴涛，张贵芳. 建筑电气控制技术［M］. 武汉：武汉理工大学出版社，2010.

[8] 康华光. 电子技术基础（模拟部分）［M］. 5 版. 北京：高等教育出版社，2006.

[9] 华成英. 帮你学模拟电子技术基础［M］. 北京：高等教育出版社，2004.

[10] 段玉生，等. 电工电子技术与 EDA 基础［M］. 北京：清华大学出版社，2004.

[11] 周连贵. 电子技术基础［M］. 北京：机械工业出版社，1998.

[12] 李忠波. 电子技术［M］. 北京：机械工业出版社，1998.

[13] 王卫东. 模拟电子电路基础［M］. 西安：西安电子科技大学出版社，2003.

[14] 戴士弘. 模拟电子技术［M］. 北京：电子工业出版社，1999.

[15] 孙肖子，张企民. 模拟电子技术基础［M］. 西安：西安电子科技大学出版社，2001.

[16] 王远. 模拟电子技术基础学习指导书［M］. 北京：高等教育出版社，1997.

[17] 马积勋. 模拟电子技术重点难点及典型题精解［M］. 西安：西安交通大学出版社，2001.

[18] 宋樟林，陈道铎，王小海. 数字电子技术基本教程［M］. 杭州：浙江大学出版社，1995.

[19] 邓汉馨，郑家龙. 模拟集成电子技术教程［M］. 北京：高等教育出版社，1994.

[20] 唐介. 电工学［M］. 北京：高等教育出版社，1999.

[21] 阎治安，崔新艺，苏少平. 电机学［M］. 西安：西安交通大学出版社，2006.

[22] 付家才，秦曾煌. 电工电子实践教程［M］. 北京：化学工业出版社，2003.

[23] 马宏忠. 电机学［M］. 北京：高等教育出版社，2009.